U0165535

專利侵權分析理論及實務

顏吉承 著

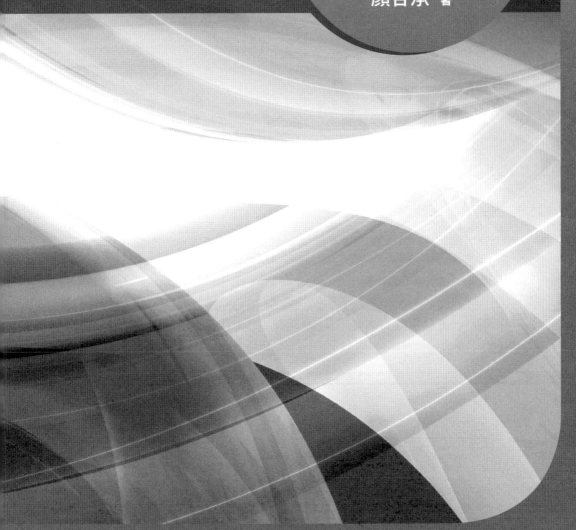

推薦序一

　　作者顏吉承先生擔任經濟部智慧財產局專利審查官、高級審查官達二十餘年，嫻熟專利法制及實務運作，於工作中累積審查經驗，更可貴的是勤於研究，將心得撰述或講學與人分享。司法院於2008年改革智慧財產訴訟制度，因顏先生專業上的優異表現，乃借調至智慧財產法院擔任技術審查官、主任技術審查官，協助法官辦理專利民事、行政訴訟事件之技術判斷、技術資料之蒐集、分析及提供技術之意見，並依法參與訴訟程序，基於專業知識對當事人為說明或發問，對證人或鑑定人為直接發問，於保全程序時協助調查證據，深入專利訴訟實務。顏先生回任智慧財產局後仍孜孜不倦，近完成「專利侵權分析理論與實務」一書。

　　本書饒富創意，以民法第802條先占概念與專利要件相關聯，主要內容包括解釋申請專利範圍、解析申請專利範圍及被控侵權對象、文義讀取、均等論、禁反言、先前技術阻卻及逆均等論等，援用我國、美國及中國大陸之裁判見解，詳述技術分析步驟及方法，理論與實務參據，引領讀者進入專利侵權技術分析之堂奧，易於掌握及處理繁複多層次之專利侵權訴訟，對於從事智慧財產法律實務工作者、律師、專利師、專利工程師、專利領域之學習者、研究者，均具有重要之參考價值。

智慧財產法院院長

高秀真

103.05.12

推薦序二

　　顏兄是智慧財產局中最認真研習相關專利知識的人之一，記得在民國92年配合專利法修改而須大幅修改審查基準，當時，顏兄參與了基準的修訂，廣泛涉獵美、日、歐各國審查基準及相關案例。

　　那陣子的勞心勞力，讓他的身體受到極大的摧殘，過了好一陣子以後，他才敢跟我抱怨這件事，讓我感到非常抱歉！但也因那段期間的磨練與經歷更奠定他從事專利工作的志業之路吧！

　　後來智慧財產法院成立，顏兄擔任第一屆技術審查官工作，對於專利權如何在訴訟中實踐，專利權應該如何認定與解釋，讓他有很深刻的理解，也充滿了熱情與實踐精神。

　　這幾年智慧手機訴訟、標準專利訴訟，讓世人見識了專利權的巨大能量與造成的騷動，如何讓專利制度有效地運行，真是一門艱深的學問。

　　顏兄結合他多年來的知識與經驗完成了這本著作，其中有他獨到的見解，也蒐集了一些國內外重要判決，更對申請專利範圍的解釋提供詳細的論述。為了協助法院在審理專利侵權訴訟時有所參考，智慧財產局曾在民國93年完成一份「專利侵權鑑定要點」，如今經過十年，時空背景已大不相同，智慧財產局正試圖修改這份要點。如今，顏兄大作完成，許多爭議議題正好可提供參考，有助於完成修改。

經濟部智慧財產局局長

103.06.03

自序

　　我國智慧財產法院於民國97年7月1日成立，筆者自該日起借調該院擔任技術審查官，嗣後接任主任技術審查官職務，至民國100年6月30日回任經濟部智慧財產局，期間三年。借調法院之前，雖然已先行研讀專利侵權分析理論與國內外判決案例，然而，實際從事專利侵權分析工作時，仍有左支右絀之憾，深感國內專利侵權分析研究之不足。

　　專利法第58條第4項為確定發明專利權的法律依據，該項規定可以溯及民國83年專利法第56條第3項：「發明專利權範圍，以說明書所載之申請專利範圍為準。必要時，得審酌說明書及圖式。」對於「必要時」，各界迭有爭議，民國93年專利法爰予刪除，修正理由：「……，實應參考其發明說明及圖式，以瞭解其目的、作用及效果，此種參考並非如現行條文所定『必要時』始得為之，……。」然而，長久以來，各界於專利侵權訴訟案件援用禁止讀入原則解釋申請專利範圍時仍過於僵化，認為申請專利範圍「不明確」時始得參考說明書及圖式，而與國際上普遍的見解大相逕庭。由於申請專利範圍為專利侵權分析的基礎，基礎不固，影響所及既深且廣，前述現象與近年來我國專利侵權訴訟案件中原告勝訴率未過半不無關係。

　　本書主要內容係延續拙作「專利說明書撰寫實務」一書第五章及第六章有關「專利侵害鑑定要點」（草案）之架構、內容，增補我國智慧財產法院歷年來的經典案例、中國最高人民法院所發布之「關於審理侵犯專利權糾紛案件應用法律若干問題的解釋」、中國北京高級人民法院所發布之「專利侵權判定指南」及筆者從事專利侵權分析工作三年的實務經驗。論語為政篇：「學而不思則罔，思而不學則殆。」經過反覆的學習、思考，對於專利侵權分析理論，筆者已有更深一層的體悟。當今社會，什麼事都講求創新，本書嘗試以創新的思維提出「先占」的概念，以「先占」貫穿專利侵權分析及專

利要件審查體系,並延伸「解釋申請專利範圍的指導方針」,藉以介紹解釋原則、方法的架構系統,進而對於專利法第58條第4項折衷主義之規定、解釋申請專利範圍二元論及禁止讀入原則等提供筆者之淺見,就教於各界先進。

顏吉承　謹誌
2014年6月

Contents

第一章　緒論

專利權屬於智慧財產權體系的一環，為人類有關產業技術或技藝的精神（或稱心智、智慧）創作成果。專利法所稱的專利權，係指國家依法律規定，授予創作人在特定期間內，就特定範圍內之技術或技藝，享有排除他人未經其同意而實施其創作的權利。專利法第1條開宗明義規定：「為鼓勵、保護、利用發明、新型及設計之創作，以促進產業發展，特制定本法。」已明確開示專利的立法宗旨及目的：專利制度係政府授予申請人於特定期間內「保護」專有排他之專利權，以「鼓勵」申請人創作，並將其公開使社會大眾能「利用」該創作，進而「促進產業發展」之制度。在專利權期間內，專利權人得壟斷其所創作之技術或技藝，藉由實施、授權、讓與或設定質權等手段取得經濟利益；社會大眾在申請人所公開之創作的基礎上再為創作，或經由專利權讓與、授權機制利用該專利技術或技藝。另依專利法第58條第1項，專利權人專有排除他人未經其同意而實施其創作之權，他人未經專利權人同意而實施其創作，即屬侵害專利權（infringement）。

經濟部智慧財產局於民國93年10月4日在網站上發布「專利侵害鑑定要點」（草案）[1]（以下稱「專利侵害鑑定要點」），司法院秘書長嗣於93年11月2日以秘台廳民一字第0930024793號將該要點草案函送各法院參考。本書係以前述專利侵害鑑定要點為基礎，重點在於介紹我國專利侵權訴訟有關技術分析之實務，兼論美國專利侵權分析理論及實務，並穿插我國、美國判決及中國法院之司法解釋，以具體個案闡述專利侵權分析的詳細內容。

專利侵害鑑定要點將專利侵權之鑑定流程分為二階段：階段1「解釋申請專利範圍」及階段2「比對經解釋後之申請專利範圍與被控侵權對象」。依前述要點，專利侵權分析首先應確定專利權範圍，依專利法第58條第4項：「發明專利權範圍，以說明書所載之申請專利範圍為準，於解釋申請專利範圍時，並得審酌說明書及圖式。」及專利侵權訴訟實務，通常必須透過

---

[1] 「專利侵害鑑定要點」（草案）係因應民間專利侵害鑑定機構之需求，而由經濟部智慧財產局所草擬並發布。然而，專利侵權訴訟案件係法院所管轄，法官審理案件係依法獨立審判，基於三權分立原則，「專利侵害鑑定要點」僅供法院參考，而無法律效力，即使專利界已引為進行專利侵權訴訟必須參考之文件，現階段仍稱（草案）。

「解釋申請專利範圍」之程序始能確定專利權範圍，再將經解釋的申請專利範圍與被控侵權物或方法（以下簡稱「被控侵權對象」）進行比對，當後者落入前者之範圍，始有侵權之可能。本書係沿用專利侵害鑑定要點中所載之流程架構，針對流程中各判斷步驟，蒐集我國及美國法院之判決作爲佐證，分別於第二章介紹專利侵權之基本概念，包括專利侵害鑑定要點中所載之流程及步驟；第三章闡述前述流程中階段1「解釋申請專利範圍」的架構及解釋原則等；第五章介紹專利侵害鑑定要點中所載之流程的階段2，包括「解析申請專利範圍之技術特徵」、「解析被控侵權對象之技術內容」、「文義讀取」、「均等論」、「禁反言」、「先前技術阻卻」及「逆均等論」。

　　美國法院歷經二百餘年的專利侵權訴訟實務經驗，各式各樣理論洋洋灑灑，後人常常以管窺天、各取所需而不完備，將各理論運用於專利侵權訴訟實務，難免失之偏頗。本書另闢第四章「解釋申請專利範圍進階版」，援引我國及美國諸多判決，並引述中國法院之見解，針對第三章「解釋申請專利範圍」中若干疑難及誤解，試圖釐清我國專利侵權訴訟實務與各國見解的異同，以供當事人調整其攻防方法。

　　法律見解甲說、乙說、丙說各擁其說，公說公有理、婆說婆有理。對於專利法第58條第4項所明定的折衷主義[2]、解釋申請專利範圍二元論[3]及禁止讀入原則[4]，專利界長久以來迭起爭議。本書第四章「解釋申請專利範圍進階版」係針對前述三項爭議闡述筆者之淺見，率以「先占之法理」爲核心，並從該法理延伸出專利侵權分析之「指導方針」。本章先說明「先占之法理」如何將專利法第46條所定之專利要件一以貫之，並概述專利侵權分析之「指導方針」的架構及內容。

---

[2] 專利法第58條第4項：「發明專利權範圍，以說明書所載之申請專利範圍爲準，於解釋申請專利範圍時，並得審酌說明書及圖式。」係因襲歐洲專利公約第69條的折衷主義，有別於周邊限定主義及中心限定主義。

[3] 解釋申請專利範圍，行政機關採「最寬廣合理解釋」之原則，司法機關採「客觀解釋」之原則。

[4] Alloc. Inc. v. US International Trade Comm'n 342 F.3d 1361 (Fed. Cir. 2003) (Where the specification describes a feature , not found in the words of the claims, only to fulfill the statutory best mode requirement, the feature should be considered exemplary, and the patentee should not be unfairly penalized by the importation of that feature into the claims.)

一、先占之法理

　　專利法第22條第1項：「可供產業上利用之發明，無下列情事之一，得依本法申請取得發明專利：一、申請前已見於刊物者。二、申請前已公開實施者。三、申請已為公眾所知悉者。」第23條[5]：「申請專利之發明，與申請在先而在其申請後始公開或公告之發明或新型……相同者……。」第31條第1項[6]：「相同發明有二以上之專利申請案時，僅得就其最先申請者准予發明專利。……。」第28條第1項[7]：「申請人就相同發明……得主張優先權。」第30條第1項[8]：「申請人基於其在中華民國先申請之發明……得……主張優先權。」前述有關新穎性、擬制喪失新穎性、先申請原則及優先權的法條文字或文義涉及「相同發明」的概念（本文涉及諸多專利要件，為避免混淆，以下稱「相同技術」）。依發明專利審查基準，「相同技術」之判斷依專利要件所定之比對對象而有異，擬制喪失新穎性[9]及先申請原則[10]適用下列基準：(1)完全相同；(2)差異僅在於文字之記載形式或能直接且無歧異得知之技術特徵；(3)差異僅在於相對應之技術特徵的上、下位概念；(4)差異僅在於依通常知識即能直接置換的技術特徵。新穎性適用前述(1)至(3)之基準[11]；優先權適用前述(1)及(2)之基準[12]，僅將前述(2)稍作文字調整：「能直接且無歧異得知其實質上單獨隱含或整體隱含申請專利之發明中相對應的技術特徵，而不會得知其他技術特徵者。」

---

[5] 專利法第23條：「申請專利之發明，與申請在先而在其申請後始公開或公告之發明或新型專利申請案所附說明書、申請專利範圍或圖式載明之內容相同者，不得取得發明專利。但其申請人與申請在先之發明或新型專利申請案之申請人相同者，不在此限。」

[6] 專利法第31條第1項：「相同發明有二以上之專利申請案時，僅得就其最先申請者准予發明專利。但後申請者所主張之優先權日早於先申請者之申請日者，不在此限。」

[7] 專利法第28條第1項：「申請人就相同發明在與中華民國相互承認優先權之國家或世界貿易組織會員第一次依法申請專利，並於第一次申請專利之日後十二個月內，向中華民國申請專利者，得主張優先權。」

[8] 專利法第30條第1項：「申請人基於其在中華民國先申請之發明或新型專利案再提出專利之申請者，得就先申請案申請時說明書、申請專利範圍或圖式所載之發明或新型，主張優先權。但……。」

[9] 經濟部智慧財產局，第二篇發明專利實體審查基準，2013年版，頁2-3-13。

[10] 經濟部智慧財產局，第二篇發明專利實體審查基準，2013年版，頁2-3-28。

[11] 經濟部智慧財產局，第二篇發明專利實體審查基準，2013年版，頁2-3-8～2-3-9。

[12] 經濟部智慧財產局，第二篇發明專利實體審查基準，2013年版，頁2-5-2。

除前述規定外，專利法第34條第4項[13]、第43條第2項[14]、第67條第2項[15]、第108條第3項[16]：「……不得超出申請時說明書、申請專利範圍或圖式所揭露之範圍……」，第44條第2項[17]、第3項[18]、第67條第3項[19]：「……不得超出申請時外文本所揭露之範圍……」，前述有關分割、修正、更正、改請、補正及核准專利前、後之誤譯訂正的規定亦皆涉及「相同技術」的概念。依發明專利審查基準，「不得超出……範圍」之判斷適用前述(1)及(2)之基準。

雖然前述法條所規範之文字並不完全相同，但皆涉及「相同技術」的概念，筆者以為從專利法制、理論，可以「先占」之法理一以貫之前述法條。本節係以先占之法理為核心說明其與專利要件之關係。

(一) 何謂先占

專利權係一種智慧財產權，國家為鼓勵、保護社會大眾「智慧」活動的成果，以法律授予發明人「權利」，供權利人獨占市場並排除他人實施，據以將智慧轉成私有「財產」。然而，國家應將專利權賦予什麼樣的發明？授予什麼人？專利權人應負擔什麼義務？在在涉及一個古老的法理「先占」。

依我國民法第802條：「以所有之意思，占有無主之動產者，除法令另有規定外，取得其所有權。」所稱之先占（preemption，first possession），是一種以所有（全然管領其物）的意思，先於他人占有無主的動產，而取得其所有權的事實行為[20]。雖然前述規定係規範動產所有權之歸屬，然而，先

---

[13] 專利法第34條第4項：「分割後之申請案，不得超出原申請案申請時說明書、申請專利範圍或圖式所揭露之範圍。」

[14] 專利法第43條第2項：「修正，除誤譯之訂正外，不得超出申請時說明書、申請專利範圍或圖式所揭露之範圍。」

[15] 專利法第67條第2項：「更正，除誤譯之訂正外，不得超出申請時說明書、申請專利範圍或圖式所揭露之範圍。」

[16] 專利法第108條第3項：「改請後之申請案，不得超出原申請案申請時說明書、申請專利範圍或圖式所揭露之範圍。」

[17] 專利法第44條第2項：「依第二十五條第三項規定補正之中文本，不得超出申請時外文本所揭露之範圍。」

[18] 專利法第44條第3項：「前項之中文本，其誤譯之訂正，不得超出申請時外文本所揭露之範圍。」

[19] 專利法第67條第3項：「依第二十五條第三項規定，說明書、申請專利範圍及圖式以外文本提出者，其誤譯之訂正，不得超出申請時外文本所揭露之範圍。」

[20] 王玉成，中華百科全書，「先占，依我國現行民法第八百零二條之規定，指以所有之意思，

占的概念原本就已深入人類文化之中，人們日常生活中早有類似概念，例如排隊、先來後到、先占先贏、插頭香等慣用語，即為先占概念之反映，筆者藉其法理貫穿專利法所規範之專利要件及優先權等規定，探討相關法條與先占法理之關係。

（二）相關專利要件

專利法第58條第4項係有關專利權範圍之確定及申請專利範圍之解釋，適用於取得專利權之後的舉發及行政救濟程序，及專利侵權之民事訴訟程序。發明專利權以申請專利範圍為準，專利審查自當以申請專利之發明（claimed invention）為對象。行政機關於行政審查程序中審查申請案是否符合專利法第46條第1項所列條款之前，申請專利之發明的認定，準用第58條第4項之規定。

申請專利之發明，係以記載於申請專利範圍中之技術特徵所構成的申請標的（subject matter）作為「技術手段」，結合說明書中所載該發明所欲解決的「問題」及所達成的「功效」，三者共同構成之技術內容。審查申請專利之發明是否符合專利要件，申請專利範圍所記載之「技術手段」通常為審查之對象，但進步性之審查，尚應考量說明書中所載的「問題」及「功效」，充分顯示申請專利之發明的內涵不限於申請專利範圍中所載之申請標的。簡言之，申請專利之發明，係手段、問題及功效所構成的整體技術構思，申請專利範圍中所載之技術手段為其具體表現。因此，申請專利之發明與申請標的互為表裡，通常亦稱申請專利範圍中所載之申請標的為申請專利之發明，例如專利法第26條第2項：「申請專利範圍應界定申請專利之發明；…。」專利法施行細則第18條第2項：「獨立項應敘明申請專利之標的

占有無主之動產，而取得其所有權之事實行為也。可知我國民法上之先占，第一、必以所有之意思；第二、必其所占有者為無主之動產，此與德、日、義、瑞諸國民法之規定略同。關於先占之性質，有認屬於法律行為者，有認屬於事實行為者，應以後說為是。蓋此所有之意思乃全然管領其物之意思，與取得所有權之意思不同。故民法關於法律行為之規定，如行為能力、意思表示、法定代理與夫行為瑕疵等規定，於先占無其適用。先占之標的物，民法明定以無主之動產為限，不動產在古代，雖得因先占之事實而取得其所有權，然今日多採不動產登記制度，無主土地則概歸國家之所有。所謂無主，非必自始無所有人，苟原所有人或占有人以拋棄占有之意思中止占有，而以所有之意思於他人占有前予以占有之者，即不失為先占，而得排他取得該標的物之所有權。惟權利之拋棄，不容推定，主張前占有人有拋棄占有之事實者，應就其主張負舉證之責任。」http://ap6.pccu.edu.tw/Encyclopedia_media/main.asp?id=1746，最後訪視日：2014年4月21日。

名稱……。」

1. 新穎性

專利法制之目的在於鼓勵、保護發明、新型及設計創作,藉由創作之公開,供社會大眾利用,以促進產業發展。追溯專利法制發展的歷程,人類史上最早的專利法制係採行先發明主義之設計[21],藉保護最先創作完成之發明,鼓勵社會大眾利用,在他人創作的基礎上積極創新研發,而非現行專利法普遍採行的先申請主義。

相對於先申請主義,先發明主義比較符合民法上前述先占之法理,也比較符合一般人先占先贏的觀念。就先發明主義而言,只要發明人完成發明(完成之意義,以「可據以實現」爲斷,見後述),因該發明前所未見,而先占其所涵蓋之技術範圍,無論發明人是否向行政機關提出申請請求授予專利權。至於先申請主義,係以申請之先、後決定專利權之歸屬,完成發明之後尚須先提出申請,始有取得專利之可能,發明未完成,即使取得專利權,仍爲無效專利,故先占爲取得專利權之先決要素。

基於先占之法理,法律理應保護前所未見之發明[22],將專利權賦予取得先占地位之發明。就取得先占地位之發明而言,嗣後他人申請相同技術,無論前述之發明已申請專利或未申請專利,無論該發明是專利權或不是專利權,只要該發明已公開,即進入公共領域,任何人皆不得納爲私有,從而政府無須將專利權賦予相同技術,故專利法定有新穎性[23],以完成發明之先、後決定哪一個發明取得先占地位。

爲取得專利權,申請專利之發明必須前所未見,而爲取得先占地位之發明。以新穎性之審查爲例,先前技術作爲引證文件,應以引證文件中所揭露

---

[21] 劉國讚,專利實務論,元照出版社,2009年4月,頁20～21,「在現代主要工業國家中,德國已較晚建立專利制度,技術也已相對落後,這一點德國很清楚不能全盤引入先進工業國家之專利制度,因此有不同的考量。……像以先申請原則取代英、美的先發明原則,……。」頁154～155:「專利最初的觀念是給予從國外來的特殊技術者,後來轉變爲給予創新發明的人,可知專利是授予發明人,……。隨著專利申請量增多,審查制度建立,出現了先申請原則,例如日本在1921年由先發明原則改爲先申請原則。」

[22] 經濟部智慧財產局,第二篇發明專利實體審查基準,2013年版,頁2-3-7。

[23] 專利法第22條第1項:「可供產業上利用之發明,無下列情事之一,得依本法申請取得發明專利:一、申請前已見於刊物者。二、申請前已公開實施者。三、申請前已爲公眾所知悉者。」

之技術內容為準，包含形式上明確記載的內容及形式上雖然未記載但實質上隱含的內容。實質上隱含的內容，指該發明所屬技術領域中具有通常知識者參酌引證文件「公開時」之通常知識，能直接且無歧異得知的內容[24]。相對地，進步性之審查，係參酌「申請時」之通常知識。換句話說，以同一先前技術作為引證文件證明申請專利之發明不具新穎性或進步性，其適用之基準時點不同，其原因在於新穎性審查係考量誰先占該技術範圍，而進步性審查係考量申請專利之發明於申請當時是否可輕易完成。

2. 可據以實現要件

政府藉授予申請人專有排他之專利權，作為申請人公開其創作之報償，供社會大眾利用所公開之創作。為確保政府授予專利權之創作能為社會大眾所利用，取得申請日的申請文件，包括說明書、申請專利範圍及圖式，其中，說明書（依專利法第26條第1項，並非申請文件整體[25]）揭露之程度必須足以使該發明所屬技術領域中具有通常知識者能合理確定申請人已「完成」該發明，使該發明先占其所涵蓋之技術範圍，進而使社會大眾能利用該發明，始符合專利法制之目的，故專利法定有可據以實現要件[26]。就物之發明而言，說明書所揭露之內容必須達到可據以製造及使用的程度，始得謂已「完成」該發明；就方法發明而言，說明書所揭露之內容必須達到可據以使用的程度，始得謂已「完成」該發明。[27]

為達到已「完成」該發明的程度，於物之發明，說明書應記載申請專利

---

[24] 經濟部智慧財產局，第二篇發明專利實體審查基準，2013年版，頁2-3-2，「申請專利之發明未構成先前技術的一部分時，稱該發明具新穎性。專利法所稱之先前技術，係指申請前已見於刊物、已公開實施或已為公眾所知悉之技術。」

[25] 經濟部智慧財產局，第二篇發明專利實體審查基準，2013年版，頁2-1-9，「審查時參照申請專利範圍之目的係判斷申請專利之發明，參照圖式之目的係輔助說明書中文字敘述之不足。因此，審查時仍須在說明書、申請專利範圍及圖式三者整體之基礎上判斷。若說明書未明確充分記載，而須參照圖式或申請專利範圍之內容，始可能符合可據以實現要件時，則須於說明書中以修正方式補充相關內容，……。」

[26] 專利法第26條第1項：「說明書應明確且充分揭露，使該發明所屬技術領域中具有通常知識者，能瞭解其內容，並可據以實現。」

[27] 經濟部智慧財產局，第二篇發明專利實體審查基準，2013年版，頁2-1-6，「專利法第26條第1項規定……，指說明書應明確且充分記載申請專利之發明，記載之用語亦應明確，使該發明所屬技術領域中具有通常知識者，在說明書、申請專利範圍及圖式三者整體之基礎上，參酌申請時之通常知識，無須過度實驗，即能瞭解其內容，據以製造及使用申請專利之發明，解決問題，並且產生預期的功效。」

之物之發明本身、製造該物之方法及使用該物之方法；於方法發明，說明書應記載申請專利之方法發明如何使用。以醫藥發明為例，說明書必須揭露申請專利之藥物本身（化學名稱、化學式、結構式或成分）、製造該藥物之方法及該藥物之用途，方足使該發明所屬技術領域中具有通常知識者能合理確定發明人已完成該發明。若說明書揭露藥物A治療心臟病之用途，嗣後他人發現藥物A亦可治療感冒而申請治療感冒之用途發明，因該說明書並未揭露藥物A可以治療感冒，他人治療感冒之用途發明並未侵占前述藥物A發明所先占之技術範圍。說明書之記載是否符合「可據以實現」要件，判斷重點在於：記載之程度應讓該發明所屬技術領域中具有通常知識者明瞭申請專利之發明，且認知到發明人已完成申請專利之發明（即已先占申請專利之發明，had possession of the claimed invention）。

　　「完成」申請專利之發明，說明書之揭露內容必須包含該發明所欲解決之問題、解決問題之技術手段及對照先前技術之功效，若申請時提交之說明書揭露解決X問題、達成Y功效之技術手段Z的技術特徵為A+B+C，而申請專利範圍記載之技術特徵為A+B，因說明書並未揭露技術特徵A+B可以解決X問題、達成Y功效，故申請專利範圍超出其先占之技術範圍，不為說明書所支持；亦不得以該申請專利範圍已於申請日提交，而稱其屬於先占之技術範圍的一部分。延續前述之例，若嗣後將技術手段Z的技術特徵修正為A+B，因原先之說明書並未揭露技術特徵A+B可以解決X問題、達成Y功效，故修正內容超出其先占之技術範圍，尚不得准予其修正。

　　為取得專利權，說明書所揭露之技術內容必須已完成申請專利之發明；專利申請人必須完成發明，始得以說明書所揭露之發明先占其所涵蓋之技術範圍。以專利要件之審查為例，先前技術作為引證文件，其揭露之程度必須已完成該先前技術之發明，足使該發明所屬技術領域中具有通常知識者可據以實現先前技術之發明，始能取得先占之地位，而為適格之引證文件，據以核駁申請案違反新穎性、進步性等專利要件[28]。換句話說，如同前述可

---

[28] 經濟部智慧財產局，第二篇發明專利實體審查基準，2013年版，頁2-3-7，「引證文件揭露之程度必須足使該發明所屬技術領域中具有通常知識者能製造及使用申請專利之發明。例如申請專利之發明為一種化合物，若引證文件中僅說明其存在或敘及其名稱或化學式，而未說明如何製造及使用該化合物，且該發明所屬技術領域中具有通常知識者無法由該文件內容或文件公開時可獲得之通常知識理解到如何製造或分離該化合物，則不能依該文件認定該化合物不具新穎性。」

據以實現要件之判斷，引證文件揭露之程度必須足使該發明所屬技術領域中具有通常知識者能製造及/或使用引證之發明。例如申請專利之發明爲一種化合物，若引證文件中僅揭露該物本身，而未揭露如何製造或如何使用該化合物，且由該引證文件內容或引證文件公開時可獲得之通常知識，該發明所屬技術領域中具有通常知識者無法理解如何製造該化合物或分離該化合物，則不能依該引證文件認定該化合物不具新穎性或進步性，因該引證文件未「完成」該化合物之技術，而未先占其所涵蓋之技術範圍。

3. 支持要件

專利權人係以申請專利範圍界定其權利範圍，作爲排除他人未經其同意實施其專利權之法律文件。爲達到界定申請專利之發明、公示專利權保護範圍之目的，使社會大眾知所迴避，申請人必須記載申請專利範圍。依前述說明，說明書本身固然應揭露申請人所完成之發明，惟申請專利範圍並非記載於說明書，而係以申請專利範圍爲準，故專利法定有支持要件[29]。

支持要件之目的，在於申請專利之發明必須是申請人已完成（已先占）並記載於說明書中之發明，不得超出說明書內容所先占之技術範圍，亦即申請專利範圍中所載之內容應以說明書爲基礎，而爲說明書所支持，不得超出說明書所揭露之範圍。若請求項之範圍超出說明書所揭露之範圍，而超出部分具有排他之權利，則會剝奪公眾自由使用的利益，進而阻礙產業發展。[30]

說明書之作用，係揭露申請人已完成之發明，使該發明取得先占之地位；申請專利範圍之作用，係界定申請人請求授予專利權之範圍。申請人得以申請專利範圍請求說明書所揭露之全部內容，或僅請求其部分內容，涵蓋該發明所屬技術領域中具有通常知識者由說明書所揭露之內容可合理預測或延伸之內容，但申請專利範圍不得超出說明書所揭露之範圍。換句話說，申

---

[29] 專利法第26條第2項：「申請專利範圍應界定申請專利之發明；其得包括一項以上之請求項，各請求項應以明確、簡潔之方式記載，且必須爲説明書所支持。」

[30] 經濟部智慧財產局，第二篇發明專利實體審查基準，2013年版，頁2-1-30，「本規定之目的在於申請專利範圍中申請專利之發明的認定，必須是申請人在申請時已認知並記載於説明書中之發明，……若請求項之範圍超出説明書揭露之內容，將使得超出部分之未公開發明具有排他性的權利，剝奪公眾自由使用的利益，進而阻礙產業發展。請求項必須爲説明書所支持，係要求每一請求項記載之申請標的必須根據説明書揭露之內容爲基礎，且請求項之範圍不得超出説明書揭露之內容。」

請專利範圍必須限於說明書所先占之技術範圍，否則無法為說明書所支持，且可能無法符合可據以實現要件，甚至侵犯他人之發明所先占之技術範圍。若申請專利範圍超出說明書所揭露之範圍，而不符合支持要件，即使申請專利範圍中超出之部分未見於任何先前技術，而取得專利權，仍為無效專利。因此，申請專利範圍的解釋結果必須是該發明所屬技術領域中具有通常知識者可以合理確定者，不宜超出說明書所揭露之範圍。簡言之，基於先占之法理，專利法制係「大發明大保護，小發明小保護，沒發明沒保護」，先占範圍的大小決定保護範圍的大小，未曾先占任何技術範圍者，不得給予任何專利權保護，以免竊占原本屬於社會大眾可以自由利用的技術領域，從而損及公益。

4. 先申請原則

當發明人完成發明創作，只要向社會大眾公開其發明，即可證明該發明已先占其所涵蓋之技術範圍。申請人將其發明撰寫成說明書、申請專利範圍及圖式等申請文件，揭露該發明所欲解決之問題、解決問題之技術手段及對照先前技術之功效，其揭露之程度足使該發明所屬技術領域中具有通常知識者可據以實現該發明，而能合理確定發明人已完成該發明者，申請人提交前述申請文件向智慧財產局申請專利，即可證明該發明已先占其所涵蓋之技術範圍，無論申請人是否申請實體審查請求保護整個技術範圍，他人均不得侵占該技術範圍，而申請人所請求之申請專利範圍及後續之修正、分割、更正等亦不得超出該技術範圍。

基於先占之法理及鼓勵發明的角度，先發明主義始符合一般社會通念。但發明的先、後順序難以認定，故全球專利制度均採行先申請主義，以申請日之先、後決定誰能取得專利權。我國專利法定有先申請原則，對於相同技術之專利申請案，不得重複授予專利權，僅授予最先申請者。[31]

先申請主義，係以申請先、後決定專利權之歸屬，申請人以完成之發明取得先占之地位後尚須先提出專利申請，始有取得專利之可能。例如，某甲

---

[31] 經濟部智慧財產局，第二篇發明專利實體審查基準，2013年版，頁2-3-26，「先申請原則，指相同發明有二個以上申請案（或一專利案一申請案，本節以下同）時，無論係於不同日或同日申請，無論係不同人或同一人申請，僅能就最先申請者准予專利，不得授予二個以上專利權，以排除重複專利。因發明專利係採請求審查制，故適用本條時，必須以發明申請案有申請實體審查為前提。」

申請專利之前，某乙之發明已取得先占地位，但未申請專利亦未公開散布，雖然甲仍然可以取得專利權，乙不能取得專利權，但乙仍有先使用權，甲之專利權效力不及於乙之實施行為，見本節後述8.「先使用權」。就專利法制之角度，政府係藉授予甲專利權作為公開其發明之報償，雖然乙之發明取得先占地位，但乙不願意申請專利進而公開其發明供社會大眾利用，故政府不必保護其權利，只能賦予先使用權以為衡平。

5. 擬制喪失新穎性

　　延續前述4.「先申請原則」之說明，申請人係藉說明書揭露其已完成之發明，以該發明取得先占地位，但請求授予專利權之範圍必須記載於申請專利範圍，當申請專利範圍僅請求說明書所揭露之部分內容，無論申請人有意或無意將未請求之部分貢獻給社會大眾，該未請求之部分仍已取得先占地位，不得將該部分之專利權授予他人，故專利法定有擬制喪失新穎性。

　　擬制喪失新穎性，日本稱為「擴大先申請地位」，只要是已揭露於我國先申請之發明或新型案說明書等申請文件，後申請案皆不得以該揭露內容取得專利權，以免竊占原本屬於社會大眾可以自由利用的技術領域，從而損及公益。[32]

6. 變更說明書等申請文件之實體要件

　　取得申請日的申請文件，包括說明書、申請專利範圍及圖式，其中，說明書應揭露申請人所完成之發明，以彰顯該發明先占之技術範圍。說明書是否已揭露申請人所完成之發明，必須在說明書、申請專利範圍及圖式三者整體之基礎上判斷；若說明書未明確、充分記載，而須參照圖式或申請專利範圍之內容，始符合可據以實現要件者，則須修正說明書納入申請專利範圍或圖式所揭露之內容[33]，亦即說明書內容必須涵蓋申請專利範圍及圖式。同理，說明書、申請專利範圍或圖式之修正、更正、分割及改請等皆不得超出

---

[32] 經濟部智慧財產局，第二篇發明專利實體審查基準，2013年版，頁2-3-12，「先前技術涵蓋申請前所有能為公眾得知之資訊。申請在先而在後申請案申請後始公開或公告之發明或新型專利先申請案原本並不構成先前技術的一部分，惟依專利法之規定，發明或新型專利先申請案所附說明書、申請專利範圍或圖式揭露之內容，仍屬於新穎性之先前技術。因此，若後申請案申請專利之發明與先申請案所附說明書、申請專利範圍或圖式載明之技術內容相同時，則擬制喪失新穎性。」
[33] 經濟部智慧財產局，第二篇發明專利實體審查基準，2013年版，頁2-1-9。

說明書、申請專利範圍及圖式所先占之技術範圍，故專利法規定「不得超出申請時說明書、申請專利範圍或圖式所揭露之範圍」，而將說明書（涵蓋申請專利範圍及圖式）所先占之技術範圍視為最大範圍，嗣後之變動，只能在該範圍內為之。

以外文本取得申請日，對於該外文本之中文本補正、誤譯訂正及取得專利權後之誤譯訂正，專利法規定「不得超出申請時外文本所揭露之範圍」，仍係遵循先占之法理，將說明書於申請日所先占之技術範圍視為最大範圍，即使取得申請日之申請文件係外文本。

依專利法第25條第3項，以外文本取得申請日，補正之中文譯本不得超出申請時外文本所揭露之範圍，因該範圍為外文本於申請日所先占之技術範圍。嗣後有修正、分割、改請或更正者，由於該譯本為第一份中文本，係專利審查之基礎文本，嗣後之修正、分割、改請及更正「不得超出申請時（中文本）說明書、申請專利範圍或圖式所揭露之範圍」。準此，外文本涵蓋的範圍最廣，補正之中文本次之，修正、分割、改請及更正之文本再次之。

前述所指「不得超出……範圍」，於補正中文本、誤譯訂正、誤譯訂正之更正係以外文本為範圍，於修正、更正、分割、改請係以補正之中文本為範圍，二者只是判斷基礎文本之差異而已，判斷標準並無不同，皆為不得增加新事項（new matter），以符合先占之法理。因此，是否增加新事項的判斷指標在於是否變動技術內容（包含所欲解決之問題、解決問題之技術手段及對照先前技術之功效），即變動前、後之技術內容必須完全相同（明確記載於其他申請文件者）或實質相同（從其他申請文件能直接且無歧異得知者）[34]。換句話說，是否增加新事項之判斷，重點在於實質的技術內容，而非形式上的文字記載，單以文字記載形式認定是否「超出……範圍」，恐滯礙難行、失之偏頗。

---

[34] 經濟部智慧財產局，第二篇發明專利實體審查基準，2013年版，頁2-6-2，「對於說明書、申請專利範圍或圖式修正之審查，係判斷修正後之說明書、申請專利範圍或圖式內容是否符合『不得超出申請時說明書、申請專利範圍或圖式所揭露之範圍』。申請時說明書、申請專利範圍或圖式所揭露之範圍，指申請當日已明確記載（明顯呈現）於申請時說明書、申請專利範圍或圖式（不包括優先權證明文件）中之全部事項，或該發明所屬技術領域中具有通常知識者自申請時說明書、申請專利範圍或圖式所記載事項能直接且無歧異（directly and unambiguously）得知者，……。」

7. 優先權

　　為使專利權之保護更為周延，專利法定有國際優先權及國內優先權制度，只要是已完成之發明且業已在國外或國內申請專利者，就相同技術，同一申請人嗣後再申請另一專利案，申請人得主張第一次專利申請案（先占該技術範圍）之申請日為後申請案之優先權日，作為其專利要件之判斷基準日，而將先占法理之適用擴及國內、外。因此，發明專利審查基準規定「相同技術」之判斷應以後申請案申請專利範圍中所載之發明是否已揭露於優先權基礎案之說明書、申請專利範圍或圖式為基礎，而不單以優先權基礎案之申請專利範圍為準，亦即後申請案申請專利範圍不得超出其優先權基礎案先占之技術範圍。[35]

　　專利法規定適用之先申請案必須是第一次申請案，除防止不當延長優先權期間外，仍有先占法理之考量，因為即使是同一申請人的先、後申請案，第一次申請案始能取得先占之地位，第二次以後之申請案均非屬先占，而無保護之必要。

8. 先使用權

　　在先申請主義之專利制度下，為平衡取得先占地位之人的利益，專利法定有先使用權（prior user rights）[36]。由於取得專利權之人不一定是首先創作或首先實施該專利技術之人，先使用權之規定係在保護取得先占地位之發明，當取得先占地位之發明未申請專利亦未公開，而他人以相同技術申請並取得專利，在特定條件之下，其專利權仍不及於已取得先占地位之發明。

(三) 先占法理之延伸

　　專利法中直接或間接涉及先占之法理的專利要件或規定十餘條，由於各條規範之目的不同，雖然其判斷基準皆涉及是否為「相同技術」，但比對之對象各異，致法條文字不同。對於相關法條或審查基準之理解或審查實務上有疑難不知所從時，從先占之法理切入，或可豁然開朗，充分掌握法條之精髓。

---

[35] 經濟部智慧財產局，第二篇發明專利實體審查基準，2013年版，頁2-5-2。

[36] 專利法第59條第1項第3款：「發明專利權之效力，不及於下列各款情事：……三、申請前已在國內實施，或已完成必須之準備者。但於專利申請人處得知其發明後未滿六個月，並經專利申請人聲明保留其專利權者，不在此限。」

　　雖然許多專利要件或規定涉及先占之法理，但並非請求項中所載的技術手段符合前述專利要件或規定即應准予專利，尚有其他非關先占的專利要件尚待克服，例如發明定義。以電腦軟體發明爲例，美國聯邦巡迴上訴法院（Court of Appeals for the Federal Circuit）於2013年5月10日CLS Bank Int'l v. Alice Corp. Pty. Ltd.[37]案判決指出：不應允許專利權先占（preempt）探索的基礎工具，該工具必須屬於公共財，而不能被任何人獨占，故請求項不宜只是自然法則、自然現象、抽象概念。法院於該案整理若干先前最高法院判例，判決指出：Gottschalk v. Benson案判決，雖然BCD轉Binary數值方法（二進位數值轉換）須使用電腦執行，但法院不認爲這是有意義的限制，因其會完全先占（wholly preempt）該數學公式。Parker v. Flook案判決，雖然該發明已限制使用領域，而不會完全先占該數學公式，但仍須考慮請求項除「抽象數學公式本身」以外的限定條件是否符合發明概念（inventive concept）。美國聯邦巡迴上訴法院強調：申請專利之標的必須符合發明概念，其重要性在於發明概念與申請專利之標的是否包含人類貢獻有關。美國專利法第101條所規範的發明概念，必須是「人類獨創的產物」。由於人只能「發現」抽象概念或科學眞理，而不可能「發明」抽象概念或科學眞理；人類的貢獻不得僅爲抽象概念上無意義的附加，若請求項中所載有關人類貢獻之限定條件只是離題、常規、已知或慣用者，或實際上無法定義請求項者，則不符合發明概念，該申請專利之標的就不應予以保護。

　　經公告取得專利權之發明，其說明書應清楚揭露申請人已完成申請專利之發明，讓社會大眾得知並據以利用該發明；其申請專利範圍應明確界定專利權保護的範圍，使社會大眾知所迴避。申請專利範圍，應以申請專利範圍爲準，合理界定專利權的保護範圍。申請專利範圍的解釋是否正確、合理，可以從先占之法理出發，而將專利權範圍限於申請人於說明書中所揭露已完成之發明的技術範圍，若專利權範圍超出說明書所先占之技術範圍，則不合理。

　　除前述專利要件或規定外，我國專利法規定申請人或其前權利人於申請日前6個月期間內因實驗、發表、展覽或非出於本意而公開自己的發明者，可以將該發明例外視爲未公開，簡稱優惠期制度。優惠期制度適用之客體爲

---

[37] CLS Bank Int'l v. Alice Corp. Pty. Ltd. (Fed. Cir. 2013) (en banc).

「該發明」，而非該發明之「相同發明」，且適用之對象爲申請人或其前權
利人。當申請人或其前權利人完成發明而先占其所涵蓋之技術範圍，即使
該發明事實上已公開，但在一定期間內申請專利者，依前述規定視爲未公
開，可謂部分係基於先占法理之考量，可證諸美國發明法案（Leahy-Smith
America Invents Act, AIA）第102條(b)(1)(A)及第102條(b)(1)(B)[38]，將發明人以
外之第三人的行爲納入優惠期制度的適用範圍：若發明人公開其發明，即擁
有該發明的優先權利（priority），只要在發明公開後一年的優惠期內申請專
利，他人之公開或專利申請，即使在公開日至申請日之間有牴觸之先前技
術，皆不損及發明人取得專利之權利[39]。

二、解釋申請專利範圍的指導方針

　　基於先占之法理，專利法制係「大發明大保護，小發明小保護，沒發
明沒保護」，先占範圍的大小決定保護範圍的大小，未曾先占任何技術範圍
者，不給予任何專利權保護。

　　專利制度旨在鼓勵、保護、利用發明、新型及設計之創作，以促進產業
發展。發明經由申請、審查程序，授予申請人專有排他之專利權，以鼓勵、
保護其發明。另一方面，在授予專利權時，亦確認該發明專利之保護範圍，
使公衆能經由說明書之揭露得知該發明內容，進而利用該發明，開創新發
明，促進產業之發展。爲達成前述立法目的，端賴說明書應明確且充分揭露
申請專利之發明，使該發明所屬技術領域中具有通常知識者能瞭解該發明之
內容，並可據以實現[40]，以作爲公衆利用之技術文獻；且申請專利範圍應明
確界定申請專利之發明的技術範圍，而爲說明書所支持[41]，以作爲保護專利

[38] 35 U.S.C. 102(b)(1), (A disclosure made 1 year or less before the effective filing date of a claimed invention shall not be prior art to the claimed invention under subsection (a)(1) if— (A) the disclosure was made by the inventor or joint inventor or by another who obtained the subject matter disclosed directly or indirectly from the inventor or a joint inventor; or (B) the subject matter disclosed had, before such disclosure, been publicly disclosed by the inventor or a joint inventor or another who obtained the subject matter disclosed directly or indirectly from the inventor or a joint inventor.)

[39] H.R. Rep. No. 110-314, at 57 (citing the 2007 House Committee Report's section-by-section analysis as the grace period provisions were substantively identical to those of the AIA.)

[40] 專利法第26條第1項：「說明書應明確且充分揭露，使該發明所屬技術領域中具有通常知識者，能瞭解其內容，並可據以實現。」

[41] 專利法第26條第2項：「申請專利範圍應界定申請專利之發明；其得包括一項以上之請求項，

權之法律文件。

專利權的保護範圍包含文義範圍及均等範圍；相對於文義範圍，均等範圍係延伸文義範圍，而非擴張專利權的保護範圍，見第五章一之(一)「專利權範圍」。依專利法第58條第4項，「確定專利權範圍」與「解釋申請專利範圍」為一體兩面，前者為後者之結果，後者為前者之過程。專利侵權分析係以專利權範圍為中心，各個分析步驟皆圍繞著專利權範圍，包括文義讀取分析、均等論分析、均等論之限制及逆均等論分析等，尤其是專利侵害鑑定流程階段1「解釋申請專利範圍」。

解釋申請專利範圍，必須徹底瞭解發明人真正發明了什麼及其以申請專利範圍界定了什麼，始能予以確定[42]。唯有確實遵守前述指導方針，始能符合公平原則（專利權人私益及社會大眾公益之間的衡平），並達成解釋申請專利範圍之目的（合理界定專利權）。按申請專利範圍為說明書一部分（美國申請文件的架構），其並非個別單獨存在[43]。閱讀申請專利範圍必須審酌說明書[44]；因為說明書會顯示專利權人發明了什麼及未發明什麼[45]。專利法第26條第1項規定，說明書之記載必須明確、充分描述申請專利之發明，使該發明所屬技術領域中具有通常知識者可據以實現該發明；第2項規定，請求項之記載必須明確、簡潔而為說明書所支持。因此，說明書與申請專利範圍關係密切，說明書通常是明瞭系爭用語之涵義的最佳指南[46]，申請專利範圍的解釋結果必須與說明書所揭露之意義一致[47]。換句話說，申請專利範圍

各請求項應以明確、簡潔之方式記載，且必須為說明書所支持。」

[42] Phillips v. AWH corp., Nos. 03-1269, 1286, 2002 U.S. App. LEXIS 13954 (Fed. Cir. Jul. 12, 2005) (en banc) (Ultimately, the interpretation to be given a term can only be determined and confirmed with a full understanding of what the inventors actually invented and intended to envelop with the claim.)

[43] Markman v. Westview Instruments, Inc., 52 F.3d 978 (Fed. Cir. 1995) (en banc).

[44] Markman v. Westview Instruments, Inc., 52 F.3d 979 (Fed. Cir. 1995) (en banc) (For that reason, claims must be read in view of the specification, of which they are a part.)

[45] In re Fout, 675 F.2d 297, 300 (CCPA 1982) (Claims must always be read in light of the specification. Here, the specification makes plain what the appellants did and did not invent….)

[46] Vitronics Corp. v. Conceptronic Inc., 90 F.3d 1582 (Fed. Cir. 1996).

[47] Merck & Co. v. Teva Pharms. USA, Inc., 347 F.3d 1367, 1371 (Fed. Cir. 2003) (A fundamental rule of claim construction is that terms in a patent document are construed with the meaning with which they are presented in the patent document. Thus claims must be

的解釋必須屬於說明書中所描述之發明，但不包含從申請專利範圍的文義所排除者[48]。

基於前述說明，解釋申請專利範圍應遵循之指導方針：專利權人應於說明書揭露其完成什麼發明，並應於申請專利範圍界定其請求授予什麼範圍，而申請專利範圍應落入說明書所揭露之範圍。從前述指導方針，套用在我國或美國專利侵權訴訟實務上既有的分析方法或原則，可演繹出下列結論：

（一）說明書未明確、充分揭露專利權人所完成之發明（判斷標準為「可據以實現申請專利之發明」），或申請專利範圍未明確記載申請專利之發明或不為說明書所支持，有專利無效之事由，始符合先占之法理。

（二）申請專利範圍未明確記載申請專利之發明者，於專利侵權分析時，應予以限縮解釋，專利權之文義範圍及均等範圍僅及於明確記載之部分，始符合先占之法理（小發明，小保護）。

（三）申請專利範圍超出說明書所揭露之範圍（已完成之發明）而不為說明書所支持者，於專利侵權分析時，應予以限縮解釋，亦即專利權之文義範圍及均等範圍皆不及於超出之部分，始符合先占之法理（沒發明，沒保護）。

（四）申請專利範圍未超出說明書所揭露之範圍，但於說明書或申請歷史檔案曾排除或放棄之部分（辭彙編纂者原則、禁反言、貢獻原則、意識限定原則等之適用），或客觀上被認定專利權人未完成發明之部分（全要件原則、逆均等論、請求項破壞原則、特別排除原則、詳細結構原則等之適用），於專利侵權分析時，應予以限縮解釋，亦即專利權之文義範圍及均等範圍皆不及於該部分，始符合公平原則。

---

construed so as to be consistent with the specification, of which they are a part.)

[48] Netword, LLC v. Centraal Corp., 242 F.3d 1347, 1352 (Fed. Cir. 2001) (The claims are directed to the invention that is described in the specification; they do not have meaning removed from the context from which they arose.)

第二章　專利侵權及分析流程

在推動經濟發展與貿易自由化的過程中，科技不斷推陳創新，其所衍生之智慧財產權已為各國日益重視之課題，更為國家競爭力之指標。政府授予申請人於特定期間內保護專有排他之專利權，以鼓勵申請人創作。在法治國家，法律所保障的權利受侵害，行為人有民事責任，或連帶有刑事責任。專利權為一種私權，受侵害時主要係循民事訴訟程序解決，即使有刑事責任也甚少發動。我國專利法僅規定專利侵權行為應負擔民事責任，而無刑事責任。專利法制係透過專利權之授予，排除他人未經專利權之同意而實施其創作（排他權），給予專利權人經濟上的獨占權利，使其獲取經濟利益。若有專利侵權糾紛，專利權人必須透過法院的民事救濟程序（即專利侵權民事訴訟）解紛止爭。雖然智慧財產權帶來商機及經濟利益，但侵權糾紛層出不窮，不僅造成當事人訴訟成本之增加，甚至被先進國家視為貿易障礙，已為專利界不得不重視的環節。

為加速解決智慧財產案件之訴訟紛爭、累積審理經驗及達成法官專業化需求，進而促進國家經濟發展，我國於97年7月1日成立智慧財產法院，管轄民事第一審及第二審、刑事第二審及行政訴訟第一審的智慧財產案件。智慧財產法院成立後，對於專利侵權之審理，除依上級法院之判決及美國專利訴訟實務見解外，大多參考經濟部智慧財產局於93年10月4日在網站上發布、司法院秘書長於93年11月2日函送各法院參考的「專利侵害鑑定要點」（草案）（以下稱「專利侵害鑑定要點」）。

為使讀者全面瞭解專利侵權，在說明專利侵害鑑定要點中所載之流程及各個步驟之前，先介紹專利侵權之基本概念。

一、專利侵權之基本概念

在專利權排除他人實施的效力下，未經專利權人同意而實施專利權的行為即侵害專利權。專利權受侵害，專利權人在民事上主要有損害賠償請求權及禁止侵害請求權[1]。

---

[1] 專利法第96條第1項：「發明專利權人對於侵害其專利權者，得請求除去之。有侵害之虞者，得請求防止之。」第2項：「發明專利權人對於因故意或過失侵害其專利權者，得請求損害賠償。」

(一)民事侵權之構成要件

專利權遭受侵害，專利權人可以採取民事訴訟途徑，尋求救濟，專利權人得請求損害賠償。民法第184條：「因故意或過失不法侵害他人之權利者，負損害賠償責任。」為民法有關侵權行為的最基本規定，條文明確採過失責任原則。民事侵權行為，因故意或過失侵害他人權利或利益的違法行為，應負損害賠償責任。通說認為須具備下列七項構成要件，始有民事責任：有故意或過失、有加害行為、行為不法、侵害他人權利、有損害、有因果關係、有責任能力。

1. 有故意或過失

侵權行為的成立以故意或過失為要件，除非法律特別規定為無過失責任。

故意，包括直接故意及間接故意。直接故意，指行為人對於構成侵權行為之事實，明知並有意使其發生，例如開車撞人有意報復；間接故意，指行為人對於構成侵權行為之事實，可預見其發生，而其發生並不違背其本意，以故意論，例如於馬路上與仇人尬車致發生車禍。

過失，包括無認識過失及有認識過失。無認識過失，指行為人對於構成侵權行為之事實，雖非故意，但應注意並能注意而不注意，例如開車於行人穿越道撞到行人；有認識過失，指對於構成侵權行為之事實，雖預見其可能發生，而確信其不發生，例如於鬧市自恃駕駛技術因而超速發生車禍。

專利侵權行為，指未經專利權人同意，而實施專利權之行為。依專利法第96條第2項，專利權人對於因故意或過失侵害其專利權者，得請求損害賠償。最高法院93年台上字第2292號判決：專利權受侵害時專利權人得請求賠償損害，其性質為侵權行為損害賠償，須加害人故意或過失始能成立。最高法院92年台上字第1505號判決：當事人主張有利於己之事實者，就其事實有舉證責任，因侵權行為所生之損害賠償請求權，以行為人有故意或過失不法侵害他人之權利為成立要件，倘行為人否認有故意或過失，即應由請求人就利己之事實舉證證明，若請求人先不能舉證以證實自己主張之事實為真實，則行為人就其抗辯事實即令不能舉證，或所舉證據尚有疵累，亦應駁回請求人之請求。實務上，專利侵權訴訟有關損害賠償的焦點在於故意或過失要件，其他構成要件尚不致於造成判斷之困難。

2. 有侵權行為

　　行為,指受有意識之人意思支配的活動,包括作為及不作為。不作為之侵權行為,須以有作為義務的存在為前提。侵害專利權,須有侵害的行為,例如未經授權或同意而實施他人專利權。

3. 行為不法

　　行為不法,指無法定阻卻違法之事由者。即使有法定阻卻違法之事由,但仍有相當限制,例如正當防衛不能防衛過當、緊急避難不能超過危險所可能導致之損害程度等。法定阻卻違法之事由:

(1) 正當防衛,指對於現實不法之侵害,為防衛自己或他人之權利所為之行為[2]。例如因歹徒追殺,針對歹徒所為之防衛行為。

(2) 緊急避難,指因避免自己或他人生命、身體、自由或財產上急迫之危險所為之行為[3]。例如因逃避歹徒追殺,所為殃及他人之行為。

(3) 自助行為,指為保護自己權利,對於他人之自由或財產,施以拘束、押收或毀損者[4]。例如扣留債務人之錢財。

(4) 無因管理,指未受委任,並無義務,而為他人管理事務者[5]。例如保護他人走失之子女。

(5) 權利行使,指行使自己的職責者。例如父母管教子女之行為。

(6) 被害者之允諾。例如運動比賽中之正當衝撞。

4. 侵害他人權利

　　侵害他人權利,被侵害之人必須有權利存在,包括人格權、身分權、財產權等。侵害專利權,必須被侵害之人的專利權仍然有效存在,尚未消滅。換句話說,主張遭受侵害之專利權必須為我國政府授予,且必須尚在有效期

---

[2] 民法第149條:「對於現時不法之侵害,為防衛自己或他人之權利所為之行為,不負損害賠償之責。但已逾越必要程度者,仍應負相當賠償之責。」

[3] 民法第150條第1項:「因避免自己或他人生命、身體、自由或財產上急迫之危險所為之行為,不負損害賠償之責。但以避免危險所必要,並未逾越危險所能致之損害程度者為限。」

[4] 民法第151條:「為保護自己權利,對於他人之自由或財產施以拘束、押收或毀損者,不負損害賠償之責。但以不及受法院或其他有關機關援助,並非於其時為之,則請求權不得實行或其實行顯有困難者為限。」

[5] 民法第172條:「未受委任,並無義務,而為他人管理事務者,其管理應依本人明示或可得推知之意思,以有利於本人之方法為之。」

間。

5. 有損害之發生

有損害之發生，指加害人之行為造成權利人之利益受損。損害額之主張，關係損害賠償額之計算。

6. 有因果關係

因果關係，指加害行為與損害之間的關聯性。侵害專利權，必須加害行為之因造成損害之果，無相當因果關係者不構成侵權。

7. 有責任能力

侵權行為責任的成立必須以有識別能力為必要，無識別能力者無責任能力。無行為能力人（未滿七歲之未成年人）或有限制行為能力人（滿七歲以上之未成年人），不法侵害他人之權利者，以行為時有識別能力為限。

(二)專利法相關規定

除前述構成要件外，主張專利權遭受侵害，尚須符合專利法相關規定。

1. 專利屬地主義

智慧財產權之授予及權利效力有地域性。專利法為國內法，智慧財產權係由各國政府依其本國法令所授予者，故僅在本國管轄之境內有效。依巴黎公約第4條之2第1項規定：「同盟國國民就同一發明於各同盟國內申請之專利案，與於其他國家取得之專利權，應各自獨立，不論後者是否為同盟國。」專利權有地域性，稱屬地主義，亦稱專利獨立原則。

2. 專利權期間

一般有體財產權，其權利效力係隨其所依附之財產的消滅而消滅。智慧財產權不具形體，原則上，係依法律之規定於法定期間屆滿而消滅，以避免專利權人長期壟斷知識；專利權期間屆滿後，任何人均得自由利用。依專利法第52條第3項規定，發明專利權期限，自申請日起算20年屆滿；依第114條規定，新型專利權期限，自申請日起算10年屆滿；依第135條規定，設計專利權期限，自申請日起算12年屆滿。

雖然專利法就各種專利權定有專利權期限，惟專利權人仍有維持其專利權之義務。依專利法第70條，因(1)專利權期限屆滿，(2)專利權人死亡而無

繼承人，(3)第2年以後之專利年費未於補繳期限屆滿前繳納，(4)專利權人拋棄專利權等事由，會導致專利權當然消滅。

　　依專利法第71條，專利權有違反專利法所規定之舉發事由者，任何人得向專利專責機關提起舉發。依專利法第82條，專利權經舉發審查成立者，應撤銷其專利權；專利權經撤銷確定者，專利權之效力，視爲自始不存在。

3. 專利權內容

　　智慧財產權與民法一物一權之概念不同，他人實施與專利相同（包括實質相同，設計專利稱近似）之技術（設計專利稱技藝）即爲侵權，不須有任何占有實體物之行爲。專利權係一種排他權，專有排除他人實施之權，包括五種權能（即實施行爲之態樣）：製造、爲販賣之要約、販賣、使用及進口，未經權利人同意，他人不得實施。依專利法第58條規定：「（第1項）發明專利權人，除本法另有規定外，專有排除他人未經其同意而實施該發明之權。（第2項）物之發明之實施，指製造、爲販賣之要約、販賣、使用或爲上述目的而進口該物之行爲。（第3項）方法發明之實施，指下列各款行爲：一、使用該方法。二、使用、爲販賣之要約、販賣或爲上述目的而進口該方法直接製成之物。」新型專利準用；第136條第1項：「設計專利權人，除本法另有規定外，專有排除他人未經其同意而實施該設計或近似該設計之權。」

　　專利權之性質爲專有排他效力（排他權），而非獨占之效力（獨占權），故取得專利權並不意謂實施自己的專利不會侵害他人之專利權利。由於技術之創新通常係基於已知技術而爲創作，若在他人專利的基礎上再創作，例如物之發明與製造該物之方法發明、原發明與其再發明，方法發明須取得物之發明專利權人之同意始得實施，再發明須取得原發明專利權人之同意始得實施，否則即屬侵權。又如發明專利與設計專利所保護的客體爲同一者，實施自己專利權仍須取得對方專利權人之同意始得實施。

4. 專利權之技術範圍

　　除前述地域、期間及權能內容外，專利侵權分析的焦點在於被控侵權對象是否落入專利權的技術範圍。依專利法第58條第4項規定：「發明專利權範圍，以申請專利範圍爲準，於解釋申請專利範圍時，並得審酌說明書及圖式。」新型專利準用；第136條第2項：「設計專利權範圍，以圖式爲準，並

得審酌說明書。」

本書概以發明專利權之技術範圍為核心,「解釋申請專利範圍」的結果係確定專利權的保護範圍,「專利之侵害判斷」係探究被控侵權對象是否落入該保護範圍。

(三)專利侵權之民事請求權

專利權受侵害,專利權人(或專屬被授權人)主要有二種請求權:損害賠償請求權及禁止侵害請求權。損害賠償請求權,是請求加害人賠償受害人財產損失,依專利法第96條第2項,應以行為人主觀上有故意或過失為必要。禁止侵害請求權,依專利法第96條第1項,包括除去及防止侵害二種請求權,是請求法院發出假處分,除去現在的侵害行為,或防止將來的侵害行為,性質上類似物上請求權之妨害除去與防止請求,故客觀上以有侵害事實或有侵害之虞為已足,並不以行為人主觀上有故意或過失為必要。

除前述二種主要請求權之外,專利法另規定:請求銷毀侵害專利權所用之物、姓名表示權或名譽受侵害之必要處分請求權[6]。

1. 損害賠償請求權

發生專利侵權行為,損害賠償請求權是最常見之請求權,可以請求填補所生之損害。依前述之構成要件,專利侵權行為該當全部構成要件,且被控侵權對象落入專利權範圍者,則侵權行為成立,後續應進行損害賠償金額之計算。然而,專利權人請求損害賠償,以專利權有效存續期間所遭受之損害為限。

損害賠償請求權之行使有期限之限制,專利法第96條第6項:第2項(損害賠償請求權)及前項(回復姓名表示請求權)所定之請求權,自請求權人知有損害及賠償義務人時起,2年間不行使而消滅;自行為時起,逾10年者,亦同。

2. 禁止侵害請求權

專利權遭受或可能遭受侵害,若無措施禁止侵害人持續或可能的侵

---

[6] 專利法第96條第3項:「發明專利權人為第一項之請求時,對於侵害專利權之物或從事侵害行為之原料或器具,得請求銷毀或為其他必要之處置。」第5項:「發明人之姓名表示權受侵害時,得請求表示發明人之姓名或為其他回復名譽之必要處分。」

害，俟專利侵權訴訟確定，損害可能已難以彌補，故對爭執之法律關係，有定暫時狀態之必要者，得準用假處分之規定處理。

禁止侵害請求權，指他人侵害具有專有性及排他性之專利權。依專利法第96條第1項，禁止侵害請求權包括：除去侵害請求權及防止侵害請求權。除去侵害請求權，指除去現行繼續侵害行為的權利；防止侵害請求權，指防止未來可能產生侵害行為的權利。禁止侵害請求權為不作為請求權，不以侵害人有故意或過失為要件，只要有侵權行為或侵權之虞者，專利權人或專屬被授權人均得向法院請求除去或防止之。禁止侵害請求權的具體實現，在美國是勝訴後由法院發給禁制令，在台灣是勝訴後由法院發給定暫時狀態假處分之裁定。

禁止侵害請求項之消滅時效適用民法第125條一般期間或長期間消滅時效之規定：「請求權，因十五年間不行使而消滅，但法律所定期間較短者，依其規定。」

3. 其他請求權

(1) 銷毀侵權物請求權

依專利法第96條第3項「……為第一項請求時……」，銷毀侵權物之請求權係附隨前述禁止侵害請求權而來，指對於侵害專利權之物或從事侵害行為之原料或器具，得請求銷毀或為其他必要之處置。

依TRIPs第46條規定，為有效遏阻侵害情事，法院有權銷毀或於商業管道之外處分侵權物品；對於主要用於製造侵權物之原料及器具，亦有於商業管道外處分之權。

(2) 回復姓名表示請求權

損害賠償、禁止侵害及銷毀侵權物係屬專利權人尋求民事救濟之請求權；回復姓名表示係屬創作人尋求民事救濟之請求權。創作人的姓名表示權表面上並無經濟利益，卻有潛在利益，例如因專利權之經濟利益可連帶抬高創作人之身價，若創作人的姓名表示權遭受侵害，真正的創作人無法享有身價抬高的潛在經濟利益。

　　依專利法第7條第4項，創作人享有姓名表示權，而為其專屬權利[7]。姓名表示權遭受侵害或創作人之名譽受損者，依專利法第96條第5項規定，創作人得請求表示其姓名或為其他回復名譽之必要處分。所稱之必要處分，依專利法第96條第6項「第二項及前項（回復姓名表示之請求權）所定之請求權，自請求權人知有損害及賠償義務人時起……」，包括損害賠償請求權。依民法第195條第1項規定，不法侵害人格法益之一的名譽權成立者，則被告可要求賠償相當金額[8]。因舉證困難，實務上甚少請求損害賠償。

二、專利侵權分析之流程

　　專利侵害鑑定要點分上、下兩篇，下篇「專利侵害之鑑定原則」將專利侵權訴訟程序中待鑑定對象（包括物或方法，要點中以文字記載為系爭物、系爭方法或系爭對象及待鑑定物、待鑑定方法或待鑑定對象者，以下皆統稱「被控侵權對象」）是否侵害發明或新型專利權範圍之分析，分為二階段[9]：

階段1：解釋申請專利範圍，以確定專利權範圍（文義範圍）。

階段2：解析申請專利範圍及解析被控侵權對象，將經解釋、解析後之申請　　　　專利範圍與經解析後之被控侵權對象比對，並判斷被控侵權對象是　　　　否落入專利權範圍。

---

[7] 專利法第7條第4項：「依第一項、前項之規定，專利申請權及專利權歸屬於雇用人或出資人者，發明人、新型創作人或設計人享有姓名表示權。」

[8] 民法第195條第1項：「不法侵害他人之身體、健康、名譽、自由、信用、隱私、貞操，或不法侵害其他人格法益而情節重大者，被害人雖非財產上之損害，亦得請求賠償相當之金額。」

[9] Multiform Desiccants Inc. v. Medzam Ltd., 133 F.3d 1473, 1476, 45 U.S.P.Q.2d 1429, 1431 (Fed. Cir. 1998) (Determining whether a patent claim is infringed, by "covering" or "reading on" an accused device, involves two inquiries: (1) interpreting the claims, and (2) comparing the properly interpreted claims to the device.)

（一）流程圖

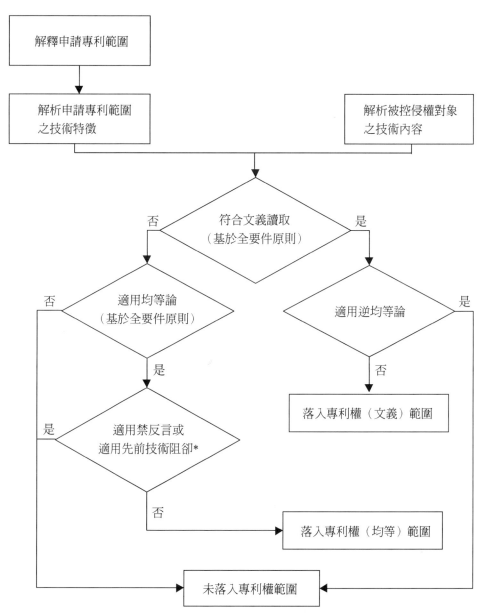

＊被告主張適用禁反言及／或適用先前技術阻卻，判斷時，兩者無先後順序關係

圖2-1　流程圖

（二）流程概述

　　專利侵權分析過程相當繁瑣，包括解釋、解析、比對，甚至包括逆均等論、禁反言及先前技術抗辯等步驟。專利侵害鑑定要點中明示前述流程圖，係基於便於說明及理解之目的，訴訟實務上並非一定要遵循該流程。例如，被告不必等法院認定被控侵權對象落入專利權均等範圍，始抗辯該專利權範圍適用禁反言或先前技術阻卻，而無均等論之適用，亦即不管被控侵權對象是否落入專利權之均等範圍，被告隨時都可以抗辯禁反言或先前技術阻卻。

　　侵權分析之流程如下（請對照前述流程圖）：

階段1.解釋申請專利範圍

階段2.比對經解釋後之申請專利範圍與被控侵權對象

　(1) 解析申請專利範圍之技術特徵

　(2) 解析被控侵權對象之技術內容

　(3) 基於全要件原則（all-elements rule/all-limitations rule），分析被控侵權對象是否符合文義讀取（read on）

　　a. 若被控侵權對象符合文義讀取，且被告主張適用逆均等論（reverse doctrine of equivalents），應就其主張予以分析。

　　　(a) 若被控侵權對象適用逆均等論，則應認定被控侵權對象未落入專利權範圍。

　　　(b) 若被控侵權對象不適用逆均等論，則應認定被控侵權對象落入專利權之文義範圍。

　　b. 若被控侵權對象符合文義讀取，而被告未主張適用逆均等論，應認定被控侵權對象落入專利權之文義範圍。

　　c. 若被控侵權對象不符合文義讀取，應再分析被控侵權對象是否適用均等論（doctrine of equivalents）。

　(4) 基於全要件原則，分析被控侵權對象是否適用均等論

　　a. 若被控侵權對象不適用均等論，則應認定被控侵權對象未落入專利權範圍。

　　b. 若被控侵權對象適用均等論，且被告主張適用禁反言（prosecution history estoppel）及／或先前技術阻卻時，應再分析被控侵權對象是否適用禁反言或先前技術阻卻（分析時，不分先、後順序）。

(a) 若被控侵權對象適用禁反言或先前技術阻卻其中之一，則應認定被控侵權對象未落入專利權範圍。

(b) 若被控侵權對象不適用禁反言且不適用先前技術阻卻，則應認定被控侵權對象落入專利權之均等範圍。

c. 若被控侵權對象適用均等論，且被告未主張禁反言及先前技術阻卻時，應認定被控侵權對象落入專利權之均等範圍。

三、專利侵權分析二階段

專利侵害鑑定要點將專利侵權分析之流程分為二階段，解釋申請專利範圍及比對、判斷被控侵權對象是否落入專利權範圍，這種設計係參酌歐美先進國家，尤其是美國的專利侵權訴訟制度。事實上，這種設計與歐美國家所採用的陪審制度有關。

在美國，將訴訟爭點區分為法律問題及事實問題，其目的在於因應美國法律制度的現實需要；但在我國，專利侵權訴訟案件概由法院審判決定，無論申請專利範圍的解釋或該範圍是否遭侵害的認定，並無將訴訟流程、爭點予以區分之必要。

(一) 法律問題或事實問題

專利侵權糾紛，依專利法規定，應循民事訴訟途徑解決。民事訴訟係採當事人進行主義，法院所探究的事實並非絕對的真實，而是基於當事人之主張及證據所能支持的相對真實。

在美國，陪審團的責任係就案件的事實及證據做出決定，而法官的責任係針對案件所涉及的法律問題做出判斷，並在陪審團之決定的基礎上做出判決。事實或證據的判斷涉及法律概念時，應由法官提供法律指導，再由陪審團做出決定。

將訴訟爭點區分為法律問題或事實問題，其目的在於因應美國法律制度的現實需要，區分問題性質的依據通常是基於專業判斷及訴訟經濟的考量。在美國，涉及法律專業的判斷且對於判斷結果一致性的要求較高者，通常被認定為法律問題，委由法官為之；若委由陪審團判斷，須花費較多的人力、時間、金錢者，通常傾向於認定為法律問題，故經濟因素亦為考量重點之一。

確定某一問題究竟為法律問題或為事實問題的意義不僅在於判斷權責歸

屬於法官或歸屬於陪審團，對於案件可否上訴亦有很大的影響。上訴法院針對下級法院所為申請專利範圍之解釋重新審理，基本上是依地方法院在第一審過程中所留下、存在的法院審理紀錄加以審理。由於上訴法院並無相關的科學資源或技術專家提供技術上的說明及支援，且基於上訴法院屬法律審的性質，上訴法院不會導入新事實、新證據重新審理地方法院對於申請專利範圍之解釋是否適當[10]。然而，若第一審之陪審團就當事人之主張所為之決定缺乏實質證據支持，即使該決定屬於事實問題，上訴法院仍得否定該決定，惟出現這種情況的機會微乎其微[11]。

　　前述專利侵權分析階段2中之「文義讀取」及「均等論」係屬事實問題；然而，階段1中之「解釋申請專利範圍」究竟係屬法律問題或事實問題，在1995年之前一直無法達成一致的見解。美國聯邦巡迴上訴法院於1995年Markman v. Westview Instruments案[12]判決：美國司法制度的一個基本原則是解釋書面文件為法官的權力，而非陪審團的責任。若證據係書面文件，須要確定的內容為書面文件所載之內容的涵義，而非事實本身，則屬法律問題。專利文件為具有嚴格形式要求的書面文件，說明書之記載應使該發明所屬技術領域中具有通常知識者能瞭解其內容，並可據以實現申請專利之發明，而申請專利範圍之內容應明確且必須為說明書所支持。

　　美國聯邦巡迴上訴法院於該案之判決確立申請專利範圍的解釋是法律問題，專屬法院之權責，主要理由：

1. 美國聯邦最高法院於19世紀已指出，依美國法的基本原則，法院有權自己解釋法律文件，說明書及申請專利範圍均屬此類文件。

2. 對於專利權人的競爭者而言，有必要透過經法律訓練的法官，以彼此類似且始終一致之分析方式解釋申請專利範圍，並建立解釋之原則，使專利權範圍符合撰寫人的原意且始終一致。

3. 專利權之授予是國家與發明人之間的契約，其性質與一般私人契約不同，

---

[10] Schering Corp. v. Amgen Inc., 222 F.3d 1347, 1354, 55 U.S.P.Q.2d (BNA) 1650, (Fed. Cir. 2000).

[11] 尹新天，專利權的保護，專利文獻出版社，1998年11月，頁306~309。

[12] Markman v. Westview Instruments, Inc., 52 F.3d 967, 34 U.S.P.Q. 2d 1321(Fed. Cir. 1995) (en banc).由於本案之判決，目前美國專利實務在專利侵權案件初審開庭前，聯邦地方法院會召開聽證會，就申請專利範圍中之文義及範圍先行認定，此即「馬克曼聽證會」（Markman hearing）。正式開庭後，陪審團就依此一認定，判斷是否構成侵權。

私人契約僅規範當事人之間的權利、義務，而專利權會影響社會大眾，基於社會公益之考量，受有法律訓練的法官始能勝任[13]。

美國聯邦最高法院判決支持前述見解，判決：申請專利範圍的解釋是一個法律判斷的問題，只有受過法律訓練、瞭解專利文件撰寫格式、熟悉解釋書面文件之法律規則的法官始能勝任，應專屬於法院職權判斷的範圍，不得由陪審團決定[14]。

#案例－Cybor Corp. v. Fas Technologies, Inc.[15]

系爭專利：

　　一種精確分配小量液體之裝置及方法，US 5,167,837。系爭專利係一種微電子產業中用於化學液之過濾及配送系統，在微小基質上配置更多數量之電路已為趨勢，因應該趨勢之先進製程，無塵室中所使用的化學液相當昂貴，系爭專利就是用於這種化學液。

請求項 1：

　　一種以精確控制之方式過濾及分配液體之裝置，其包括：第一泵手段；第二泵手段（second pumping means），其與該第一泵手段液體連通……；包含手段，使得（means enable）該第二泵手段蒐集及／或配送該流體，或該泵手段二者，以該第一泵手段之操作速率或操作期間，或以該第一泵手段之操作速率及操作期間，前述蒐集及配送之操作速率或操作期間各自獨立於該第一泵手段，或二者均獨立於該第一泵手段。

---

[13] Markman v. Westview Instruments, Inc., 52 F.3d 967, 34 U.S.P.Q. 2d 1321(Fed. Cir. 1995) (en banc) (The interpretation and construction of patent claims, which define the scope of the patentee's rights under the patent, is a matter of law exclusively for the court.); (Courts are free to construe written instruments for themselves, and provided various reasons to include patents among these sorts of written instruments.); (a competitor's need for a clear definition of the scope of the patentee's fight to exclude from a judge, trained in the law who will similarly analyze the text of the patent and its associated public record and apply the established rules of construction, and in that way arrive at the true and consistent scope of the patent owner's rights); (Patents, unlike private contracts, are enforceable against the general public.)

[14] Markman v. Westview Instruments, Inc., 517 U.S. 370 (1996).

[15] Cybor Corp. v. Fas Technologies, Inc. 138 F.3d 1448, 46 USPQ2d 1169 (Fed. Cir. 1998)(en banc).

說明書：

　　一種流體來自貯槽，經由管路進入系統，經由閥手段到第一泵手段，返回經由閥手段到過濾手段，經由第二泵手段，經由管予以配送。

爭執點：

　　上訴法院對於地方法院解釋申請專利範圍的作為。

被告：

　　在審查程序中專利權人曾申復發明與引證文件「外部泵」的區別，從而克服先前技術之核駁。依申請歷史檔案，專利權人不得將請求項中所載「第二泵手段」（second pumping means）解釋為專利權涵蓋外部貯槽，亦即專利權人不得依35 U.S.C.第112條第6項主張具有外部貯槽之泵裝置（如被控侵權對象）為「第二泵手段」之均等物。

地方法院：

　　「手段，使得該第二泵手段用以蒐集及/或配送流體，或二者」之功能的對應結構包含外部貯槽，不同意以申請歷史檔案限縮申請專利範圍，判決請求項11、12及16均等侵權成立，其餘請求項文義侵權成立。

聯邦巡迴上訴法院：

　　聯邦巡迴上訴法院所做出之Markman I判決解釋申請專利範圍純屬法律問題，上訴法院應完全重審（de novo）地方法院所解釋之申請專利範圍。

　　聯邦最高法院做出Markman II判決後，聯邦巡迴上訴法院大多遵循Markman I中所建立的「完全重審標準」（de novo standard），但有些案件，聯邦巡迴上訴法院認為申請專利範圍之解釋為附屬的事實性認定，仍援用原先「明顯錯誤標準」（clearly erroneous standard）。問題在於Markman II判決是否修正了Markman I之「完全重審標準」？

　　Markman II之爭執點為「申請專利範圍之解釋是否完全屬於地方法院之法律問題」；聯邦最高法院判決「申請專利範圍之解釋是由法官認定之法律問題」（the totality of claim construction is a legal question to be decided by the judge）。聯邦巡迴上訴法院全院聯席聽證未發現聯邦最高

法院在Markman II判決中支持申請專利範圍之解釋涉及任何事實問題；反而聯邦最高法院贊同聯邦巡迴上訴法院作為全國統一解釋申請專利範圍的角色。聯邦巡迴上訴法院的結論是，Markman I所建立的「完全重審標準」並未被聯邦最高法院改變，聯邦巡迴上訴法院將完全重審申請專利範圍之解釋，包括任何涉及申請專利範圍之解釋的相關事實問題。

對於本案，聯邦巡迴上訴法院認為被控侵權人所述之引證文件與發明專利之間明顯有別，故認為專利權人僅放棄該引證文件所揭示具有獨立功能且非屬物理連接的貯槽，但未放棄任何與泵物理連接之貯槽。因此，判決：有足夠證據支持陪審團對於被控侵權對象在文義上侵害該請求項之認定。

＃案例－智慧財產法院97年度民專訴字第18號判決

系爭專利：

專利A請求項1：「一種熱傳裝置，包含有：至少一器室，其容納有一可凝結液體，該器室包括一設置來耦合至一熱源以用於蒸發該可凝結液體之蒸發區，被蒸發之可凝結液體於該至少一器室之內的表面上集聚為凝結液；以及<u>一多芯結構</u>，其包含有一多數可互操作之芯結構設置於該至少一器室之內供用於促進該凝結液朝向該蒸發區流動。」

原告：

系爭專利A之申請專利範圍已完整揭示技術特徵之結構，應無依專利法施行細則第18條第8項解釋之必要。依據再審查理由書第3頁等審查歷史所建立之文義解釋，至少應涵蓋或文義上讀入（literally read on）任一實際上包含多數互連之芯結構從蒸發區不斷延伸至凝結區而具有一空間變化的芯吸能力使得凝結液聚向蒸發區時可有一增加的芯吸能力的多芯結構。

被告：

系爭專利A獨立項中關於「多芯結構」之記載應非以「手段功能用

語」界定其技術特徵。該獨立項並非「技術特徵無法以結構、性質或步驟界定，或者以功能界定較為清楚」者，且屬於「純功能」之記載，欠缺具體技術特徵，所屬技術領域中具有通常知識者並無想像出其具體結構之可能性，導致申請專利範圍不明確，具有法定應撤銷事由，無須進行解釋。系爭專利申請專利範圍第1項不符合專利審查基準中所指「惟若某些技術特徵無法以結構、性質或步驟界定，或者以功能界定較為清楚……，得以功能界定申請專利範圍，應注意者，不允許以純功能界定物或方法的申請專利範圍。」屬於「純功能」之記載，欠缺具體技術特徵。

法院：

　　兩造雖然均不同意申請專利範圍第1項所記載之技術特徵適用專利法施行細則第18條第8項之解釋方法，惟對於申請專利範圍第1項所載之用語「多芯結構」及其功能「供用於促進該凝結液朝向該蒸發區流動」，兩造均認為其並未記載完整的結構，致被告認為應認定申請專利範圍第1項不明確，而原告認為應讀入說明書中所載相對應之技術特徵。由於發明專利權範圍以申請專利範圍為準，原則上，不得如原告所主張將未載於申請專利範圍之技術特徵讀入申請專利範圍，但在行政處分並無重大瑕疵，且經公告之專利權應視為有效之原則下，若依前述施行細則所定之解釋方法，則容許如原告所主張將專利說明書中所載相對應之結構或材料讀入申請專利範圍第1項，故系爭專利A申請專利範圍第1項應適用專利法施行細則第18條第8項之解釋方法。

筆者：解釋申請專利範圍為法律問題，而為法官的權力，不必囿於辯論主義。因此，原告主張A、被告主張B，法官仍可以解釋為C；即使原、被告均不爭執，基於後續侵權分析的正確性，法官仍可以自行解釋申請專利範圍。

＃案例－智慧財產法院101年度民專上字第14號判決

系爭專利：

　　請求項1：「一種具有端子保護功能之卡片連接器，包含有：一殼體，……，該殼體於該容置部之至少一對相對側緣之底面設有一擋止肩面；以及一壓板，大致呈矩形，可上下位移地位於該容置部內，該壓板之至少一對相對側緣具有一頂抵肩面，對應於該二擋止肩面；該壓板具有複數穿孔形成於其板身，該第二組端子之身部向上頂抵於該壓板底面，且該等接觸部係由下向上穿過該等穿孔而露出於該壓板上方。」

法院：

　　系爭專利之新型說明中所載之我國第M277143號新型專利案，其技術特徵在於殼體兩側壁之導軌的「上止點」與壓板兩側之導引部的「頂點」彼此間以「點對點」相互擋止頂抵的結構（所謂「點」係指擋止頂抵的結構均為殼體及壓板兩相對前後及／或左右側緣的部分位置，即先前技術之「上止點」及「導引部頂點」均為殼體及壓板之左右相對側緣的部分位置）。該新型專利案為系爭專利之先前技術，自屬法院得用於解釋申請專利範圍之內部證據，又申請專利範圍解釋為法律問題，並無辯論主義之適用，是本院自應依職權採用上開M277143號專利於解釋系爭專利申請專利範圍。

（二）馬克曼聽證

　　解釋申請專利範圍在專利侵權訴訟實務上舉足輕重，美國專利司法實務發展出一套特別聽證制度進行申請專利範圍的解釋，稱為馬克曼聽證（Markman Hearing），每一件專利侵權案件皆會進行馬克曼聽證。然而並非指美國法院皆應進行申請專利範圍的解釋，在美國United States Surgical Corp. v. Ethicon, Inc.案[16]，專利權人主張地方法院未解釋申請專利範圍，以致造成無法彌補之瑕疵，但聯邦巡迴上訴法院不同意專利權人之主張。聯邦巡迴上訴法院指出：Markman案之判決並未要求法院必須就申請專利範圍中每

---

[16] United States Surgical Corp. v. Ethicon, Inc., 103 F.3d 1554, 41 USPQ2d 1225 (Fed. Cir. 1997).

一個用語逐一解釋，或針對當事人未爭議之用語做出解釋。解釋申請專利範圍，係解決文字意義及技術範圍的爭議，釐清申請專利範圍所涵蓋之範圍，以為侵權分析之基礎，其並非強制必須進行的程序。

於馬克曼聽證，當事人得各自提出申請專利範圍的解釋，而法院應依職權獨立評估申請專利範圍、說明書、申請歷史檔案及相關外部證據，據以認定申請專利範圍之意義並告知當事人。法院的決定可以是當事人均未主張者，不受兩造主張之拘束[17]。

馬克曼聽證，僅就申請專利範圍中有爭執的之文字、用語進行解釋[18]，不會直接涉及先前技術或被控侵權對象之特徵認定。但從訴訟策略的角度，兩造在這一階段就可以先掌握、確認訴訟相關之事實資訊，例如可能的先前技術、被控侵權對象之特徵，先就整體訴訟程序進行沙盤推演，始決定訴訟策略。例如，檢索到相當接近之先前技術時，被告可以朝寬廣的方向解釋申請專利範圍，以主張專利權無效，或誘使原告證詞反覆而生禁反言之適用。

#案例－United States Surgical Corp. v. Ethicon, Inc.[19]

背景說明：

在先前之判決，聯邦巡迴上訴法院已肯認地方法院依陪審團之決定判決該專利因顯而易知而無效。7週後，聯邦巡迴上訴法院全院聯席聽證，做出劃時代的Markman I判決。在Markman II判決後，最高法院應專利權人之請求撤銷本案先前之判決，發回更審，並指示參考Markman案之判決。

專利權人：

地方法院未解釋申請專利範圍，致造成無法彌補之瑕疵。

---

[17] Exxon Chemical Patents Inc. v. Lubrizol Corp., 64 F.3d 1553, 35 USPQ2d 1801, 1802 (Fed. Cir. 1995) (The judge's task is not to decide which of the adversaries is correct, instead, the judge must independently assess the claims, the specification, and if necessary the prosecution history, and relevant extrinsic evidence, and declare the meaning of the claims.)

[18] U.S. Surgical Corp. v. Ethicon, Inc., 103 F.3d 1554, 1568, 41 U.S.P.Q.2d 1225 1236 (Fed. Cir. 1997) (Claim construction is for "resolution of disputed meanings.")

[19] United States Surgical Corp. v. Ethicon, Inc., 103 F.3d 1554, 41 USPQ2d 1225 (Fed. Cir. 1997).

聯邦巡迴上訴法院：

　　不同意專利權人之主張，並指出Markman案之判決並未要求法院必須就申請專利範圍中每一個用語逐一解釋，或針對申請專利範圍中雙方當事人未爭議之每一個用語做出指示。解釋申請專利範圍，係解決有爭議的用語及技術範圍，係釐清並解釋申請專利範圍所涵蓋之範圍，以作為侵權分析之基礎，其並非強制必須進行的程序。

第三章　解釋申請專利範圍

　　申請專利範圍，是以有限的文字、用語界定申請人所請求授予專利權的創作內容，其作用在於界定專利權範圍，專利權人得據以排除他人未經其同意而利用該專利權之法律文件。雖然發明創作是具體的技術構思，申請專利範圍的內容仍得就申請專利之發明作總括性的界定，不必限制在具體的實施方式。由於文字、用語本身的抽象性、多義性、申請人運用文字、用語的主觀性及申請人可以自行定義文字、用語的意義（申請人可以作為辭彙編纂者[1]）等主、客觀因素，以有限的文字、用語難以明確、完整描述申請專利之發明，故透過說明書、申請歷史檔案或字典等內、外部證據解釋申請專利範圍中所載申請專利之發明的內涵，實有其必要。

　　本章主要係就民事訴訟中解釋申請專利範圍之基本理論、依據、一般原則、請求項結構及用語之解釋及特殊請求項之解釋等各方面介紹適用之理論及原則，並搭配我國及美國法院所為之相關判決，供讀者身歷其境瞭解相關理論、原則之精髓。

一、基本理論

　　關於申請專利範圍的解釋，歷史上有三種基本理論：周邊限定主義、中心限定主義及折衷主義。

(一)周邊限定主義

　　周邊限定主義（Peripheral Claiming Doctrine），指專利權範圍完全取決於申請專利範圍中所記載之文字，申請專利範圍中以文字所載之技術特徵[2]即為專利權人所主張之專利權範圍的周邊界限，侵權行為必須完全實施申請專利範圍中所載之每一個技術特徵，始落入專利權範圍，專利權人不得藉任何方式擴張專利權範圍，故不得藉均等論擴張其保護範圍。本理論之優點在

---

[1]　Markman v. Westview Instruments, Inc., 52 F.3d 967, 34 U.S.P.Q. 2d 1321 (Fed. Cir. 1995) (A patentee is free to be his own lexicographer. The caveat is that any special definition given to a word must be clearly defined in the specification.)

[2]　中國北京市高級人民法院，專利侵權判定指南，2013年10月9日發布，第5條：「技術特徵是指在權利要求所限定的技術方案中，能夠相對獨立地執行一定的技術功能、並能產生相對獨立的技術效果的最小技術單元或者單元組合。」

於專利權範圍明確，社會大眾可以預期專利權範圍之周邊界限，而有利於社會大眾之利用。歷史上採周邊限定主義之國家以英、美爲代表。

（二）中心限定主義

中心限定主義（Central Claiming Doctrine），指專利權範圍係以申請專利範圍中所載之文字爲中心向外作一定程度的技術延伸，但必須以說明書中所載之技術構思爲限，故得以藉均等論建構其保護範圍。本理論認爲申請專利範圍之文字內容僅敘述說明書中所載之技術構思的最佳實施方式，而將技術構思具體化，申請專利範圍之作用在於說明發明人對於先前技術上所做之貢獻，而非界定專利權範圍，其目的僅供專利行政機關及社會大眾判斷發明是否具可專利性。在專利侵權分析時，法院得透過說明書及圖式之內容理解發明構思，擴張申請專利範圍中之文義解釋，進而超出申請專利範圍中所載之文字範圍。本理論之缺點在於專利權範圍不明確，社會大眾不易預期專利權範圍之周邊界限，亦不利於社會大眾之利用。歷史上採中心限定主義之國家以德、日、荷爲代表。

（三）折衷主義

1973年歐洲專利公約第69條第(1)項[3]：「歐洲專利或歐洲專利申請案的保護範圍由申請專利範圍予以確定。然而，得以說明書及圖式解釋申請專利範圍。」雖然本條概括規定解釋申請專利範圍的原則，但由於歐洲各締約國對於本條文之理解及執行有落差，爲統一標準，在簽訂歐洲專利公約時，各締約國另簽訂一份解釋歐洲專利公約第69條的議定書[4]，內容如下：「第69

---

[3] Article 69 Extent of protection (1), (The extent of the protection conferred by a European patent or a European patent application shall be determined by the claims. Nevertheless, the description and drawings shall be used to interpret the claims.)

[4] Protocol on the Interpretation of Article 69 The European Patent Convention, (Article 69 should not be interpreted as meaning that the extent of the protection conferred by a European patent is to be understood as that defined by the strict, literal meaning of the wording used in the claims, the description and drawings being employed only for the purpose of resolving an ambiguity found in the claims. Nor should it be taken to mean that the claims serve only as a guideline and that the actual protection conferred may extend to what, from a consideration of the description and drawings by a person skilled in the art, the patent proprietor has contemplated. On the contrary, it is to be interpreted as defining a position between these extremes which combines a fair protection for the patent proprietor with a reasonable degree of legal certainty for third parties.)

條不應被理解爲歐洲專利的保護範圍係由申請專利範圍中之文字嚴格的文義予以確定，而說明書及圖式僅用於解釋申請專利範圍中含糊不清之處；亦不應被理解爲申請專利範圍僅具有指導作用，而其實際保護範圍係該發明所屬技術領域中具有通常知識者從說明書及圖式之內容所認爲得擴展到專利權人所期望達到的範圍。申請專利範圍之解釋應介於前述二種極端觀點之間，既能提供專利權人合理之保護，亦能提供他人足夠之法律確定性。」

　　議定書中所指二種極端觀點即爲「周邊限定主義」及「中心限定主義」，議定書未從正面闡述解釋申請專利範圍的原則，而是從反面排除二種極端觀點，據以揭示歐洲專利公約係採周邊限定主義與中心限定主義之間的折衷主義，即專利權範圍係由申請專利範圍之實質內容（包括說明書中所記載的問題、手段及功效）所決定，而非完全取決於申請專利範圍中之文字，亦不得擴張申請專利範圍之文義解釋，進而超出申請專利範圍中所載之文字範圍。因此，爲確定申請專利範圍之涵義，不論申請專利範圍中之文義是否明確，均應參酌說明書及圖式中之記載，而非申請專利範圍中之文義不明確時始參酌之[5]。

　　其實，無論是「周邊限定主義」或是「中心限定主義」，二者僅係學者於教科書上所闡述之理論，據以說明專利權保護體系，折衷主義已爲全球現階段之主流，除歐洲諸國外，我國[6]、日本[7]及中國[8]之專利法規定皆採折衷主義。中國北京市高級人民法院於2013年10月9日發布的「專利侵權判定指南」（以下簡稱中國北京高級法院的「專利侵權判定指南」）第7條：「折衷原則。解釋權利要求時，應當以權利要求記載的技術內容爲准，根據說明書及附圖、現有技術、專利對現有技術所做的貢獻等因素合理確定專利權保護範圍；既不能將專利權保護範圍拘泥於權利要求書的字面含義，也不能將

---

[5]　尹新天，專利權的保護，專利文獻出版社，1998年11月，頁218。

[6]　專利法第58條第4項：「發明專利權範圍，以申請專利範圍爲準，於解釋申請專利範圍時，並得審酌說明書及圖式。」

[7]　日本特許法第70條：「1.特許發明の技術的範圍は、願書に添付した特許請求の範圍の記載に基づいて定めなければならない。2.前項の場合においては、願書に添付した明細書の記載及び図面を考慮して、特許請求の範圍に記載された用語の意義を解釋するものとする。3.前二項の場合においては、願書に添付した要約書の記載を考慮してはならない。」

[8]　中國專利法第56條第1項：「發明或者實用新型專利權的保護範圍以其權利要求的內容爲准，說明書及附圖可以用於解釋權利要求。」

專利權保護範圍擴展到所屬技術領域的普通技術人員在專利申請日前通過閱讀說明書及附圖後需要經過創造性勞動才能聯想到的內容。」

我國專利法對於申請專利範圍的解釋係採折衷主義，可見於智慧財產法院97年度民專上字第8號判決：「關於專利技術保護範圍之界定，學說上固有：中心限定主義：專利權保護之客體爲該專利原理之基本核心，縱使其在專利請求之文義中並未具體表現出來，於審酌其所附之詳細說明書、圖式等所記載或標示之事物，亦受到保護。周邊限定主義：申請專利所受保護範圍，以申請專利範圍爲最大限度，未記載於申請專利範圍之事項，不受保護。折衷主義：專利權所賦與之保護範圍，應依申請專利範圍之文義而決定，而說明書之記載及圖式，於解釋申請專利範圍時，應予使用。此說於專利保護範圍之解釋上，非拘泥於申請專利範圍單純之文字解釋，而容許均等原則之適用。……我國專利法針對專利技術保護範圍之界定，係採取折衷主義，即明文規定專利之保護範圍應以申請專利範圍之內容及對前開專利範圍之解釋爲依據，既不以專利說明書之全部，亦不僅以申請專利範圍之文義爲其範圍。」

智慧財產法院97年度民專上字第4號判決有清楚的剖析：「我國專利法解釋專利權範圍，係採學說所謂折衷限定主義（介於中心限定主義及周邊限定主義之間），即原則上對於專利保護之範疇，係根據申請專利範圍之文字通常僅記載專利之構成要件，其實質內容得參酌之說明書及圖式所揭示之目的、作用及效果而加以解釋。解釋時之優先順序，依序爲申請專利範圍、說明書及圖式。至於實施方式及摘要部分，原則上非屬解釋之基礎。」

#案例－智慧財產法院97年度民專上字第8號判決

系爭專利：
    修正前之獨立項2：「一種階式模內貼標結構，包含：貼標，貼標印刷有圖案或文字，及設兩邊壁，邊壁設槽；塑膠容器或製品，……，該貼標之槽適位於塑膠容器或製品之接合處，以使塑膠容器或製品與貼標充分一體成型結合。」

上訴人（專利權人）：
    於申請專利之程序，提出修正，刪除「邊壁設槽」。

被上訴人：

系爭專利係以「邊壁設槽」為必要技術特徵，而被上訴人之產品不具備「邊壁設槽」之技術特徵，並未侵害上訴人之專利權。

二審法院：

按專利法第56條第3項規定：「發明專利權範圍，以說明書所載之申請專利範圍為準，於解釋申請專利範圍時，並得審酌發明說明及圖式。」依系爭專利申請專利範圍第2項所記載「貼標之槽」，可見該「槽」係為貼標上的設槽，絕非塑膠容器或製品在任何可能位置設槽，而「貼標之槽」該槽確切位置係請求項文字所無法完全直接表現出來，故屬於上揭法條所言，即係「解釋申請專利範圍時，並得審酌發明說明及圖式」之情事，且系爭專利說明書亦明確說明「貼標之槽」設置在塑膠容器或製品之不同外徑之環圍壁面處。換言之，「貼標之槽」實質之意義為在貼標之邊壁上設槽，且位置在塑膠容器或製品不同外徑之環圍壁面處。

#案例－智慧財產法院99年度民專上字第61號判決

系爭專利：

請求項1：「一種可偵測印刷電路板上之鑽孔精密度的裝置，其主要結構係包含：一掃描光機，其上方設一信號接收器，係為可調整定位及移動之結構，該信號接收器之下方設有一倍率鏡頭，用以接收反射之光源信號，另於該信號接收器之兩側設一組調整角度支架，供連接兩投射光源以調整光源輸出之角度，使該倍率鏡頭所接收之信號為最佳之信號；及一平台，係設於該掃描光機之正下方，為可相對於該掃描光機移動其上所置放之印刷電路板，供該掃描光機掃描該印刷電路板上之鑽孔。」

上訴人：

「調整角度支架」係指「供其他裝置調整角度的支架」，「最佳信

號」係指「隨著各種印刷電路板之表面粗糙度、平面度、厚度或孔徑大小不一，而藉由調整角度支架調整（投射）光源輸出之角度以得到投射在待測物之聚焦光線的反射光」。經100年7月8日勘驗，系爭機台係以鉚釘鉚接於支架，而爲永久性接合固定裝置，系爭機台無法亦無須爲調整光源投射角度之操作，故與系爭專利使用調整手段並不相同。

法院：

依系爭專利説明書之記載：「請參閱第一圖，爲本發明之立體示意圖……另於信號接收器之兩側設一組調整角度支架，供連接兩投射光源，並藉由該調整角度支架上下作動及調整該兩投射光源之角度，使該信號接收器透過倍率鏡頭所接收之信號爲最佳之信號，其最佳信號乃是投射光源投射在待測物如印刷電路板之聚焦光線的反射光……」，是以「最佳之信號」係指「投射光源投射在待測物如印刷電路板之聚焦光線的反射光」。至於「調整角度支架」係指用以連接投射光源，其功能在於藉由該支架配合調整投射光源之角度，使信號接收器得以接收最佳之信號，至於調整投射光源角度與否，應包括裝置機台校正之調整，亦包括各種印刷電路板之表面粗糙度、平面度、厚度或孔徑大小不一，而藉由調整投射光源輸出之角度以使信號接收器得以接收最佳之信號，惟並未限制須於檢測印刷電路板之過程中「隨時調整」。

二、基本概念

專利權的保護範圍包含文義範圍及均等範圍（事實上尚須經禁反言等原則限縮之）；相對於文義範圍，均等範圍有延伸文義範圍之結果，但在概念上二者皆爲專利權的保護範圍，故均等範圍並非專利權保護範圍的擴張。這個概念很重要，對於均等論之限制（例如禁反言、先前技術阻卻）、逆均等論的論理及先占法理之推論有相當影響。中國北京高級法院的「專利侵權判定指南」第1條第1項明定專利權的保護範圍包括等同（即均等範圍）：「審理侵犯發明或者實用新型專利權糾紛案件，應當首先確定專利權保護範圍。發明或者實用新型專利權保護範圍應當以權利要求書記載的技術特徵所確定的內容爲准，也包括與所記載的技術特徵相等同的技術特徵所確定的內

容。」

　　本章後述第三節至第六節係說明解釋申請專利範圍實務上的操作原則等相關事項，對於未曾接觸專利侵權分析的讀者而言，內容具體而容易理解，有吸引注意力的效果，但反而會讓讀者忽略解釋申請專利範圍的基本原則，例如本節將說明的目的、場合及意義等。依筆者之經驗，解釋申請專利範圍的一般原則簡單易懂，初學者常會自以爲是，事實上，解釋申請專利範圍實務上的操作相當細膩，一旦見樹不見林，例如僅見「禁止讀入」原則而未見解釋申請專利範圍應「客觀合理」，常會做出錯誤的解釋。本節將說明解釋申請專利範圍的基本概念，以建立正確的觀念。

（一）解釋申請專利範圍之目的

　　依專利侵害鑑定要點，在專利侵權民事訴訟程序中，解釋申請專利範圍之目的在於正確解釋申請專利範圍之文字意義（下稱文義），以合理界定專利權範圍[9]，進而確定專利權範圍。雖然專利權的保護範圍包含文義範圍及均等範圍，「解釋申請專利範圍」的對象僅爲文義範圍，而非均等範圍。

　　依專利法第26條第1項[10]及施行細則第17條第1項第4款[11]規定，說明書應揭露該創作所欲解決之問題、解決問題之技術手段及對照先前技術之功效，其程度應足使該創作所屬技術領域中具有通常知識者能製造及/或使用該創作而能合理確定發明人已完成該創作，亦即認知發明人已先占所揭露之技術範圍。當發明人將前述技術範圍向社會大眾公開，或提交申請文件向智慧財產局申請專利，無論申請人是否請求授予專利權保護整個技術範圍，他人均不得侵占該技術範圍，而申請人自己所撰寫之申請專利範圍及後續之修正、更正、分割、改請等申請行爲亦不得超出其所先占之技術範圍。

　　前述所稱「已完成該創作」，指說明書的揭露內容必須包含該創作所欲解決之問題、解決問題之技術手段及對照先前技術之功效。舉例說明如下：申請時所提交之說明書揭露技術手段之技術特徵（A+B+C）可以解決X問題達成Y功效，解決問題達成功效的主要技術特徵爲C，而申請專利範圍記載

[9] 經濟部智慧財產局，專利侵害鑑定要點（草案），2004年10月4日發布，頁30。
[10] 專利法第26條第1項：「說明書應明確且充分揭露，使該發明所屬技術領域中具有通常知識者，能瞭解其內容，並可據以實現。」
[11] 專利法施行細則第17條第1項：「……四、發明內容：發明所欲解決之問題、解決問題之技術手段及對照先前技術之功效。……」

之技術特徵爲（A＋B），或嗣後將技術手段修正爲（A＋B），因說明書並未揭露技術手段（A＋B）可以解決X問題達成Y功效，則前述申請專利範圍及修正內容皆超出其先占之技術範圍，尙不得以該申請專利範圍亦爲申請日所提交，而稱其屬於先占之技術範圍的一部分。另以醫藥發明爲例說明如下：說明書必須揭露藥物之成分、製造方法及用途，始足以使該發明所屬技術領域中具有通常知識者能合理確定發明人已完成該創作；若說明書揭露藥物D治療心臟病之用途，嗣後他人發現藥物D亦可治療感冒而申請治療感冒之用途發明，因說明書並未揭露藥物D可以治療感冒，治療感冒之用途發明並未侵占前述藥物D發明所先占之技術範圍。

　　經公告取得專利權之申請案，其說明書應清楚傳達給社會大眾得知申請人已完成申請專利之發明，據以利用該發明；其申請專利範圍應明確界定專利權範圍，使社會大眾知所迴避。尤應注意者，前述所指之專利權範圍應限於申請人已完成之發明的技術範圍，不得超出申請人先占之技術範圍。解釋申請專利範圍，應以申請專利範圍爲依據，「合理界定」專利權範圍。申請專利範圍的解釋是否合理，可以從專利法第1條之目的出發：專利法制係藉政府授予申請人於特定期間內「保護」專有排他之專利權，以「鼓勵」申請人創作，並將其公開使社會大眾能「利用」該創作，進而「促進產業發展」。因此，專利權範圍應限於申請人於說明書中所揭露已完成之發明的技術範圍，若專利權範圍超出說明書所揭露申請人所先占之技術範圍，則不合理。簡言之，專利權範圍應與申請人已完成之發明中請求保護的內容相呼應，概念上就是「大發明大保護、小發明小保護、沒發明沒保護」。

　　中國國家知識產權局於2013年10月9日發布「專利侵權判定標準和假冒專利行爲認定標準指引（徵求意見稿）」，其第4頁指出權利要求（即我國的「申請專利範圍」）解釋的原則：折衷原則、整體原則及公平原則。對照本書的用語，即爲折衷主義、請求項整體原則及前述的「合理界定」。中國國家知識產權局說明「公平原則」：解釋權利要求時，不僅要充分考慮專利對現有技術所做的貢獻，「合理界定」專利權利要求限定的範圍，保護專利人的利益，還要充分考慮公眾的利益，不能把不應納入保護的內容解釋到權利要求的範圍當中。

（二）解釋申請專利範圍之場合及必要性

解釋申請專利範圍之終極目的在於確定專利權範圍，在專利侵權訴訟程序中，確定專利權範圍必須經歷解釋申請專利範圍之過程，而解釋申請專利範圍為專利侵權分析的首要步驟。

專利法第58條第4項：「發明專利權範圍，以申請專利範圍為準，於解釋申請專利範圍時，並得審酌說明書及圖式。」前半段偏周邊限定主義，後半段偏中心限定主義，整體而言，既不偏周邊限定主義亦不偏中心限定主義，故我國申請專利範圍的解釋係採折衷主義，而與歐洲專利公約第69條第(1)項規定雷同[12]。

專利法第58條第4項係有關專利權範圍之確定及申請專利範圍之解釋，適用於取得專利權之後的舉發及行政救濟程序，及專利侵權之民事訴訟程序，但並非意謂只有前述程序始有解釋申請專利範圍之必要。行政機關於行政審查程序中審查申請案是否符合專利法第46條第1項所列條款之前，申請專利之發明的認定準用第58條第4項之規定。

依專利法第26條第2項[13]，申請專利範圍應界定「申請專利之發明」；另依專利法施行細則第18條第2項[14]，獨立項應敘明「申請專利之標的」名稱。為協調各國專利制度，世界智慧財產權組織召開多屆實質專利法條約（Substantive Patent Law Treaty，以下簡稱SPLT）[15]，第10屆草約第1條之簡要說明6：申請專利之發明（claimed invention），指請求項中請求保護的申請標的（subject matter）；若請求項以選擇式界定其申請標的，應認定其每一個選項為一申請專利之發明[16]。依前述定義及歐洲審查指南之用語「the

---

[12] European Patent Convention 2000 Article 69 (1) (The extent of the protection conferred by a European patent or a European patent application shall be determined by the claims. Nevertheless, the description and drawings shall be used to interpret the claims.)

[13] 專利法第26條第2項：「申請專利範圍應界定申請專利之發明；其得包括一項以上之請求項，各請求項應以明確、簡潔之方式記載，且必須為說明書所支持。」

[14] 專利法施行細則第18條第2項：「獨立項應敘明申請專利之標的名稱及申請人所認定之發明之必要技術特徵。」

[15] 為協調各國之專利制度，世界智慧財產權組織召開多屆實質專利法條約（Substantive Patent Law Treaty，以下簡稱SPLT）會議，2004年為第10屆，雖然該條約迄今尚未正式生效施行，惟從其草約內容仍得一窺各國協調之趨勢與方向。

[16] SPLT Article 1 Abbreviated Expressions (vi) (claimed invention means the subject matter of a claim for which protection is sought; where a claim defines its subject matter in the

subject-matter of the claimed invention」[17]，申請專利之發明與申請標的係請求保護之發明的一體兩面，後者為前者之表徵。申言之，申請專利之發明偏重於整體發明內容，包括所欲解決之問題、解決問題之技術手段及對照先前技術之功效[18]；申請標的限於記載於請求項之技術特徵所構成的技術手段。對照本書第二章所示專利侵權分析流程圖中之文義範圍及均等範圍，申請案取得專利權後，記載於請求項中之申請標的實質內容構成文義範圍，亦稱專利權的技術範圍；請求項中所載之手段，加上說明書中所載之問題及功效，構成申請專利之發明，而為認定專利權均等範圍的基礎。專利權人得依功能、手段及結果三部檢測方法主張均等範圍，落入均等範圍者，仍可能被認定侵權，故均等範圍亦稱專利權的保護範圍。

　　基於前述說明，記載在請求項中之「申請標的」係取得專利權之前的審查對象，例如新穎性審查。但實體要件的審查不限於請求項中所載之申請標的，例如進步性審查，係以每一請求項所載「申請專利之發明」的整體為對象，包括該發明所欲解決之「問題」、解決問題之「技術手段」及對照先前技術之「功效」，不僅要考量記載於申請專利範圍的技術手段，亦須考量記載於說明書的問題及功效。又如申請更正說明書等申請文件之審查，尚須考量該發明所屬之「產業利用領域」及「所欲解決之問題」，二者之一與更正前不同，則會被認定為實質變更申請專利範圍而不准更正，亦顯示申請專利之發明的內容不限於請求項中所載之「技術手段」，尚包括說明書中所載之「問題」及「功效」。總之，取得專利權之前的行政審查係以請求項中所載申請專利之發明為對象，但該申請專利之發明的整體內容包括請求項中所載

---

alternative, each alternative shall be considered to be a claimed invention.)

[17] Guidelines for Examination in the European Patent Office, 2003 December, PART B, Chapter III, 3.3 Equivalents, (As a consequence, the search should embrace all subject-matter that is generally recognised as equivalent to the subject-matter of the claimed invention for all or certain of its features, even though, in its specifics, the invention described in the application is different.)

[18] Guidelines for Examination in the European Patent Office, 2003 December, PART B, Chapter VI, 8. Evaluating inventive step, (In evaluating inventive step the Examining Divisions will have to consider this in relation to all aspects of the claimed invention, such as the underlying problem [whether explicitly stated in the application or implied], the inventive concept upon which the solution relies, the features essential to the solution, and the effect or results obtained.)

之技術手段及說明書中所載之問題及功效，而非僅限於請求項中所載之申請標的，故行政審查過程中仍有解釋申請專利範圍之必要。

　　專利侵權分析的關鍵通常就在解釋申請專利範圍這個步驟，美國聯邦巡迴上訴法院就表示：是否構成專利侵權的事實認定，通常在法院解釋申請專利範圍文字、用語時即已決定[19]。近年來，為兼顧衡平、正義及專利制度的基本精神，美國法院一方面藉均等論延伸專利權範圍，另一方面又創設若干法則限制均等論的適用。在均等論之限制（包括全要件原則、禁反言及貢獻原則等）備受重視的今天，解釋申請專利範圍之重要性在未來專利侵權訴訟程序中將日趨顯著，業已不言可喻。

　　在我國或在美國，專利侵權訴訟案件之被告除可以向法院抗辯系爭專利權範圍未涵蓋被控侵權對象外，亦可以抗辯系爭專利權無效。在專利權有效性之訴訟程序中，解釋申請專利範圍亦為一先決步驟[20]。無論於專利侵權或於專利有效性訴訟程序中，對於同一申請專利範圍皆應為相同的解釋[21]，差異僅在於：判斷專利權範圍是否遭受侵害時，係以解釋後之申請專利範圍與被控侵權對象比對；判斷專利權是否有效時，係以解釋後之申請專利範圍與先前技術比對。

（三）解釋申請專利範圍之意義

　　申請專利範圍的解釋有二種，行政機關於申請案之審查程序與司法機關於專利侵權民事訴訟程序中所採用的解釋原則與方法並不完全相同，前者係以「最寬廣合理解釋」為原則，後者係以「客觀合理解釋」為原則。

1. 最寬廣合理解釋

　　審查過程中，係在請求項為說明書所支持的前提下，賦予請求項為該發

---

[19] Markman v. Westview Instruments, Inc., 52 F.3d 967, 989,34 U.S.P.Q.2d 1321, 1337 (Fed. Cir. 1995) (en banc) (To decide what the claims mean is nearly always to decide the case.) (Mayer, J., concurring).

[20] Amazon.com Inc. v. Barnesandnoble.com Inc., 239 F3d. 1343, 57 U.S.P.Q.2d 1747, 1751-52 (Fed. Cir. 2001) (It is elementary in patent law that, in determining whether a patent is valid and, if valid, infringed, the first step is to determine the meaning and scope of each claim in suit.)

[21] W.O. Gore & Associates v. Garlock, Inc. 842 F.2d 1275 (Fed. Cir. 1988) (The same interpretation of a claim must be employed in determining all validity and infringement issue in a case.)

明所屬技術領域中具有通常知識者所認知最寬廣合理的解釋。由於申請人在申請專利的過程中可以修正請求項，賦予請求項最寬廣合理的解釋可以減少取得專利權後申請專利範圍被不當擴大解釋。在最寬廣合理的解釋原則下，請求項用語應賦予其字面意義（plain meaning），除非此意義與說明書不一致。字面意義，指該發明所屬技術領域中具有通常知識者於完成發明之時點所賦予該用語的通常習慣意義（ordinary and customary meaning）。請求項用語的通常習慣意義得依請求項本身、說明書、圖式及先前技術等佐證說明之；惟最寬廣合理的解釋僅具有推定之效果，申請人主張該用語於說明書中已有不同的定義者，可推翻之[22]。

通常習慣意義，係該發明所屬技術領域中具有通常知識者於申請專利時所瞭解之意義[23]，故申請專利範圍之文義範圍（scope）應限制在申請時（filing）所能瞭解之意義[24]。舉例說明，例如有關運動鞋跟內的充氣密封氣囊專利，依字典之定義，「充氣」指充以氣體或空氣使其膨脹；而被控侵權對象密封氣囊中之壓力等於一大氣壓，其通常習慣意義為不須充以氣體或空氣[25]。

由於該發明所屬技術領域中具有通常知識者是一個虛擬人物，美國專利訴訟實務上是以字典之定義作為申請專利範圍中所載之文字、用語的通常習慣意義，但這種作法有違內部證據優先於外部證據之原則[26]。

2. 客觀合理解釋

申請專利範圍一經公告，具有公示效果，應採取社會大眾可信賴的客

---

[22] 美國專利商標局，35 U.S.C.112補充審查指南（Supplementary Examination Guidelines for Determining Compliance With 35 U.S.C. 112 and for Treatment of Related Issues in Patent Applications），2011年2月9日發布。補充審查指南，係該局基於其對現行法規並遵循美國最高法院、聯邦巡迴上訴法院的法院判例所制定。

[23] Phillips v. A.W.H. Corp., 415 F.3d 1303, (Fed. Cir. 2005) (en banc) (To ascertain the meaning of a disputed claim term, the words of a claim are generally given their ordinary and customary meaning, as would be understood by a person of ordinary skill in the art in question at the time of the invention, i.e. as of the effective filing date of the patent application.)

[24] 經濟部智慧財產局，專利侵害鑑定要點（草案），2004年10月4日發布，頁30。

[25] 程永順、羅李華，專利侵權判定－中美法條與案例比較研究，專利文獻出版社，1998年3月，頁44。

[26] 經濟部智慧財產局，專利侵害鑑定要點（草案），2004年10月4日發布，頁30。

觀解釋，且其專利權範圍係從說明書內容所能合理期待的範圍。客觀合理解釋，指客觀解釋申請專利範圍的文義，合理界定專利權範圍。解釋申請專利範圍，是探知申請人於申請時（並非侵權時）對於申請專利範圍所記載之文字的客觀意義[27, 28]（並非申請人的主觀意圖）；為使社會大眾對於申請專利範圍有一致之信賴，應以該發明所屬技術領域中具有通常知識者（並非專利權人、可能的侵權人或法官）為解釋之主體始可能獲知其客觀意義；初步得以字面意義（即通常習慣意義）解釋之，但該意義與內部證據不一致者，則以內部證據優先。

美國一位大法官曾說：文字是內容的符號；文字與數字符號不同，僅能表達大概的意思，尤其是文字的組合更難以完整、精確表達。專利權範圍是以申請專利範圍中之文字、用語予以界定[29]，解釋申請專利範圍應以申請專利範圍中之文字為核心，並應從申請專利範圍中之文字出發[30]。解釋申請專利範圍，主要取決於申請專利範圍中之文字，若申請專利範圍中之記載內容明確時，應以其所載之文字意義及該發明所屬技術領域中具有通常知識者所認知或瞭解該文字在相關技術中通常所總括的範圍予以解釋[31]。若申請人自己作為文字編彙者，在說明書中賦予特定之定義，應依該定義解釋申請專利範圍[32]，否則應以具有通常知識者所認知或瞭解[33]之通常習慣意義（ordinary

---

[27] Markman v. Westview Instruments, Inc., 52 F.3d 967, 34 U.S.P.Q. 2d 1321 (Fed. Cir. 1995) (The Federal Circuit has repeatedly stated that : "the focus in construing disputed terms in claim language is… on the objective test of what one of ordinary skill in the art at the time of the invention would have understood the term to mean.")

[28] 智慧財產法院，98年度行專訴字第69號判決。

[29] E.I. du Pont de Nemours & Co. v. Phillips Petroleum Co., 849 F.2d 1430, 1433, 7 U.S.P.Q.2d 1129 (Fed. Cir.), cert. denied, 488 U.S. 986 (1988) (It is the wording of the claim that set forth the subject matter of the invention.)

[30] Smithkline Diagnostics, Inc. v. Helena Laboratories Corp., 859 F.2d 878, 882, 8 U.S.P.Q.2d 1468, 1472 (Fed. Cir. 1988) (Claim interpretation must begin with the language of the claim itself.)

[31] 經濟部智慧財產局，專利侵害鑑定要點（草案），2004年10月4日發布，頁31。

[32] Markman v. Westview Instruments, Inc., 52 F.3d 967, 979 (Fed. Cir. 1995) (…a patentee is free to be his own lexicographer.) (…any special definition given to a word must be clearly defined in the specification.)

[33] Multiform Desiccants, Inc. v. Medzam, Ltd., 133 F.3d 1473, 1477 (Fed. Cir. 1998) (It is the person of ordinary skill in the field of the invention through whose eyes the claims are construed. Such person is deemed to read the words used in the patent documents with

and accustomed meaning）[34]作爲申請專利範圍中之文字意義。

在涉及侵權及有效性之訴訟程序，已核准的請求項係被推定爲明確而有效，不會被賦予最寬廣合理的解釋，而是依申請歷史檔案（申請或維護專利過程中之內部證據）解釋之。換句話說，對於已核准專利權之請求項，除非其用語的意義模糊而難以理解（insolubly ambiguous），否則法院不會認定該用語不明確；相對地，對於審查中之請求項，因不會將其推定爲明確而有效，尤其，申請人可修正申請專利範圍、說明書或圖式使申請專利範圍符合明確性等要件，故應賦予最寬廣合理的解釋[35]。

美國聯邦巡迴上訴法院於2005年Phillips案召開全院聯席聽證，對於申請專利範圍的解釋方法提出宣示性看法，法院指出：「解釋申請專利範圍時，說明書具有舉足輕重的地位，因爲該發明所屬技術領域中具有通常知識者瞭解請求項中所載之用語的意義不僅應基於該用語所在之請求項上下文的整體意義，亦應基於整個專利所揭露之上下文的整體意義，包括說明書[36]。」

前述見解與中國最高人民法院的見解不謀而合，該法院於2009年12月28日以法釋〔2009〕21號公告「最高人民法院關於審理侵犯專利權糾紛案件應用法律若干問題的解釋[37]」（以下簡稱中國最高法院的「關於專利權糾紛案件的解釋」），該解釋第2條：「人民法院應當根據權利要求的記載，結合本領域普通技術人員閱讀說明書及附圖後對權利要求的理解，確定專利法第五十九條第一款規定的權利要求的內容。」第2條規定準確地說明申請專利範圍的解釋必須以「申請專利範圍」爲準，更強調無論申請專利範圍是否明

---

an understanding of their meaning in the field, and to have knowledge of any special meaning and usage in the field.)

[34] Transmatic, Inc. v. Gulton Industries, Inc., 53 F.3d 1270, 1277(Fed.Cir. 1995) (In construing a claim, claim terms are given their ordinary and accustomed meaning unless examination of the specification, prosecution history, and other claims indicates that the inventor intended otherwise.)

[35] 美國專利商標局，35 U.S.C.112補充審查指南，2011年2月9日發布。

[36] Phillips v. AWH corp., Nos. 03-1269, 1286, 2002 U.S. App. LEXIS 13954 (Fed. Cir. Jul. 12, 2005) (en banc) (The specification is of central importance in construing claims because the person of ordinary skill in the art is deemed to read claim term not only in the context of the particular claim in which the disputed term appears, but in the context of the entire patent, including the specification.)

[37] 中國最高人民法院於2009年12月21日審判委員會第1480次會議通過「最高人民法院關於審理侵犯專利權糾紛案件應用法律若干問題的解釋」，自2010年1月1日起施行。

確,均必須從「說明書及圖式」所載之內容理解申請專利之發明,據以確定專利權範圍;而非單從「申請專利範圍」理解申請專利之發明,決定其內容是否明確。換句話說,「以申請專利範圍為準」並非指專利權範圍之確定完全取決於申請專利範圍(此為極端的周邊限定主義),無論申請專利範圍是否明確;亦非指只要申請專利範圍本身並無不明確,則無審酌說明書或圖式之必要,因為即使申請專利範圍本身明確,對照說明書所載申請專利之發明仍可能產生不明確或不被說明書所支持。

#案例-Elkta Instrument S.A. v. O.U.R. Scientific[38]

系爭專利:

　　一種以聚焦的伽瑪射線治療腦瘤之裝置。

請求項:

　　放射源及放射光束置於「僅在延伸於30-45°曝光寬容度之間的區域」(only within a zone extending between 30-45°latitudes)。

被控侵權對象:

　　放射源及放射光束置於14-43°曝光寬容度之間的區域。

地方法院:

　　被控侵權對象侵害專利權。

聯邦巡迴上訴法院:

　　請求項中所載之「only」及「extending」於說明書中並無明確定義,參酌韋伯新世界字典決定其通常習慣意義,「only」指「exclusive」,「extending」指「to stretch out」,故申請專利範圍應被解釋為放射源及放射光束嚴格限於30-45°曝光寬容度之間的區域,而認定被控侵權對象「放射源及放射光束置於14-43°曝光寬容度之間的區域」未侵害系爭專利權。

---

[38] Elkta Instrument S.A. v. O.U.R. Scientific Intern., Inc., 214, F.3d 1302, 54, 54 U.S.P.Q. 2d (BNA) 1910 (Fed. Cir. 2000).

＃案例－智慧財產法院97年度民專訴字第26號判決

系爭專利：

　　更正前請求項1：「一種展翼式散熱器，係包括有多數片連接之散熱片，其特徵在於：該等散熱片係分別具有一疊合部，及於該等疊合部之至少一側延伸有一散熱鰭部，其中該等散熱片之疊合部係互相緊靠疊合連接，且該等散熱片之散熱鰭部係相對於疊合部彼此展開。」

　　更正後請求項1：「一種展翼式散熱器，係包括有多數片連接之散熱片，其特徵在於：該等散熱片係分別具有一疊合部，及於該等疊合部之兩側分別延伸有一散熱鰭部，其中該等散熱片之疊合部係互相緊靠疊合連接，且該等散熱片之散熱鰭部係相對於疊合部彼此展開<u>並左右對稱地位於該疊合部兩側向外延伸</u>，……。」

原告：

　　系爭專利申請專利範圍第1項中所載之「左右對稱」僅限於「方向對稱」而已，而非「大小、形狀及方向」之對稱關係。系爭專利說明書第9頁第6行提及「該等散熱鰭部25及26之尺寸亦可相同」，故可證左右散熱片可相同亦可不同。

被告：

　　「左右對稱」係指「大小、形狀及方向」皆完全對稱。

一審法院：

　　按有關文字之解釋，不應偏離其字面文義（plain meaning）、國人自幼所學之字解及日常習用之詞意，始屬正當。所謂「對稱」，依其文義所示，乃指相對性而言，其數量上必為複數，其形狀、大小、外觀必然相對應，猶如一體之兩面，明鏡之兩端，是以，倘其數量為單數，其外觀、大小、形狀不同，即應稱之為「不對稱」，而非「對稱」，例如有對無、大對小、方對圓、高對低、厚對薄等，凡此均為「不對稱」之適例。是以，本件原告系爭專利說明書中所指之「左右對稱」者，對於該創作所屬技術領域中具有通常知識者而言，其客觀解釋之「左右對稱」應為：左右兩方向各具有相同形狀及大小之物件者，此種解釋原則係以申請專利範圍之文字為核心，直接自該文字所得通常習慣之意義。

對於原告所主張系爭專利說明書顯示「該等散熱鰭部25及26之尺寸亦可相同」。惟查，上開文字係指左或右之單一方向上之散熱片，其散熱片分成兩群組，散熱片群組之間尺寸可相同，亦可不同。若不同時，呈現有大有小之間隔式散熱鰭部，以大小相間排列，以左右而言，同屬一片之散熱鰭部仍為左右方向、形狀和大小為對稱型式，是原告就該段文字所為解釋，與該段文字字面所顯示之意義，並非一致。

#案例－智慧財產法院98年度民專上字第47號判決

系爭專利：

更正前請求項1：「一種展翼式散熱器，係包括有多數片連接之散熱片，其特徵在於：該等散熱片係分別具有一疊合部，及於該等疊合部之至少一側延伸有一散熱鰭部，其中該等散熱片之疊合部係互相緊靠疊合連接，且該等散熱片之散熱鰭部係相對於疊合部彼此展開。」

更正後請求項1：「一種展翼式散熱器，係包括有多數片連接之散熱片，其特徵在於：該等散熱片係分別具有一疊合部，及於該等疊合部之兩側分別延伸有一散熱鰭部，其中該等散熱片之疊合部係互相緊靠疊合連接，且該等散熱片之散熱鰭部係相對於疊合部彼此展開並左右對稱地位於該疊合部兩側向外延伸，……。」

上訴人（即原告）：

系爭專利申請專利範圍第1項中所載之「左右對稱」僅限於「方向對稱」而已，而非「大小、形狀及方向」之對稱關係。系爭專利說明書第9頁第6行提及「該等散熱鰭部25及26之尺寸亦可相同」，故可證左右散熱片可相同亦可不同。

被上訴人（即被告）：

「左右對稱」係指「大小、形狀及方向」皆完全對稱。

二審法院：

申請專利範圍一經公告，即具有對外公示之功能及效果，必須客觀

解釋之。為使公眾對於申請專利範圍有一致之信賴，解釋申請專利範圍應以前述具有通常知識者之觀點為標準，而非以法官、律師、技術審查官、消費者或第一審所稱之「國人」為標準，才不致於流於主觀判斷。解釋申請專利範圍是以其中所載之文字為核心，探究該新型所屬技術領域中具有通常知識者於申請專利時所認知或瞭解該文字之字面意義（plain meaning），除非申請人在說明書中已賦予明確的定義，若申請人無明顯意圖賦予該文字其他意義，該文字被推定為具有通常知識者所認知或瞭解的通常習慣意義（ordinary and accustomed meaning）。

原審將「左右對稱」解釋為包含方向、大小及形狀之對應，即左右之形狀、大小相對應；上訴人對於該解釋有爭執。依上訴人所提韋式大辭典中有關「對稱」的解釋：「對稱，多數元件基於平面、線或點的對向側，大小（size）、形狀（form）、配置（arrangement）呈對應；……。」，所提牛津大辭典中有關「對稱」的解釋：「多數元件基於中心點、一或多分割線或平面，其相對位置、大小（size）及形狀（shape）相對應（correspondence）。」，而教育部重編國語辭典修訂本對「對稱」之解釋為：「以無形的一條線作軸時，在其上下或左右排列的形象完全相同的一種形式。」均將「對稱」解釋為包含大小及形狀，因此，「左右對稱」前兩字係指向方向，後兩字係指向大小及形狀，整體解釋應為左右兩側之大小及形狀相對應。

更正後之「並左右對稱地位於該疊合部兩側向外延伸」係限定「該等疊合部之兩側分別延伸有一散熱鰭部」，若「左右對稱」可被解釋為任何大小、形狀，則有無「左右對稱」之限定並無差異。

基於前述說明，系爭專利申請專利範圍第1項中所載「左右對稱」之解釋應為「左右兩側之大小及形狀相對應」。

三、解釋申請專利範圍之依據及基礎

解釋申請專利範圍是探知申請人在申請專利當時對於申請專利範圍所

賦予的客觀意義[39]，而非申請人自己的主觀意圖。實務操作上，解釋申請專利範圍是以申請專利範圍之文字、用語為核心，在不違背申請專利範圍之文字、用語的前提下，參考說明書及圖式、申請歷史檔案等內、外部證據，確認申請專利範圍所合理界定的專利權範圍。

內部證據及外部證據均只是作為解釋申請專利範圍的輔助資料，不得作為界定申請專利範圍的依據，進而不當增、刪申請專利範圍中所載之限定條件[40]。

(一)解釋申請專利範圍之法律依據

依專利法第58條第4項規定：「發明專利權範圍，以申請專利範圍為準，於解釋申請專利範圍時，並得審酌說明書及圖式。」解釋申請專利範圍應以申請專利範圍本身為基礎，說明書及圖式等為輔助資料。

專利法第58條第4項係針對「發明專利權」規定解釋申請專利範圍之法律依據，據以規範司法機關。然而，行政機關審查申請專利範圍中所載的「申請專利之發明」是否符合專利要件時，仍然可以準用第58條第4項。申請專利之發明（claimed invention），指請求項中請求保護的申請標的（subject matter），包括所欲解決之問題、解決問題之技術手段及對照先前技術之功效[41]。因此，審查時，行政機關應以申請專利範圍為對象，並審酌說明書及圖式，始能明瞭申請專利之發明所欲解決之問題、解決問題之技術手段及對照先前技術之功效，據以實查申請專利之發明是否符合專利要件，尚不得以請求項是否明確作為是否審酌說明書或圖式之前提。

1. 以申請專利範圍為準

專利權範圍，應以核准專利公告或核准更正公告之申請專利範圍為

[39] 智慧財產法院，98年度行專訴字第69號判決。
[40] U.S. Indus, Chems., Inc. v. Carbide & Carbon Chems. Corp., 315 US 668, 678 53 USPQ6, 10 (1942) (Extrinsic evidence is to be used for the court's understanding of the patent, not for the purpose of varying or contradiction the terms of the claim.)
[41] Guidelines for Examination in the European Patent Office, 2003 December, PART B, Chapter VI, 8. Evaluating inventive step, (In evaluating inventive step the Examining Divisions will have to consider this in relation to all aspects of the claimed invention, such as the underlying problem [whether explicitly stated in the application or implied], the inventive concept upon which the solution relies, the features essential to the solution, and the effect or results obtained.)

準：申請專利範圍之記載內容與說明書或圖式中之記載內容不一致時，應以申請專利範圍之記載內容認定專利權範圍[42]。中國北京高級法院的「專利侵權判定指南」第9條：「確定專利權保護範圍時，應當以國務院專利行政部門公告授權的專利文本或者已經發生法律效力的專利複審請求審查決定、無效宣告請求審查決定及相關的授權、確權行政判決所確定的權利要求為准。權利要求存在多個文本的，以最終有效的文本為准。」

　　無論是周邊限定主義或折衷主義，申請專利範圍才能決定專利權範圍[43]。解釋申請專利範圍是以申請專利範圍之文字、用語為核心，在不違背申請專利範圍之文字、用語的前提下，參考說明書、申請歷史檔案等內、外部證據，探知申請專利範圍之文字、用語所代表的客觀意義，以確認申請專利範圍所界定的專利權範圍。解釋申請專利範圍的整個過程皆圍繞在申請專利範圍的文字、用語所代表的意義，不得將說明書或申請歷史檔案中之技術特徵讀入申請專利範圍，亦即解釋申請專利範圍是以其所載之文字、用語為核心及界線[44]。美國聯邦巡迴上訴法院即指出：檢視申請專利範圍的記載，不僅是解釋申請專利範圍的起點也是終點[45]。法院不得擴張或限縮具有對外公示效果之申請專利範圍所表彰之專利權範圍，而使申請專利範圍之解釋與授予之專利權範圍不同[46]。

　　專利法第26條第2項規定：「申請專利範圍應界定申請專利之發明；其得包括一項以上之請求項，各請求項應以明確、簡潔之方式記載，且必須為

---

[42] 經濟部智慧財產局，專利侵害鑑定要點（草案），2004年10月4日發布，頁31～32。

[43] Markman v. Westview Instruments, Inc., 52 F.3d 967, 34 U.S.P.Q. 2d 1321 (Fed. Cir. 1995) (en banc), aff'd, 116 S. Ct. 1384 (1996) (The written description part of the specification itself does not delimit the right to exclude. That is the function and purpose of claims.)

[44] Thermally, Inc. v. Aavid Engineering, Inc., 121 F.3d 691, 693, 43 U.S.P.Q. 2d 1846, 1848 (Fed. Cir. 1997) (Throughout the interpretation process, the focus remains on the meaning of claim language.)

[45] AbTox, Inc. v. Exitron Corp., 122 F.3d 1019, 1023, 43 U.S.P.Q. 2d 1545, 1548 (Fed. Cir. 1997) (Claim construction inquiry, therefore, begins and ends in all cases with the actual words of the claim.)

[46] Max Daetwyler Corp. v. Input Graphics, In., 583 F.Supp. 446, 451, 222 U.S.P.Q. 150 (E.D. Pa. 1984) (The scope of the invention is measured by the claims of the patent. Courts can neither broaden nor narrow the claims to give the patentee something different than what he has set forth.)

說明書所支持。」（其他國家或組織亦有類似規定[47]）申請專利範圍之作用係界定申請人請求授予專利權之範圍，說明書係爲符合專利要件而描述申請專利之發明。專利法第58條第4項規定始爲確定專利權範圍之法律依據，解釋申請專利範圍之基本原則，惟專利權範圍並非僅得由申請專利範圍予以確定[48]。總而言之，解釋申請專利範圍，應以該發明所屬技術領域中具有通常知識者爲解釋主體，綜合其閱讀說明書及圖式後所理解的申請專利之發明，依申請專利範圍所載之內容，據以確定其專利權範圍；不論申請專利範圍中所載之內容是否明確，皆須審酌說明書及圖式充分理解申請專利之發明。對於專利權範圍的確定，中國北京高級法院的「專利侵權判定指南」第2條有明確的規定：「人民法院應當根據權利要求的記載，結合本領域普通技術人員閱讀說明書及附圖後對權利要求的理解，確定專利法第五十九條第一款規定的權利要求的內容。」

　　SPLT明定申請專利範圍解釋之法則，如Article11(4)(a)規定：「申請專利範圍應由其用語予以決定。解釋申請專利範圍，應考量適用之說明書及圖式修正本或更正本，及該發明所屬技術領域中具有通常知識者於申請日之通常知識[49]。」而其Rule13(1)規定：「(a)除非說明書中賦予特別涵義，申請專利範圍之用語應依其在相關技術領域中之通常涵義及範圍解釋之。(b)申請專利範圍之解釋無須侷限於嚴格之文義。[50]」

---

[47] Substantive Patent Law Treaty (10 Session), Article 11(1) ([Contents of the Claims] The claims shall define the subject matter for which protection is sought in terms of the [technical] features of the invention.) 專利合作條約PCT第6條亦有類似之規定。

[48] United States v. Adams, 383 U.S. 39, 48-49 (1996) (While the claims …limit the invention, and specifications can not be utilized to expand the patent monopoly, …claims are construed in the light of the specifications and both are to be read with a view to ascertaining the invention.)

[49] Substantive Patent Law Treaty (10 Session), Article 11(4)(a) (The scope of the claims shall be determined by their wording. The description and the drawings, as amended or corrected under the applicable law, and the general knowledge of a person skilled in the art on the filing date shall [, in accordance with the Regulations,] be taken into account for the interpretation of the claims.)

[50] Substantive Patent Law Treaty (10 Session), Rule13 (1)(a) (The words used in the claims shall be interpreted in accordance with the meaning and scope which they normally have in the relevant art, unless the description provides a special meaning.) (b) (The claims shall not be interpreted as being necessarily confined to their strict literal wording.)

2. 得審酌說明書及圖式

　　為達成專利法第1條之立法目的，專利申請案經授予專利權，為使社會大眾知所迴避，並利用該技術研發更新更佳之發明，行政機關透過專利公報公開專利權人已完成之發明，包括說明書、申請專利範圍、圖式及摘要等申請文件。為達成前述目的，說明書必須作為技術文件，明確且充分揭露申請專利之發明，並達到可據以實現之程度，供社會大眾利用，故這是申請人的義務。相對地，申請專利範圍為法律文件，如同契約一樣，明確界定申請人請求授予專利權的範圍，據以排除他人未經其同意而利用其專利發明。總而言之，申請專利範圍是法律文件；說明書是技術文件。申請專利範圍用於界定專利權範圍，具有定義功能（Definitional Function）及公示功能（Public Notice Function）；說明書用於揭露發明人已完成之發明，藉以明瞭、解釋申請專利範圍。

　　申請專利範圍與說明書各有其作用，專利權範圍以申請專利範圍為準，雖然不得藉說明書擴大專利權範圍，惟解釋申請專利範圍尚須審酌說明書，始能確定專利權範圍，並非僅以申請專利範圍為之[51]。總而言之，解釋申請專利範圍，應以該發明所屬技術領域中具有通常知識者為解釋主體，綜合其閱讀說明書及圖式後所理解的申請專利之發明，依申請專利範圍所載之內容，據以確定其專利權範圍。因此，不論申請專利範圍中所載之內容是否明確，皆應審酌說明書及圖式，始能充分理解申請專利之發明。

　　為認定專利權範圍之實質內容，說明書及圖式均得為解釋申請專利範圍之輔助依據。說明書之記載事項包含發明所屬之技術領域、先前技術、發明內容、實施方式及圖式簡單說明等。圖式之作用在於補充說明書文字不足的部分，使該發明所屬技術領域中具有通常知識者閱讀說明書時，得依圖式直接理解該發明之各個技術特徵及其所構成的技術手段[52]。說明書有揭露但並未記載於申請專利範圍之技術內容，不得被認定為專利權範圍；但說明書所

[51]　United States v. Adams, 383 U.S. 39, 48-49 (1996) (While the claims …limit the invention, and specifications can not be utilized to expand the patent monopoly, …claims are construed in the light of the specifications and both are to be read with a view to ascertaining the invention.)

[52]　經濟部智慧財產局，專利侵害鑑定要點（草案），2004年10月4日發布，頁35。

載之先前技術應排除於申請專利範圍之外[53]。

#案例－智慧財產法院97年度民專訴字第6號判決

系爭專利：

　　請求項1：一種<u>光擴散用板片</u>，其特徵係在：此板片係在基材板片之表面上，形成由混有珠狀物之合成樹脂層所構成之光擴散層而成者；上述珠狀物，係由埋設於上述合成樹脂層內之珠狀物，以及由上述合成樹脂層至少部分突設之珠狀物所構成者。

　　說明書中記載其發明目的之一爲「穿透型光擴散用板片」。

原告：

　　系爭專利說明書中與「光反射」相關之內容完全未提到光擴散用板片可用於光反射型擴散用板片，且於專利權維持過程中已刪除請求項6「於基材板片內面積層有金屬蒸鍍層」，基於禁反言之原則，系爭專利申請專利範圍第1項之「光擴散用板片」不包括「光反射型擴散用板片」。

被告：

　　申請專利範圍並未限定其爲「反射型光擴散用板片」或「穿透型光擴散用板片」，因此解釋上「光擴散用板片」之文義乃同時包含「反射型光擴散用板片」或「穿透型光擴散用板片」兩種。更何況系爭專利說明書明白揭露：「由光擴散用板片之基材板片的側部進入的光線C，係在基材板片之下面所形成的金屬蒸鍍層與基材板片及光擴散層之界面間反射，並被導光至基材板片上面所形成得光擴散層」，故請求項1的「光擴散用板片」之文義包含「反射型光擴散用板片」或「穿透型光擴散用板片」兩種類型。

法院：

　　專利法第56條第3項之規定，除確定專利權範圍以申請專利範圍所記載者爲直接依據，而在解釋申請專利範圍時，發明說明及圖式係屬於從

---

[53] 經濟部智慧財產局，專利侵害鑑定要點（草案），2004年10月4日發布，頁35。

屬地位之關係外，未曾記載於申請專利範圍之事項固不在保護範圍之內，惟說明書所載之申請專利範圍僅就請求保護範圍之必要敍述，既不應侷限於申請專利範圍之字面意義，也不應僅被作爲指南參考而已，實應參考其發明說明及圖式，以瞭解其目的、作用及效果。亦即，對於申請專利範圍中的文字、用語有不明瞭或疑義的時候，參考說明書及圖式以瞭解其眞義乃是最主要的解決方式。惟，發明說明及圖式雖可且應作爲解釋申請專利範圍之參考，但申請專利範圍方爲定義專利權之根本依據，因此發明說明及圖式僅能用來輔助解釋申請專利範圍中既有之限定條件（文字、用語），而不可將發明說明及圖式中的限定條件讀入申請專利範圍，亦即不可透過發明說明及圖式之內容而增加或減少申請專利範圍所載的限定條件，否則將混淆申請專利範圍與發明說明及圖式各自之功用及目的，亦將造成已公告之申請專利範圍對外所表彰之客觀權利範圍變動，進而違反信賴保護原則。

　　系爭專利申請專利範圍第1項之文義，並無限定「光擴散用板片」係用於「反射型光擴散用板片」或「穿透型光擴散用板片」。系爭專利說明書敍述及系爭專利發明之目的應係一種「穿透型光擴散用板片」之應用。惟發明說明及圖示僅能用來輔助解釋申請專利範圍中既有之限制解釋，而不能將之讀入申請專利範圍，而成爲一新的限制條件。系爭專利申請專利範圍第1項之「光擴散用板片」，究係用於「反射型光擴散用板片」或「穿透型光擴散用板片」，應屬該「光擴散用板片」之用途限定，與該「光擴散用板片」之結構本身無關，而系爭專利申請專利範圍第1項中並無限定其用於「反射型光擴散用板片」或「穿透型光擴散用板片」，故若有將系爭專利申請專利範圍第1項相同結構之「光擴散用板片」用於「液晶顯示裝置」且爲「反射型光擴散用板片」之應用，應仍屬系爭專利申請專利範圍第1項之權利範圍。

＃案例－智慧財產法院98年度民專上字第12號判決

系爭專利：

　　請求項1：「一種電腦電源供應器之電力輸出裝置改良，……，其特徵在於：該輸出裝置，係包含由主纜、支纜和外接模組所構成，且該主纜和支纜係與電源供應器電路板上之電力輸出的匯流排連接，……。」

原告：

　　匯流排包含排線，我們的定義是電力輸出的匯流排，並沒有單一匯流排的零件，匯流排是我們對於多組直流電力輸出裝置的名稱。

被告：

　　原告自承匯流排包含排線，而鑑定人則證稱匯流排不包含排線，足見系爭專利之揭露致鑑定人有所誤解，具有通常知識者無從依據系爭專利圖式及說明所揭露之內容而據以實施。

法院：

　　說明書及圖式是否揭露必要事項或其揭露是否明顯不清楚，主要係依據申請專利範圍各獨立項判斷之，而應審查各獨立項是否記載必要之構件及其連結關係、新型說明及圖式中是否詳細記載前述構件及連結關係、申請專利範圍所敘述之形狀、構造、裝置和新型說明及圖式中之記載是否有明顯矛盾之處，易言之，申請專利範圍所請求之標的應與說明書中所記載之技術領域、技術內容及技術手段一致，說明書必須就其所記載之創作目的、優點或功效，敘明解決問題之技術手段。

　　系爭專利請求項第1項所述「主纜和支纜係與電源供應器電路板上之電力輸出的匯流排連接」，其中「匯流排」一詞，參照上揭系爭專利圖式第二圖，應係指電路板上集合電力輸出匯集流出的排組（即電力輸出導線的集合），且由上開圖式可明顯看出主纜及支纜係由電路板上之電力輸出的導線排組所構成，足認說明書及圖式業已記載必要之構件及其連結關係，而已揭露必要之事項。至於一般匯流排（Bus）係指電路板或主機板上用以連接各周邊裝置的連接介面，例如用於插置各種介面卡以傳輸資料的插槽或插座，系爭專利申請專利範圍第1項所述「主纜和支纜係與電源供應器電路板上之電力輸出的匯流排連接」，其中「電力輸出

的匯流排」一詞，參照系爭專利圖式第二圖，其應是指電路板上集合電力輸出匯集流出的排組（即電力輸出導線的集合），由該圖可明顯看出主纜及支纜係由電路板上之電力輸出的導線排組所構成，其應非僅指一般電子學上傳輸資料之插槽或插座之意，由系爭專利申請專利範圍所載並參酌說明書及圖式應可清楚瞭解其意義。

#案例－智慧財產法院97年度民專上字第4號判決

系爭專利：

請求項1：「一種攜帶式內燃機清洗裝置，該清洗裝置主要包含有一容置清洗劑的容器及一連接容器與內燃機的導管，其中容器頂端形成有一開口；其特徵在於：導管的外徑小於容器開口的內徑，而導管中段形成有一供導入空氣的加壓孔，該加壓孔的高度至少高於容器內清洗劑液面的高度，藉此組構成一個便於操作的攜帶式內燃機清洗裝置者。」

法院：

蓋知悉相關之專利文件，可確定先前技術及禁反言之範圍。因專利權人於專利申請及維護過程提出之文件上已明白表示放棄或限縮之部分，其於取得專利權後或專利侵權訴訟中，不得再行主張已放棄或限縮之權利。再者，先前技術除作為判斷進步性與新穎性之要件外，亦有限制均等論原則之適用。蓋專利權人不得應用均等論將其專利之技術內容擴張至申請日前之先前技術，主張先前技術亦為專利保護之範圍。系爭專利與先前技術（舉發案之證據二）之差異，係在其於導管中段設一供導入空氣之加壓孔，使其導管構件簡化，可達成方便攜帶之創作目的，因而具有進步性。故於解釋系爭專利之專利權範圍，自應將之限縮於「在導管直接開孔以導入空氣」，否則其專利權範圍將擴張及於前述之先前技術。亦即若未為如上之限縮，則只要是運用導管連接清洗劑容器及內燃機，並在導管或其他連接組件上開孔導入空氣之技術（此屬先前技術），即會落入系爭專利之專利權範圍而構成專利侵權，則無異是將先前技術納入系爭專利之保護範圍，顯非妥適。

筆者：雖然「專利侵害鑑定要點」第35頁規定「說明書所載之先前技術應排除於申請專利範圍之外」，惟其適用應注意二重點：(1)該先前技術係載於說明書，而非外部的先前技術。(2)依該先前技術係排除於申請專利範圍之外，而非均等範圍之外（先前技術阻卻始為限縮均等範圍）。本判決係以申請歷史檔案之舉發證據及專利權人之主張限縮解釋申請專利範圍。按申請歷史檔案固然可以用於解釋申請專利範圍，亦可以用於主張禁反言阻卻均等範圍。依判決文「否則其專利權範圍將擴張及於前述之先前技術」，係限縮其均等範圍，故本判決是認定有禁反言之適用。按禁反言係屬事實問題，應由當事人主張之，法院是否可以逕予適用，不待當事人主張，似有斟酌之餘地。依本案之案情，事實上係以申請歷史檔案將請求項中所載之「導管中段形成有一供導入空氣的加壓孔」的文義範圍限定「在導管直接開孔以導入空氣」，自當無均等範圍，而不及於在「導管以外」之元件上開孔之技術。

（二）解釋申請專利範圍之基礎

美國聯邦巡迴上訴法院在Vitronics Corp. v. Conceptronic, Inc.案指出解釋申請專利範圍之步驟[54]：

步驟1、閱讀申請專利範圍中所載之文字，進而認知申請專利範圍。對於申請專利範圍中所載之文字，原則上應以其通常習慣意義予以理解，惟若說明書或歷史檔案中有清楚描述，申請人可以作為辭彙編纂者自行定義該文字之意義，而與其通常習慣意義不同。

步驟2、審視說明書，進而決定申請人是否自行定義申請專利範圍中所載之文字。申請專利範圍為說明書的一部分（美國申請文件的架構），解釋申請專利範圍應以說明書為基礎。說明書內容包含申請專利之發明的描述，必須使該發明所屬技術領域中具有通常知識者製造、使用該發明，而與申請專利範圍高度相關，因此，說明書的功能有如字典，可以定義申請專利範圍中所載之文字及其涵義，對於其意

---

[54] Vitronics Corp. v. Conceptronic, Inc., 90 F.2d 1576, 1582-1583 (Fed. Cir. 1996).

義有爭執時，得為最佳指引[55]。

步驟3、若當事人主張申請專利的歷史檔案作為證據，應考量其中所載申請人對於申請專利範圍中所載之文字的清楚說明。申請歷史檔案可以限定申請專利範圍中所載之文字的解釋，而排除申請過程中所拋棄的解釋[56]。申請歷史的分析可包括審查過程中所引用之先前技術的審查，該先前技術可以提供線索，顯示申請專利範圍所未涵蓋的內容[57]。

中國最高法院的「關於專利權糾紛案件的解釋」第1條第1項：「人民法院應當根據權利人主張的權利要求，依據專利法第五十九條第一款的規定確定專利權的保護範圍。……。」第2條：「人民法院應當根據權利要求的記載，結合本領域普通技術人員閱讀說明書及附圖後對權利要求的理解，確定專利法第五十九條第一款規定的權利要求的內容。」第3條：「（第1項）人民法院對於權利要求，可以運用說明書及附圖、權利要求書中的相關權利要求、專利審查檔案進行解釋。說明書對權利要求用語有特別界定的，從其特別界定。（第2項）以上述方法仍不能明確權利要求含義的，可以結合工具書、教科書等公知文獻以及本領域普通技術人員的通常理解進行解釋。」對於專利權範圍的確定及申請專利範圍的解釋，前述條文已完整說明其法律依據、適用基礎及優先順序。

1. 內部證據

依專利法第58條第4項規定，解釋申請專利範圍之基礎包括申請專利範圍、說明書及圖式；另依智慧財產法院97年度民專上字第4號判決，包括申請歷史檔案：「我國專利法解釋專利權範圍，係採學說所謂折衷限定主義

---

[55] Federal Register/Vol. 76, No. 27/Wednesday, February 9, 2011/Notices, 7164, Supplementary Examination Guidelines for Determining Compliance with 35 U.S.C. 112 and for Treatment of Related Issues in Patent Applications. (However, the best source for determining the meaning of a claim term is the specification—the greatest clarity is obtained when the specification serves as a glossary for the claim terms.)

[56] Southwall Tech., Inc. v. Cardinal IG Co., 54 F.3d 1570, 1576, 34 USPQ2d 1673, 1676 (Fed. Cir. 1995) (The prosecution history limits the interpretation of claim terms so as to exclude any interpretation that was disclaimed during prosecution.)

[57] Autogiro Co. of America v. United States, 181 Ct.Cl. 55, 384 F.2d 391, 399, 155 USPQ 697, 704 (1967) (In its broader use as source material, the prior art cited in the file wrapper gives clues as to what the claims do not cover.)

（介於中心限定主義及周邊限定主義之間），即原則上對於專利保護之範疇，係根據申請專利範圍之文字通常僅記載專利之構成要件，其實質內容得參酌說明書及圖式所揭示之目的、作用及效果而加以解釋。解釋時之優先順序，依序為申請專利範圍、說明書及圖式。至於實施方式及摘要部分[58]，原則上非屬解釋之基礎[59]。而運用折衷限定主義解釋專利權範圍，應遵循下列三要點：(1)以申請專利範圍之內容為基準，未記載於申請專利範圍之事項，不在保護之範圍。而解釋專利範圍時，未侷限於字面意義，其不採周邊限定主義之嚴格字義解釋原則；(2)因申請專利範圍之文字僅記載專利之構成要項，為確定其實質內容，『自得』參酌說明書及圖式所揭示的目的、作用及效果，以確定專利之保護範圍。說明書及圖式於解釋申請專利範圍時，係屬從屬地位，必須依據申請專利範圍之記載，作為解釋之內容；(3)確認申請專利範圍之專業技術涵義，得參酌專利申請至維護過程中申請人及智慧財產局間有關專利聲請之文件。」

依美國專利侵權訴訟實務，自1995年Markman v. Westview Instruments案起，美國法院將所有解釋申請專利範圍之基礎分為內部證據（intrinsic evidence）及外部證據（extrinsic evidence）。內部證據，為被解釋之申請專利範圍及其所屬之專利案相關的申請文件，包含專利說明書及其他申請及維護專利過程中之申請歷史檔案（prosecution history）[60]；外部證據，內部證據以外之證據。

(1) 申請專利範圍

依專利法第58條第4項規定，解釋申請專利範圍中某一請求項，其他請求項得為解釋之基礎，請求項差異原則即為最佳適例，見本章四之(四)之3.「請求項差異原則」。例如，二請求項以不同用語記載對應之技術特徵，應推定二請求項所界定的範圍不同，以避免二專利權範圍相同；尤其，屬於同一群組之獨立項與其附屬項之間，應推定獨立項之專利權範圍涵蓋其附屬項之專利權範圍。

---

[58] 專利法第58條第5項：「摘要不得用於解釋申請專利範圍。」然而，外部證據尚得為解釋申請專利範圍之基礎，殊難理解為何將摘要排除於外？

[59] 按實施方式及實施例為說明書的一部分，說明書為解釋申請專利範圍之基礎，實施方式及實施例自當得為解釋之基礎。「非屬解釋之基礎」之意，係指禁止不當讀入實施方式或實施例中所載之技術特徵，而限縮解釋申請專利範圍。

[60] 經濟部智慧財產局，專利侵害鑑定要點（草案），2004年10月4日發布，頁30。

#案例－Trilogy Communications, Inc. v. Times Fiber Communications, Inc.[61]

系爭專利：

　　一種同軸電纜，其內層導體與鞘（sheath，電纜外層導體）之間的泡沫絕緣材料係與鞘「熔合黏接」（fusion-bonded）。

　　獨立項1：「一種電纜包括……泡沫絕緣體……該絕緣體與線芯黏接並受線芯及鞘的徑向壓力，該絕緣體不規則的填充於鞘之內表面並與該鞘熔合黏接。」

　　附屬項6：「依請求項1所述之電纜，其特徵在於該泡沫絕緣體與鞘之結合，另包括一外層促進接著材料，在低於泡沫絕緣體熔點下將該泡沫絕緣體與該鞘之內表面黏接。」

爭執點：

　　請求項中所載「熔合黏接」之意義。

被控侵權對象：

　　同軸電纜係以接著劑將泡沫絕緣體與鞘黏接。

被控侵權人：

　　被控侵權對象並非請求項中所載之「熔合黏接」。

地方法院：

　　依字典之定義「熔合，通常指以熱液化或熔化在一起的行為或過程」（the act or procedure of liquefying or melting together by heat），「熔合黏接」之解釋限於「必須熔化」在鞘之表面，而判決被控侵權對象不侵權。

專利權人上訴：

　　主張請求項中之「熔合黏接」包括將泡沫絕緣體與鞘之間的接著劑溶解及熔化，並主張這種解釋受附屬項6「在低於泡沫絕緣體熔點下

---

[61] Trilogy Communications, Inc. v. Times Fiber Communications, Inc. 109 F.3d 739, 42 USPQ2d 1129 (Fed. Cir. 1997).

……黏接」（bonds……at a temperature lower than the fusion temperature of the foam）之支持。

對於請求項1之「熔合黏接」，地方法院解釋為「必須熔化」，將導致附屬項6之依附關係產生矛盾。

主張說明書中揭露了一種可溶化的促進接著材料，足以證明可在低於泡沫絕緣體熔點下溶化接著劑而達成黏接之效果。

聯邦巡迴上訴法院：

附屬項6並非詳加限定泡沫絕緣體與鞘之結合，而是將促進接著材料附加限定在低於泡沫絕緣體之熔點下黏接。

無論是否有促進接著材料，或促進接著材料是否於低熔點黏接，請求項1所載者是將「絕緣體與鞘熔合黏接」，故請求項1「熔合黏接」之解釋「必須熔化」與附屬項6所載「促進接著材料」之間並無矛盾。

專利權人未能證明說明書已揭露僅使用促進接著材料就能將泡沫絕緣體與鞘黏接在一起，而無須將兩者熔合黏接，以致原申請專利範圍已放棄僅使用促進接著材料將兩者黏接之請求。由於被控侵權對象並非「熔合黏接」，故維持不侵權之判決。

#案例－智慧財產法院99年度民專上易字第17號判決

系爭專利：

請求項1：「一種CCD及CMOS影像擷取模組追加一，其包括有一電路基板，該電路基板上具有一影像感測元件（CMOS、CCD）及相關之電子元件，並於該影像感測元件之封裝體上緣設有一鏡頭座，其特徵在於：該鏡頭座具一取景筒以對應於影像感測元件之耦合晶體上方，並以該取景筒至少涵蓋耦合晶體有效感測區，及，該鏡頭座係依據取景筒底之接合部而罩設影像感測元件，使貼合及封閉於影像感測元件封裝體頂緣週圍，並依此為鏡頭軸線垂直基準，再依影像感測元件封裝體預定輪廓線為基準，使鏡頭軸線投射至耦合晶體之感測中心。」

爭執點：

系爭專利申請專利範圍第1項有關「電路基板」、「影像感測元件封裝體」、「貼合及封閉」、「影像感測元件封裝體頂緣週圍」之解釋。

法院：

查系爭專利申請專利範圍第1項已載明「一種CCD及CMOS影像擷取模組追加一，其包括有一電路基板，該電路基板上具有一影像感測元件（CMOS、CCD）及相關之電子元件，……」，另參酌說明書第1、2圖所示，電路基板與影像感測元件封裝體確係不同元件，且系爭專利之電路基板上係具有一影像感測元件，是以系爭專利申請專利範圍第1項之「電路基板」應解釋為「承載影像感測元件及其他相關電子零件作為電子訊息傳遞之載板」。

系爭專利申請專利範圍第2項之影像感測元件(CMOS、CCD)封裝體頂緣並不包含一玻璃板封蓋，而系爭專利申請專利範圍第3、4、5項均記載「如申請專利範圍第1項所述之一種CCD及CMOS影像擷取模組追加一，其中，影像感測元件(CMOS、CCD)封裝體頂緣係包含一玻璃板封蓋，……」，而獨立項之範圍須涵蓋所有附屬項，參酌請求項差異化解釋原則，影像感測元件封裝體應解釋為「將影像感測晶片（即耦合晶體）與封裝載板（非系爭專利之電路基板）藉由封裝技術形成單體，不以包含玻璃板為必要」。

參酌系爭專利第2至7圖及說明書「目的及功效」欄載明：「本創作之主要目的，在於解決上述的問題而提供一種CCD及CMOS影像擷取模組，藉由將鏡頭座與影像感測元件之頂面均係平面接觸，使鏡頭座與影像感測元件間不會產生軸心位差及角度差，以達到避免影像產生像差之功效。」及「實施方式之詳細說明」之記載「鏡頭座之第一端面及第二端面係分別結合於影像感測元件頂面周圍之平面段及玻璃板之頂面」，「影像感測元件封裝體頂緣週圍」應解釋為「影像感測元件封裝體之上緣與鏡頭座接合部單設接合之完整及連續之頂表面，而不包含電路基板上表面之周圍」。

上訴人於舉發程序中提出答辯理由書辯稱：舉發證據1（即本案引

證1）之鏡頭座係以階梯部分來執行點接觸（有IC封裝打線的連接線參插其中），並無貼合影像感測元件頂緣週圍，而系爭專利係爲完整且連續之面接觸，故不會有舉發證據1因個別接觸之誤差累積產生誤差加劇問題，亦即完整且連續之面接觸，將有效降低舉發證據1其點接觸之精度問題，故應爲舉發不成立之處分。另參酌系爭專利說明書前述「目的及功效」欄及「實施方式之詳細說明」之記載，系爭專利鏡頭座之第一端面及第二端面均須具有相當精度，其黏合於影像感測元件頂面周圍之平面段以及玻璃板頂面時應爲完整且連續之面接觸，且不得有任何空隙形成點接觸而有誤差或影響精度，始得藉由鏡頭座與影像感測元件之外緣對齊以達到鏡頭軸心對準影像感測晶體之感測中心及避免產生像差之功效，據此，依系爭專利之內部證據，系爭專利申請專利範圍第1項之「貼合及封閉」應解釋爲「完整且連續面對面接觸，且呈現無空隙之緊密結合狀態」。

(2) 說明書及圖式

　　專利申請文件包括摘要、說明書、申請專利範圍及圖式。專利法第58條第5項：「摘要不得用於解釋申請專利範圍。」解釋申請專利範圍時，說明書、申請專利範圍及圖式均得爲解釋申請專利範圍之基礎，唯獨摘要並非得爲解釋之基礎，SPLT[62]及EPC[63]亦有類似的規定。專利法第26條第3項：「摘要應敘明所揭露發明內容之概要；其不得用於決定揭露是否充分，及申請專利之發明是否符合專利要件。」即使申請時已被申請人揭露在摘要，其內容仍不得作爲修正及更正說明書、申請專利範圍或圖式之依據[64]。SPLT將摘要

---

[62] Substantive Patent Law Treaty (10 Session), Article 5(2), (The abstract shall merely serve the purpose of information and shall not be taken into account for the purpose of interpreting the scope of the protection sought or of determining the sufficiency of the disclosure and the patentability of the claimed invention.)

[63] EUROPEAN PATENT CONVENTION, (EPC 2000) Article 85, (The abstract shall serve the purpose of technical information only; it may not be taken into account for any other purpose, in particular for interpreting the scope of the protection sought or applying Article 54, paragraph 3.)

[64] 經濟部智慧財產局，第二篇發明專利實體審查基準，2013年版，頁2-1-36。

分爲申請人自行撰寫及專利行政機關撰寫二種情況,而有不同規定[65]。

在Hill-Rom Co., Inc., v. Kinetic Concepts, Inc.案中[66],美國聯邦巡迴上訴法院指出:專利說明書中之摘要亦得爲解釋申請專利範圍之參考依據,雖然美國聯邦法規37 C.F.R.1.72(b)規定說明書中之摘要「不得作爲解釋申請專利範圍所涵蓋的專利權範圍[67]」,但該規定係規範美國專利商標局人員的審查準則,不能作爲法院解釋申請專利範圍之限制。除了摘要之外,發明名稱等說明書中所載之內容亦得作爲解釋申請專利範圍之參考,但不可以將其讀入申請專利範圍,而且若申請過程中對其有修正,亦不構成禁反言[68]。在後述Moore U.S.A. Inc., v. Standard Register Co.案例中美國聯邦巡迴上訴法院指出:將專利名稱所代表的意義作爲技術特徵讀入申請專利範圍並不適當。

圖式之作用在於補充說明書文字不足之部分,使該發明所屬技術領域中具有通常知識者閱讀說明書時,得依圖式直接理解該發明各技術特徵及其所構成的技術手段。圖式係判斷申請案是否符合充分揭露而可據以實現要件的基礎之一,故圖式與說明書均得作爲解釋申請專利範圍之基礎[69]。

---

[65] SPLT Rule 7(3)(b) (A Contracting Party may provide that the right of the applicant to make amendments and corrections in the abstract referred to in Article 7(2) shall not apply where the applicant is not responsible for the preparation of the final contents of the abstract to be published."

Article 7(4) [Abstracts Submitted by the Applicant] "In determining whether an amendment or correction referred to in paragraph (3) is permissible, a Contracting Party [may] [shall] provide that the disclosure in the abstract submitted by the applicant on the filing date shall form part of the disclosure referred to in paragraph (3)(i).)

[66] Hill-Rom Co., Inc., v. Kinetic Concepts, Inc., 209 F.3d 1337, 1341, 54 U.S.P.Q. 2d (BNA) 1437 (Fed. Cir. 2000).

[67] 美國聯邦法規37 CFR 1.72 Title and abstract (b) (…The purpose of the abstract is to enable the Patent and Trademark Office and the public generally to determine quickly from a cursory inspection the nature and gist of the technical disclosure. The abstract shall not be used for interpreting the scope of the claims.)

[68] Pitney Bowes Inc. v. Hewlett-Packard Co, 182 F.3d 1298, 1305, 51 USPQ2d 1161, 1165-66 (Fed. Cir. 1999) (The purpose of the title is not to demarcate the precise boundaries of the claimed invention but rather to provide a useful reference tool for future classification purpose. Consequently, an amendment of the patent title during prosecution should not be regarded as having the same or similar effect as an amendment of the claims themselves by the applicant.)

[69] 經濟部智慧財產局,第二篇發明專利實體審查基準,2013年版,頁2-1-37。

#案例－Moore U.S.A. Inc., v. Standard Register Co.[70]

系爭專利：

「3800型印表機之壓力密封黏附型態」（pressure seal adhesive pattern）是一種處理印表機滾輪黏附干擾問題的方法。

請求項：

明確主張其黏附型態必須提供充足的距離，以確保黏附不會干擾印表機的滾輪。

爭執點：

充足的距離所指為何？

地方法院：

依專利名稱「3800型印表機之壓力密封黏附型態」，以真實的3800型印表機製品之設計為準，認定所指充足的距離為至少1/4吋。

聯邦巡迴上訴法院：

專利名稱中所指之3800型印表機僅為較佳實施方式，不能限制申請專利範圍之解釋。

#案例－CVI/Beta Ventures Inc. v. Tura LP[71]

系爭專利：

一種利用形狀記憶合金（shape-memory alloy）所製成撓性眼鏡架，其在除去變形外力後可回復原來形狀，各別請求項分別記載該材料必須有「大於3%的彈力」（greater than 3% elasticity）及「至少3%的彈力」（at least 3% elasticity）。

---

[70] Moore U.S.A. Inc., v. Standard Register Co., 229 F.3d 1091, 1109-11, 56 U.S.P.Q.2d (BNA) 1225 (Fed. Cir. 2000).

[71] CVI/Beta Ventures Inc. v. Tura LP, 112 F.3d 1146, 42 USPQ2d 1577 (Fed. Cir. 1997).

爭執點：

請求項中所載「彈力」之意義。

被控侵權人：

「彈力」前之百分比是鏡架受力的伸展量，「至少3%的彈力」表示必須從3%以上的伸展中完全回復，換句話說，施以外力將100cm伸展到103.5cm，釋放後必須完全回復到100cm。

專利權人：

「至少3%的彈力」之意義並不須完全回復，換句話說，施以外力將100cm伸展3.5%到103.5cm，釋放後只要回復3%即到103cm以上的程度，例如103.1cm。

地方法院：

專利有效且被控侵權人侵害專利權。

聯邦巡迴上訴法院：

發明目的與請求項之解釋應一致，即解釋時應考慮說明書及申請歷史檔案中所清楚記載該發明所欲解決之問題。為正常發揮矯正視力之功能並使配戴者舒適，眼鏡架通常必須依配戴者之臉型調整。具有彈力功能且能回復原來形狀的鏡架，始符合前述之目的。因此，可合理的相信請求項中所載之「彈力」係指受力後完全回復原來形狀的能力。「彈力」之前的百分比係指鏡架伸展量，「大於3%的彈力」指100cm伸展超過103cm時，必須能完全回復原來形狀；而「至少3%的彈力」指100cm伸展未超過103cm時，必須能完全回復原來形狀。專利權人無法舉證證明被控侵權對象與前述正確的解釋相同或均等，推翻了地方法院侵權的判決。

＃案例－智慧財產法院100年度行專訴字第6號判決

爭專利：

請求項1：「一種用於包括放電單元之顯示器裝置的熱傳佈器，該熱傳佈器包括至少一層離石墨之壓縮粒子薄片，其具有二主表面且一表面積大於該顯示器裝置之後表面部分之表面積，其中可產生一較高溫的局部化區域，使得至少一層離石墨之壓縮粒子之各向異性薄片覆蓋在複數個放電單元上，其中未傾向鄰接該顯示器裝置之該層離石墨之壓縮粒子薄片之至少一主表面，被塗佈有一足以抑制石墨粒子之剝落的非黏著性保護塗層。」

原告：

被告在對系爭專利申請專利範圍第1項所載「該熱傳佈器包括至少一層離石墨之壓縮粒子薄片，其具有二主表面且一表面積大於該顯示器裝置之後表面部分之表面積」進行文義解釋時，並未將該段落最重要的形容詞子句「其中可產生一較高溫的局部化區域」解釋進去，始認定顯示器裝置之後表面部分之表面積就是顯示器裝置之後表面部分之整體表面積。實際上，顯示器裝置之後表面部分之表面積就是顯示器裝置之後表面之「部分之表面積」，而這「部分之表面積」就是指在顯示器裝置之後表面積中「可產生一較高溫的局部化區域」。

被告：

請求項1中所載「該熱傳佈器包括至少一層離石墨之壓縮粒子薄片，其具有二主表面且一表面積大於該顯示器裝置之後表面部分之表面積」，依其文義解釋該壓縮粒子薄片其中之一表面積大於顯示器裝置之後表面部分之表面積。原告逕將此文義拆解、組合後，明顯已將顯示器裝置之後表面部分（背面）整體之表面積，曲解成顯示器裝置之後表面局部區域之表面積，不足採信。

法院：

對於請求項1中「後表面部分之表面積」，原告主張「後表面」之「部分表面積」，被告、參加人主張「後表面部分」之「表面積」。對於申請專利範圍之解讀，應將據以主張權利之該項申請專利範圍文字，

原本本地列述（recite），不可讀入（read into）詳細說明書或摘要之內容，亦不可將任何部分之內容予以移除。如有含混或未臻明確之用語，可參酌發明說明、圖式，以求其所屬技術領域中具有通常知識者得以理解及認定之意涵。而解釋申請專利範圍，得參酌「內部證據」與「外部證據」。關於內部證據與外部證據之適用順序，係先使用內部證據解釋申請專利範圍，如足使申請專利範圍清楚明確，即無考慮外部證據之必要。倘內部證據有所不足，始以外部證據加以解釋。若內部證據與外部證據對於申請專利範圍之解釋有所衝突或不一致者，以內部證據之適用為優先。準此，有關系爭專利申請專利範圍第1項之解釋，悉依系爭專利之申請專利範圍為準，原則上應以系爭專利申請專利範圍第1項中所記載之文字意義及該文字在相關技術中通常總括的範圍，予以認定。對於申請專利範圍中之記載有疑義而需要解釋時，始應一併審酌發明說明、圖式（最高行政法院99年度判字第1271號判決參照），並以內部證據為優先。是以原告於解釋系爭專利申請專利範圍第1項時，引用系爭專利之對應案即美國專利案US 7,276,273申請專利範圍之文字用語，輔以英文文法中形容詞子句之概念予以說明，有違申請專利範圍之解釋原則，自有未洽。

　　系爭專利說明書僅說明如何應用熱傳佈器於顯示器裝置之實施例示，亦即僅說明「可撓性石墨薄片之表面積在電漿顯示器面板是大於一或多數放電格之表面積」，並非對於申請專利範圍之限定，原告此部分主張乃不當地將說明書之內容讀入申請專利範圍，要無足取。

　　依系爭專利說明書，系爭專利之功效在於可改善面板使用過程所產生之溫度差異。而原告上開所述乃關於「畫素」、「放電格」等顯示器裝置之通常知識，對所屬技術領域中具通常知識者而言，電漿顯示器面板係由複數畫素所形成，又一畫素具有3個放電格，因此整個電漿顯示器面板本身係由複數個非常微小之放電格所形成。在正常使用之情況下，顯示器裝置（例如電漿顯示器）所顯示之圖案係因影片之播放而隨時變化，是以其面板面溫度上升區域位置亦隨之變化，無法限定於面板之某一特定區域，故熱傳佈器應覆蓋在所有放電單元上，亦即覆蓋顯示器裝置之背面之表面積，方能產生改善面板使用過程所產生之溫度差異

的功效。因此，依其文義解釋爲該壓縮粒子薄片其中之一表面積大於顯示器裝置之後表面部分之表面積，亦即該壓縮粒子薄片其中之一表面積大於顯示器裝置之背面之表面積，此解釋係屬合理。

案例－智慧財產法院97年度民專訴字第1號判決

系爭專利：

　　請求項1：「一種冷陰極螢光燈驅動電路，包含複數個主要線圈及次要線圈，每一該主要線圈係以平行方式配置且耦合至一電壓源，每一該次要線圈耦合至一冷陰極螢光燈電路，至少一個該冷陰極螢光燈電路包含一感測阻抗，用以感測流經該冷陰極螢光燈電路之電流；以及一控制器，用以至少部分依據流經該冷陰極螢光燈電路之電流而調整該電壓源。」

爭執點：

　　請求項第1項所示「一控制器，用以至少部分依據流經該冷陰極螢光燈電路之電流而調整該電壓源」，是否係指複數次要線圈須配置複數個控制器？或複數次要線圈亦可僅配置單一控制器？

法院：

　　因「至少一個該冷陰極螢光燈電路包含一感測阻抗」並未有任何標點符號，故並非只能解讀爲「複數個冷陰極螢光燈電路（或次要線圈）須配置複數個控制器」，亦可以解讀爲：「複數個冷陰極螢光燈電路（或次要線圈）配置一個控制器」，即就冷陰極螢光燈驅動電路而言，「複數個主要線圈及次要線圈」和「一控制器」爲相同位階名詞。系爭專利說明書及圖式揭露兩個實施方式，圖式第2圖、第3圖已明確揭露單一控制器之實施態樣，復未揭露其他複數個控制器之實施態樣。況依一般電子電路之實務經驗，鮮少有不考量成本而於一個裝置中配置複數個功能相同之控制器。因此，系爭專利請求項1應解讀爲複數個冷陰極螢光燈電路（或次要線圈）配置一個控制器。

(3) 申請歷史檔案

申請歷史檔案（prosecution history/file wrapper）係指申請及維護專利之過程中所產生的申請文件，主要包括專利行政機關、司法機關與申請人或專利代理人之間的往來文件，例如審查意見通知書（office action）、審定書及申請人之申復、說明、修正、訴訟理由、答辯理由及筆錄等。申請歷史檔案得作為解釋申請專利範圍的基礎；解釋申請專利範圍，得參酌專利案自申請至維護過程中，專利權人所表示之意圖和審查人員之見解，以認定其專利權範圍[72]。

專利制度係以公示（public notice）方式宣告專利權人的權利，並使公眾知悉未經專利權人同意不得實施之專利權範圍，進而迴避或利用[73]。雖然專利法並未規定申請專利範圍的解釋得使用申請歷史檔案，惟在公示原則之下，申請歷史檔案性質上是「無爭議的公開紀錄」[74]，且在衡平原則（equitable estoppel）之下，專利權人不得為了與先前技術區隔，在申請專利階段主張申請專利範圍為A，而在專利侵權訴訟階段主張申請專利範圍為B，試圖以較寬廣的申請專利範圍涵蓋被控侵權對象[75]。換句話說，解釋申請專利範圍中所記載之文字、用語時，應前後一致；即使申請專利範圍的文義已為明確，仍應參酌申請歷史檔案，以排除專利權人在申請過程中所放棄的申請專利範圍[76]。然而，申請歷史檔案性質上僅為申請過程中之協商紀錄，通常不如專利說明書明確，就內部證據而言，解釋申請專利範圍時，應

---

[72] 經濟部智慧財產局，專利侵害鑑定要點（草案），2004年10月4日發布，頁35～36。

[73] Warner-Jenkinson Co., Inc. v. Hilton Davis Chemical Co., 520 U.S 17 (1997) (A patent holder should know what he owns, and the public should know what he does not.)

[74] White v. Dunbar, 119 U.S. 47, 51-52 (1886); Senmed Inc. v. Richard-Allen Medical Industries, 12 U.S.P.Q. 2d 1508, 1512 (Fed. Cir. 1989) (An inventor may not be heard at trial to proffer an interpretation that would alter the undisputed public record [claim, specification, and prosecution history] and treat claim as a "nose of wax".)

[75] Unique Concepts, Inc. v. Brown, 939 F.2d 1558, 1562, 19 U.S.P.Q. 2d 1500, 1504 (Fed. Cir. 1991) (Claims may not be construed one way in order to obtain their allowance and in a different way against accused infringers.)

[76] Inverness Medical Switzerland GmbH v. Princeton Biomeditech Corp., 309 F.3d 1365, 1372 65., 64 U.S.P.Q.2d 1926 (Fed. Cir. 2002) (Even where the ordinary meaning of the claim is clear, it is well established that the prosecution history limits the interpretation of claim terms so as to exclude any interpretation that was disclaimed during prosecution.)

先審酌申請專利範圍，其次為說明書及圖式，最後才參考申請歷史檔案[77]。惟應注意者，民事訴訟當事人提供給法院之證據至少應包括說明書及圖式，當事人未提供申請歷史檔案作為證據者，皆不予審酌，法院並無調查之義務[78]。

　　在概念及意義上，申請歷史檔案（prosecution history）是解釋申請專利範圍之文字意義時應參考的證據資料，其確認的對象是文義範圍；申請歷史禁反言（prosecution history estoppel）是在被控侵權對象適用均等論的情況下，為限制均等論的適用而利用申請歷史檔案的步驟，其限制的對象是均等範圍[79]。二者之間的法律意涵及判斷順序並不相同，應予以區隔。

＃案例－Phillips Petroleum Co. v. Huntsman Polymers Corp.[80]

系爭專利：
　　一種嵌段式共聚物（block copolymer）及其製造方法。
　　請求項1：「一種嵌段式共聚物，其包括丙烯均聚物（homopolymer）之第一聚合物嵌段，且相鄰乙烯及丙烯之共聚物之第二聚合物嵌段。」
　　請求項2：「一種從乙烯及丙烯單體製備嵌段共聚物之方法，該方法包括在有鹵化鈦及烷基鋁化合物催化劑存在的條件下，交替聚合該單體及該單體之混合物。」

---

[77] Phillips v. AWH Corp., Nos. 03-1269, 1286, 2005 U.S. App. LEXIS 13954 (Fed. Cir. Jul. 12, 2005) (en banc) (The prosecution history is an ongoing negotiation that often lacks the clarity of the specification and thus is less useful for claim construction.)

[78] 經濟部智慧財產局，專利侵害鑑定要點（草案），2004年10月4日發布，頁31。

[79] Southwall Technologies Inc. v. Cardinal IG Co., 54 F.3d 1570, 34 U.S.P.Q.2d 1673 (Fed. Cir. 1995) (Doctrine of prosecution history estoppel, which limits expansion of the protection under the doctrine of equivalents when a claim has been distinguished over relevant prior art. Claim interpretation in view of the prosecution history is a preliminary step in determining literal infringement, while prosecution history estoppel applies as a limitation of the range of equivalents if, after the claim have been properly interpreted, no literal infringement has been found.)

[80] Phillips Petroleum Co. v. Huntsman Polymers Corp., 157 F.3d 866, 48 USPQ2d 1161 (Fed. Cir. 1998).

地方法院：

判決不侵權。

爭執點：

請求項中所載之「嵌段式共聚物」之意義。

被控侵權人：

「嵌段式共聚物」必須是顯著量之嵌段共聚物分子的組合物，被控侵權對象中99.99%成分是其他聚合物，最多僅有60ppm含量的嵌段聚合物分子，故不構成侵權。

專利權人：

「嵌段式共聚物」之意義在1958年申請時已為習知之物，「嵌段式共聚物」包含了相對少量之嵌段共聚物分子的組合物。

請求項中使用開放式連接詞「包括」（comprising），故請求項1包含了含有嵌段共聚物分子以外之其他分子的組合物，請求項2中「嵌段式共聚物」並未被限制在嵌段共聚物分子，其包含了所述聚合過程中所產生的整個聚合物產物，不論嵌段共聚物分子的含量為何。地方法院將注意力集中在單個分子上，而非請求項整體。

「嵌段式共聚物」用語更清楚定義發明，而非迴避先前技術，故不適用禁反言，被控侵權對象構成均等侵權。

聯邦巡迴上訴法院：

依內部證據，「嵌段式共聚物」之意義為A.組合物含有閾值量的嵌段共聚物分子及鄰接的聚合物嵌段；及B.聚合物嵌段包括顯著量的嵌段共聚物分子。

申請歷史檔案支持聚合物嵌段必須含有顯著量的嵌段共聚物分子，請求項中之「包括」用語已表明請求項要求有足夠量的嵌段共聚物分子，尚得有其他成分或步驟，從而使聚合產物可以被分類為嵌段共聚物。

專利權人無法證明被控侵權對象是否含有嵌段共聚物，或是否產生嵌段共聚物，及其含量為何，故被控侵權對象未構成文義侵權。此外，由於嵌段共聚物之含量係請求項中「嵌段式共聚物」之必要條件，依全要件原則，被控侵權對象亦未構成均等侵權。

#案例－JT Eaton & Company Inc. v. Atlantic Paste & Glue Co.[81]

系爭專利：

一種盤狀容器形之捕鼠器，其中包含感壓型接著材料，以黏住並捕獲老鼠。申請歷史檔案顯示專利權人在再審查時（取得專利時未主張）自陳該發明之接著劑必須在120℉垂直及水平懸掛24小時不會流下。

請求項1：

「一種商用補鼠產品，包含：……相對厚的感壓型接著材料層……大於120℉之塑性流動溫度。」

爭執點：

請求項中所載「大於120℉之塑性流動溫度」（a plastic flow temperature above 120℉.）之意義

地方法院：

「大於120℉之塑性流動溫度」係指產品在120℉下裝運及儲存時，接著劑不會從支撐物上流下，並要求接著劑必須通過申請歷史檔案中於審查時所揭示之兩項測試：A.將支撐物及其上之接著劑水平放置在120℉下16小時；B.將支撐物及其上之接著劑垂直放置在77℉下63小時。若接著劑通過這兩項測試而不會從支撐物上流下，即符合「大於120℉之塑性流動溫度」之技術特徵。此外，雖然請求項1對照先前技術為顯而易見，但因該產品的商業成功，法院仍認為具有非顯而易見性，而該商品為該發明的具體實施方式「垂直懸掛的兩個塑膠容器」。

聯邦巡迴上訴法院：

由於地方法院所採用之兩項測試無法確定120℉下垂直方向的塑性流動，依再審查時之申請歷史檔案，請求項中所載「大於120℉之塑性流動溫度」係指接著劑必須在120℉垂直及水平懸掛24小時不會流動。鑑於被控侵權對象之接著劑不符合前述塑性流動之特徵要求，判決未侵害該請求項。

---

[81] JT Eaton & Company Inc. v. Atlantic Paste & Glue Co., 106 F.3d 1563, 41 USPQ2d 1641 (Fed. Cir. 1997).

反對意見：

　　Rader法官認為請求項、說明書及申請歷史檔案已充分支持地方法院對於請求項之解釋，多數意見對於請求項所解釋之意義從未出現在於8年審查12年訴訟中雙方當事人之主張，其僅出現在專利公告後兩件所提交之聲明中，且雙方當事人從未就多數意見之解釋論辯。

#案例－Desper Products, Inc. v. Qsound Labs, Inc.[82]

系爭專利：

　　一種影音設備及方法，係透過處理單音道訊號創造一種幻象使音源分布在三維空間中之音頻系統。首先，單音道訊號被分成兩個單獨的頻道訊號，再以不同處理器處理每個頻道訊號，使單音道訊號之頻率及相位改變而創造幻象，並將出自於單點之音源在遠離音源之處分布在三維空間中。

　　方法請求項：「一種利用單音道輸入訊號產生並分布所選定聲音之清楚來源……的方法，包括下列步驟：將該輸入之單音道訊號分成相應的第1及第2頻道訊號；……使該第1或第2頻道中至少一個訊號改變振幅及產生相移…並在改變振幅及產生相移的步驟之後，保持第1頻道訊號與第2頻道訊號彼此分離……。」

　　系統請求項：「一種利用兩個設置在自由空間中之轉換器調節訊號之系統，用於對有聽眾之三維空間中之某預定位置，從至少一個與被選定之聲音一致之單音道輸入訊號中產生及分布清楚音源的聽覺幻覺，包括：第1及第2頻道裝置，兩者均接收相同之單音道輸入訊號……該第1及第2頻道訊號在被傳送到兩個轉換器之前，保持彼此分離。」

爭執點：

　　請求項中所載「在……之後」（following）及「在……之前」（prior to）。

---

[82]　Desper Products, Inc. v. Qsound Labs, Inc., 157 F.3d 1325, 48 USPQ2d 1088 (Fed. Cir. 1998).

地方法院：

　　「在……之後」及「在……之前」係指在兩個訊號之相位及振幅被改變後，必須立即保持彼此分離。被控侵權對象兩個訊號之相位及振幅被改變後，是結合在一起，直到送入揚聲器之前才彼此分離。

聯邦巡迴上訴法院：

　　方法請求項中所載「在……之後」之字面意義為依情況「時間一到之後」（subsequent to, after in time）或「緊接在後」（next after），惟前述兩意義均未明確定義必須保持訊號分離之時間點距離前述之改變之時間點有多長。保持訊號分離之技術特徵係為克服先前技術核駁而加入者，依說明書及申請歷史檔案，認定「在……之後」之意義為相位及振幅改變後，須立即保持分離。

　　依字典Webster's New World Dictionary 1131 (2d ed. 1984)之定義，「在……之前」指「在時間上先於、早於、先前、在先」（preceding in time; earlier; previous; former），亦即系統請求項中所載「在……之前」係要求第1頻道訊號及第2頻道訊號送入兩個轉換器之前分離即足。惟對於「在……之前」，說明書已敘明其意義為該兩個頻道訊號開始時即分離，並一直保持分離，而非字典上之定義。

　　在申請過程中，專利權人將方法請求項與系統請求項一併看待，雖然兩請求項之用語不一致，但為克服先前技術的核駁，專利權人在修正時即已明確指出兩頻道訊號在改變振幅及相位後一直保持分離，故兩請求項中之用語的範圍並無不同。

　　被控侵權對象兩個訊號之相位及振幅被改變後，是結合在一起，直到送入揚聲器之前才彼此分離，故無文義侵權；專利權人為克服先前技術所為之修正及聲明適用禁反言，故亦無均等侵權。

＃案例－智慧財產法院98年度民專上字第42號判決

系爭專利：

　　請求項1：「一種影音信號傳接處理裝置，包括：一影音解碼器，⋯⋯；以及一橋接器，⋯⋯；其中，該匯流排介面包括PCMCIA或CardBus或Express Card匯流排介面。」

爭執點：

　　「影音解碼器」及「橋接器」之意義。

法院：

　　專利權人於申請專利至維護專利權過程中所陳述之意見，得為確定申請專利範圍之字義意涵的證據。例如專利權人於說明書或為維護其專利權過程所提之申請歷史檔案中，對申請專利範圍賦予特定之定義或解釋，即應以之解釋申請專利範圍；又專利權人於審查過程中所放棄之內容，即應排除於申請專利範圍之外，無由容許專利權人於授權程序中採取一種解釋方式，而於專利侵權訴訟中改採另一種解釋方式。

　　系爭專利原申請專利範圍第1項及更正本為一種影音信號傳接處理裝置，包括「影音解碼器」、「橋接器」等元件，其以電路方塊圖為相關技術特徵之描述。關於「影音解碼器」與「橋接器」皆為電子裝置之功能方塊，每一功能方塊可由特定之電子電路硬體完成，其可獨立封裝為IC，亦可藉由軟體來執行解碼或橋接之信號轉換。系爭專利原申請專利範圍第1項之「影音解碼器」揭示輸入類比信號，並據以產生數位信號，此即類比轉數位之特定功能；其「橋接器」揭示將輸入之數位信號轉換成符合一匯流排介面規格之新數位信號之特定功能描述；以上均僅記載其輸入信號、輸出信號以及處理該等信號之功能，而未記載任何足以達成該特定功能之完整結構或材料。至系爭專利申請專利範圍第1項更正本僅附加「且該影音信號傳送裝置不作信號壓縮之處理」之限制條件，並未改變該影音信號傳接處理裝置之「影音解碼器」、「橋接器」之記載功能形式。再觀諸系爭專利說明書之說明及圖式，並未能找到對應「影音解碼器」與「橋接器」技術特徵之結構與材料。

　　本院98年度行專訴字第1號發明專利舉發事件乃訴外人楊智甯提起舉

發。上訴人於上開行政事件時，自承「影音解碼器」為習知技術，此係上訴人為維護其專利權過程所提之說明，係屬可用以解釋系爭專利申請專利範圍之內部證據。而由系爭專利申請專利範圍第1項之文義、系爭專利說明書全文、及前述內部證據足以解釋申請專利範圍，即無審酌外部證據之必要。系爭專利原申請專利範圍第15項、第18項及更正本之「橋接器」亦均僅記載其輸入信號、輸出信號以及處理該等信號之功能，而未記載任何足以達成該特定功能之完整結構或材料。上訴人於本院審理時亦自承習知外插電視卡有將電視信號轉換為CardBus規格等之橋接構件，並舉系爭專利之第1圖所示習知外插電視卡中所使用之MB86393晶片為例。足見系爭專利原申請專利範圍第1項所述之「橋接器」，在影音信號傳接處理領域係屬習知技術。

案例－智慧財產法院100年度民專上字第24號判決

系爭專利：

　　請求項1：「一種日光燈座反光結構改良，包含於一燈座內以相對的電源插接座提供燈管插接組成者；其特徵在於：燈座兩側內壁各設數<u>扣片</u>，可供一亮面膠膜兩側邊插扣固定，使亮面膠膜以拱狀襯設於燈管上側，以提供燈光向下反射而提高照明亮度者。」

上訴人：

　　「扣片」乙詞，僅須具有將亮面膠膜或反光片壓合固定之功能，並未限制壓合或扳開時不能使用工具，且不限於可扣壓或扳開之結構。

被上訴人：

　　依系爭專利說明書第6頁實施方式之記載，「扣片」之文義應解釋為：「數個自燈座兩側內壁等距沖設佈列之片體，且各該片體之一端係一體連結於燈座內壁，另一端係以傾斜之方式朝上延伸，並與燈座內壁共同圍設形成一凹槽供亮面膠膜插扣，且各該片體可隨意扣壓或扳開」。

法院：

　　系爭專利請求項1已記載：「燈座兩側內壁各設數扣片，可供一亮面膠膜兩側邊插扣固定」，是以該扣片應具有可供亮面膠膜兩側邊「插扣固定」之功能。

　　系爭專利說明書記載：「習式日光燈座結構鍍成金屬反射面之金屬框座與加裝的金屬反射片，爲固定的結構無法進行局部更換（除非整座更換），……本創作之另一目的，係在提供一種日光燈座反光結構改良，以質輕價廉的亮面膠膜爲反光物件，具可迅速的進行更換」。

　　參酌系爭專利說明書之第2圖至第5圖，其所揭露之扣片態樣均爲朝上佈列於燈座兩側內壁之沖壓成形片狀物體，而申請專利範圍之解釋須涵蓋其所揭露之實施方式，是以系爭專利之「扣片」至少應包括具有可供亮面膠膜兩側邊插扣固定功能之沖壓成形片狀物體。因系爭專利申請專利範圍第1項之文字並未限制其扣片須係沖壓成形，說明書亦未明確限定「扣片」之定義，自不得將說明書之限制讀入系爭專利之申請專利範圍，是被上訴人有關「扣片」之主張係將系爭專利申請專利範圍限定於其所揭露之實施方式，自非可採。

　　上訴人於舉發答辯過程中爲維護系爭專利之有效性，一再重申系爭專利之扣片具有扣壓以調整緊扣亮面膠膜之功效，因之相較於先前技術具有功效之增進而具有進步性，抑且，上訴人於原審所提出之專利分析報告亦自承系爭專利之扣片可隨亮面膠膜之需求扣壓或扳開，經參酌上開內部證據，系爭專利之「扣片」應限於供亮面膠膜兩側邊插扣後可隨時調整扣壓及扳開之片狀結構，而不包括螺絲鎖合之結構，是以上訴人主張系爭「扣片」不限於可扣壓或扳開之結構，亦非可採。

筆者： 本件判決係先審視專利權人之舉發答辯理由，認爲該答辯理由足以作爲維護其專利權的依據，爰將該舉發答辯理由視爲內部證據，輔以該理由解釋申請專利範圍。然而，即使舉發答辯理由與舉發不成立之審定理由無關，由於答辯理由是專利權人自己主觀之認定，仍有誠實信用原則之適用；至於舉發答辯理由不被採信的情況，若因此而爲舉發成立，則不生民事訴訟之爭執。基於前述分析，申請歷史檔案的運用不以該理由是否被採認爲據。

2. 外部證據

　　雖然我國專利法第58條第4項規定解釋申請專利範圍之基礎僅為申請專利範圍、說明書及圖式。惟依美國專利侵權訴訟實務，自1995年Markman v. Westview Instruments案起即確立：除內部證據之外，外部證據亦得為解釋申請專利範圍之依據。

(1) 種類

　　外部證據，泛指非屬內部證據之資料或證詞[83]，包括：普通字典、科學字典、教科書、工具書、權威著作、百科全書、學術論文（learned treatises）、刊物、發明人證詞（inventor testimony）、專家證詞（expert testimony）、申請人之相關專利、未被該專利引用之先前技術及該發明所屬技術領域中具有通常知識者之觀點等[84]。援引外部證據解釋申請專利範圍，主要目的是協助法官理解系爭專利相關之科學原理、技術用語之意義及申請時該發明所屬技術領域之技術水準，而非直接用來解決申請專利範圍不明確之問題。

　　美國聯邦巡迴上訴法院認為外部證據中未被引證的先前技術及字典比專家證詞更為客觀而可信[85]。在Texas Digital Systems, Inc. v. Telegenix, Inc.案中，美國聯邦巡迴上訴法院認為解釋申請專利範圍時，應先參酌字典探究申請專利範圍的字義，然後再參酌說明書或申請歷史檔案，若字典所顯示之意義與內部證據牴觸，則以內部證據為優先，並認為參考內部證據的目的僅是用來決定字典上所顯示之意義是否被申請人推翻，例如申請人自己作為其發明的辭彙編纂者，或在說明書中明白放棄申請專利範圍中某部分發明[86]。

---

[83]　Vitronics Corp. v. Conceptronic, Inc., 90 F.3d 1576, 1583, 39 USPQ2d 1573, 1577 (Fed. Cir. 1996) (Extrinsic evidence consists of all evidence external to (not included in) the patent and prosecution history.)

[84]　經濟部智慧財產局，專利侵害鑑定要點（草案），2004年10月4日發布，頁30～31。

[85]　Vitronics Corp. v. Conceptronic, Inc., 90 F.3d 1576, 1583, 39 U.S.P.Q. 2d 1573, 1577 (Fed. Cir. 1996) (Among the types of extrinsic evidence, prior art documents and dictionaries, although to a lesser extent, are more objective and reliable guides than expert testimony, which tends to be biased.)

[86]　Texas Digital Systems, Inc. v. Telegenix, Inc.308 F.3d 193, 64 U.S.P.Q. 2d 1812 (Fed. Cir. 2002) (Claim construction shall start with referring to dictionaries, and then looking to the intrinsic record only to determine whether the dictionary definition is rebutted. … The inventor acts as his own lexicographer, when the specification sets forth an explicit

　　於本世紀初期，美國聯邦巡迴上訴法院利用公眾可取得的資料，例如字典、百科全書或學術論文等，作為解釋申請專利範圍的依據，有快速成長的趨勢，理由有三[87]：

A. 以字典之定義解釋申請專利範圍，符合美國專利訴訟實務。解釋申請專利範圍是以該範圍中所載之文字、用語為起點，探究該文字、用語的字面意義。字面意義（plain meaning），係以該發明所屬技術領域中具有通常知識者於申請專利時所瞭解之意義。由於該發明所屬技術領域中具有通常知識者是一個虛擬人物，美國專利訴訟實務上是以字典之定義作為申請專利範圍中所載之文字、用語的字面意義[88]。

B. 以字典之定義解釋申請專利範圍，就不會將說明書中所載之技術特徵讀入申請專利範圍。經參酌字典、百科全書或學術論文，並確定該發明所屬技術領域中具有通常知識者所認定申請專利範圍中所載之用語的可能意義後，再參酌內部證據，選取最符合申請人原意之字面意義。透過這種方法，可以精確地探知申請人對於申請專利範圍中所載之用語的定義，且可有效避免將說明書中所載之技術特徵讀入申請專利範圍而限縮專利權範圍[89]。

C. 以字典之定義解釋申請專利範圍，比其他外部證據如專家證詞等更為客觀而且經濟、可靠。法院利用字典探知申請專利範圍中所載之文字、用

---

definition of the term different from its ordinary meaning. …disclaimer, when the specification uses words or expressions of manifest exclusion or restriction, representing a clear disavowal of claim scope.)

[87] 陳森豐，科技藍海策略的保衛戰2006美國專利訴訟(一)，禹騰國際智權股份有限公司，2006年，頁252～253。

[88] Cybor Corp. v. FAS Technologies Inc., 138 F.3d 1448, 1458, 46 U.S.P.Q. 2d 1169 (Fed. Cir. 1998) (…citing a dictionary for the 'plain meaning' of a claim term and confirming the meaning by reference to the intrinsic evidence.)

[89] Texas Digital Sys., v. Telegenix, Inc., 308 F.3d 1193, 64 U.S.P.Q. 2d 1812 (Fed. Cir. 2002) (By examining relevant dictionaries, encyclopedias and treaties to ascertain possible meanings that would have been attributed to the words of the claims by those skilled, and by further utilizing the intrinsic record to select from those possible meanings the one or ones most consistent with the use of the words by the inventor, the full breadth of the limitations intended by the inventor will be more accurately determined and the improper importation of unintended limitations from the written description into the claims will be more easily avoided.)

語的字面意義，得不徵詢專家證人之證詞[90]。

　　利用字典解釋申請專利範圍，因有違內部證據優先於外部證據之原則，在解釋方法論上產生問題，美國聯邦巡迴上訴法院於2005年Phillips v. AWH案召開全院聯席聽證，對於該解釋方法提出宣示性看法，見本章三之(二)之2.之(3)「使用字典的問題」。

　　解釋申請專利範圍應以該發明所屬技術領域中具有通常知識者於申請專利時之技術水準的觀點為之。惟「該發明所屬技術領域中具有通常知識者」及「申請專利時之技術水準」二者均為虛擬的抽象概念，且與申請人的概念亦無關連（解釋申請專利範圍是探知在申請專利當時申請人對於申請專利範圍所賦予之客觀意義），因此，解釋申請專利範圍時，法院可以參考專家證詞，以理解系爭專利申請時的技術水準及背景[91]，尤其是內部證據無法明確說明時[92]。

　　雖然申請專利範圍的解釋與申請人主觀意圖並無絕對關係，惟發明人對其發明之技術、背景、先前技術的問題點及解決問題的技術手段最為瞭解，尤其是申請人自己作為辭彙編纂者創造新的辭彙時，發明人證詞更能釐清申請專利範圍所載之文字、用語[93]。

---

[90] CCS Fitness, Inc., v. Brunswick Cop., 288 F.3d 1359, 1368 (Fed. Cir. 2002) (When the ordinary meaning of a term can be determined from dictionary definitions and intrinsic evidence, there is no need to consult expert witness.)

[91] Markman, 52 F.3d at 980-81, 34 U.S.P.Q. 2d at 1330-31, (Trial courts generally can hear expert testimony for background and education on the technology implicated by the presented claim construction issue.)

[92] Vitronics, 90 F.3d at 1584, 39 U.S.P.Q. 2d at 1578, (A trail court is quite correct in hearing and relying on expert testimony on an ultimate claim construction questioning cases in which the intrinsic evidence does not answer the question.)

[93] Hoechst Celanese, 78 F.3d at 1580, 38 U.S.P.Q. 2d at 1130, (An inventor is a competent witness to explain the invention and what was intended to be conveyed by the specification and covered by the claims. The testimony of the inventor may also provide background information, including explanation of the problems that existed at the time the invention was made and the inventor's solution to these problems.)

#案例－Eastman Kodak Co. v. Goodyear Tire & Rubber Co.[94]

系爭專利：

　　一種聚乙烯對酞酸鹽顆粒的製備方法。請求項1：「一種高分子量的聚乙烯對酞酸鹽的連續製備方法……包括在<u>溫度為220℃至260℃</u>、惰性氣體條件下迫使顆粒結晶為至少1.390g/cm3的密度，……。」

爭執點：

　　請求項中所載「在溫度為220℃至260℃」（at a temperature of 220℃ to 260℃）之意義。

被控侵權人：

　　「在溫度為220℃至260℃」係對顆粒或聚合物本身之限定。

專利權人：

　　「在溫度為220℃至260℃」係對加熱介質之限定，而非對顆粒或聚合物本身之限定。

地方法院：

　　同意專利權人之主張。

聯邦巡迴上訴法院：

　　從請求項文句本身、說明書及申請歷史檔案都傾向專利權人之主張，但並無內部證據可以明確地做成結論。對於請求項之用語的解釋，通常應參酌該發明所屬技術領域中具有通常知識者於申請時之認知，故對於請求項中所載之用語在發明構思中之意義，專家證詞得作為解釋之依據。惟若用語之解釋在內部證據中已為明確者，應限制外部證據之利用。是否利用或限制利用外部證據，屬於法院之職權。法院採用專利權人之專家證詞，指出在聚合物技術領域，雖然結晶溫度通常指聚合物經歷結晶之溫度；但在工業化學產業中，結晶溫度係指加熱介質的溫度。此外，在有關化學製程及製法之技術著作中，結晶溫度指加熱介質的溫度。

---

[94] Eastman Kodak Co. v. Goodyear Tire & Rubber Co., 114 F.3d 1547, 42 USPQ2d 1737 (Fed. Cir. 1997).

反對意見：

　　Lourie法官不同意「在溫度爲220℃至260℃」係對加熱介質之限定，認爲參酌説明書，請求項之字面很清楚的指顆粒的溫度。

＃案例－智慧財產法院98年度民專訴字第49號判決

系爭專利：

　　請求項1：「一集塵罩，其係覆蓋該鋸片一部分之兩側並形成一空間且具有一開口，而該集塵罩具有一集塵入口，藉由氣流引動粉塵進入該集塵罩之該空間，又該集塵罩覆蓋於該鋸片之部分係小於該鋸片之二分之一，並有一對不平行於鋸片之部位向鋸片兩側接近，而不接觸並影響鋸片之作動者，再者，該空間與該開口係成一斜角或圓角，可以達到粉塵完全排出之效果。」

原告：

　　請求項1項之技術特徵在「一集塵罩，其係覆蓋該鋸片一部分之兩側並形成一空間且具有一開口」，並主張「覆蓋鋸片形成空間，並非後面再形成空間」、「覆蓋鋸片時形成空間，如此才能產生氣流」、「兩側是否有擋板效果會不同。被告的證據兩側都沒有擋板。擋板就是指包覆片」、「被告的證據都是外開的，沒有形成空間」。

法院：

　　系爭專利説明書未界定「空間」之意義，由於內部證據並未敘明，因此依外部證據客觀解釋爲「空間是指無限的三度範圍。在空間內，物體存在，事件發生，且均有相對的位置和方向。」由於系爭專利未定義該三度空間爲密閉、開放或部分開放，亦未界定該空間之範圍大小，因此該「空間」包含各種形成方式的三度範圍。

　　另依外部證據字典之客觀解釋，「覆蓋」之解釋應爲：「覆蓋是一些頂點（或邊）的集合，使得圖中的每一條邊（每一個頂點）都至少接觸集合中的一個頂點（邊）。」因此，系爭專利申請專利範圍第1項

「一集塵罩，其係覆蓋該鋸片一部分之兩側並形成一空間且具有一開口」中，但未界定所謂「包覆片」或「包覆片」之覆蓋範圍，亦未明確界定「包覆片」之形成位置、形狀或尺寸大小等，尚不得將系爭專利附屬項中之技術特徵讀入第1項，致兩請求項之專利權範圍相同。

　　至於系爭專利說明書中所述及之技術特徵，分別界定於系爭專利申請專利範圍附屬項2、3、4、5、8，依請求項差異原則（doctrine of claim differentiation），系爭專利中每一請求項之範圍均相對獨立，當請求項之間對應之技術特徵以不同用語予以記載時，應推定該不同用語所界定的範圍不同，故原告對系爭專利申請專利範圍第1項之解釋並不可採。

案例－智慧財產法院100年度民專訴字第24號判決

系爭專利：

　　請求項17：「一種用於辨識鳥禽之腳環，係具有一環體，該環體表面具有特定顏色之一電鍍層，該電鍍層係為一第一標記單元，並於該環體之外周面設置辨識特徵不同於該第一標記單元的一第二標記。」

原告：

　　陽極處理整個過程，是利用電解技術，使電鍍物金屬表面形成一層皮膜（它不具有顏色），鍍物沒經過陽極處理，即不能印刷、上色、電鍍等加工。陽極處理俗稱為電鍍，且陽極處理不能鍍色，陽極處理為一製程，電鍍則為一製品。

被告：

　　系爭產品之技術手段係利用陽極處理技術在環體表面形成具有顏色之陽極處理層，與系爭專利利用電鍍技術在環體表面鍍設一層具有顏色之電鍍層的第一標記單元不同。

法院：

　　關於「電鍍層」之解釋，依據該發明所屬技術領域中之通常知識，係指利用電鍍方法將金屬電鍍在被鍍物品所形成之層面。電鍍係將被鍍

物置於陰極，陽極處理係將被鍍物置於陽極，兩技術「保護被鍍物品或裝飾被鍍物品表面」之目的可能相似，但兩者原理不同（甚至可説相反）。參考多數之教科書，如……，多將「電鍍」與「陽極處理」當成兩種不同表面處理技術看待，咸認爲其技術特徵具有很大之差異。兩者所使用之技術特徵原理不同，自堪認系爭專利所界定之電鍍層文義上不包括陽極處理層，且陽極處理層亦非系爭專利所界定電鍍層之均等物。

查專利之用語應以該發明所屬技術領域中之通常知識爲解釋依據，則陽極處理固亦俗稱爲電鍍，但係屬一般外行人不精確之通常用語，而非屬該發明所屬技術領域中之專門用語，自不得以俗稱作爲解釋專利申請範圍之依據。原告於其向智慧財產局所提出之舉發答辯理由書亦自認陽極處理與電鍍之不同，且陽極處理亦可染色。事實上，陽極處理程序亦包含染色之程序，原告主張陽極處理不能鍍色，除與一般教科書之記載不符外，亦與其於舉發理由答辯書所爲之陳述矛盾。又陽極處理與電鍍係兩種不同之製程，並非陽極處理爲製程，而電鍍爲製品。原告此部分之主張，已嚴重偏離該發明所屬技術領域中具有通常知識者之認知，顯無可採。

(2) 角色及性質

職司申請專利範圍解釋的法官爲法律專業人士，不一定熟悉系爭專利權所涉及之技術領域，在解釋申請專利範圍時，有必要藉外部證據協助法官瞭解系爭專利有關的科學原理及出現在申請專利範圍、說明書或申請歷史檔案中之文字、用語的意義，及該發明所屬技術領域的技術水準。外部證據可以協助法官理解專利申請文件中所載之文字、用語的意義，參考外部證據不一定是因爲專利申請文件不明確，主要是爲了協助法官理解申請專利之發明的意義[95]。在Apple Computer, Inc. v. Articulate Systems, Inc.案中[96]，專利權人在內

---

[95] Markman v. Westview Instruments, In., 52 F.3d 967, 4 U.S.P.Q. 2d 1321 (Fed. Cir. 1995) (en banc), aff'd, 116 S. Ct. 1384 (1996), (This evidence may be helpful to explain scientific principles, the meaning of technical terms, and terms of art that appear in that patent and prosecution history. Extrinsic evidence may demonstrate the state of the prior art at the time of the invention. It is helpful to show what was then old, to distinguish what was

部證據中未清楚定義「視窗」（window），法院參酌外部證據，以該發明所屬技術領域中具有通常知識者之觀點認定「視窗」之意義相當廣泛，並落入先前技術範圍，而判決該專利權無效。

　　然而，利用外部證據解釋申請專利範圍應有限制，若依內部證據就可以解決申請專利範圍所載之文字、用語的不明確，則不須再參酌外部證據[97]；反之，得參酌外部證據[98]。依專利侵害鑑定要點，若內部證據足使申請專利範圍清楚明確，則無須考慮外部證據[99]；若外部證據與內部證據對於申請專利範圍之解釋有衝突或不一致，則優先採用內部證據。其理由在於申請專利範圍、說明書及申請歷史檔案資料等內部證據一經公告則具有公示功能或效果，社會大眾基於對政府公告的正當信賴，內部證據已為明確的情況下，應以其為解釋申請專利範圍的唯一依據[100]，外部證據僅屬補充性質，亦即其係依內部證據無法明確解釋申請專利範圍的情況下所使用之補充證據。

　　解釋申請專利範圍時，參酌外部證據係屬法院依職權自由裁量的範圍，以決定是否利用外部證據協助其瞭解系爭專利之發明，除非顯有不當，否則上級法院不宜干涉下級法院之自由裁量權[101]。

---

new, and to aid the court in the construction of the patent.) (Extrinsic evidence, therefore, may be necessary to inform the court about the language in which the patent is written. It is not ambiguity in the document that creates the need for extrinsic evidence but rather unfamiliarity of the court with the terminology of the art to which the patent is addressed.)

[96] Apple Computer, Inc. v. Articulate Systems, Inc., 234 F.3d 14, 57 U.S.P.Q. 2d (BNA) 1057 (Fed. Cir. 2000).

[97] Kegel Co. v. AMF Bowling, Inc., 44 U.S.P.Q. 2d 1123, 1127 (Fed. Cir. 1997) (When an analysis of the intrinsic evidence alone will resolve any ambiguity in a disputed claim term, it is improper to rely on extrinsic evidence.)

[98] Vitronics Corp. v. Conceptronic, Inc., 90 F.3d 1576, 1583, 39 USPQ2d 1573, 1577 (Fed. Cir. 1996) (Only if there were still some genuine ambiguity in the claims, after consideration of all available intrinsic evidences, should the trial court have resorted to extrinsic evidence in order to construe the claims.)

[99] 經濟部智慧財產局，專利侵害鑑定要點（草案），2004年10月4日發布，頁35～36。

[100] Key Pharmaceuticals Inc. v. Hercon Laboratories Corp., 161 F.3d 709, 48 U.S.P.Q. 2d 1911 (Fed. Cir. 1998) (Competitors are entitled to rely on the public record of the patent, and if the meaning of the patent is plain, the public record is conclusive.)

[101] Seattle Box Co. v. Industrial Crafting & Packing, Inc., 731 F.2d 818, 826, 221 U.S.P.Q. 568, 573 (Fed. Cir. 1984) (A trial judge has sole discretion to decide whether or not he needs, or even just desires, an experts assistance to understand a patent. We will not disturb that discretionary decision except in the clearest case.)

#案例－Bell & Howell Co. v. Altek Systems[102]

系爭專利：

　　一種微縮影片夾板及其製造方法，係將融化之塑膠條置於透明之底板上，再將透明之頂板置於該塑膠條上，待該塑膠條冷卻形成肋條，並將該底、頂板黏接在一起而製成者，肋條之間形成微縮片之容置空間。

爭執點：

　　請求項中所載「完全黏接……不用接著劑」（integrally bonded……free of adhesive）之意義

被控侵權人：

　　依專家證詞，主張在化學領域「機械式黏接」（mechanical bonding）指兩種物質其中之一物質流入並填滿另一物質表面之凹縫後變硬，而使兩種物質固定在一起；「完全黏接」（integral bonding）指兩種物質之分子穿過其接觸面並混合在一起，以致無法分辨接觸面。被控侵權對象之層板與塑膠條之間的接觸面清晰可辨，故未侵害該請求項。

專利權人：

　　未就「機械式黏接」及「完全黏接」提出解釋，但認為本專利中之「完全黏接」應從機械角度解釋之。

地方法院：

　　採用被控侵權人之主張，並認為「完全黏接」不能解釋為「不用接著劑」，否則將導致「不用接著劑」之技術特徵無意義，故將「完全黏接」解釋為必須黏接到形成單一整體材料。

聯邦巡迴上訴法院：

　　解釋申請專利範圍應先檢視內部證據，若內部證據不明確始得參酌外部證據。本專利之內部證據已明確顯示「完全黏接……不用接著劑」具有單一技術特徵之作用，「完全黏接」與「不用接著劑」係相互加強定義，後者並非多餘。內部證據已明明白白的定義「完全黏接」係層板

---

[102] Bell & Howell Co. v. Altek Systems, 132 F.3d 701, 45 USPQ2d 1034 (Fed. Cir. 1997).

與塑膠條之間無須使用接著劑，以屬於外部證據之專家證詞駁斥內部證據，不符法律上之要求。

#案例[103]

系爭專利：

　　一種用於快艇、水上摩托車或雪車等運動裝置的「提供中斷電源供應功能的控制器」，其特點在於提供電子操控裝置一種中斷模式（interrupt mode），啟動該模式時，除非達到預設的斷路電流而使該電子操控裝置斷路外，電源供應僅是中斷而不會完全斷路。

被控侵權對象：

　　引擎的設計是當操作者脫離快艇、水上摩托車或雪車等運動裝置時立即停止（break off）。

爭執點：

　　請求項中所載「中斷模式」（interrupt mode）之意義是否涵蓋停止（break off）。

專利權人：

　　依字典解釋，中斷（interrupt）的字面意義包含「break off」及「shut or cut off」之意義。

被控侵權人：

　　申請人特別在說明書中強調其發明與傳統的電子操控裝置僅開關控制不同，在中斷模式時，其電子操控裝置與其動力供應仍維持在通路狀態，使電子裝置仍可以繼續運作。

---

[103] 陳森豐，科技藍海策略的保衛戰2006美國專利訴訟(一)，禹騰國際智權股份有限公司，2006年，頁225～230。

被控侵權對象：

　　在中斷模式時，完全停止引擎之電源供應。

地方法院判決：

　　雙方當事人之解釋皆有所本，惟基於內部證據優先於外部證據之原則，被告依據內部證據之主張已為明確的情況下，不須參酌外部證據，判決被告不侵權。

(3) 使用字典的問題

　　字典或類似資料主要是協助法官瞭解申請專利範圍所載之文字、用語的普通意義[104]，其為社會大眾在訴訟前即能取得之無爭議資料[105]。於本世紀初期的美國專利訴訟實務，尚未採行內部證據優先於外部證據之原則，且大多先以字典之定義或以字典之定義為主解釋申請專利範圍，可能之缺點有三[106]：

A. 申請專利範圍所涵蓋的範圍可能無法為說明書所支持：為適合各界需求，字典中之解釋多為抽象、概括性說明，以字典之定義解釋申請專利範圍有可能使其範圍涵蓋過廣而無法為說明書所支持，違反專利要件而構成專利無效之事由[107]。申請專利範圍中所載之文字、用語的通常習慣意義並非必須以字典之定義作為唯一依據，對於該發明所屬技術領域中具有通常知識者於申請專利時之觀點而言，不僅應參酌系爭申請專利範圍之文字、用語，亦應參酌全部專利資料，包括說明書[108]。

---

[104] Webber Elec. Co. v. E.H. Freeman Elec. Co., 256 U.S. 668, 678 (1921) (Dictionaries or comparable sources are often useful to assist in understanding the commonly understood meaning of the words used in the claims.)

[105] Vitronics Corp. v. Conceptronic, Inc., 90 F.3d 1585 (Fed. Cir. 1996) (A dictionary definition has the value of being an unbiased source accessible to the public in advance of litigation.)

[106] 陳森豐，科技藍海策略的保衛戰2006美國專利訴訟(一)，禹騰國際智權股份有限公司，2006年，頁263～267。

[107] Brookhill-Wilk 1, LLC v. Intuitive Surgical, Inc., 334 F.3d 1294 (Fed. Cir. 2003).

[108] Aquatex Industries, Inc., v. Techniche Solutions., No. 05-1088 (Fed. Cir. August 19, 2005) (The specification is of central importance in construing claims because the person of ordinary skill in the art is deemed to read the claim terms not only in the context of the particular claim in which the disputed term appears, but in the context of the entire patent, including the specification.)

B. 因字典版本、出版時點之差異，申請專利範圍之解釋可能不一致：依美國專利訴訟實務，1990年至2000年之間使用了24種一般用途的字典作為解釋申請專利範圍的參考，包括美國傳世字典、韋伯第3國際字典、韋伯第9新學生字典、韋伯第3新國際字典、牛津英文字典、馬瑞韋伯學生字典等。因字典版本、出版時點之差異，對於申請專利範圍中所載之文字、用語，其定義亦不一致，以字典之定義解釋申請專利範圍，將使社會大眾面臨選擇字典的問題。

C. 字典版本眾多，會增加社會大眾明瞭申請專利範圍的成本及不確定性：專利制度係以公示（public notice）方式宣告專利權人的權利，並使公眾知悉未經其同意不得實施之專利權範圍，故申請專利範圍是判斷專利權保護範圍的基礎，具有對外公示之功能及效果，必須客觀解釋之，使公眾對於申請專利範圍有一致的信賴。若解釋申請專利範圍所使用之字典的版本、範圍不確定，使用字典不會比使用內部證據經濟、可靠，且會增加社會大眾明瞭申請專利範圍的成本及不確定性。再者，解釋申請專利範圍是探知申請專利當時申請人對於申請專利範圍所賦予之客觀意義，申請與侵權時點可能年代相隔久遠，捨棄手邊之內部證據而就十餘年前之字典，不利於社會公益。

　　以字典為主解釋申請專利範圍，因有違內部證據優先於外部證據之原則，在解釋方法論上產生了問題，美國聯邦巡迴上訴法院於2005年Phillips v. AWH案召開全院聯席聽證，重申申請專利範圍之解釋應以內部證據優先於外部證據為原則，理由如下：

A. 外部證據不屬於專利申請文件，申請人在申請當時並非以外部證據說明其發明內容。

B. 外部證據並非依據該發明所屬技術領域中具有通常知識者之觀點所編纂之文件。

C. 專家證詞等外部證據是臨訟所為者，容易主觀、偏頗。

　　法院指出：申請專利範圍的通常習慣意義係以該發明所屬技術領域中具有通常知識者於申請專利當時之觀點閱讀全部專利文件後所認定之意義。字典並非依前述觀點所編纂，過度依賴字典之抽象意義，具有相當的風險，可

能將字典中抽象、概括性之定義轉化爲申請專利範圍中所載之文字、用語的通常習慣意義[109]。

Phillips案後，只要涉及申請專利範圍之解釋，大多以該案所確定之「辭彙編纂者原則」及「內部證據優先原則」爲之，判決指出：爲平衡「保護專利權人的合理範圍」及「專利權範圍對社會大眾的公示效果」之雙方利益，使專利權人能掌握其專利權範圍，並使社會大眾能知悉專利權人排除他人實施之專利權範圍，專利權人自己可以作爲其發明的辭彙編纂者，且解釋申請專利範圍應以內部證據爲優先。

#案例[110]

系爭專利：

　　一種外部木質地板，用於建構樓板表面之厚板，其形狀構成能使水分從其表面流出而適於作爲行走、站立。

爭執點：

　　厚板（board）之意義爲何？

地方法院：

　　依說明書，認定厚板之意義爲「由圓木切割下來之木材所製成的加長型片狀建築材料」。

專利權人：

　　系爭專利之厚板並不限於從圓木切割下來的木材，法院的解釋係將說明書中之技術特徵讀入申請專利範圍。

聯邦巡迴上訴法院：

　　解釋申請專利範圍，應以該發明所屬技術領域中具有通常知識者之

---

[109] Phillips v. AWH Corp., No. 03-1269, 03-1286, 2005 U.S. App. LEXIS 13954 (Fed. Cir. Jul. 12, 2005) (en banc) (Heavy reliance on the dictionary divorced from the intrinsic evidence risks transforming the meaning of the claim to the artisan into the meaning of the term in the abstract.)

[110] 陳森豐，科技藍海策略的保衛戰2006美國專利訴訟(一)，禹騰國際智權股份有限公司，2006年，頁258〜262。

觀點探知申請專利範圍中所載之文字、用語的通常習慣意義。參考字典認定「厚板」之意義，依美國傳世字典第二個解釋，厚板，指適合特殊用途之平板狀木材或類似的剛性材料；依韋伯第3國際字典，厚板，指一片經切割具有細薄厚度且有相當表面積之木材，通常係呈長度大於寬度之矩形。最後採取前者之解釋，並認定地方法院錯誤解釋申請專利範圍。

3. 適用順序

　　解釋申請專利範圍之輔助資料得分為內部證據及外部證據。內部證據包括專利核准後刊載在專利公報（Patent Gazette）上之申請專利範圍、說明書及申請及維護專利之程序中所產生的申請歷史檔案，主要包括專利行政機關與申請人或代理人之間的往來文件，例如審查意見通知書（office action）、審定書及申請人之申復、說明、修正、訴訟理由及答辯理由等。內部證據以外之證據統稱外部證據。

　　辭彙編纂者原則（lexicographer rule），指申請人自己可以定義、運用、記載發明內容之文字、用語。內部證據是申請人針對其發明之陳述說明，申請人自己作為辭彙編纂者[111]，最能表達申請人所請求之專利權保護範圍，故解釋申請專利範圍時，應先參酌內部證據[112]，其中，尤應以申請人編纂之辭彙意義作為認定申請專利範圍中之文字、用語的首要參考。就內部證據本身的順序而言，應先參考申請專利範圍，然後是說明書，最後是申請歷史檔案。若內部證據足使申請專利範圍清楚明確，則無須考慮外部證據。若外部證據與內部證據對於申請專利範圍之解釋有衝突或不一致者，則優先採用內部證據[113]，是為內部證據優先原則。智慧財產法院97年度民專上字第4號判決：「我國專利法解釋專利權範圍，係採學說所謂折衷限定主義……。解釋時之優先順序，依序為申請專利範圍、說明書及圖式。……。」然而，若內

---

[111] Gart v. Logitech, 254 F.3d 1334, 1339-40, 59 U.S.P.Q. 2d 1290, 1293-94 (Fed. Cir. 2000) (The intrinsic evidence is consulted to determine if the patentee has chosen to be his or her own lexicographer, or when the language itself lacks sufficient clarity….)

[112] Vitronics Corp. v. Conceptronic, Inc., 90 F.3d 1576, 1583, 39 USPQ2d 1573, 1577 (Fed. Cir. 1996) (Intrinsic of primary importance, then extrinsic if necessary.)

[113] 經濟部智慧財產局，專利侵害鑑定要點（草案），2004年10月4日發布，頁30。

部證據對於申請專利範圍中所載之文字、用語均未賦予新的意義，應以該發明所屬技術領域中具有通常知識者所認知或瞭解的通常習慣意義解釋之。若內部證據之間有矛盾或不一致者，例如說明書與其他申請歷史檔案中之記載不一致，實務上大多以較窄的範圍解釋之。

　　中國最高法院的「關於專利權糾紛案件的解釋」第3條：「（第1項）人民法院對於權利要求，可以運用說明書及附圖、權利要求書中的相關權利要求、專利審查檔案進行解釋。說明書對權利要求用語有特別界定的，從其特別界定。（第2項）以上述方法仍不能明確權利要求含義的，可以結合工具書、教科書等公知文獻以及本領域普通技術人員的通常理解進行解釋。」中國北京高級法院的「專利侵權判定指南」第13條有類似規定：「（第1項）解釋權利要求，可以使用專利說明書及附圖、權利要求書中的相關權利要求、專利審查檔案以及生效法律文書所記載的內容。（第2項）以上述方法仍不能明確權利要求含義的，可以結合工具書、教科書等公知文獻及所屬技術領域的普通技術人員的通常理解進行解釋。（第3項）本指南所稱專利審查檔案，是指專利審查、複審、無效過程中國務院專利行政部門及專利複審委員會發出的審查意見通知書，專利申請人、專利權人做出的書面答覆，口審記錄表，會晤記錄等。」顯示中國解釋申請專利範圍的方法與前述內容及優先順序並無不同，均係以內部證據優先於外部證據，且申請人可以自行編彙技術用語之意義為原則。

#案例－Comark Communications, Inc. v. Harris Corp.[114]

系爭專利：
　　一種校正音頻載體之系統及方法。請求項1：「一種校正一般電視所發射放大的音頻載體之系統……該系統包括：<u>視頻延遲電路</u>，用於接收及延遲視頻訊號，以提供延遲之視頻訊號……。」

爭執點：
　　請求項中所載「視頻延遲電路」（a video delay circuit）之意義。

---

[114] Comark Communications, Inc. v. Harris Corp., 156 F.3d 1182, 48 USPQ2d 1001, (Fed. Cir. 1998).

地方法院：

均等侵權。

被控侵權人上訴：

主張地方法院忽略說明書中對於「視頻延遲電路」之教示，而作出錯誤解釋。

聯邦巡迴上訴法院：

解釋請求項，得參酌說明書解釋請求項，但請求項之用語優先於說明書。請求項中所載「視頻延遲電路」之意義明確而充分，無須參酌說明書理解其意義。被控侵權人參酌說明書解釋請求項中已明確記載之用語，而將其限制在實施方式中所揭露之功能性目的並不適當。被控侵權人對於請求項1之解釋將使請求項2成為多餘而無意義，明顯違反請求項差異原則。請求項差異原則並非堅定不變之原則，但其建立一種推定，即申請專利範圍中每一請求項均具有不同之涵義及範圍。

#案例－Multiform Desiccants Inc. v. Medzam Ltd.[115]

系爭專利：

一種處理醫療廢棄物之容器，包袋包括裝著有毒液體的內部容器及封袋，當該內部容器破裂或滲漏，釋出之液體會降解該封袋之材質而被封袋中之內容物所吸收、停滯或處理。

請求項1：「一種可吸收及停滯液體之包袋，其包含一可被液體降解之封袋；第一種材料，於該封袋內用以吸收及停滯該液體；及第二種材料，被限制於該封袋內，用以處理被吸收及停滯之該液體，而使令人不快之性質失效。」

封袋之材質為可溶性；實施方式揭露之內容物為已知的聚丙烯酸鈉，其與液體接觸會膨脹並形成膠質吸附劑。

---

[115] Multiform Desiccants Inc. v. Medzam Ltd., 133 F.3d 1473, 45 USPQ2d 1429 (Fed. Cir. 1998).

被控侵權對象：

　　封袋為多孔不織布材料，類似製作茶袋之材料，其內容物為聚丙烯酸鉀。當液體穿透封袋被聚丙烯酸鉀所吸收，聚丙烯酸鉀會膨脹撐開包袋，進一步釋出聚丙烯酸鉀吸收液體。

爭執點：

　　請求項中所載「可……降解」（degradable）之意義

地方法院：

　　「可……降解」之意義為必須至少部分溶解並分散到液體中，而被控侵權對象是因內容物膨脹而撐開封袋，並非因液體之直接作用而溶解並分散

專利權人：

　　對於「可……降解」之意義，必須依內部證據解釋該用語，說明書並未將其限制在溶解及分散，而是廣義的包括該封袋收納功能的任何損耗，「可降解」之意思為「損耗封袋之功能」（loss of the containment function of the envelope）。依申請歷史檔案所提交字典之定義，「可降解」之意思為「剝奪承受力或真正功能」（to deprive of standing or true function）、「降低相關之性質」（impair in respect of some physical property），從前述定義證明「可……降解」之意義可以廣義包括收納功能的任何損耗，而不限於解體而造成之功能損耗。

被控侵權人：

　　專利權人係在得知被控侵權物後始提交前述字典之定義，但該廣義之定義與說明書中有關之教示明顯矛盾。

聯邦巡迴上訴法院：

　　系爭專利為組合發明，包括吸收材料、處理材料及「可……降解」之封袋。被控侵權對象具有這三個技術特徵，差異在於是否為「可……降解」之封袋。

　　對於請求項中所載之用語，申請人自己可以作為辭彙編纂者，若申請人在說明書中所賦予之特定意義已足夠明確，使該發明所屬技術領域

中具有通常知識者能瞭解其意義，則解釋請求項時應採用該意義。雖然專利權人在申請過程提交之字典包含了廣義之定義，但從說明書及申請歷史檔案均未釐清「可……降解」之原始意義，故不能依據字典擴大請求項之範圍，而包括未溶解僅藉內容物膨脹而撐開之封袋。

　　若說明書已明確完整地定義請求項之用語，則不須從字典尋找該用語之意義。「可……降解」之意義應限制在說明書中所述之溶解/降解，即必須至少有部分溶解，並不包括完全未溶解僅藉膨脹而撐開封袋。

＃案例－智慧財產法院98年度行專訴第26號判決

系爭專利：
　　請求項1：「一種具黏扣效果之束帶改良，……，其特徵在於：母扣帶……織造結構係為經向位置設有彈性條，再於經向配合尼龍束線、經紗，緯向配合上、下二緯紗及棉線，經由機具以垂直交叉針織成型，且令每一經緯交叉處形成一<u>糾結</u>，……經緯交叉處之<u>糾結</u>所固定，……經緯交叉處之<u>糾結</u>所固定，……。」

爭執點：
　　「令每一經緯交叉處形成一糾結」、「經緯交叉處之糾結所固定」中所載「糾結」之意義。

參加人：
　　若依外部證據國語辭典修訂本，「糾結」一詞應解釋為「互相纏繞」，則證據2之Fig.6確已揭露系爭專利「令每一經緯交叉處形成一糾結」以及「弧曲體兩端且為經緯交叉處之糾結所固定」兩項技術特徵。

法院：
　　認定專利權範圍之實質內容，發明說明及圖式均得為解釋申請專利範圍之輔助依據。圖式之作用在於補充說明書文字不足的部分，使該發明所屬技術領域中具有通常知識者閱讀說明書時，得依圖式直接理解該發明之各個技術特徵及其所構成的技術手段。查系爭專利雖於說明書及

申請專利範圍並未明確定義「糾結」之內容，惟其發明目的在於改善先前技術「母扣帶係以經、緯交叉編織製造而成，各線體僅呈相依接觸狀，彼此間並無任何之固結效用」，而以「每一經緯交叉處形成一糾結狀，……同時尼龍束線所形成之弧曲體兩端為經緯交叉處之糾結所固定」增進母扣帶結構之穩固性，第二圖並顯示母扣帶10之織造方式，則習於該項技藝人士應可藉由說明書的內容及相關圖式了解系爭專利所請「糾結」其線材纏繞方式為如第二圖所示為形成一繩結狀之套圈，其與先前技術之「經、緯交叉編織方式」、「各線體僅呈相依接觸狀」等技術內容已有所不同。

對於參加人之主張，因系爭專利第二圖已揭示相關糾結的織造方式，足使申請專利範圍清楚明確，並無考慮外部證據之必要；再者，參照證據2之說明內容，僅提及基紗L2與嵌入紗L3、L4係與各絨毛圈4之底部緊密交錯（參見說明書第10頁實施方式），Fig.6亦僅顯示用以構成表面緊固件接合元件之絨毛圈係形成於由基紗L2針織而成之基底圖案系統中之縱向凸條上，且係沿縱向凸條排列，並未揭露線材之間如系爭專利第二圖所示互相纏繞的方式，故參加人所稱證據2Fig.6已揭示系爭專利相關技術特徵等並非屬實，不足採信。

四、解釋申請專利範圍之一般原則

解釋申請專利範圍之目的在於正確解釋申請專利範圍之文字意義，合理界定專利權範圍[116]。除前述章節所介紹之理論、解釋之基礎及證據外，「專利侵害鑑定要點」及美國法院判決也揭示了若干解釋原則，說明如下。

（一）解釋之主體

解釋申請專利範圍，是探知申請人於申請時對於申請專利範圍所記載之文字的客觀意義；為使社會大眾對於申請專利範圍有一致之信賴，應以該發明所屬技術領域中具有通常知識者為解釋之主體始可能獲知其客觀意義。

---

[116] 經濟部智慧財產局，專利侵害鑑定要點（草案），2004年10月4日發布，頁30。

　　經濟部智慧財產局所發布的發明專利實體審查基準第二篇第一章定義「該發明所屬技術領域中具有通常知識者」：係一虛擬之人，指具有申請時該發明所屬技術領域之一般知識（general knowledge）及普通技能（ordinary skill）之人，且能理解、利用申請時之先前技術。申請時指申請日，於依專利法第28條第1項或第30條第1項規定主張優先權者，指該優先權日。一般知識，指該發明所屬技術領域中已知的知識，包括習知或普遍使用的資訊以及教科書或工具書內所載之資訊，或從經驗法則所瞭解的事項。普通技能，指執行例行工作、實驗的普通能力。申請時之一般知識及普通技能，簡稱「申請時之通常知識」。中國北京市高級人民法院的「專利侵權判定指南」第10條有類似之規定：「（第1項）解釋權利要求應當從所屬技術領域的普通技術人員的角度進行。（第2項）所屬技術領域的普通技術人員，亦可稱為本領域的技術人員，是一種假設的『人』，他知曉申請日之前該技術領域所有的普通技術知識，能夠獲知該領域中所有的現有技術，並且具有運用該申請日之前常規實驗手段的能力。（第3項）所屬技術領域的普通技術人員，不是指具體的某一個人或某一類人，不宜用文化程度、職稱、級別等具體標準來參照套用。當事人對所屬技術領域的普通技術人員是否知曉某項普通技術知識以及運用某種常規實驗手段的能力有爭議的，應當舉證證明。」

　　一旦申請專利範圍公告於專利公報即具有對外公示之效果，必須客觀解釋之；為使公眾對於申請專利範圍有一致的信賴，解釋申請專利範圍應以申請專利之發明所屬技術領域中具有通常知識者之觀點為標準[117]，才不致於流於主觀判斷。中國最高法院的「關於專利權糾紛案件的解釋」第2條有相同規定：「人民法院應當根據權利要求的記載，結合本領域普通技術人員閱讀說明書及附圖後對權利要求的理解，確定專利法第五十九條第一款規定的權利要求的內容。」

　　具體而言，解釋申請專利範圍時，必須參酌的申請專利範圍、說明書及申請歷史檔案，以申請當時該發明所屬技術領域中具有通常知識者之技術水準的觀點[118]，將其所理解申請專利範圍中之文字、用語的意義作為該申請專利

---

[117] Moeller v. Ionetics, Inc., 794 F.2d 653, 657, 229 U.S.P.Q. 992 (Fed. Cir. 1986) (Claims should be construed as they would be by those skilled in the art.)

[118] 經濟部智慧財產局，專利侵害鑑定要點（草案），2004年10月4日發布，頁31。

範圍之解釋[119]。法院在解釋申請專利範圍時，必須將自己假設爲該發明所屬技術領域中具有通常知識者的技術水準，判斷申請專利範圍中之文字、用語的意義[120]。

美國聯邦巡迴上訴法院衡量「該發明所技術領域中具有通常知識者」之技術水準係參酌下列因素予以決定[121]：

A. 該專利之發明人的教育水準。

B. 該技術領域中實際工作者之教育水準。

C. 該技術領域中所遭遇之問題型態及其解決方式。

D. 該技術領域中的創新速度或欠缺創新。

E. 該技術領域中的技術複雜度。

雖然美國法院係參酌前述因素決定「該發明所技術領域中具有通常知識者」之技術水準，我國學者或參與專利侵權訴訟實務之律師亦曾呼籲法院應於個案中適用之文化程度、職稱、級別等具體標準，以決定該技術水準，然而，對於成熟技術領域而言，例如機械領域，常流於主觀見解的口舌之爭，對於個案判斷並無助益。筆者以爲：對於進展快速的技術領域，決定其技術水準固有其效益，然而，並非由法院憑空決定抽象的文化程度、經驗年資等，而應回歸個案由當事人具體攻防，例如中國北京市高級人民法院的「專利侵權判定指南」第10條第3項所規定：「當事人對所屬技術領域的普通技術人員是否知曉某項普通技術知識以及運用某種常規實驗手段的能力有爭議的，應當舉證證明。」

---

[119] Markman v. Westview Instruments, In., 52 F.3d 967, 34 U.S.P.Q. 2d 1321 (Fed. Cir. 1995) (en banc), aff'd, 116 S. Ct. 1384 (1996), (Claim interpretation demands an objective inquiry into how one of ordinary skill in the relevant art, at the time of the invention would comprehend the disputed word of phrase in view of the patent claims, specification, and prosecution history.)

[120] Multiform Desiccants Inc. v. Medzam Ltd. 133 F.3d 1473, 1477 45 USPQ2d 1429, 1432 (Fed. Cir. 1998) (The inventor's words that are used to describe the invention－the inventor's lexicography must be understood and interpreted by the court as they would be understood and interpreted by a person in that field of technology.)

[121] Environmental Designs v. Union Oil Co. of Cal., 713 F.2d 693, 698, 218 USPQ 865, 869 (Fed. Cir. 1983) (The educational level of the inventor; the educational level of active workers in the industry; the types of problems encountered in the art and the solutions to those problems; the speed, or lack thereof, with which innovations were made; and the level and sophistication of the technology in the industry.)

#案例—Endress + Hauser, Inc. v. Hawk Measurement Sys. Pty. Ltd.[122]

> **系爭專利：**
>
> 一種監測貯藏箱中材料水平面之控制系統。請求項43：「一種用於監測貯藏箱中材料水平面之控制系統……特徵在於：其中該控制電路包括……水平面指示手段反應轉換手段，依該數位反應脈衝之相對數值，用來提供材料水平面之指示信號。」
>
> **被控侵權人上訴：**
>
> 專利權人之專家並非「該發明所屬技術領域中具有通常知識者」。
>
> **聯邦巡迴上訴法院：**
>
> 「該發明所屬技術領域中具有通常知識者」係依第103條判斷非顯而易知性所使用之一個抽象概念，其係一個虛擬之人，被假設爲熟知所有相關先前技術，而非描述某一具體的眞人。若該概念係指一具體的眞人，則在該領域中一個具有特殊技能之人即無資格以專家身分來作證，因爲其已非通常之人。

#案例[123]

> **系爭專利：**
>
> 一種藉可吸納水分之合成材料多層結構之中層水分的蒸發效果，使人涼快的方法，其中「藉……蒸發效果」是區別先前技術而增加之限定。
>
> **被控侵權對象：**
>
> 包括自然纖維及合成纖維，並非單純合成纖維。

---

[122] Endress + Hauser, Inc. v. Hawk Measurement Sys. Pty. Ltd., 122 F.3d 1040, 43 USPQ2d 1849 (Fed. Cir. 1997).

[123] 陳森豐，科技藍海策略的保衛戰2006美國專利訴訟(一)，禹騰國際智權股份有限公司，2006年，頁109～113。

專利權人：

以系爭專利說明書中所列3件先前技術說明「纖維填充棉絮」之定義，並主張任何專業人士均能應用各種類型的纖維，包括合成、人造等。

被控侵權人：

解釋該3件先前技術應依據該發明所屬技術領域中具有通常知識者的觀點，「纖維填充棉絮」僅限於合成纖維，不能包括天然纖維及合成纖維與天然纖維之結合。

法院判決：

該3件先前技術所揭露之商業化纖維填充棉絮皆為合成或人造纖維，依該發明所屬技術領域中具有通常知識者的觀點，「纖維填充棉絮」僅限於合成纖維，不能包括天然纖維及合成纖維與天然纖維之結合，而同意被告之主張。

＃案例－智慧財產法院97年度民專訴字第6號判決

系爭專利：

請求項1：「一種光擴散用板片，係於液晶顯示裝置所使用者；其特徵係在：此板片係在基材板片之表面上，形成由混有珠狀物之合成樹脂層所構成之光擴散層而成者；上述珠狀物，係由埋設於上述合成樹脂層內之珠狀物，以及由上述合成樹脂層至少部分突設之珠狀物所構成者。」

爭執點：

「突設」是否僅指「突破合成樹脂層」或另包括「凸出樹脂層平面」。

原告：

依該技術領域塗布珠狀物的通常經驗，因為珠狀物之濕潤性，一定會形成「突破合成樹脂層」及「凸出樹脂層平面」二種情形。

法院：

　　系爭專利說明書中對於「突設」係「凸出於平面」或「突破合成樹脂層」並無定義，由圖式亦無法辨證，惟由說明書敘述該光擴散板之製法，係將混有珠狀物狀之樹脂塗在基材板片上，之後予以固化成型，應同時包括「凸出於平面」及「突破合成樹脂層」兩種可能情形。就巨觀而言，該擴散板於人的肉眼視之實為一薄平面，但其表面微觀下，仍具有起伏凹凸之形狀，故其可有一平均高度之假設平面。因此將「突設」解釋為只要高於該「平面」，但是否有突破合成樹脂層則非所限，應為該發明所屬技術領域中具有通常知識者參酌系爭專利說明書後所能接受之合理解釋。

(二)解釋之時間點

　　由於技術的進展，申請專利範圍中所載之文字、用語會因不同時點而涵蓋不同範圍。為使社會大眾能信賴公示之申請專利範圍中的記載內容，申請專利範圍的解釋應客觀、一致。解釋申請專利範圍是探知申請人在申請專利當時對於申請專利範圍所賦予之客觀意義，而非申請人自己的主觀意圖。換句話說，解釋申請專利範圍是在確定該發明所屬技術領域中具有通常知識者在申請專利時所理解申請專利範圍中之文字、用語[124]。中國北京高級法院的「專利侵權判定指南」第24條第2項亦有相關規定：「被訴侵權行為發生時，技術術語已經產生其他含義的，應當採用專利申請日時的含義解釋該技術術語。」

　　基於技術的進展，以申請專利當時的技術觀點所解釋的申請專利範圍，通常會小於以侵害專利權當時的技術觀點所解釋的申請專利範圍。因此，專利申請後始研發的新興技術並非申請人所能得知者，該新興技術當然不屬於系爭專利的文義範圍；再者，若該新興技術係改良系爭專利取得專利權的新穎特徵，基於先占之法理，其並未落入系爭專利的均等範圍；惟若該

---

[124] Markman v. Westview Instruments, Inc., 52 F.3d 967, 34 U.S.P.Q. 2d 1321 (Fed. Cir. 1995) (The Federal Circuit has repeatedly stated that : "the focus in construing disputed terms in claim language is⋯ on the objective test of what one of ordinary skill in the art at the time of the invention would have understood the term to mean.")

新興技術改良的部分與系爭專利的新穎特徵無關，而與其他特徵可以置換或容易置換，其仍可能落入系爭專利的均等範圍[125]。

＃案例[126]

系爭專利：

　　人工合成DNA所代表的特殊型態人類干擾素。

專利權人：

　　申請專利範圍中關於DNA序列之記載應涵蓋侵權當時所有IFN-α氨基化合物有關的DNA序列。

被控侵權人：

　　該DNA序列之記載僅限於特定自然發生的次型態。

法院判決：

　　IFN-α在系爭專利申請專利後已有新的發現與定義，嗣後之新發現與定義均非申請人所能得知者，同意被告之解釋。

（三）專利有效原則

　　專利有效原則（doctrine of construing claims to preserve their validity），指每一個請求項之專利權皆應推定為獨立而有效，無論是獨立項、附屬項或多項附屬項，在專利侵權訴訟中，申請專利範圍有若干不同解釋時，應朝專利權有效的方向，選擇一個不包含說明書所載之先前技術的解釋為之[127]，以免使該專利權無效。專利有效原則可見於35 U.S.C.第282條[128]，亦見於中國北京高級法院的「專利侵權判定指南」第6條第1項：「專利權有效原則。在權

---

[125] 參見本書第五章五之8之(1)「本質上的技術等徵」，日本最高法院所列構成均等侵權第1項要件，只有非本質上的技術特徵始有均等範圍，本質上的技術特徵無均等範圍。

[126] 陳森豐，科技藍海策略的保衛戰2006美國專利訴訟(一)，禹騰國際智權股份有限公司，2006年，頁118～121。

[127] 智慧財產法院，98年度行專訴字第69號判決。

[128] United States Code 35 U.S.C. 282, (A patent shall be presumed valid. Each claim of a patent [whether in independent, dependent, or multiple dependent form] shall be presumed valid independently of the validity of other claims…..)

利人據以主張的專利權未被宣告無效之前，其權利應予保護，而不得以該專利權不符合專利法相關授權條件、應予無效爲由作出裁判。」我國專利侵害鑑定要點規定：「申請專利範圍中每一請求項中之文字均被視爲已明確界定發明專利權範圍。當事人認爲請求項中之文字記載不明確時，得依違反專利法第二十六條（新型第一百零八條準用）之規定，向專利專責機關提起舉發；當事人不願透過舉發程序解決者，則依內部證據及外部證據解釋申請專利範圍。」[129]

專利有效原則僅係「推定」專利有效，而非指該專利絕對有效；換句話說，專利有效原則僅係將舉證責任歸於質疑專利有效性之一方的程序機制，尚不得據以主張該專利絕對有效，而爲反駁他人質疑專利有效性之依據。當事人認爲申請專利範圍不符專利要件者，得向專利行政機關提起舉發[130]，或於專利侵權訴訟程序中向法院提起抗辯，而法院應基於專利有效之立場，審視證據之強度是否足以推翻專利有效性。若於專利侵權訴訟程序中未抗辯系爭專利無效，解釋申請專利範圍時，應基於專利有效原則，朝專利有效的方向，以內部證據或外部證據解釋申請專利範圍。

解釋申請專利範圍應遵守專利有效原則，係指依適用之解釋原則所解釋的結果必須仍爲可行，不能違背或忽略申請專利範圍中明確表示的用語[131]，亦不得爲遵守專利有效原則，而扭曲該用語之解釋使其不同於字面意義[132]。專利有效原則之運用，應遵守「可能的話，請求項必須以能維持其有效性的方式予以解釋」（claims should be so construed, if possible, as to sustain their validity）之規則。前述規定源於最高法院二件判決[133]，最高法院另限制該規

---

[129] 經濟部智慧財產局，專利侵害鑑定要點（草案），2004年10月4日發布，頁31。
[130] 經濟部智慧財產局，專利侵害鑑定要點（草案），2004年10月4日發布，頁44～45，（專利權應視爲有效，專利權之授予或撤銷屬專利主管機關之職權，鑑定時不得就專利權之有效性進行判斷.當事人對專利權之有效性有爭議者，應經由舉發程序解決。）
[131] Generation II Orthonics Inc. v. Med. Tech. Inc., 263 F.3d 1356, 1365 (Fed. Cir. 2001) (Claims can only be construed to preserve their validity where the proposed claim construction is 'Practicable', is based on sound claim construction principles, and does not revise or ignore the explicit language of the claims.)
[132] Elekta Instrument S.A. v. O.U.R. Scientific Int'l, Inc., 214 F.3d 1302, 1309 (Fed. Cir. 2000) (We cannot construe the claim differently from its plain meaning in order to preserve its validity.)
[133] Turrill v. Michigan Southern & Northern Indiana Railroad, 68 U.S. 491 (1863)；Klein v. Russell, 86 U.S. 433 (1873).

則之適用：當申請專利範圍的解釋是「可行」，且不會與請求項的用語混淆時，始適用該規則。換句話說，若請求項與其用語一致的解釋只有一個，而說明書內容使請求項無效，則不適用本規則，且該請求項應為無效[134]。

　　詳言之，基於專利有效原則解釋申請專利範圍的結果應符合其他請求項、說明書及圖式內容，例如：應涵蓋說明書中所載至少一實施方式而為說明書所支持；請求項中應記載必要技術特徵解決說明書中所載之問題並達成功效；不得涵蓋說明書中所載之先前技術。雖然原則上不得將說明書中之技術特徵讀入申請專利範圍；但不宜誤解為即使申請專利範圍涵蓋說明書中所載之先前技術，或未涵蓋說明書中任何實施方式或實施例而無法為說明書所支持，仍須嚴守禁止讀入原則，即使明知解釋結果不符合說明書或圖式之記載足使其專利無效，或超出說明書先占之範圍，或顯然不合理公正，亦在所不惜。

#案例－Digital Biometrics, Inc. v. Identix Inc.[135]

系爭專利：
　　一種電腦控制的數位成像及提取系統，用於捕捉、儲存、檢索及顯示指紋圖像。該系統係利攝影機產生指紋之模擬表達，並將攝影機之模擬輸出送到8 bit轉換器，該轉換器再將模擬輸出轉換成數位形式。

請求項1：
　　一種產生轉動指紋圖像之數據特徵的方法，包括：一個具有指頭接受表面之光學裝置；讓指頭轉動過該光學裝置的該指頭接受表面，並從該裝置傳送與該表面接觸的指頭部分的指紋圖像；對該光學裝置的該指頭接受表面成像，並針對所產生之該指紋圖像產生數位數據；當指頭轉動過該光學裝置的該指頭接受表面時，將相臨並疊交之指紋圖像的數位數據特徵陣列儲存起來；及產生轉動指紋圖像的該數位數據特徵的組合陣列，作為眾多來自指紋圖像疊交部分之陣列及特徵的疊交圖像數學函數。

---
[134] Gary Rhine v. Casio Incorporated Casio Computer Co., Ltd., 183 F.3d 1342 (Fed. Cir. 1999).
[135] Digital Biometrics, Inc. v. Identix Inc., 149 F.3d 1335, 47 USPQ2d 1418 (Fed. Cir. 1998).

請求項16：

一種產生轉動指紋圖像之數據特徵的方法，包括：對指紋圖像相鄰及疊交之2維分片產生分片數據特徵的陣列；產生轉動指紋圖像之數據特徵的組合陣列，作為來自眾多疊交分片之疊交分片數據的數學函數。

地方法院：

請求項記載一個可以儲存代表2維陣列之數位數據結構，惟因被控侵權對象每次僅儲存一個像素值，而非系爭專利「內部儲存第1幀之後的任何額外之圖像陣列」，故判決被控侵權對象未構成文義侵權，且因適用禁反言，其亦未構成均等侵權。

爭執點：

請求項中所載「陣列」（arrays）及「分片數據」（slice data）之意義。

專利權人：

「陣列」並非必須是數位，說明書中有一段內容已具體說明，且字典之定義亦未要求數據必須是數位。此外，並主張「分片」比「活動區域」（active area）的含義更廣泛，後者是前者之次類，且「活動區域」僅用於部分請求項，依請求項差異原則，其與未記載該用語之請求項應有不同之意義。

被控侵權人：

「分片數據」與「活動區域」之意義相同，請求項16中所載之「分片數據」顯示相關請求項為各自獨立，故支持地方法院之解釋。

聯邦巡迴上訴法院：

專利權所指說明書中之內容僅為片段，就整體揭露內容而言，已明確指出請求項要求一個可以儲存代表2維陣列之數位數據結構，故無參酌字典定義的必要。

依說明書及申請歷史檔案，「分片數據」指的是活動區域中的數據，若依專利權人所指「活動區域」是一次組「分片數據」（an active area is a subset of the slice data），則使用「活動區域」之請求項應為使用

「分片數據」之請求項16的附屬項，但事實上並非如此。

　　若依專利權人之解釋，則不能確定部分請求項依說明書是否可據以實現，故不同意專利權人之解釋。

＃案例－智慧財產法院97年度民專訴字第18號判決

系爭專利：

　　專利A請求項1：「一種熱傳裝置，包含有：至少一器室，其容納有一可凝結液體，該器室包括一設置來耦合至一熱源以用於蒸發該可凝結液體之蒸發區，被蒸發之可凝結液體於該至少一器室之內的表面上集聚爲凝結液；以及一多芯結構，其包含有一多數可互操作之芯結構設置於該至少一器室之內供用於促進該凝結液朝向該蒸發區流動。」

原告：

　　系爭專利A之申請專利範圍已完整揭示技術特徵之結構，應無依專利法施行細則第18條第8項解釋之必要。依據再審查理由書第3頁等審查歷史所建立之文義解釋，至少應涵蓋或文義上讀入（literally read on）任一實際上包含多數互連之芯結構從蒸發區不斷延伸至凝結區而具有一空間變化的芯吸能力使得凝結液聚向蒸發區時可有一增加的芯吸能力的多芯結構。

被告：

　　系爭專利A獨立項中關於「多芯結構」之記載應非以「手段功能用語」界定其技術特徵。該獨立項並非「技術特徵無法以結構、性質或步驟界定，或者以功能界定較爲清楚」者，且屬於「純功能」之記載，欠缺具體技術特徵，所屬技術領域中具有通常知識者並無想像出其具體結構之可能性，導致申請專利範圍不明確，具有法定應撤銷事由，無須進行解釋。系爭專利申請專利範圍第1項不符合專利審查基準中所指「惟若某些技術特徵無法以結構、性質或步驟界定，或者以功能界定較爲清楚……，得以功能界定申請專利範圍，應注意者，不允許以純功能界定物或方法的申請專利範圍。」屬於「純功能」之記載，欠缺具體技術特徵。

法院：

　　兩造雖然均不同意申請專利範圍第1項所記載之技術特徵適用專利法施行細則第18條第8項之解釋方法，惟對於申請專利範圍第1項所載之用語「多芯結構」及其功能「供用於促進該凝結液朝向該蒸發區流動」，兩造均認為其並未記載完整的結構，致被告認為應認定申請專利範圍第1項不明確，而原告認為應讀入說明書中所載相對應之技術特徵。由於發明專利權範圍以申請專利範圍為準，原則上，不得如原告所主張將未載於申請專利範圍之技術特徵讀入申請專利範圍，但在行政處分並無重大瑕疵，且經公告之專利權應視為有效之原則下，若依前述施行細則所定之解釋方法，則容許如原告所主張將專利說明書中所載相對應之結構或材料讀入申請專利範圍第1項，故系爭專利A申請專利範圍第1項應適用專利法施行細則第18條第8項之解釋方法。

　　基於專利有效原則，美國法院提示了下列若干解釋申請專利範圍的操作原則：

1. 必須涵蓋實施方式

　　申請專利範圍係就說明書中所載實施方式或實施例（以下簡稱實施方式）作總括性的界定，其中，實施例係說明發明較佳的具體態樣。若申請專利範圍未涵蓋說明書中所揭露的實施方式，其並非正確的解釋[136]；除非申請專利範圍被特別明確地表示應限於實施方式，否則申請專利範圍不得限於說明書中所揭露之實施方式[137]。換句話說，說明書中所載之實施方式得為解釋申請專利範圍之基礎，但實施方式不得限制專利權範圍，除非說明書中有明確地表示，見本章四之(六)「禁止讀入原則」。

---

[136] Vitronics Corp. v. Conceptronic Inc., 90 F.3d 1576, 1582 (Fed. Cir. 1996) (A claim construction that excludes a preferred embodiment , is rarely, if ever, correct.)

[137] Substantive Patent Law Treaty (10 Session), Rule 13(2)(a) (The claims shall not be limited to the embodiments expressly disclosed in the application, unless the claims are expressly limited to such embodiments.)

#案例─Laitram Corp. v. NEC Corp.[138]

系爭專利：

　　一種高速光電列印設備及方法，在再審查程序中，專利權人修改請求項，補充「打字品質」（type quality）以克服先前技術。依法律規定，只有當原請求項與再審查後之請求項相同（指範圍相同或無實質變更），專利權人始得主張原公告日至再審查核准日之間的損害賠償。被控侵權人贏得有關請求項範圍實質變更之第一審判決，但聯邦巡迴上訴法院認定為克服先前技術而補充修正請求項，並不自動實質變更請求項之範圍，即補充「打字品質」本身並非一定變更實質，故推翻前述判決並發回重審。

請求項1：

　　「一種光電列印設備，用於列印具有打字品質之字母及數字……。」

請求項2：

　　「一種光電列印方法，用於列印具有打字品質之字母及數字……。」

爭執點：

　　再審查程序中所補充之「打字品質」之意義及是否變更請求項之範圍。

地方法院：

　　說明書已揭示了產生「打字體」（type character）圖像之列印設備，且專家證詞亦顯示「打字體」意味具有「打字品質」之圖像，因此，「打字品質」之限定是原請求項中所含之技術特徵，修正前、後之請求項範圍相同。

被控侵權人上訴：

　　為克服先前技術核駁所補充之「打字品質」變更了原請求項之範圍。

---

[138] Laitram Corp. v. NEC Corp. 163 F.3d 1342, 49 USPQ2d 1199 (Fed. Cir. 1998).

專利權人：

　　雖然原請求項並無「打字品質」，但說明書已出現「打字體」，對於所請求之列印系統而言，「打字體」與「打字品質」意義相同。

聯邦巡迴上訴法院：

　　原請求項之設備或方法涵蓋產生任何品質之字母及數字；而補充後之請求項僅涵蓋「打字品質」之字母及數字。因此，補充後之請求項已變更了原請求項之範圍，因而克服先前技術之核駁。

　　說明書中僅實施方式出現「打字體」，惟實施方式不能限制請求項之上位概念用語的範圍。

　　申請歷史檔案顯示「字母及數字」（alphanumeric characters）與「具打字品質之字母及數字」（type quality alphanumeric characters）並非同義詞，後者是前者之一，故補充「打字品質」限縮並實質變更請求項範圍。

#案例－智慧財產法院97年度民專訴字第1號判決

系爭專利：

　　請求項1：「一種冷陰極螢光燈驅動電路，包含複數個主要線圈及次要線圈，每一該主要線圈係以平行方式配置且耦合至一電壓源，每一該次要線圈耦合至一冷陰極螢光燈電路，至少一個該冷陰極螢光燈電路包含一感測阻抗，用以感測流經該冷陰極螢光燈電路之電流；以及一控制器，用以至少部分依據流經該冷陰極螢光燈電路之電流而調整該電壓源。」

爭執點：

　　請求項第1項所示「一控制器，用以至少部分依據流經該冷陰極螢光燈電路之電流而調整該電壓源」，是否係指複數次要線圈須配置複數個控制器？或複數次要線圈亦可僅配置單一控制器？

> **法院：**
>
> 　　因「至少一個該冷陰極螢光燈電路包含一感測阻抗」並未有任何標點符號，故並非只能解讀爲「複數個冷陰極螢光燈電路（或次要線圈）須配置複數個控制器」，亦可以解讀爲：「複數個冷陰極螢光燈電路（或次要線圈）配置一個控制器」，即就冷陰極螢光燈驅動電路而言，「複數個主要線圈及次要線圈」和「一控制器」爲相同位階名詞。系爭專利說明書及圖式揭露兩個實施方式，圖式第2圖、第3圖已明確揭露單一控制器之實施態樣，復未揭露其他複數個控制器之實施態樣。況依一般電子電路之實務經驗，鮮少有不考量成本而於一個裝置中配置複數個功能相同之控制器。因此，系爭專利請求項1應解讀爲複數個冷陰極螢光燈電路（或次要線圈）配置一個控制器。

2. 不涵蓋先前技術

　　由於文字、用語的多樣性，在合理範圍內，申請專利範圍中之文字、用語可以有若干不同解釋，可能的話，申請專利範圍的解釋應避免使其專利權無效[139]。具體而言，申請專利範圍的解釋應避免涵蓋先前技術，然而，若依申請專利範圍中所載之用語及說明書內容解釋申請專利範圍，其僅有的唯一解釋仍無法避免其專利權無效，則無法適用前述不涵蓋先前技術之原則，而應認定該專利權無效[140]。筆者以爲前述先前技術限於內部證據中所載之先前技術，尚不包括外部證據所顯示之先前技術；其理由在於：a.以外部證據限縮申請專利範圍稍顯證據力薄弱，b.尚非內部證據明示或暗示排除之範圍，c.若得以外部先前技術解釋而限縮申請專利範圍，不僅欠缺可預期性，亦可能使專利無效抗辯淪於虛設，太過偏袒專利權人。參見專利侵害鑑定要點記

---

[139] Modine Mfg. Co., v. United States ITC, 75 F3d 1545, 37 U.S.P.Q.2d 1609 (Fed. Cir. 1996) (Claims amenable to more than one construction should, when it is reasonably possible to do so, be construed to preserve their validity.)

[140] Eastman Kodak Co. v. Goodyear Tire & Rubber Co., 114 F.3d 1547, 1556, 42 U.S.P.Q.2D 1737, 1743 (Fed. Cir. 1998) (Claims should be read in a way that avoid ensnaring the prior art if is possible to do so, "the only claim construction that is consistent with the claim's language and the written description renders the claim invalid, then the axiom does not apply and the claim is simply invalid.")

載：「說明書所載之先前技術應排除於申請專利範圍之外。……解釋申請專利範圍，得參酌專利案自申請至維護過程中，專利權人所表示之意圖和審查人員之見解，以認定其專利權範圍[141]。」

#案例－Spectrum International Inc. v. Sterilite Corp.[142]

系爭專利：

　　一種可循環回收使用之可疊置板條箱，請求項：「一種板條箱，包括兩相對之側板、連結側板之背板、連結側板且中央部分具有底緣……之前板，及……底板，……其中，……。」

　　專利權人曾在審查程序中申復請求項中所載「底板與前板中央部分的底緣……相接」，而克服引證文件中「底板與前板中央部分的上緣……相接」（in the prior art crate, the bottom side merges with the top edge of the central portion of the front wall, but not the bottom edge）。從請求項之記載，其底板與前板中央部分的底緣實質性部分相接（the bottom side of the crate merge with at least a substantial portion of the bottom edge of the central portion of the crate's front wall）。

被控侵權對象：

　　板條箱前板為中央部分具上緣及底緣的單層塑膠板，兩邊緣均與底板相接。

爭執點：

　　請求項中所載「包括」（comprising）連接詞之意義。

專利權人：

　　被控侵權對象中所加上未載於請求項中之技術特徵無足輕重。

　　請求項之用語「包括」並未從申請專利範圍中排除其他未載於請求項之技術特徵。

---

[141] 經濟部智慧財產局，專利侵害鑑定要點（草案），2004年10月4日發布，頁35。

[142] Spectrum International Inc. v. Sterilite Corp., 164 F.3d 1372, 49 USPQ2d 1065 (Fed. Cir. 1998).

內部證據並未顯示請求項未涵蓋底板與前板中央部分上緣及底緣相接之被控侵權對象。

聯邦巡迴上訴法院：

申請歷史檔案顯示，為克服先前技術核駁，專利權人限縮請求項之範圍，公眾有理由信賴專利權人明確放棄之範圍。

若依專利權人主張「包括」用語之廣泛解釋，則涵蓋了先前技術，這種解釋違反專利有效原則。在申請程序中，專利權人已明確放棄底板與前板中央部分之上緣相接之範圍，解釋請求項時，不得取消或修改請求項中具體界定之範圍，將原已放棄之範圍重新取回。

依禁反言，禁止專利權人將原已放棄之範圍重新取回，故排除了被控侵權對象構成均等侵權之可能。

#案例－OI Corporation v. Tekmar Company, Inc.[143]

系爭專利：

一種用於去除氣相色譜分析樣品中之水汽的裝置及方法，其係使氣流通過盛在容器內之該樣品，清除該樣品中之雜質及水汽，氣流、雜質及水汽組成之分析物餘料（analyte slug）流出該容器，再流經一可控制溫度之通道，最後該氣流經過另一較低溫度之通道，再流回氣相色譜分析儀，以進行雜質測定。

裝置請求項：「一種從分析物餘料中去除水汽之裝置，……包括：(a)第1手段，用來使該分析物餘料穿過加熱到起始溫度之通道……；及(b)第2手段，用來使該分析物餘料穿過經氣冷到第2溫度之通道……。」

方法請求項：「一種從分析物餘料中去除水汽之裝置，……包括步驟：(a)使該分析物餘料穿過被加熱到起始溫度之通道……；及(b)使該分析物餘料穿過經氣冷到第2溫度之通道……。」

---

[143] OI Corporation v. Tekmar Company, Inc. 115 F.3d 1576, 42 USPQ2d 1777 (Fed. Cir. 1997).

地方法院：

依35 U.S.C.第112條第6項規定，對於裝置請求項及方法請求項之解釋均聚焦於「通道」之意義，並認為其被限定在說明書中所揭露之非平滑且非圓柱狀通道及其均等物。被控侵權對象中係平滑之圓柱狀通道，故作成未侵權之判決。

被控侵權人：

為達成使分析物餘料通過之功能，通道是必要的，故「通道」係描述手段功能用語之部分。說明書中僅揭露非平滑管道，並指出先前技術是平滑的管道，而與該發明有別，故「通道」用語應解釋為不包括平滑的封閉式管道。

聯邦巡迴上訴法院：

同意專利權人對於「通道」並非手段功能用語之解釋，但認為裝置請求項仍為手段請求項。裝置請求項中「用來使該分析物餘料穿過……之手段」（means for passing the analyte slug through a passage）未記載明確的結構支持該手段，故為手段功能用語；惟「通道」僅為使分析物餘料穿過之功能所發生的位置，並非使分析物餘料穿過之功能的手段，故其並非手段功能用語。由於說明書中所描述之通道均為非平滑之非圓管，且清楚的據以區別於先前技術，故「通道」之解釋不包括平滑的封閉結構。

3. 以最窄者為準

在專利審查過程中，申請中之請求項必須被賦予符合說明書之最寬廣合理的解釋（the broadest reasonable interpretation）[144]。雖然行政機關係以最寬廣合理的解釋為之，但配合修正或更正制度，改正申請專利範圍不明確或不為說明書所支持之部分，或限縮申請專利範圍牴觸先前技術之部分，最寬廣合理的解釋不致於使解釋結果超出合理的廣度[145]。

---

[144] In re Hyatt, 211 F.3d 1367, 1372, 54 USPQ2d 1664, 1667 (Fed. Cir. 2000).
[145] In re Prater, 415 F.2d 1393, 1404-05, 162 USPQ 541, 550-51 (CCPA 1969).

在專利侵權訴訟過程中,基於社會大眾對於經公示之申請專利範圍的正當信賴,若申請專利範圍之文字、用語有二個以上可能的解釋時,例如內部證據中說明書與申請歷史檔案有矛盾或不一致,應採取範圍較狹窄的解釋,以保障社會大眾之利益[146]。尤其較狹窄的明確解釋可以釐清不明確的部分時,更應採取較狹窄的解釋[147]。

(四)公示原則

專利權範圍以申請專利範圍為準,而專利制度係以公示(public notice)申請專利範圍之方式宣告專利權人的權利範圍,並使公眾知悉未經同意不得實施之專利權範圍,進而迴避或利用[148]。其目的不僅是保護專利權人所取得之權利範圍,也讓社會大眾確定該專利權之排他範圍[149],及從事正當商業活動或發明活動可以自由利用的範圍[150]。解釋申請專利範圍時,應依公告核准之申請專利範圍,申請專利範圍經核准更正者,應依公告之更正本為之[151]。

申請專利範圍是判斷專利權保護範圍的依據,具有對外公示之功能及效果,故解釋申請專利範圍時應採取社會大眾能信賴的客觀解釋,除非說明書等內部證據有明示,否則不得考量申請人在申請時的主觀意圖[152]。

---

[146] Athletic Alternatives, Inc. v. Prince Mfg., Inc., 73 F.3d 1573, 37 U.S.P.Q.2d 1365 (Fed. Cir. 1996) (Where there is an equal choice between a broader and a narrower meaning of a claim, and there is an enabling disclosure that indicates that the applicant is at least entitled to a claim having the narrower meaning, the Federal Circuit considers the notice function of the claim to be best served by adopting the narrower meaning.)

[147] Eithcon Endo-Surgery, Inc. v. U.S. Surgical Corp., 93 F.3d 1572, 40 U.S.P.Q.2d 1019, 1027 (Fed. Cir. 1996) (To the extent that a claim is ambiguous, a narrow reading, which excludes the ambiguously covered subject matter must be adopted.)

[148] Warner-Jenkinson Co., Inc. v. Hilton Davis Chemical Co., 520 U.S 17 (1997)(A patent holder should know what he owns, and the public should know what he does not.)

[149] Merrill v. Yeomans, 94 U.S. at 573-74, (It is only fair [and statutorily required] that competitors be able to ascertain to a reasonable degree the scope of the patentee's right to exclude.)

[150] McClain v. Orymayer, 141 U.S. 419, 424 (1891) (The object of the patent law in requiring the patentee 'to distinctly claim his invention' is not only to secure to him all to which he is entitle, but to apprise the public of what is still open to them.)

[151] Substantive Patent Law Treaty (10 Session), Article 11(4)(a).

[152] Markman v. Westview Instruments, Inc., 52 F.3d 967, 34 U.S.P.Q. 2d 1321 (Fed. Cir. 1995) (en banc), aff'd, 116 S.Ct. 1384 (1996) (The subjective intent of the inventor when he used a particular term is of little or no probative weight in determining the scope of a claim [except as documented in the prosecution history]…The focus is on the objective test of what one

　　基於公示原則，美國法院提示下列若干解釋申請專利範圍的操作原則：

1. 請求項整體原則

　　請求項整體原則，指解釋申請專利範圍時，應以請求項所載之整體內容爲依據，就請求項整體（as a whole）爲之，不得忽略請求項中所載的任何一個文字、用語。換句話說，請求項中所載的每一個文字、用語均屬必要而有意義[153]，不得將請求項中任何文字或用語視爲多餘或不必要[154]。申請專利範圍中記載多個技術特徵時，不得僅就其中部分技術特徵，認定其專利權範圍，亦即不得將任何技術特徵排除於申請專利範圍之外，而擴張專利權範圍[155]。對於以二段式（指前言部分與特徵部分）撰寫之請求項，應結合特徵部分與前言部分所述之技術特徵，認定其專利權範圍[156]。中國北京高級法院的「專利侵權判定指南」第8條：「整體（全部技術特徵）原則。將權利要求中記載的全部技術特徵所表達的技術內容作爲一個整體技術方案對待，記載在前序部分的技術特徵和記載在特徵部分的技術特徵，對於限定保護範圍具有相同作用。」

　　雖然解釋申請專利範圍不得忽略請求項中所載的任何一個文字、用語，但並非指請求項中所載之每一個文字、用語均具有限定申請專利範圍的作用，有些文字、用語本身不具技術性，對於發明的技術內容不具任何技術意義，故無限定作用。例如，電腦軟體相關發明請求項中記載：「影像處理裝置，……；顯示模組，……數學運算公式，……用於影像處理；當贈品發

---

of ordinary skill in the art at the time of the invention would have understood the term to mean.)

[153] Markman v. Westview Instruments, Inc., 52 F.3d 967, 34 U.S.P.Q. 2d 1321 (Fed. Cir. 1995) (en banc), aff'd, 116 S.Ct. 1384 (1996) (All the elements of a patent claim are material, with no single part of a claim being more important or "essential" than another.)

[154] Texas Instruments, Inc. v. United States ITC, 988 F2d 1165, 1171, 26 USPQ2d 1018 (Fed. Cir, 1993) (The court should not construe patent claims in a manner that renders claim language meaning less or superfluous.)

[155] Ethicon Endo-surgery, Inc. v. United States Surgical Corp., 93 F.3d 1572, 1578, 1582-83 (Fed. Cir. 996) (The district court … read an additional limitation into the claim, an error of law.) (the patentee's infringement argument invites us to read [a] limitation out of the claim. This we cannot do.)

[156] 經濟部智慧財產局，專利侵害鑑定要點（草案），頁31，2004年10月4日發布。

送。」其中「影像處理裝置」及「顯示模組」具技術性，而有限定作用；「當贈品發送」屬商業手段，無技術性，而無限定作用；雖然顯示模組中的「數學運算公式」無技術性，但與「影像處理裝置」協同運作，非屬「無助於技術性的特徵」，而為解決問題之技術手段的一部分，故有限定作用。

相對於前述不得擴張專利權範圍的請求項整體原則，解釋申請專利範圍時，另有禁止讀入原則。禁止讀入原則，指解釋申請專利範圍應以申請專利範圍之記載為基礎，不得依說明書及圖式之內容界定其專利權範圍，亦即不得將說明書及圖式有揭露但未載於申請專利範圍之技術特徵讀入[157]，而限縮專利權範圍，見本章四之(六)「禁止讀入原則」。

解釋申請專利範圍固然應以請求項整體為原則，惟仍然有例外的解釋方法：

(1) 請求項之前言（preamble）；見本章五之(二)之1.「請求項之前言」。

(2) 請求項中所載之周邊元件（environmental element）與工作物（workpiece）；見本章五之(二)之3.之(7)「周邊元件與工作物」。

(3) 以功能特徵（functional limitations，亦稱功能性技術特徵）界定之請求項，包括請求項中記載功能語言（functional language）、功能子句（functional clause）或手段功能用語或步驟功能用語（means-plus-function或step-plus-function）；見本章五之(二)之3.之(5)「功能特徵」及六之(二)「手段請求項」。

(4) 製法界定物之請求項（product by process claim）；見本章六之(三)「製法界定物之請求項」。

---

[157] Intervet America, Inc. v. Kee-Vet Laboratories, Inc., 887 F.2d 1050, 1053 (Fed. Cir. 1989) (courts cannot alter what the patentee has chosen to claim as his invention, ⋯ limitations appearing in the specification will not be read into claims, ⋯ interpreting what is mean by a word in a claim is not to be confused with adding an extraneous limitation appearing in the specification, which is improper.)

#案例[158]

系爭專利：

　　一種研磨一固定轉速之萬向接頭元件的機械。請求項1：(a)用於固持該元件之裝置……；(b)一由具有研磨頭之研磨錐所組成之動力式研磨工具……；……(h)一潤滑液注射系統……；(i)一防護罩，圍繞該等研磨機械元件，用於研磨運轉期間防止潤滑液濺散。

被控侵權對象：

　　防護罩並未完全圍繞研磨機械元件。

專利權人：

　　「防護罩」界定之範圍過窄，請求項1中之防護罩非屬絕對必要之技術特徵。

法院判決：

　　申請專利範圍是社會大眾確認專利權保護範圍之依據，具有公示效果，申請專利範圍中之每一個文字、用語均屬必要技術特徵。若違反請求項整體原則，主張其中任一技術特徵為多餘限定，而擴張了專利權範圍，有違「公示原則」及「周邊限定主義」。

#案例－智慧財產法院97年度民專訴字第1號判決

系爭專利：

　　請求項13：「一種傳輸功率至一冷陰極螢光燈（CCFL）之方法，該方法包含下列步驟：驅動複數個主要線圈，該主要線圈平行於一電源；驅動複數個個別的次要線圈，該次要線圈連結於個別的冷陰極螢光燈電路；提供一感測阻抗於至少一個該冷陰極螢光燈電路中，用以判定流經該冷陰極螢光燈電路之電流；且調整該電源，至少部分由流經該冷陰極

---

[158] 陳森豐，科技藍海策略的保衛戰2006美國專利訴訟(一)，禹騰國際智權股份有限公司，2006年，頁88～91。

螢光燈電路之電流決定調整值。」

原告：

　　請求項第13項所示「驅動複數個個別的次要線圈」中之「個別的」是用以形容次要線圈之「對應性」，此乃文義解釋之當然，絕非被告所謂之次要線圈的「依序性」，即次要線圈係依序被驅動。

法院：

　　經核閱系爭專利發明說明並未有「個別的」之相關用語。對照同一請求項中「驅動複數個主要線圈」之用語，明顯具有「個別的」之用語差別；依全要件原則，此「個別的」之用語差別無法被省略。

　　系爭請求項為方法請求項，依其所揭露之步驟，就每一該「次要線圈」而言，其係「個別的」被所對應之主要線圈驅動；另參酌系爭專利圖式第2圖與第3圖，其係一主要線圈驅動一次要線圈，一次要線圈連結於一冷陰極螢光燈電路，故系爭請求項之技術特徵「個別的」，係用以形容次要線圈與主要線圈及冷陰極螢光燈電路之「對應性」。

　　系爭專利特別界定其互相之對應性為「個別的」，被告之系爭驅動電路必須兩個次要線圈被同一主要線圈驅動而「共同的」運作且再「共同的」連接至兩個串聯之冷陰極螢光燈之電路的技術特徵，二者明顯不同，故未文義讀取。

　　筆者：「請求項整體原則」是用於解釋申請專利範圍；「全要件原則」是用於文義讀取或均等論之分析。前者是強調不得忽略申請專利範圍中所載之技術特徵；後是強調申請專利範圍中所載之技術特徵必須逐一對應到被控侵權對象，被控侵權對象欠缺任一技術特徵，即應認定未落入專利權範圍。

#案例－智慧財產法院98年度民專上字第47號判決

系爭專利：

(1) 更正前請求項1：「一種展翼式散熱器，係包括有多數片連接之散熱片，其特徵在於：該等散熱片係分別具有一疊合部，及於該等疊合部之<u>至少一側</u>延伸有一散熱鰭部，其中該等散熱片之疊合部係互相緊靠疊合連接，且該等散熱片之散熱鰭部係相對於疊合部彼此展開。」

(2) 更正後請求項1：「一種展翼式散熱器，係包括有多數片連接之散熱片，其特徵在於：該等散熱片係分別具有一疊合部，及於該等疊合部之<u>兩側分別</u>延伸有一散熱鰭部，其中該等散熱片之疊合部係互相緊靠疊合連接，且該等散熱片之散熱鰭部係相對於疊合部彼此展開<u>並左右對稱地位於該疊合部兩側向外延伸</u>，……。」

原告：

系爭專利申請專利範圍第1項中所載之「左右對稱」僅限於「方向對稱」而已，而非「大小、形狀及方向」之對稱關係。系爭專利說明書第9頁第6行提及「該等散熱鰭部25及26之尺寸亦可相同」，故可證左右散熱片可相同亦可不同。

被告：

「左右對稱」係指「大小、形狀及方向」皆完全對稱。

法院：

原審將「左右對稱」解釋爲包含方向、大小及形狀之對應，即左右之形狀、大小相對應；上訴人對於該解釋有爭執。依上訴人所提韋式大辭典中有關「對稱」的解釋：、教育部重編國語辭典修訂本對「對稱」之解釋，均將「對稱」解釋爲包含大小及形狀，因此，「左右對稱」前兩字係指向方向，後兩字係指向大小及形狀，整體解釋應爲左右兩側之大小及形狀相對應。

況且，更正前之請求項1：「……該等疊合部之至少一側延伸有一散熱鰭部……且該等散熱片之散熱鰭部係相對於疊合部彼此展開。」更正後之「……該等疊合部之兩側分別延伸有一散熱鰭部……且該等散熱片

之散熱鰭部係相對於疊合部彼此展開並左右對稱地位於該疊合部兩側向外延伸……。」其中「並左右對稱地位於該疊合部兩側向外延伸」係限定「該等疊合部之兩側分別延伸有一散熱鰭部」，若「左右對稱」可被解釋為任何大小、形狀，則有無「並左右對稱地位於該疊合部兩側向外延伸」之限定並無差異。基於前述說明，系爭專利申請專利範圍第1項中所載「左右對稱」之解釋應為「左右兩側之大小及形狀相對應」。

筆者：原告的解釋與更正前之請求項一致，若依原告的解釋，無疑是忽略更正所加入的內容「並左右對稱地位於該疊合部兩側向外延伸」，有違請求項整體原則。若原告主張被控侵權對象與更正後之請求項均等，則有禁反言之適用。請求項整體原則，係針對申請專利範圍中所載文字的解釋；禁反言，係針對均等範圍之限制。

#案例－新北地方法院94年度智（一）字第37號判決

系爭專利：

　　請求項1：「一種記憶卡之訊號<u>轉接器</u>，包括一板型基座及固定於基座上、下兩面之基板，其特徵在於：基座從記憶卡插入端之一側沿水平方向至另一側加以延伸，並利用空間交互重疊的方式形成複數個可以容納不同形式、尺寸之記憶卡的槽位，使上述之基座及二基板相互組立後，基座上的槽位便自然成為一個可以容納不同型式記憶馬插入定位的位置，<u>使此接器可以提供不同型式記憶卡插入並發生訊號轉接作用</u>。」

原告：

　　系爭案之申請專利範圍第1項所謂「轉接」一詞，係指將卡片上之訊號「轉而連接」，非指透過IC功能將卡片上訊號轉換成為可與電腦或其他電子裝置溝通之訊號；第1項後段「使此轉接器可以提供不同型式記憶卡插入並發生訊號轉接作用。」一詞，事實上為可有可無的功能性用語，故被告製造販賣之系爭連接器自屬侵害原告系爭專利。

法院：

專利之申請專利範圍之每一字、每一句均應被視為用以界定專利範圍，申請專利範圍中並無所謂「可有可無」之用語，此觀專利侵害鑑定要點（草案）中對於解釋申請專利範圍之原則已明確說明：「申請專利範圍主要取決於申請專利範圍中之文字，若申請專利範圍中之記載內容明確時，應以其所載之文字意義及該發明所屬技術領域中具有通常知識者所認知或瞭解該文字在相關技術中通常所總括的範圍予以解釋」，是系爭專利之申請專利範圍第1項所謂「並發生訊號轉接作用」即不得視為可有可無之用語。

2. 相同用語解釋一致性原則

解釋申請專利範圍應參酌之內部證據，除說明書及申請歷史檔案之外，尚包括其他請求項有關的證據內容[159]，尤其是當其他請求項所載之文字、用語與系爭請求項中所載者相同時，說明書或申請歷史檔案對其他請求項所為之說明、修正或答辯等，亦會影響系爭請求項之解釋[160]。

申請專利範圍具有公示之功能及效果，解釋申請專利範圍時應採取社會大眾能信賴的客觀解釋，不得違背申請專利範圍中之文字、用語所明示之意義，且相同文字、用語之間的解釋亦應一致。申請專利範圍中使用不同用語，應推定意義不同（different meanings for different words）；使用相同用語，應推定意義相同（same meaning for same word）[161]，以維護內在之一致

---

[159] Fromson v. Advance Offset Plate, Inc., 720 F.2d 1565, 1569-71 219 U.S.P.Q. 1137, 1140-41 (Fed. Cir. 1983) (Terms of a claim must be interpreted with regard to other claims.)

[160] Southwall Technologies Inc. v. Cardinal IG Co., 54 F.3d 1570, 34 U.S.P.Q.2d 1673 (Fed. Cir. 1995) (Interpretation of a disputed claim term requires reference not only to the specification and prosecution history, but also to other claims. The fact that the court must look to other claims using the same term when interpreting a term in an asserted claim mandates that the term be interpreted in all claims. Accordingly, arguments made during prosecution regarding the meaning of a claim term are relevant to the interpretation of that term in every claim of the patent absent a clear indication to the contrary.)

[161] Phonometrics, Inc. v. N. Telecom, Inc., 133 F.3d 1459, 1465, 45 U.S.P.Q. 2d 1421, 1426 (Fed. Cir. 1998) (In interpreting claims, the court begins with the presumption that the same terms appearing in different portions of the claims should be given the same meaning

（internal consistency）。智慧財產法院98年度行專訴字第69號判決：「說明書或申請歷史檔案中並未特別說明相同文字、用語在不同請求項中之解釋表示不同意義時，應推定其代表相同意義。」中國北京高級法院的「專利侵權判定指南」第25條：「同一技術術語在權利要求書和說明書中所表達的含義應當一致，不一致時應以權利要求書為准。」

　　各請求項中相同的文字、用語應作一致的解釋，適用於下列情形：

1. 同一請求項[162]。
2. 同一專利不同請求項[163]。
3. 同一專利不同程序[164]（例如申請、舉發與侵權訴訟）。
4. 相關專利[165]（例如申請案與分割案；同日申請之相同技術）。

#案例－Phonometrics, Inc. v. Northern Telecom Inc.[166]

系爭專利：

　　一種用於記錄旅館各房間所打出之長途電話的時間及費用的計算裝置。請求項：「一種電子固態長途電話費的計算裝置，用於計算並記錄特定電話機所打出之長途電話費用……該計算裝置包括……電話費登記

---

unless it is clear from the specification and prosecution history that the terms have different meanings at different portions of the claims.)

[162] Digital Biometrics, Inc. v. Identix, Inc., 149 F.3d 1335, 1345, 47 U.S.P.Q. 2d 1418, 1425 (Fed. Cir. 1998) (The same word appearing in the same claim should be interpreted consistently.)

[163] Fonar Corp. v. Johnson & Johnson, 821 F.2d 627, 632, 3 U.S.P.Q.2d 1109, 1113 (Fed. Cir.1987) (Claim terms must be interpreted consistently. Interpretation of a disputed claim term required reference not only to the specification and prosecution history, but also to other claims. The fact that a court must look to other claims using the same term when interpreting a term in an asserted claim mandates that the term be interpreted consistently in all claims.)

[164] W.L. Gore & Associates v. Garlock, Inc., 842 F.2d 1275 (Fed. Cir. 1988) (The same interpretation of a claim must be employed in determining all validity and infringement issue in a case.)

[165] Watts v. XL Sys., Inc., 232 F.3d 877, 882, 56 U.S.P.Q. 2d 1836, 1839 (Fed. Cir. 2000) (Statements made in one prosecution history were applicable to the both asserted patents because the two patents were related.)

[166] Phonometrics, Inc. v. Northern Telecom Inc., 133 F.3d 1459, 45 USPQ2d 1421 (Fed. Cir. 1998).

裝置，包括數位顯示，用於提供以元、角、分計價之<u>實質上即時</u>累計費用的顯示……。」

爭執點：

請求項中所載「實質上即時」（substantially instantaneous）之意義。

地方法院：

被控侵權對象並無「電話費登記裝置」（call cost register means）或其功能均等物，故未侵害該請求項。

專利權人上訴：

「實質上即時」之意義為只要通話結束時顯示出電話費之資訊即足。

被控侵權人：

「實質上即時」之意義為電話費之資訊必須在費用發生當時顯示出來。

聯邦巡迴上訴法院：

請求項中出現「實質上即時」之技術特徵數次，以限定其傳輸即時性，並使電話之分段計費資訊被傳輸到電話費登記裝置。對於請求項中數次出現之「實質上即時」，應給予相同之解釋，因此，登記裝置是在累計費用發生當時即顯示出來，而不是在通話結束時才顯示出來。何況，說明書及申請歷史檔案均顯示前述之解釋。

#案例－Key Pharmaceuticals v. Hercon Laboratories Corp.[167]

系爭專利：

一種皮膚貼片，係施用於患者皮膚上，透過皮膚輸送硝化甘油，請求項教導必須含有足夠量之硝化甘油，才能使其具有藥效。請求項：

---

[167] Key Pharmaceuticals v. Hercon Laboratories Corp., 161 F.3d 709, 48 USPQ2d 1911 (Fed. Cir. 1998).

「一種經皮膚之黏性貼片，用於將具有藥理活性之藥物緩慢釋放給患者皮膚，其含有藥理活性藥物之基本平面薄片……能保持足夠量之藥理活性藥物分散在其中，從而在24小時內提供皮膚<u>藥理學有效量</u>之該藥理活性藥物……。」

爭執點：

請求項中所載之「藥理學有效量」（pharmaceutically effective amount）所定義之硝化甘油的數值範圍。

被控侵權人：

原本係依其專家證詞，主張該發明所屬技術領域中熟悉美國食品及藥物管理局（FDA）標準之具有通常知識者會理解硝化甘油的「藥理學有效量」是每天2.5mg至15mg範圍內，故該請求項應為無效。由於在地方法院之審理中逐漸明瞭先前技術所揭露之範圍的上限為每天2.0mg。因此，改提書面意見指「藥理學有效量」下限是每天1.5mg。

地方法院：

同意被控侵權人之專家證詞，將「藥理學有效量」定義為每天2.5mg至15mg範圍內，但結論是系爭專利仍然有效，被控侵權對象侵權成立。

被控侵權人上訴：

地方法院採信之專家證詞並不正確。

聯邦巡迴上訴法院：

若允許當事人主張其原先主張之觀點有誤，將會造成並擴大司法之低效率，且會使當事人不滿意地方法院判決時獲得第2次機會（second-bite），而必須重審。因此判決，若缺少正當理由，則禁反言、棄權或誘使性錯誤（invited error）禁止當事人在上訴中主張與其原主張之請求項之解釋有實質不同之意義，法院應拒絕該主張。

由於內部證據未明確定義「藥理學有效量」之數值範圍，參酌外部證據，依1984年申請專利時的FDA規則，「藥理學有效量」是每天2.5mg至15mg範圍，由於先前技術揭露之貼片均無法傳送每天2.0mg之硝化甘油，故被控侵權人無法證明系爭專利無效。

#案例[168]

系爭專利：

　　專利A為「重複利用衛星播送頻譜作為地面播送訊號之裝置及方法」；專利B為「以與衛星傳輸相同頻率傳輸地面訊號之裝置及方法」。

專利權人：

　　提起侵害A專利之訴，主張系爭專利的定向接收天線不限於必須實際指向衛星與地面訊號的來源方向，被控侵權對象侵害其專利權。

被控侵權人：

　　系爭專利的定向接收天線必須實際指向衛星與地面訊號的來源方向，而此特徵已揭露於先前技術。

爭執點：

　　請求項中「定向接收範圍」如何解釋？

法院：

　　經檢視A及B兩專利，雖然專利A並未明確限定，但專利B就同一用語則明確限定「該定向接收天線必須實際指向衛星與地面訊號的來源方向」。基於兩專利為同日申請相同技術之相關專利，法院認定兩專利中之接收天線之限定應一致。

#案例[169]

系爭專利：

　　涉及兩件密封技術專利，均係將木料、陶瓷、金屬浸在液態之密封膠中，除去密封膠後予以固化，均未提及須在室溫條件下進行。兩專利

---

[168] 陳森豐，科技藍海策略的保衛戰2006美國專利訴訟(一)，禹騰國際智權股份有限公司，2006年，頁101～106。

[169] 程永順、羅李華，專利侵權判定－中美法條與案例比較研究，專利文獻出版社，1998年3月，頁38。

之差異：第1件專利，申請人於審查過程中申復發明之密封膠得在無氧狀態下固化，而先前技術中之密封膠非真正之密封膠，須經加熱或在甲醯胺催化下固化；第2件專利，未曾作前述之申復。

專利權人：

被控侵權對象侵害第2件專利

被控侵權對象：

密封膠必須加熱到90℃始產生固化反應

法院：

即使兩件專利相關，專利權人僅在第1件專利申請過程中對無氧固化反應的溫度條件作出限定，該限定對於第2件專利而言，屬於外部技術特徵，非屬第2件專利之限定條件。

筆者：法院依案件各別的申請歷史檔案，判決本案不適用「相同用語解釋一致性原則」，而與前一案件見解不同。

＃案例－智慧財產法院97年度民專訴字第1號判決

系爭專利：

請求項1：「一種冷陰極螢光燈驅動電路，包含複數個主要線圈及次要線圈，每一該主要線圈係以平行方式配置且耦合至一電壓源，……；以及一控制器，用以至少部分依據流經該冷陰極螢光燈電路之電流而調整該電壓源。」

請求項13：「一種傳輸功率至一冷陰極螢光燈(CCFL)之方法，該方法包含下列步驟：驅動複數個主要線圈，該主要線圈平行於一電源；……；且調整該電源，至少部分由流經該冷陰極螢光燈電路之電流決定調整值。」

原告：

請求項中所述之電壓源/電源，係指與主要線圈兩端耦合之電壓，而

系爭專利說明書圖2中已清楚看到標示主要線圈兩端之電壓為Vp，熟習該項技術者應可清楚理解，並無不明確之虞。

法院：

　　按相同之申請專利範圍用語應該採取一致性或相同之解釋，易言之，除非專利說明書或申請歷史檔案業已明確界定相同用語於申請專利範圍各有其不同之意義，否則同一專利內相同或不同申請專利範圍之相同用語，均應作相同且一致性之解釋，始得明確公示其申請專利範圍。查「電源」為一上位概念之用詞，其至少包含有電壓源與電流源，惟兩造均不爭執系爭專利請求項第13項所示「調整該電源」之「電源」係指電壓源，而非電流源，而系爭專利說明書亦未明確揭示請求項第13項所揭示之「平行於一電源」之「電源」係電流源，則依上述申請專利範圍用語應為一致性解釋之原則，此處之「電源」應係指電壓源。

筆者：本件判決運用「相同用語解釋一致性原則」，係針對請求項13之「調整該電源」與「平行於一電源」，而非針對請求項13之「電源」與請求項1之「電壓源」。針對後者，判決稱兩造均不爭執請求項13之「電源」係指「電壓源」。

3. 請求項差異原則

　　請求項差異原則（doctrine of claim differentiation），或稱請求項差異化原則，指每一請求項之範圍均相對獨立而具有不同的範圍，不得將一請求項解釋成另一請求項，而使二專利權範圍相同[170]。請求項之間對應之技術特徵以不同用語予以記載者，應推定該不同用語所界定的範圍不同，不得將一請求項中之技術特徵讀入另一請求項，而將二請求項之專利權範圍解釋為相同[171]。

---

[170] 智慧財產法院，98年度行專訴字第69號判決。

[171] Autogiro Co. of America v. United States, 384 F.2d 391, 155 U.S.P.Q.2d 697 (Ct. Cl. 1967) (The concept of claim differentiation. … states that claims should be presumed to cover different inventions. This means that an interpretation of a claim should be avoided if it would make the claim read like another one. Claim differentiation is a guide, not a rigid rule.)

　　請求項差異原則最常適用於同一群組中之獨立項與其附屬項之間，或獨立項與其引用記載形式之請求項之間。解釋申請專利範圍時，除應認定請求項中所記載之文字、用語外，並應對照該請求項未記載而其他請求項有記載之文字、用語，正確解釋之。此外，依請求項差異原則，請求項中所載之上位概念用語的意義包含其引用項或附屬項之限定條件，但不限於該限定條件，進而可以建構而得該上位概念用語與該限定條件之上、下位隸屬關係。

　　然而應注意者，請求項差異原則僅是一種推定，將各個請求項所涵蓋的範圍推定爲不同，並非一種堅定不變的解釋原則，不得利用此原則擴張基於其申請專利範圍、說明書及申請歷史檔案所確定的申請專利範圍[172]。依據美國專利實務的要求，要推翻此種推定之反證，其證明標準必須是「清楚而令人信服」（clear and persuasive）[173]，其與專利有效性之推定標準（即clear and convincing）相同。

#案例[174]

系爭專利：

　　泡沫塑料耳塞專利。

　　請求項1：「一種……圓柱形含有一定量有機<u>增塑劑</u>之彈性泡沫塑料製成之耳塞……。」

　　請求項2：「如請求項1之耳塞，該泡沫塑料由聚氯乙烯<u>增塑溶膠</u>構成。」

被控侵權對象：

　　係以聚亞胺酯製成之耳塞，聚亞胺酯屬於內型增塑劑。

---

[172] Seachange International, Inc. v. C-Cor Inc., No. 413 F.3d 1361, 75 U.S.P.Q. 2d 1385 (Fed. Cir. 2005) (The doctrine "only creates a presumption that each claim in a patent has different scope"; it is not a hard and fast rule of construction… The doctrine of claim differentiation can not broaden claims beyond their correct scope, determined in light of the specification and the prosecution history and any relevant extrinsic evidence.)

[173] Modine Mfg. Co. v. Int'l trade Comm'n, 75 F.3d 1545, 1549, 37 USPQ2d 1609, 1611 (Fed. Cir. 1996) (Such a presumption can be overcome, but the evidence must be clear and persuasive.)

[174] 程永順、羅李華，專利侵權判定－中美法條與案例比較研究，專利文獻出版社，1998年3月，頁41。

被控侵權人：

　　依其專家證人，主張增塑劑通常係指「外型增塑劑」，且說明書中之實施方式全部爲外型增塑劑，請求項1中之增塑劑應解釋爲外型增塑劑。

法院：

　　請求項2中之「增塑溶膠」係聚合物與外型增塑劑之混合物，請求項2以外型增塑劑作爲附加技術特徵進一步限定請求項1，應推定請求項1中之增塑劑包括外型及內型二種，被控侵權對象構成文義侵權。

#案例－Fromson v. Anitec Printing Plates, Inc.[175]

系爭專利：

　　一種陽極處理鋁之方法，係將鋁金屬通過陽離子電解液槽之持續陽極化製程，形成氧化鋁層以保護鋁金屬不被氧化。

　　請求項2：「一種持續由電解產生陽極鋁之製程，改良特徵包括在陰極接觸槽中導入由兩個或多個電源產生之陽極直流電，陽極槽中有陽極與該直流電源連接，經過導入之直流電作用，鋁在導入該電解槽之前已在接觸槽中形成一陽極化之氧化層。」

　　說明書：先前技術是在鋁進入陽極槽之前先通過「接觸槽」（contact cell）將陽離子引導流入鋁，以減少電刷及捲軸對鋁表面所造成之損傷。本專利係在鋁進入「接觸槽」之前先通過陽極槽，在第1陽極槽（phosphoric cell）中產生初始陽極氧化層以保護鋁，並避免受到接觸槽及第2陽極槽中電流之衝擊。

爭執點：

　　請求項中所載「陽極化」（phosphoric anodizing）及「陽極化之氧化層」（anodized oxide coating）的意義，及被控侵權對象之第1槽形成之薄氧化層是否落入「陽極化之氧化層」的範圍。

---

[175] Fromson v. Anitec Printing Plates, Inc. 132 F.3d 1437, 45 USPQ2d 1269 (Fed. Cir. 1997).

被控侵權對象：

一種持續電解製程，在鋁進入接觸槽及陽極槽之前的第1槽內使鋁之表面形成氧化層。

被控侵權人：

被控侵權對象在第1槽中並未形成「陽極化之氧化層」；並主張其所使用之第1槽雖名為「陽極化」（phosphoric anodizing）槽，但實際上是侵蝕及淨化槽，其所形成之氧化層並非「陽極化之氧化層」

地方法院：

依說明書（描述產生多孔氧化層之第1陽極化步驟）、先前技術資料（描述形成薄氧化層）及其他外部證據（專家證詞、經證實之證據及科學實驗），認為專利製程中之第1陽極化步驟要求多孔的厚氧化層，故請求項中所載「陽極化」及「陽極化之氧化層」之意義不及於被控侵權對象之第1槽之氧化形成作用

專利權人上訴：

字典已提供「陽極化」之標準意義，該標準已取得說明書及申請歷史檔案之支持，不宜以其他外部證據改變原已明確之意義。

不論被控侵權對象第1槽所形成之保護層結構為何，其製程已形成陽極化之氧化層。

依其他請求項之記載，在進入接觸槽之前必須在鋁表面形成多孔氧化層（porous oxide coating）。依請求項差異原則，不得將「多孔」（porous）之技術特徵讀入請求項2。

聯邦巡迴上訴法院：

說明書中已說明形成預備性保護層之目的係為保護鋁在接觸槽中不受燃燒及電衝擊。此保護層為多孔氧化層，但說明書及申請歷史檔案均未對保護層之厚度加以說明，亦未就「陽極化」限定於某種厚度。對於說明書或審查程序中未討論之特定技術內容，得藉助外部證據。

依專家證詞，並非所有電解形成之氧化層都能保護電解槽中的鋁，為達到保護鋁之發明目的，「陽極化」之保護層必須是厚的多孔氧化物。

　　不同意專利權人有關請求項差異原則之主張，並指出無論請求項之間是否有差異，均不得被解釋得比原申請之請求項或說明書所涵蓋之範圍更廣。換句話說，原申請之請求項2僅涵蓋厚氧化層，不得依請求項差異原則將其解釋為涵蓋薄氧化層。總之，「陽極化」之意義係具有某些特定性質之氧化層。

協同意見書：

　　Mayer法官認為，若雙方當事人對於請求項語言有相互衝突的證據，則必須考量專家證詞及證據，不僅是要更理解語言本身的含義，並且要找到語言真正的含義。

#案例－Amerikam Inc. v. Home Depot, Inc.[176]

系爭專利：

　　一種用於廚房或浴室水龍頭的閥門，其中之兩陶瓷碟片係由固定器定位……。

爭執點：

　　固定器之材質是否有限定作用。

被控侵權人：

　　對於說明書中所載之先前技術，申請人自承塑膠對耐久性不具備穩定的特性，不適於作固定器之材料，而被控侵權物品為塑膠製品，故被控侵權物品未構成侵權。

地方法院：

　　申請專利範圍中獨立項並未界定固定器之材質，而附屬項界定該材質為銅或金屬，基於請求項差異原則將獨立項限制在金屬材質並不適當，且未參酌申請人在說明書中所陳述之意見解釋申請專利範圍。

筆者：法院依請求項差異原則認定系爭專利請求項之範圍可以包含說明書中所載之先前技術，此項判決與後述案例顯然不同。

---

[176] Amerikam Inc. v. Home Depot, Inc., 99 F. Supp. 2d 810 (W.D. Mich. 2000).

#案例－Laitram Corp. v. Morehouse Industries Inc.[177]

系爭專利：

一種塑膠模塊，可以與其他類似模塊連接起來構成傳送帶。請求項：「……至少兩個反向元件……每個反向元件具傳動表面……且每個傳動表面中至少一部分向下延伸……並依所欲之運動方向……。」

被控侵權對象：

傳動表面爲曲面。

爭執點：

請求項中所載「傳動表面」（driving surface）之意義。

地方法院：

雖然說明書所揭露之傳動表面爲平面，但在申請過程中，爲區別於先前技術，專利權人曾指出先前技術中圓筒形之壁面並未且不能提供朝著底面向下延伸並依運動方向的傳動表面，即如同請求項中所指者。

請求項中所載之「傳動表面」爲平面，被控侵權對象在文義上未侵害該請求項。

依禁反言，被控侵權對象亦未均等侵害該請求項。

專利權人上訴：

「傳動表面」應包括曲面的傳動表面，如同被控侵權對象的曲面。

聯邦巡迴上訴法院：

參酌說明書確定請求項中所載之用語之意義並無不當，說明書僅揭示了平面之傳動表面，地方法院並未將平面之傳動表面讀入請求項。

申請過程中，專利權人曾作出區別於曲面傳動表面之先前技術的聲明，雖然該聲明並未被審查人員所引用，但不意味該聲明對於解釋請求項不具任何意義。

---

[177] Laitram Corp. v. Morehouse Industries Inc., 143 F.3d 1456, 46 USPQ2d 1609 (Fed. Cir. 1998).

　　雖然被控侵權人曾經請求再審查，而被認為其接受該請求項包括曲面之傳動表面，但其是否接受並不影響法院對於該請求項之解釋。

　　若某一請求項僅有一種解釋，例如平面之傳動表面，即使其他請求項中明確限定於平面之傳動表面，仍不能依請求項差異原則認定該請求項除平面之外尚包含其他解釋，此時，應允許這些請求項有相似性存在。

　　由於專利權人曾作出區別於曲面傳動表面之先前技術的聲明，依禁反言，該聲明已排除被控侵權對象落入系爭專利之均等範圍。

#案例－Comark Communications, Inc. v. Harris Corp.[178]

系爭專利：

　　一種校正音頻載體之系統及方法。請求項1：「一種校正一般電視所發射放大的音頻載體之系統……該系統包括：視頻延遲電路，用於接收及延遲視頻訊號，以提供延遲之視頻訊號……。」

爭執點：

　　請求項中所載「視頻延遲電路」（a video delay circuit）之意義。

地方法院：

　　均等侵權。

被控侵權人上訴：

　　主張地方法院忽略說明書中對於「視頻延遲電路」之教示，而作出錯誤解釋。

聯邦巡迴上訴法院：

　　解釋請求項，得參酌說明書解釋請求項，但請求項之用語優先於說明書。請求項中所載「視頻延遲電路」之意義明確而充分，無須參酌說

明書理解其意義。被控侵權人參酌說明書解釋請求項中已明確記載之用語，而將其限制在實施方式中所揭露之功能性目的並不適當。被控侵權人對於請求項1之解釋將使請求項2成為多餘而無意義，明顯違反請求項差異原則。請求項差異原則並非堅定不變之原則，但其建立一種推定，即申請專利範圍中每一請求項均具有不同之涵義及範圍。

＃案例－智慧財產法院98年度民專訴字第36號判決

系爭專利：

請求項1：「一種影像式插管輔助裝置，包括：一探測裝置，其材質係可與人體相容，該探測裝置包括：一外殼；一光源模組，……；以及一光學及取像裝置，……；一撓性軟管，……；一顯像裝置，……；以及一電源裝置……。」

第5項：「如申請專利範圍第1項所述之影像式插管輔助裝置，其中，該光源模組係包含數發光元件及一光源驅動電路，該光源驅動電路係用以驅動該等發光元件發光。」

第6項：「如申請專利範圍第5項所述之影像式插管輔助裝置，其中，該發光元件係選自發光二極體（LED）及有機發光二極體（OLED）之其中之一者。」

原告：

系爭專利完全不需要光纖作為光線之傳輸媒介，徹底克服傳統光纖式內視鏡具有價格高、複雜度高、組裝困難、不易維護等缺點，故系爭專利具進步性。

法院：

除有特別之限定情形外，不同編號之請求項具有個別獨立之權利範圍，此即「請求項差異化原則」（doctrine of claim differentiation）。是以解釋申請專利範圍時，除須判斷該請求項所使用之文字外，並應留意該請求項所無而於其他請求項所使用之文字。

查系爭專利申請專利範圍第1項之「光源模組，……用以產生光線照明前方」係以廣泛的方式表達，並未排除利用光纖傳輸〔光線之〕方式或是特定之傳輸方式，是以系爭專利申請專利範圍第1項所界定之光源模組，包含光纖之傳輸方式以及其他方式。系爭專利申請專利範圍第6項為依附於第1項獨立項、第5項附屬項之附屬項，除包含第1項所有之技術特徵之外，進一步限縮界定：「如申請專利範圍第5項所述之影像式插管輔助裝置，其中，該發光元件係選自發光二極體（LED）及有機發光二極體（OLED）之其中之一者。」對光源模組之元件始有特定，基於「請求項差異化原則」，申請專利範圍第1項與第6項有所差異，所欲涵蓋的範圍並不相同，至為明確。綜上，原告主張系爭專利完全不需要光纖作為其傳輸媒介方式云云，委無可取。

筆者：本案之焦點在於光源模組所採用的照明元件；原告稱系爭專利不採光纖照明。雖然請求項1未界定照明元件，但請求項6限定於發光二極體，依請求項差異原則，請求項1包含請求項6的發光二極體及發光二極體以外的其他照明元件，涵蓋光纖，故法院稱原告的主張委無可取。

＃案例－智慧財產法院98年度民專訴字第29號判決

系爭專利：

請求項1：「一種可變緩衝行程之避震前叉結構，其構成包括：左右兩前叉管部，……；其特徵在於：上述一前叉管部……係在抵桿頂端固定一行程定位管，於行程定位管之管壁上形成……旋轉導槽，……連通延伸至少一行程導槽；另內管頂端係設有一行程調整栓可掣動連動管產生適當角度之旋轉動作，……，得透過連動管控制導栓適時定位於旋轉導槽之封閉位置處，或與行程導槽連通處者；……，當其位於封閉處時，……，形成一固定結構，而限制另一前叉管部產生上下避震效果，……；當其位於連通處時，……，使另一前叉管部產生避震緩衝效果，……。」

請求項4：「依據申請專利範圍第1項……，該行程定位管係可設有<u>若干不等長度之行程導槽</u>，並透過行程調整栓之適當角度旋調，以控制連動管之導栓確實落於其中一行程導槽中，俾供使用者得依道路狀況選擇適當行程大小之緩衝功效者。」

被告：

系爭專利前叉管部具可變緩衝行程功能，按「可變」之字義，係指緩衝行程至少有二以上之行程變化。

法院：

專利之前言係描述該專利之應用領域、創作目的或用途，創作標的名稱爲請求項前言之一部分。系爭專利之標的名稱使用「可變」一詞，係爲理解其目的，以增加請求項之可閱讀性，非屬請求項之限定條件。

系爭專利申請專利範圍第1項界定之行程定位管「連通延伸至少一行程導槽」，「至少一」係指「一」或「一以上」，是以系爭專利之行程導槽請求內容包含單一之行程導槽。「可變」之意涵，可包含「有」、「無」行程二種變化；單一之行程導槽即行程爲非「零」之使用態樣，而導栓位於行程導槽時，則爲「有」緩衝行程。

除有特別之限定情形外，不同編號之請求項具有個別獨立之權利範圍，此即「請求項差異化原則」（doctrine of claim differentiation）。系爭專利申請專利範圍第4項爲依附於第1項之附屬項，除包含第1項所有之技術特徵之外，進一步限縮界定：「該行程定位管係可設有若干不等長度之行程導槽」。則基於「請求項差異化原則」，申請專利範圍第1項與第4項有所差異，第4項業已明定「若干不等長度之行程導槽」，爲「複數個」、「長度不等」之行程導槽，則第1項必然包含單一行程導槽之實施態樣。綜上，被告此部分抗辯，委無可取。

筆者：法院以請求項4中所載之「若干不等長度」認定請求項1包含單一行程導槽之實施態樣，當導栓位於單一行程導槽連通處時，則「有」緩衝行程，當導栓位於單一行程導槽封閉處時，則「無」緩衝行程，亦符合請求項1中所載「可變」之文義，故稱被告之抗辯委無可取。當然，依請求項差異原則仍可以推定請求項1亦包含「複數個」、「長度等長」之行程導槽，惟無關本案之案情，故判決未涉及此部分。

#案例－智慧財產法院97年度民專訴字第18號判決

系爭專利A：

請求項1：「一種熱傳裝置，包含有：至少一器室，其容納有一可凝結液體，該器室包括一設置來耦合至一熱源以用於蒸發該可凝結液體之蒸發區，被蒸發之可凝結液體於該至少一器室之內的表面上集聚爲凝結液；以及<u>一多芯結構，其包含有一多數可互操作之芯結構設置於該至少一器室之內供用於促進該凝結液朝向該蒸發區流動</u>。」

請求項2：「如申請專利範圍第1項之熱傳裝置，其中<u>該多芯結構的一芯吸力因子係隨著距該蒸發區之流動距離減少而增加，以促進當該凝結液接近該蒸發區時一增加的流動速率</u>。」

法院：

申請專利範圍第1項所載之「多芯結構」並非通常知識中之一般用語，該發明所屬技術領域中具有通常知識者實無法明瞭其意義，且因申請專利範圍第1項中僅記載多芯結構「包含有一多數可互操作之芯結構設置於該至少一器室之內」之結構特徵，及「供用於促進該凝結液朝向該蒸發區流動」之特定功能，並未記載足以達成該特定功能之完整結構或材料特徵，故「多芯結構……」，故這項技術特徵應適用專利法施行細則第18條第8項之解釋方法。

依原告所定系爭專利A發明名稱之英譯，申請專利範圍第1項中所載之「多芯結構」爲「MULTI-WICK STRUCTURE」，可以解釋爲「多毛細結構」，依其說明書內容，可以包括多種毛細結構或多層及多種毛細結構。基於說明書之記載，申請專利範圍第1項中所載之「多芯結構」至少必須對應到「該加熱（蒸發）區域具有一高芯吸力因子，且該芯吸力因子會隨著與該加熱區域之距離的增加而減少」之必要技術特徵，始能達成申請專利範圍第1項所界定之特定功能。另爲明確界定該特徵，得依原告之主張解釋申專利範圍第1項必須「從蒸發區不斷延伸至凝結區」。

前述「該加熱（蒸發）區域具有一高芯吸力因子，且該芯吸力因子會隨著與該加熱區域之距離的增加而減少」之結構特徵係記載於申請專

利範圍第2項之附屬技術特徵，雖然將前述結構特徵讀入申請專利範圍第1項，會導致申請專利範圍第1項與第2項相同，有違請求項差異原則，但在申請專利範圍第1項適用專利法施行細則第18條第8項所定之解釋方法的情況下，申請專利範圍第1項與2項之間可不適用請求項差異原則。

(五) 辭彙編纂者原則

專利侵權分析係採客觀合理解釋原則，申請專利範圍的解釋，初步係以字面意義（即通常習慣意義）解釋之，但該意義與內部證據不一致者，則以內部證據優先。除前述之內部證據優先原則外，美國聯邦巡迴上訴法院於Phillips案另確立了辭彙編纂者原則，當內部證據不一致時，以申請人自行之定義為優先。當專利權人於說明書中自行定義申請專利範圍中所載之文字、用語，無論該文字、用語明確或不明確，應以說明書中所載之定義為優先，稱辭彙編纂者原則（lexicographer rule）。

辭彙編纂者原則，指申請人自己可以定義、運用、記載申請專利範圍中所載之文字、用語。在早期，申請人作為辭彙編纂者，必須在說明書中刻意且清楚地（deliberately and clearly point out）指出申請專利範圍中所載之文字、用語與一般習知意義（conventional understanding）之差異，始足以當之[179]。

由於技術的進展經常超越文字所能表達的意涵，美國專利申請實務上，申請人自己可以作為辭彙編纂者，於說明書中創造新的辭彙或賦予既有辭彙新的意義，一旦賦予特定辭彙明確的定義，解釋申請專利範圍時，若參酌說明書及申請歷史檔案能決定申請專利範圍中所載文字、用語之意義者，應以該定義為第一優先解釋申請專利範圍。例如請求項記載為：「一種敏感的影像板，包括一塊薄鋁板，其表面經處理形成一氧化鋁鍍層，該鍍層由氧化鋁及鹼金屬矽酸鹽反應形成……。」本案之爭點在於如何解釋「反應」一詞。若依字典之定義，「反應」指發生化學轉變產生新的物質，則未落入專利權範圍，但法院綜合考量該發明所屬技術領域中具有通常知識者所認知或

---

[179] Patient Transfer system, Inc. v. Patient Handling Solutions, Inc., (2000 U.S. Dist, LIXIS 7648).

瞭解「反應」的意義，以及說明書中以「應用」及「吸附」描述「反應」之定義，而未敘及「產生化學反應形成矽鋁酸鹽」，故法院將「反應」解釋為「形成」，而非「發生化學轉變而形成」[180]。

專利侵害鑑定要點記載：「對於申請專利範圍之用語，若專利權人在發明說明中創造新的用語（如科技術語）或賦予既有用語新的意義，而該用語的文義明確時，應以該文義解釋申請專利範圍[181]。」智慧財產法院97年度民專訴字第20號判決：「申請專利範圍所記載語詞之意涵，固應以熟習該項技術人士所理解之一般或通常意涵為準，然專利申請人亦可自行界定其申請專利範圍語詞之意涵，倘說明書及圖式所記載語詞之意涵前後具有一致性，且已足使所屬技術領域中具有通常知識者瞭解其意義，而得以確定申請專利範圍，即無揭露不清楚之情事。」98年度民專上第42號判決：「例如專利權人於說明書或為維護其專利權過程所提之申請歷史檔案中，對申請專利範圍所賦予特定之定義或解釋，即應以之解釋申請專利範圍……。」

中國最高法院的「關於專利權糾紛案件的解釋」第3條第1項：「人民法院對於權利要求，可以運用說明書及附圖、權利要求書中的相關權利要求、專利審查檔案進行解釋。說明書對權利要求用語有特別界定的，從其特別界定。」中國北京高級法院的「專利侵權判定指南」第24條第1項亦有相關規定：「說明書對技術術語的解釋與該技術術語通用含義不同的，以說明書的解釋為准。」

#案例－智慧財產法院97年度民專訴字第27號判決

系爭專利：

請求項1：「一種電腦電源供應器之電力輸出裝置改良，……，其特徵在於：該輸出裝置，係包含由主纜、支纜和外接模組所構成，且該主纜和支纜係與電源供應器電路板上之電力輸出的<u>匯流排連接</u>，……。」

---

[180] 程永順、羅李華，專利侵權判定－中美法條與案例比較研究，專利文獻出版社，1998年3月，頁45。

[181] 經濟部智慧財產局，專利侵害鑑定要點（草案），2004年10月4日發布，頁35。

被告：

原告自承匯流排包含排線，而鑑定人則證稱匯流排不包含排線，足見系爭專利之揭露致鑑定人有所誤解，具有通常知識者即無從依據系爭專利圖式及說明所揭露之內容而據以實施。

原告：

匯流排也包含排線，我們的定義是電力輸出的匯流排，並沒有單一匯流排的零件，匯流排是我們對於多組直流電力輸出裝置的名稱。

法院：

申請專利範圍所記載語詞之意涵，固應以熟習該項技術人士所理解之一般或通常意涵為準，然專利申請人亦可自行界定其申請專利範圍語詞之意涵，倘說明書及圖式所記載語詞之意涵前後具有一致性，且已足使所屬技術領域中具有通常知識者瞭解其意義，而得以確定申請專利範圍，即無揭露明顯不清楚之情事。

其中「匯流排」一詞，參照系爭專利圖式第二圖，應係指電路板上集合電力輸出匯集流出的排組（即電力輸出導線的集合）。至於一般習知之匯流排（Bus）雖係指電路板或主機板上用以連接各周邊裝置的連接介面，然原告即系爭專利申請人業已於說明書自行界定「匯流排」之意涵，且綜觀其說明書及圖式就「匯流排」乙詞之意涵並無矛盾不一致之處，則由系爭專利請求項第1項載內容並參酌說明書及圖式，顯足使該技術領域中具有通常知識者清楚瞭解「匯流排」之涵意及與其他構件之連接關係，而得以確定申請專利範圍，自無揭露明顯不清楚之情事。

#案例－智慧財產法院98年度民專上字第12號判決

系爭專利：

請求項1：「一種電腦電源供應器之電力輸出裝置改良，……，其特徵在於：該輸出裝置，係包含由主纜、支纜和外接模組所構成，且該主纜和支纜係與電源供應器電路板上之電力輸出的匯流排連接，……。」

法院：

　　一般匯流排（Bus）係指電路板或主機板上用以連接各周邊裝置的連接介面，例如用於插置各種介面卡以傳輸資料的插槽或插座，系爭專利申請專利範圍第1項所述「主纜和支纜係與電源供應器電路板上之電力輸出的匯流排連接」，其中「電力輸出的匯流排」一詞，參照系爭專利圖式第二圖，其應是指電路板（21）上集合電力輸出匯集流出的排組（即電力輸出導線的集合），由該圖可明顯看出主纜及支纜係由電路板上之電力輸出的導線排組所構成，其應非僅指一般電子學上傳輸資料之插槽或插座之意，由系爭專利申請專利範圍所載並參酌說明書及圖式應可清楚瞭解其意義。

（六）禁止讀入原則

　　美國聯邦巡迴上訴法院在Johnson Worldwide v. Zebco[182]案確立禁止讀入原則：「若申請專利範圍無不明確，或發明人對於申請專利範圍中之用語並未重新定義，即無理由將說明書中所載之限定條件讀入申請專利範圍。」

　　禁止讀入原則與前述辭彙編纂者原則、我國專利法第58條第4項似乎矛盾，惟依該第4項之規定：「發明專利權範圍，以申請專利範圍為準，於解釋申請專利範圍時，並得審酌說明書及圖式。」已充分說明界定專利權範圍是以申請專利範圍為基礎，解釋申請專利範圍時，得參酌說明書內容解釋申請專利範圍中之文字、用語。具體而言，解釋申請專利範圍係依解釋之原則、優先順序等，經整體考量後，確定申請專利範圍之文字、用語的意義；其係比較各證據後選擇合理之定義的結果，過程中有取捨，但原則上不得將說明書及圖式有揭露但未載於申請專利範圍之技術特徵讀入申請專利範圍[183]，而縮小專利權範圍。解釋手段請求項時，尚應包含說明書中所敘述對

---

[182] Johnson Worldwide Associates, Inc. v. Zebco Corp. 175 F.3d 985, 50 USPQ3d 1607 (Fed. Cir. 1999).

[183] Intervet America, Inc. v. Kee-Vet Laboratories, Inc., 887 F.2d 1050, 1053 (Fed. Cir. 1989) (courts cannot alter what the patentee has chosen to claim as his invention, … limitations appearing in the specification will not be read into claims, … interpreting what is mean by a word in a claim is not to be confused with adding an extraneous limitation appearing in the specification, which is improper.)

應於請求項中所載之功能的結構、材料或動作及其均等範圍，可謂係解釋申請專利範圍之特例。

智慧財產法院97年度民專上字第4號判決：「我國專利法解釋專利權範圍，係採學說所謂折衷限定主義……。解釋時之優先順序，依序爲申請專利範圍、說明書及圖式。至於實施方式及摘要部分，原則上非屬解釋之基礎。」中國最高法院的「關於專利權糾紛案件的解釋」第5條有類似規定：「對於僅在說明書或者附圖中描述而在權利要求中未記載的技術方案，權利人在侵犯專利權糾紛案件中將其納入專利權保護範圍的，人民法院不予支持。」

對於「禁止讀入原則」，切勿望文生義誤解專利權範圍之確定完全取決於申請專利範圍，或只要申請專利範圍本身並無不明確則不必審酌說明書或圖式據以解釋申請專利範圍。相對地，解釋申請專利範圍時，不論申請專利範圍中所載之內容是否明確，皆應審酌說明書及圖式充分理解專利發明，以專利發明的實質內容客觀合理認定專利權範圍[184]。

依美國專利侵權訴訟判例，申請專利範圍與說明書揭露內容之間的關係涉及二項原則：(1)不得將說明書中所載之技術特徵讀入申請專利範圍。(2)得參酌說明書內容解釋申請專利範圍中之用語。就(2)而言，必須遵守之具體事項如下列[185]（參酌申請歷史檔案解釋申請專利範圍，亦同）：

(a) 參酌說明書內容解釋申請專利範圍中之用語，至少須在申請專利範圍中載有說明書中所定義之用語，始得參酌說明書中所載明確之定義予以解釋。若無該用語，則非合法的解釋方法。

(b) 若說明書中無明確之定義，則須依通常習慣意義予以解釋。

(c) 若申請專利範圍之用語僅爲一般性描述，不得將該用語（例如結構A）限制在說明書中之數值範圍，亦不得限制在說明書中之特定次結構（例如加修飾之結構A），而應爲說明書中支持該用語之所有技術特徵。

前述「不得將說明書中所載之技術特徵讀入申請專利範圍，但得參酌

---

[184] 中國最高人民法院，最高人民法院關於審理侵犯專利權糾紛案件應用法律若干問題的解釋，第2條，2009年12月28日公告，2010年1月1日起施行。

[185] Renishaw plc v. Marposs Societa' per Azioni 158 F.3d 1243, 48 USPQ2d 1117 (Fed. Cir. 1998).

說明書內容解釋申請專利範圍」二者之區別終究並不具體，而且有爭議[186]。美國專利侵權訴訟實務另有相關判決：A.除非申請專利範圍被特別明確地表示應限於實施方式，否則申請專利範圍不得限於說明書中所揭露之實施方式[187]；B.申請專利範圍的解釋應避免涵蓋先前技術。然而，若依申請專利範圍中所載之用語及說明書內容解釋申請專利範圍，其僅有的唯一解釋仍無法避免其專利權無效，則無法適用前述不涵蓋先前技術之原則，而應認定該專利權無效[188]。事實上，「禁止讀入原則」之真義應為「禁止不當讀入」，見第四章四之(六)「禁止讀入原則之真義」及六之(四)「禁止讀入原則之限制」。

相對於前述不得限縮專利權範圍的禁止讀入原則，解釋申請專利範圍時，另有不得擴張專利權範圍的請求項整體原則，見本章四之(四)之1.「請求項整體原則」。此外，若某技術特徵載於請求項A，未載於請求項B，解釋請求項B時，不得以該技術特徵及相關之說明書內容及申請歷史檔案限定請求項B之專利權範圍，見本章四之(四)之3.「請求項差異原則」。

#案例－Renishaw plc v. Marposs Societa' per Azioni[189]

系爭專利：
　　一種用於精密測量機械零件之尺寸及位置的探測器，當探測尖端接觸到被測之工件時，該探測器產生電子「觸發」（trigger）訊號，電腦利

---

[186] Phillips v. AWH Corp., Nos. 03-1269, 1286, 2005 U.S. App. LEXIS 13954 (Fed. Cir. Jul. 12, 2005)(en banc) (The role of the specification in claim construction has been an issue in patent law decisions in this country for nearly two centuries.)

[187] Substantive Patent Law Treaty (10 Session), Rule 13(2)(a) (The claims shall not be limited to the embodiments expressly disclosed in the application, unless the claims are expressly limited to such embodiments.)

[188] Eastman Kodak Co. v. Goodyear Tire & Rubber Co., 114 F.3d 1547, 1556, 42 U.S.P.Q.2D 1737, 1743 (Fed. Cir. 1998) (Claims should be read in a way that avoid ensnaring the prior art if is possible to do so, "the only claim construction that is consistent with the claim's language and the written description renders the claim invalid, then the axiom does not apply and the claim is simply invalid.")

[189] Renishaw plc v. Marposs Societa' per Azioni, 158 F.3d 1243, 48 USPQ2d 1117 (Fed. Cir. 1998).

用該觸發訊號計算出工件之尺寸及位置。請求項：「一種接觸式探測器，置於確定位置之裝置的移動臂上使用……當探測尖端接觸到目標物，因而探測頭固定物相對於該外殼折回時，該探測器產生觸發訊號，該確定位置之裝置利用該觸發訊號取得該移動臂之即時位置讀數，該接觸式探測器包括……。」

爭執點：

請求項中所載「當……」（when）之意義，即當探測尖端接觸到目標物，因而探測頭固定物相對於該外殼折回時，該探測器產生觸發訊號的時間點。

被控侵權對象：

以探測尖端接觸目標物，故探測頭固定物相對於該外殼往上運動之前，有明顯的時間延遲。

被控侵權人：

依說明書之描述，已揭示清楚的意圖，即在與工件接觸後應儘快提供啓動訊號，而非延遲一段時間後。

專利權人：

請求項中所載「當……」已反映說明書中對於時間點之意圖，但請求項中並未明確記載產生觸發訊號的任何時間終點。

依字典，「當……」用語之意義廣泛，爲「在那時或那時之後」（at or after the time that）、「在那個情況時」（in the event that）或「在那個條件下」（on condition that）；依前述之意義，請求項之範圍涵蓋了接觸完成並折回後有明顯時間延遲始產生觸發訊號的被控侵權對象。

「當……」用語應被解釋爲包括接觸後產生觸發訊號的任何時間，只要有對工件的精密測量行爲即足。

地方法院：

「當……」之意義爲「一旦接觸並折回」（as soon as contact is made and deflection occurs），因而認定被控侵權對象未侵害該請求項。

聯邦巡迴上訴法院：

　　請求項與說明書之間的關係業由兩條原則所確立：(1)不得將說明書中所載之技術特徵讀入申請專利範圍；(2)得參酌說明書內容解釋請求項中之用語。就(2)而言，要參酌說明書內容解釋請求項中之用語，至少須在請求項中載有說明書中所定義之用語，始得參酌說明書中所載明確之定義予以解釋。若無該用語，則非合法的解釋方法；若說明書中無明確之定義，則須依通常習慣意義予以解釋。若請求項之用語僅為一般性描述，不得將該用語（例如結構A）限制在說明書中之數值範圍，亦不得限制在說明書中之特定次結構（例如加修飾之結構A），而應解釋為說明書中支持該用語之所有特徵。

　　對於一般性描述，若通常習慣意義（例如字典之定義）與說明書不一致者，不得以前者之意義予以解釋。若通常習慣意義不只一個，應參酌申請專利範圍或說明書，瞭解申請人之意圖（請求保護什麼？發明什麼？），以確定適當涵義。參酌申請歷史檔案解釋請求項，亦應依前述原則為之。

　　對於「當……」用語，雖然字典中已有若干定義，但其正確意義已由說明書中所載之發明目的清楚地確定：發生接觸後儘快產生訊號，以避免探測頭繼續運動而錯誤的延遲時間始產生觸發訊號。

　　事實上，禁止讀入原則之適用最具體而無爭議的二種情況已規定於實質專利法條約（SPLT）：除非申請專利範圍被特別限於實施方式，否則申請專利範圍不得被特別限於說明書中所揭露之實施方式[190]。申請專利範圍中所載之元件符號不得限制申請專利範圍[191]。

　　對於前述原則性之說明，國際上尚有更細部之法規或判例。以下分別就摘要、實施方式及符號之解釋說明之。

---

[190] Substantive Patent Law Treaty (10 Session), Rule 13(2)(a), (The claims shall not be limited to the embodiments expressly disclosed in the application, unless the claims are expressly limited to such embodiments.)

[191] Substantive Patent Law Treaty (10 Session), Rule 13(3), (Any reference signs to the applicable part of the drawing referred to in Rule 5(3)(c) shall not be construed as limiting the claims.)

1. 實施方式

　　參酌說明書解釋申請專利範圍，僅能就申請專利範圍中所載之技術特徵予以解釋，不得增加、減少或變更申請專利範圍中之技術特徵，而變更專利權範圍[192]。換句話說，申請專利範圍界定專利權範圍，說明書定義申請專利範圍中所載之文字、用語，但不得將說明書中所揭露之實施方式中之特定條件、態樣讀入申請專利範圍[193]，而限縮申請專利範圍之文字、用語所代表之意義或範圍[194]。SPLT有類似之規定：「除非申請專利範圍被特別限於實施方式，否則申請專利範圍不得被特別限於說明書中所揭露之實施方式[195]。」惟若說明書中明確將申請專利範圍限於實施方式，則無「不得將實施方式中之特定條件、態樣讀入申請專利範圍」的問題[196]。中國北京高級法院的「專利侵權判定指南」第27條：「專利權的保護範圍不應受說明書中公開的具體實施方式的限制，但下列情況除外：(1)權利要求實質上即是實施方式所記載的技術方案的；(2)權利要求包括功能性技術特徵的。」

　　在Interactive Gift案中，系爭專利是「一種依客戶需求在銷售點重製客戶所需資訊提供給客戶的系統」，地方法院認為實施方式所揭露之銷售點不包括「家庭」，而認定被告以「家庭」為銷售點之方式並未侵害系爭專利。但美國聯邦巡迴上訴法院認為將申請專利範圍中之「銷售點」限制在實施方

---

[192] Markman v. Westview Instrument, Inc., citing Goodyear Dental Vulcanite Co. v. Davis, 102 U.S. 222, 227, 26 L. Ed. 149 (1880) (Although the prosecution history can and should be used to understand the language used in the claim, it too cannot enlarge, diminish, or vary the limitations in the claims.)

[193] Autogiro Co. of Am v. Unites States, 384 F.2d 391, 397, 155 U.S.P.Q. 697, 702 (Ct. Cl 1967) (⋯the district court did not import an additional limitation into the claim. Instead, it looked to the specification to aid its interpretation of a term already in the claim, an entirely appropriate practice.)

[194] Specialty Composites v. Cabot Corp., 6 U.S.P.Q. 2d 1601, 1605 (Fed. Cir. 1988) (Particular embodiments appearing in the specification will not generally be read into the claims⋯ What is patented is not restricted to the examples, but is defined by the words in the claims.)

[195] Substantive Patent Law Treaty (10 Session), Rule 13(2)(a), (The claims shall not be limited to the embodiments expressly disclosed in the application, unless the claims are expressly limited to such embodiments.)

[196] Modine Mfg. Co. v. Int'l Trade Comm'n 75 F.3d 1545, 37 U.S.P.Q. 2d 1609 (Fed. Cir. 1996) (Where the patentee describes an embodiment as being the invention itself and not only one way of utilizing it, this description guides understanding the scope of the claims.)

式，而將實施方式中之技術特徵讀入申請專利範圍，並不適當[197]。

　　筆者以爲法院前述有關實施方式之解釋方法及後述有關符號之解釋方法適爲禁止讀入原則之實際操作方法，但不宜僵化地遵守禁止讀入原則，而認爲只要請求項本身並無任何疑義、不明確之情事即無依說明書及圖式解釋申請專利範圍之必要；甚至，即使經申請專利範圍之解釋，仍係以申請專利範圍中所載之內容一字不動地建構專利權範圍，而不論該申請專利範圍是否涵蓋說明書中所載之先前技術或至少一實施方式。若是一字不動地解釋申請專利範圍，筆者以爲該解釋方法無異爲極端的周邊限定主義，而與我國專利所採取的折衷主義不合。

　　再者，前述所謂「疑義、不明確」之認定結果究竟係以請求項本身之記載內容爲基礎，或係以全部請求項之記載內容爲基礎，或係綜合申請專利範圍、說明書、圖式等申請文件所揭露申請專利之發明包括問題、手段及功效爲基礎，必須審愼思辨。若不是以全部申請文件爲基礎，僅依部分文件內容例如單一請求項中所載之技術特徵理解該請求項是否「疑義、不明確」，則所理解的發明內容可能並非申請人於申請日所完成之發明，而有超出其所先占之範圍的可能，給予其專利保護顯不合法，對於社會大衆及專利侵權訴訟之當事人亦不公平。

#案例－Ekchian v. Home Depot, Inc.[198]

系爭專利：

　　一種用於測量木工水平面傾斜角度之可變電容置換感測器，此種感測器係使用一種內部電容器，可以隨傾斜角度正比變化其電容，而以導電性液體替代先前技術中之固定電容器板。請求項：「一種電容置換感測器，包含……一種導電性液狀介質……。」

爭執點：

　　請求項中所載「導電性液狀介質」（a conductive liquid-like medium）

---

[197] 陳森豐，科技藍海策略的保衛戰2006美國專利訴訟(一)，第167頁至第168頁，禹騰國際智權股份有限公司，2006年。

[198] Ekchian v. Home Depot, Inc., 104 F.3d 1299, 41 USPQ2d 1364 (Fed. Cir. 1997).

的導電程度。

被控侵權對象：

使用一種部分填充液體之感測器。

被控侵權人：

因為所使用之液體並非可充分導電，故未侵權。

地方法院：

拒絕採用專利權人所主張「導電性液狀介質」之定義，認為這種解釋將包括所有液體，以致「導電性」之限定無意義，而將「導電性液狀介質」解釋為其所需要之導電率與說明書中所揭露之實施方式相近。依IDS（揭露義務）所揭露之先前技術，系爭專利有禁反言之適用。因此，被控侵權對象在文義及均等論方面均未侵害請求項。

專利權人上訴：

說明書未對「導電性」賦予任何特殊意義，依通常知識，請求項中所載之「導電性液狀介質」應包括任何具導電性之液體。

由於提交揭露義務文件之目的並非克服核駁，故不得作為適用禁反言之基礎。

聯邦巡迴上訴法院：

實施方式得作為解釋申請專利範圍之基礎，但申請專利範圍不必然限於實施方式，說明書並未明示或暗示要將「導電性」限於實施方式的導電率範圍內，故「導電性」之解釋應為具有通常知識者的通常習慣意義。請求項中所載之「液狀介質」必須充當儲存電荷之電容器，因此，具有通常知識者所瞭解的「導電性液狀介質」應為只要比絕緣材料更具導電性，足以構成儲存電能之電容器即可。

對於IDS文件是否得為解釋申請專利範圍之基礎，因為IDS為內部證據之一，而為美國專利商標局、法院及社會大眾所信賴，專利權人有意將IDS中之先前技術與本發明區隔，是一種防止核駁的預防行為，故IDS得為解釋之基礎，亦得為判斷是否適用禁反言之基礎。

#案例－Mantech Envtl. Corp. v. Hudson Envtl. Services, Inc.[199]

請求項：

「一種消除或降低地下水區域烴類污染物初始濃度之挽回方法，該方法包括步驟(a)在該地下水區域提供多個相互間隔之<u>井</u>……。」

地方法院：

在Markman聽證中，各方專家證詞皆同意「井」（well）指提供地下水通路之裝置；但對於此含義是否適用於該請求項則有不同意見。被控侵權人之專家證詞主張請求項中所載之「井」應限定於「雙重目的之井」，既可注入亦可監測地下水（a structure used for both monitoring and injecting the groundwater）。

同意被控侵權人之主張，請求項中所載之「井」之意義為監測並注入地下水之結構；但也指出專家證詞僅作為相關技術領域之背景資料，對於請求項之解釋完全依賴內部證據。

爭執點：

完全依賴內部證據解釋「井」之意義，僅將外部證據作為背景資訊而不以其作為解釋之基礎，在法律上是否正確。

專利權人：

在Markman聽證中雙方專家證詞已有共識，「井」指提供地下水通路之裝置，說明書中並無任何對「井」之定義，故應採用專家證詞之定義。

被控侵權人：

內部證據已明確揭露「井」之定義，專利權人無法證明說明書中之定義不明確，故外部證據僅能作為相關技術領域之背景資料。

聯邦巡迴上訴法院：

雖然法院有權採用外部證據，但在內部證據已明確時，應以內部證

---

[199] Mantech Envtl. Corp. v. Hudson Envtl. Services, Inc., 152 F.3d 1368, 47 USPQ2d 1732 (Fed. Cir. 1998).

據為解釋請求項之基礎，而外部證據僅作為協助法院正確理解請求項之參考，不得據以改變或違背請求項之用語。

依請求項及說明書，「井」係指將地表與地下水連接起來的結構，其「不是可注入就是可監測」，也包括「既可注入亦可監測」，但並不一定是後者（a structure connecting the surface to the groundwater that can either monitor or inject, or both, but it need not do both）。因此，地方法院將請求項與實施方式結合所作出「既可注入亦可監測」地下水之解釋顯然過窄。

由於被控侵權對象並非所有井均具有前述注入及監測兩功能，將該案發回更審。

2. 符號

圖式及說明書均為解釋申請專利範圍之基礎。請求項所載之技術特徵引用符號者，解釋申請專利範圍時，不得將該技術特徵限於圖式中該符號所對應之具體結構，而限制其專利權範圍[200]。SPLT有相同規定：「……對應於圖式中之零件的參考符號不得被解釋為限制申請專利範圍[201]。」中國北京高級法院的「專利侵權判定指南」第26條：「當權利要求中引用了附圖標記時，不應以附圖中附圖標記所反映出的具體結構來限定權利要求中的技術特徵。」

3. 摘要

發明專利權範圍，以申請專利範圍為準，於解釋申請專利範圍時，並得審酌說明書及圖式；摘要並非解釋申請專利範圍之基礎，專利法第58條第5

---

[200] 經濟部智慧財產局，專利侵害鑑定要點（草案），2004年10月4日發布，頁32。

[201] Substantive Patent Law Treaty (10 Session), Rule 13(3), (Any reference signs to the applicable part of the drawing referred to in Rule 5(3)(c) shall not be construed as limiting the claims.)

項已明定。SPLT[202]及EPC[203]亦有類似的規定。中國北京高級法院的「專利侵權判定指南」第28條:「摘要的作用是提供技術資訊,便於公眾進行檢索,不能用於確定專利權的保護範圍,也不能用於解釋權利要求。」

摘要並非說明書的一部分,但摘要為申請人所撰寫,申請人向專利專責機關申請專利必須備具摘要。摘要為內部證據之一,若申請歷史檔案可以作為解釋申請專利範圍之基礎,筆者認為摘要理當屬於該解釋基礎之一,何況外部證據都可以作為解釋申請專利範圍之基礎,殊難想像內部證據中的摘要不能作為解釋之基礎。美國聯邦巡迴上訴法院就曾指出:專利說明書中之摘要亦得為解釋申請專利範圍之參考依據,雖然美國聯邦法規37 C.F.R. 1.72 (b)規定說明書中之摘要「不得作為解釋申請專利範圍所涵蓋的專利權範圍」,但該規定係規範美國專利商標局人員的審查準則,不能作為法院解釋申請專利範圍時之限制[204]。

五、請求項之類型、結構及其解釋

依專利法施行細則第18條第1項:「發明之申請專利範圍,得以一項以上之獨立項表示;……。」第2項:「獨立項應敘明申請專利之標的名稱及申請人所認定之發明之必要技術特徵。」第3項:「附屬項應敘明所依附之項號,並敘明標的名稱及所依附請求項外之技術特徵,……;於解釋附屬項時,應包含所依附請求項之所有技術特徵。」

發明之申請專利範圍,得以一項以上之獨立項表示;其項數應配合發明之內容;各獨立項得有附屬項。獨立項應敘明申請專利之標的名稱及申請人所認定之發明之必要技術特徵,以呈現申請專利之發明的整體技術手段。必要技術特徵,指申請專利之發明為解決問題所不可或缺的技術特徵,其整

---

[202] Substantive Patent Law Treaty (10 Session), Article 5(2), (The abstract shall merely serve the purpose of information and shall not be taken into account for the purpose of interpreting the scope of the protection sought or of determining the sufficiency of the disclosure and the patentability of the claimed invention.)

[203] EUROPEAN PATENT CONVENTION, (EPC 2000) Article 85, (The abstract shall serve the purpose of technical information only; it may not be taken into account for any other purpose, in particular for interpreting the scope of the protection sought or applying Article 54, paragraph 3.)

[204] Hill-Rom Co., Inc., v. Kinetic Concepts, Inc., 209 F.3d 1337, 1341, 54 U.S.P.Q. 2d (BNA) 1437 (Fed. Cir. 2000).

體構成發明的技術手段，係申請專利之發明與先前技術比對之基礎。技術特徵，於物之發明為結構特徵、元件或成分等；於方法發明為條件或步驟等特徵。

(一) 請求項之類型

請求項之類型包括：獨立項、附屬項及引用記載形式之請求項。獨立項（independent claim），指一請求項本身已完整描述發明技術而能獨立存在之請求項[205]。附屬項（dependent claim），指依附其他請求項，包含所依附之請求項中所載全部技術特徵另外再附加技術特徵，而就被依附之請求項所載的技術手段作進一步限定之請求項，其涵蓋該發明非必要技術特徵之部分[206]。引用記載形式之請求項，其記載方式係引用另一請求項，但其與被引用之請求項的範疇不同、標的名稱不同或未包含被引用之請求項全部技術特徵，雖然其記載形式看起來像附屬項，但實質上應解釋為獨立項。

專利權範圍，係以申請專利範圍中所載之技術特徵界定其範圍的周邊界限。侵權行為必須完全實施申請專利範圍中所載之每一個技術特徵，始落入專利權範圍。依性質之差異，請求項記載形式分為獨立項（包括引用記載形式之請求項）及附屬項。無論是獨立項或附屬項，其專利權範圍皆以所載之技術特徵作為周邊界限，專利法施行細則第18條第3項：「附屬項應敘明所依附之項號，並敘明標的名稱及所依附請求項外之技術特徵，……；於解釋附屬項時，應包含所依附請求項之所有技術特徵。」附屬項為被依附之請求項的特殊實施方式，得依附獨立項或附屬項，且得依附再依附，無論是直接依附或間接依附，其範圍必然落在被依附之請求項的範圍之內。例如，申請專利範圍有三請求項，請求項1為獨立項，請求項2為依附請求項1之附屬項，請求項3為直接依附請求項2之附屬項，則請求項3為間接依附請求項1之附屬項；因此，請求項3落在請求項2之範圍內，請求項2落在請求項1之範圍內；換句話說，請求項1範圍最大，請求項2範圍次之，請求項3範圍最小。引用記載形式之請求項的解釋，係包含所引用之請求項中被引用之部分，可

---

[205] 35 U.S.C. 112 III, (…an independent claim is a claim standing alone and that describes a complete invention.)

[206] 35 U.S.C. 112 III, (…dependent claim, which depend and add features to another claim, are included generously to cover non-essential aspects of the invention.)

以是全部或部分技術特徵、不同範疇或協作構件，其範圍並未落在被依附之
請求項的範圍之內。

　　中國最高法院的「關於專利權糾紛案件的解釋」特別在第1條第2項規
定：「權利人主張以從屬權利要求確定專利權保護範圍的，人民法院應當以
該從屬權利要求記載的附加技術特徵及其引用的權利要求記載的技術特徵，
確定專利權的保護範圍。」中國北京高級法院的「專利侵權判定指南」第4
條規定附屬項的解釋方式：「權利人主張以從屬權利要求確定保護範圍的，
應當以該從屬權利要求記載的附加技術特徵及其直接或間接引用的權利要求
記載的技術特徵，一併確定專利權保護範圍。」第2條顯示獨立項與附屬項
涵蓋範圍的關係：「專利獨立權利要求從整體上反映發明或者實用新型專利
的技術方案，記載解決技術問題的必要技術特徵，與從屬權利要求相比，其
保護範圍最大。確定專利權保護範圍時，通常應當對保護範圍最大的專利獨
立權利要求作出解釋。」

（二）組合式請求項之結構

　　物品發明是由各構成元件組合而成，物質發明是由各成組合而成，方
法發明是由各步驟組合而成。對於這種組合發明，通常會撰寫成組合式請求
項（combination type claim），例如「一種空調裝置，包含風向調節機構及
風量調節機構，……。」其典型的撰寫結構為：前言（Preamble）＋連接詞
（Transition）＋主體（Body）。

1. 請求項之前言

　　請求項所載之內容為元件、成分或步驟之組合者，應有一連接詞介於前
言及主體之間。例如：

(1)「一種……[前言preamble]，包括[連接詞transition]：……[主體body]。」

(2)「一種……[前言]，係由[連接詞]……所組成[主體]。」

(3)「一種……[前言]，其特徵在於[連接詞]：……[主體]。」

　　前言部分係描述申請專利之標的名稱、應用領域、發明目的及/或用途
等；主體部分係描述技術特徵及技術特徵之間的連結關係；連接詞係連接前
言與主體。[207]

---

[207] 經濟部智慧財產局，專利侵害鑑定要點（草案），2004年10月4日發布，頁32。

　　申請專利範圍的前言是否具有限定該請求項的作用？並無絕對標準，
必須依個案之事實予以判斷[208]，視該前言在請求項中所代表之目的與意義而
定。若前言之目的是賦予請求項重要意義適切的界定該發明，或是專利權人
於請求項之前言記載其所請求之發明的結構特徵[209]者，則前言有限定作用。
換句話說，前言中記載了請求項之限定條件，或請求項之前言是賦予請求項
生命力、意義及活力所必備者，則該前言應被解釋為具有限定申請專利範圍
之作用[210]；反之，若請求項之主體於結構上已完整界定發明，而前言僅是陳
述該發明之目的或所欲達到之用途（purpose or intended use）者，則前言不
具有限定申請專利範圍之作用[211]。

　　美國聯邦法院定義請求項之前言具有限定作用的指引，即前述「生命
力、意義、活力」之判斷標準[212]：
(1) 二段式請求項之前言。
(2) 主體中所載之技術特徵的前置基礎記載於前言。
(3) 理解主體中所載之技術特徵必須藉助前言。
(4) 說明書強調前言之限定的重要性。
(5) 申請過程中以前言迴避先前技術的核駁。

　　請求項前言部分是否構成限定條件，並無明確標準，通常其包括結構特
徵，而賦予請求項重要意義者，則構成限定條件。請求項之主體已完整界定

---

[208] Catalina Mktg. Int'l v. Coolsavings. Com. Inc., 289 F.3d 801, 808, 62 USPQ 2d 1781, 1785 (Fed. Cir. 2002) (The determination of whether a preamble limits a claim is made on a case-by-case basis in light of the facts in each case; there is no litmus test defining when a preamble limits the scope of a claim.)

[209] Bell communications Research, Inc. v. Vitalink Communication Corp., 55 F.3d 615, 34 U.S.P.Q. 2d 1816 (Fed. Cir. 1995) (···the language of the preamble serves to give meaning to a claim and properly define the invention···where a patentee uses the claim preamble to recite structural limitation of his claimed invention···.)

[210] Pitney Bowers, Inc. v. Hewlett-Packard Co., 182 F.3d 1298,1305, 51 USPQ 2d 1161, 1165-66 (Fed. Cir. 1999) (If the claim preamble, when read in the context of the entire claim, recites limitations of the claim, or, if the claim preamble is 'necessary to give life, meaning, and vitality' to the claim, then the claim preamble should be construed as if in the balance of the claim.)

[211] Kropa v. Robie, 187 F.2d 150, 88 U.S.P.Q. 478 (CCPA 1951) (Use the preamble only to state a purpose or intended use for the invention, the preamble is not a claim limitation.)

[212] Faber on Mechanics of Patent Claim Drafting, by Robert C. Farber, sixth edition, 2008, p.2-12.

發明之結構，而前言僅是陳述該發明之目的或所欲達到之用途者，則前言並非請求項的限定條件。因此，前言部分冗長地記載很多元件並無任何好處，各個元件可能成為請求項之限定條件，而限縮了專利權的範圍。

前言部分包含申請專利之標的名稱、應用領域、發明目的及用途等，舉例性說明應用領域者，例如前言記載為「一種香菸濾嘴材料的擠壓成型方法……」而說明書詳細說明其他領域之應用，其作用在於協助公眾理解請求項之內容，則前言部分不構成專利權範圍的限定條件。惟若發現已知物前所未知的特性，得利用該特性（所產生之新穎技術效果）於特定用途，而其前言部分記載用途者，例如前言記載為「一種香菸濾嘴材料的擠壓成型模具……」、「一種用於對樹幹注射農藥之注射裝置……」、「一種殺蟲方法，……」或「一種化合物A作為殺蟲之用途」，且說明書強調前言之限定的重要性（即前述(4)）或未說明其他領域之應用，其發明之特點限於將申請專利之方法或產物用於所載之用途，而產生顯著之效果或解決該技術領域中之問題者，該用途構成請求項之限定條件[213]，見本章六之(四)「有關用途之請求項」。

在IMS Technology, Inc., v. Haas Automation, Inc.案[214]中，前言記載「一種用於控制工具機與工作物間之相對移動的可程式微電腦控制裝置」，美國聯邦巡迴上訴法院認為請求項前言中之「控制裝置」僅是描述內容的一部分，並非界定該請求項之結構特徵。智慧財產法院98年度民專訴字第29號判決：「專利之前言係描述該專利之應用領域、創作目的或用途，創作標的名稱『可變緩衝行程之避震前叉結構』為請求項前言之一部分。系爭專利之標的名稱『可變』一詞，係為理解其目的，以增加請求項之可閱讀性，非屬請求項之限定條件。」

智慧財產法院98年度民專訴字第65號判決：「本件原告系爭專利申請專利範圍第1項係以二段式記載形式撰寫，……是以，解釋本件原告系爭專利之內容，自應合併習知技術與其改良技術觀察，自不待言。」惟二段式請求項中之標的名稱若為前述「可變緩衝行程之避震前叉結構」，「可變」是否

具限定作用？實務運作上，必須從申請專利之發明整體觀之，判斷請求項之前言的作用[215]，而非從請求項本身之記載判斷前言是否具有限定作用[216]。前言具有結構限定作用者，其實際上為申請專利之發明的一部分[217]，前言中界定發明結構之用語應被視為限定請求項之技術特徵。決定前言是否為結構特徵，得檢視申請案實際瞭解發明人的發明內容及請求項所欲涵蓋者[218]。若「可變緩衝行程之避震前叉結構」之發明重點在於避震前叉結構之緩衝行程「可變」，則「可變」具限定作用；反之，則「可變」不具限定作用。

　　對於請求項之前言，中國北京高級法院的「專利侵權判定指南」第18條有明確規定：「（第1項）產品發明或者實用新型專利權利要求未限定應用領域、用途的，應用領域、用途一般對專利權保護範圍不起限定作用。（第2項）產品發明或者實用新型專利權利要求限定應用領域、用途的，應用領域、用途應當作為對權利要求的保護範圍具有限定作用的技術特徵。但是，如果該特徵對所要求保護的結構和/或組成本身沒有帶來影響，也未對該技術方案獲得授權產生實質性作用，只是對產品或設備的用途或使用方式進行描述的，則對專利權保護範圍不起限定作用。」

　　有關二段式請求項之前言，見本章六之(一)「二段式請求項」。

---

[215] In re Stencel, 828 F.2d 751, 754-55, 4U.S.P.Q. 2D 1071, 107 (Fed Cir. 1987) (Whether a preamble of intended purpose constitutes a limitation to the claims is, as has long been established, a matter to be determined on the facts of each case in view of the claimed invention as a whole.)

[216] Corning Glass Works v. Sumitomo Electric, 868 F.2d 1251, 1257, 9 U.S.P.Q.2d 1962, 1966 (Fed. Cir. 1989) (No litmus test can be given with respect to when the introductory words of a claim, the preamble, constitute a statement of purpose for a device or are, in themselves, additional structural limitations of a claim.)

[217] Pac-Tac Inc. v. Amerace Corp., 903 F.2d 796, 801, 14 USPQ 2d 1871, 1876 (Fed. Cir. 1990) (⋯ determining that preamble language that constitutes a structural limitation is actually part of the claimed invention.)

[218] Corning Glass Works v. Sumitomo Electric, 868 F.2d 1251, 1257, 9 U.S.P.Q.2d 1962, 1966 (Fed. Cir. 1989) (The determination of whether preamble recitations are structural limitations can be resolved only on review of the entirety of the application to gain an understanding of what the inventors actually invented and intended to encompass by the claim.)

＃案例－新北地方法院94年度智(一)字第37號判決

系爭專利：

　　請求項1：「一種記憶卡之訊號轉接器，包括一板型基座及固定於基座上、下兩面之基板，其特徵在於：基座從記憶卡插入端之一側沿水平方向至另一側加以延伸，並利用空間交互重疊的方式形成複數個可以容納不同形式、尺寸之記憶卡的槽位，使上述之基座及二基板相互組立後，基座上的槽位便自然成為一個可以容納不同型式記憶馬插入定位的位置，使此接器可以提供不同型式記憶卡插入並發生訊號轉接作用。」

被告：

　　申請專利範圍前言中有關用途之敘述亦屬發明之技術特徵，其專利權範圍應受該用途之限制，系爭專利請求項第1項既揭示為「一種記憶卡之訊號轉接器」，且記載「使此轉接器可以提供不同形式記憶卡插入並發生訊號轉接作用」，故該訊號轉接作用即屬系爭專利之技術特徵，系爭專利權之範圍即應受訊號轉接之用途及功能之限制。而連接器與訊號轉接器係屬完全不同之商品，亦分屬不同之產業，原告提出之鑑定報告及起訴狀內竟將連接器及訊號轉接器混為一談。

法院：

　　系爭專利之申請專利範圍本身所謂「轉接」，依智財局所頒專利侵害鑑定要點之規定，文義之解釋原則上應以其所載之文字意義及該發明所屬技術領域中具有通常知識者所認知或瞭解該文字在相關技術中通常所總括之範圍予以解釋，而在系爭專利申請當時，業界就「轉接器」及「連接器」並無被告抗辯之如此明顯區隔，且「轉接」就其文字意義而言，確實包括「轉而連接」，究其文義，尚難認與邏輯控制IC有何關聯，自難認系爭專利申請專利範圍所稱「發生訊號轉接作用」，僅限於須邏輯控制IC始能達成之訊號轉換甚至編譯為不同形式或電腦能讀取之內容。況觀諸系爭專利之申請專利範圍第1項，重點顯然係一板型基座及上、下兩面之基板構成之交互重疊之空間，並非申請專利範圍第2項以下提之導通元件、電路連接組態或邏輯控制IC。系爭專利之名稱雖係記憶卡之訊號「轉接器」，然申請專利範圍之解釋本不得僅就其名稱解

釋，此乃申請專利範圍解釋之基本原則，仍須視其申請專利範圍之具體內容定之，更不得以系爭專利核准後業界始形成對「轉接器」之使用方式及指涉對象，遽認系爭專利於申請時即僅限於須具邏輯控制IC之訊號轉接器。

＃案例－智慧財產法院98年度民專訴字第29號判決

系爭專利：

請求項1：「一種可變緩衝行程之避震前叉結構，其構成包括：左右兩前叉管部，……；其特徵在於：上述一前叉管部……連通延伸至少一行程導槽；……。」

被告：

系爭專利前叉管部具可變緩衝行程功能，按「可變」之字義，係指緩衝行程至少有二以上之行程變化。

法院：

專利之前言係描述該專利之應用領域、創作目的或用途，創作標的名稱為請求項前言之一部分。系爭專利之標的名稱使用「可變」一詞，係為理解其目的，以增加請求項之可閱讀性，非屬請求項之限定條件。

系爭專利申請專利範圍第1項界定之行程定位管「連通延伸至少一行程導槽」，「至少一」係指「一」或「一以上」，是以系爭專利之行程導槽請求內容包含單一之行程導槽。「可變」之意涵，可包含「有」、「無」行程二種變化；單一之行程導槽即行程為非「零」之使用態樣，而導栓位於行程導槽時，則為「有」緩衝行程。

＃案例－智慧財產法院98年度民專訴字第5號判決

系爭專利：

　　請求項1：「一種屏風式光明燈，係數根燈本體，由依設定高度之數個燈環、及配合上定板、底座板、組合桿所鎖合一體構成；其主要特徵在於：……，檯座底部設有滾輪，而可供移動至所需放置之位置，檯座內設有對應之軸承座……從動輪，……連動輪，……馬達，……上飾體，……。」

原告：

　　系爭專利檯座底部設滾輪，只是供檯座可方便移動至所需位置，無關主要構件、構造之主題，且不影響檯座內及檯座上之傳動元件、結合關係。

法院：

　　系爭專利之獨立項均屬前述二段式請求項，故解釋其申請專利範圍時，前言部分及特徵部分均為解釋之基礎，不得遺漏任一技術特徵。原告於本件侵權訴訟中，將系爭專利之「滾輪」解釋為非必要原件，即屬有誤，不足採信。按所謂「全要件原則」，係指請求項中每一個技術特徵完全對應表現在待鑑定對象中，包括文義的表現及均等的表現。系爭專利申請專利範圍既然記載了滾輪，若系爭產品欠缺該滾輪或其他任何一元件，而無該滾輪或元件之功能，就無落入系爭專利權範圍之可能。原告於本件侵權訴訟中，將系爭專利之「滾輪」解釋為非必要原件，即屬有誤，不足採信。

＃案例－智慧財產法院98年度民專訴字第83號判決

系爭專利：

　　請求項1：「一種多功能半導體存儲裝置，包括：通用介面，係用以與主機系統相連接，半導體存儲介質模組，係用於存儲資料，和控制器模組，所述控制器模組包括通用介面控制模組、微處理器及控制模組，

其特徵在於：……；所述存儲空間至少對應一個存儲盤，所述存儲盤支援設備類UFI協定、SFF8020I協定、SFF8070I協定、SCSI Transparent Command Set協定、Reduced BlockCommands(RBC)T10 Project1240-D協定、ZIP碟協定、MO碟協定中的至少一種或多種。」

爭執點：

系爭專利申請專利範圍第1項中「專用資訊」，「存儲盤」，「所述存儲空間至少對應一個存儲盤」之意義為何，及前言中之「多功能」是否為系爭專利之限制條件，且「多功能」之文義為何？

法院：

原則上，若前言僅界定申請標的之技術領域及用途並無限定效果；惟若理解整個請求項之內容，前言對請求項之技術特徵予以限定，或前言賦予請求項「生命力、意義及活力」且其係不可或缺者，則前言應作為建構申請專利範圍的一部分，例如：A.吉普森式請求項係以前言界定發明；B.以前言中之片語作為前提基礎者。C.前言為明瞭請求項主體中之技術特徵所需要者。D.說明書中強調額外附加之事項為重要者。E.在申請過程中為迴避先前技術所賴於前言者。故在申請過程中明顯依賴前言以區分申請專利之發明與先前技術之差異者，將使前言具有限定之作用。

雖「多功能」一詞在系爭專利請求項之記載屬前言部分，「多功能」為在申請過程中為迴避先前技術之依據，且智慧局之審查官亦因系爭專利具有多功能而准予專利，故該前言為准予系爭專利所不可或缺者，其當然為建構系爭專利之限制條件之一。原告已自認「一種多功能半導體存儲裝置」中的多功能指的是實現不同的軟碟、光碟、硬碟的功能；更明確地說，指的是「在同一設備上實現不同協定，從而實現不同的軟碟、光碟、硬碟的功能」，故系爭專利申請人於向智慧局申請時，即已將「在同一設備上實現單一協定，實現單一磁碟的功能」排除在系爭專利第1項之申請專利範圍之外。

2. 請求項之連接詞

連接詞，係記載於請求項的前言與主體之間，具有承先啟後之作用。

由於生物、化學領域之發明的技術效果難以預測，必須以實驗驗證其結果，故必須以說明書中所提供之實驗數據將其專利權範圍限定在恰好符合申請專利範圍中所揭露之特定態樣。例如請求項為包含某特定官能基之化學式，但不能以該請求項主張只要包含此特定官能基，該物均落入其專利權範圍。因此，連接詞有開放式（open end）、封閉式（close end）及半開放式之區別，以涵蓋不同的專利權範圍[219]。

　　開放式連接詞，通常以「包含」或「包括」（comprising、containing、including）表示，指至少具有所揭露之元件、成分或步驟等技術特徵，且不排除更多技術特徵（at lease what follows and potentially more）[220]；封閉式連接詞，通常以「由……組成」（consisting of）表示，指具有所揭露之元件、成分或步驟等技術特徵，且僅以此為限（what follows and nothing else）[221]。半開放式連接詞，通常以「實質上由……組成」或「基本上由……構成」（consisting essentially of或consisting substantially of）表示，被認定為介於開放式與封閉式之間，指具有所揭露之元件、成分或步驟等技術特徵，且不排除實質上不會影響請求項所揭露之元件、成分或步驟[222]。其他連接詞，例如「構成」（composed of），則必須參考說明書依個案認定其代表之意義[223]。

　　除前述連接詞之外，對於請求項中所載之元件與元件之連結或元件內部關係的連接詞「具有」（having）、「係」（being）等之解釋，亦屬於前述

---

[219] 經濟部智慧財產局，專利侵害鑑定要點（草案），2004年10月4日發布，頁32。

[220] Moleculon Research Corp. v. CBS, Inc., 793 F.2d 1261, 1271, 229 U.S.P.Q. 805, 812 (Fed. Cir. 1986) (When a claim uses an "open" transition phrase, its scope may cover devices that employ additional, unrecited elements. The word 'comprising' has consistently been held to be an open transition phrase and does not exclude additional unrecited elements or steps.)

[221] Vehicular Technologies Corp. v. Titan Wheel Int.l, Inc., 212 F.3d 1377, 54 U.S.P.Q. 2d (BNA) 1841 (Fed. Cir. 2000).

[222] 經濟部智慧財產局，專利侵害鑑定要點（草案），2004年10月4日發布，頁32。

[223] AFG Industries Inc. v. Cardinal IG Co., 239 F.3d 1239, 57 U.S.P.Q. 2d 1776, 1780-81 (Fed. Cir. 2001) (The Manual of Patent Examining Procedure (MPEP), for example, contrasts "composed of" with "consisting of" and states that transition phrase such as "composed of" ... must e interpreted in light of the specification to determine whether open or closed claim language is intended.)

之其他連接詞，應參酌說明書個案認定代表之意義[224]。舉例說明之，系爭專利申請專利範圍「一種微型可用於標準電插座的螢光燈」之技術特徵為二個分開之半殼，被控侵權物之遮罩具有五個殼體。雙方當事人之爭執點為「具有二個分開之半殼的遮罩」（having two separable half shells）之意義為何？地方法院判決申請專利範圍之技術特徵為二個分開之半殼，被控侵權物之遮罩具有五個殼體，故認定不侵權。美國聯邦巡迴上訴法院判決：依說明書之記載，較佳之遮罩是具有二個分開之半殼，但並未限定系爭專利之遮罩只能有二個分開之殼體，請求項中之用語「having」屬於開放式連接詞，被控侵權物之遮罩只要是二個或二個以上之殼體即構成侵權[225]。

　　封閉式連接詞，係指具有所揭露之技術特徵，且僅以此為限。對於化學領域之發明而言，於請求項記載封閉式連接詞或開放式連接詞，其發明構思並不相同。然而，對於其他技術領域之發明而言，無論請求項記載封閉式連接詞或開放式連接詞，若該發明所屬技術領域中具有通常知識者不會產生混淆或誤解，筆者以為無須過度強調封閉式連接詞之限定，而損及專利權人之利益。專利權人費盡千辛萬苦完成其發明，只因為不懂或誤寫成封閉式連接詞，就喪失其專利權益，有違專利法制保護、鼓勵創作之良善美意。

#案例－PPG Indus. Inc. v. Guardian Indus. Corp.[226]

系爭專利：

　　一種用於製造汽車窗並具有特定透光性之綠色玻璃，請求項之前言為「一種吸收紫外線之綠色玻璃，其具有基本玻璃組合物，包括成分<u>基本上由……組成</u>。」

爭執點：

　　請求項中所載「基本上由……組成」（consisting essentially of）連接詞之意義。

---

[224] Lampi Corp. v. American Power Prods., Inc., 228 F.3d 1365, 56 U.S.P.Q. 2d 1445 (Fed. Cir. 2000).

[225] 陳森豐，科技藍海策略的保衛戰2006美國專利訴訟(一)，禹騰國際智權股份有限公司，2006年，頁328～329。

[226] PPG Indus. Inc. v. Guardian Indus. Corp., 156 F.3d 1351, 48 USPQ2d 1351 (Fed. Cir. 1998).

被控侵權人：

主張被控侵權對象中含有硫化鐵，並未侵害該請求項。

專利權人：

雖然玻璃中含有少量對性質有影響之硫化鐵，但其影響並未使被控侵權對象不侵權。

地方法院：

指示陪審團「基本上由……組成」指發明的成分包括請求項中具體記載之成分，及未記載且對玻璃基本的新穎特點無實質影響之成分。玻璃基本的新穎特點為顏色、成分及透光性。若對於玻璃會產生重大且具因果關係之影響，這種成分屬於有實質影響。法院將硫化鐵對玻璃基本的新穎特點是否有實質影響作為事實問題，指示陪審團判斷之。最後認定侵權不成立。

專利權人上訴：

判斷硫化鐵對玻璃基本的新穎特點是否有實質影響，屬於解釋申請專利範圍之一環，應為法律問題。對於未列明之成分，不同陪審團會得到不同結論，足以證明地方法院對於請求項未提供足夠具體的解釋。

使用「基本上由……組成」用語，意謂該請求項包含某些固有的不準確性。即使交由陪審團判斷硫化鐵對玻璃基本的新穎特點是否有實質影響，法院指示陪審團有關「基本上由……組成」之技術特徵時，應一併告知陪審團申請人所認為有實質影響之定義。

合理的陪審團不會認定被控侵權對象中少量硫化鐵所產生之玻璃透光性及主要波長之微小變化對於發明基本的新穎特點有實質性影響。

聯邦巡迴上訴法院：

基本上由……組成」用語係半開放式連接詞，介於開放式與封閉式之間，亦即發明必須包含所列舉之成分，但可以包含未列舉且不會造成發明基本的新穎特點有實質影響之成分。

同意地方法院將硫化鐵對玻璃基本的新穎特點是否有實質影響作為事實問題，亦即什麼元素或多少含量以上有實質影響作為事實問題；並

指出請求項經常使用並非完全準確之用語，對於這種請求項，只要符合基本的法定要求，具體指出並清楚界定其發明即可。法院依請求項之用語及適當證據準確且具體解釋請求項後，對於該請求項是否涵蓋被控侵權對象，則屬陪審團應予判斷之事實問題。

　　雖然專利權人自己可以定義請求項中之用語，包括「基本上由……組成」用語，惟專利權人並未在內部證據中定義「基本上由……組成」用語之範圍。

　　由於證據顯示硫化鐵對於玻璃是否有實質影響並不一致，故陪審團有權不採信專利權人之主張。最後認定硫化鐵所產生之微小變化對於發明基本的新穎特點有實質性影響，並裁定被控侵權對象未侵害該請求項。

3. 請求項之主體

　　主體，係記載構成申請標的之元件、成分或步驟等技術特徵及其連結關係等，通常不允許目的或功效之陳述，惟對於可操作的組合，例如可作動的機器、電腦軟體相關發明，其技術特徵得以功能語言描述其所發揮的功能。以下說明請求項之主體中可記載之各類型技術特徵及其解釋方法。

(1) 上位概念

　　上位（genus）概念，指複數個技術特徵屬於同族或同類的總括概念，或複數個技術特徵具有某種共同性質的總括概念。下位（species）概念，係相對於上位概念表現為下位之具體概念。例如相對於金、銀、銅、鐵等下位概念具體元素，金屬係屬上位概念。又如，電腦係依人工輸入信號或預存之程式或指令或記錄資料而執行演算處理使可產生結果之有形物品，包括一般所稱之電子計算機、微處理器、單晶片微處理機、中央處理機等；電腦就是上位概念，而電子計算機、微處理器、單晶片微處理機、中央處理機就是下位概念。解釋申請專利範圍時，上位概念用語僅包括有限下位概念事項。有限下位概念事項，指說明書內容所記載之下位概念事項及該發明所屬技術領域中具有通常知識者於申請時所能理解之下位概念事項[227]。

---

[227] 經濟部智慧財產局，專利侵害鑑定要點（草案），2004年10月4日發布，頁34。

(2) 擇一形式

　　擇一形式，指請求項以「或」或馬庫西式請求項，例如「特徵A、B、C或D」、「由A、B、C及D所構成的物質群中選出的一種物質」，並列記載一群具體技術特徵的選項，其申請專利範圍係分別由各個選項予以界定[228]。

　　解釋申請專利範圍時，請求項中所載之擇一形式技術特徵應限於請求項中所載之各個選項，以「特徵A、B、C或D」為例，請求項另載有技術特徵X者，其專利權包括四個範圍分別為A+X、B+X、C+X及D+X，而為四項技術手段，只要其中之一不符合專利要件，則整個請求項應不准專利[229]。

(3) 一般用語或標點符號

　　解釋申請專利範圍，應以申請專利範圍中所載之文字為核心，原則上應以每一請求項中所記載之文字意義及該文字在相關技術中通常所總括的範圍予以認定。申請專利範圍中所載之用語應明確，使用該發明所屬技術領域中之技術用語，用語應清楚、易懂，以界定其真正涵義，不得模糊不清或模稜兩可，且申請專利範圍、說明書、圖式及摘要中之技術用語及符號應一致。

A. 申請專利範圍之記載必須明確、易懂、不矛盾，原則上應使用該發明所屬技術領域中公知或通用的技術用語，避免艱深、不必要的用語；不宜使用註冊商標、商品名稱（trade name）或其他類似文字表示材料或物品；若必須使用時，應註明其型號、規格、性能及製造廠商等，以符合明確要件。

B. 申請專利範圍得記載非屬該發明所屬技術領域中具有通常知識者所知悉的技術用語，但應於說明書中說明其定義，且必須無其他既有技術用語具等同意義時，始得使用該用語。若技術用語本身在其所屬技術領域中已有其基本意義，申請人不得自行將其定義為不同意義，以免產生混淆。

C. 申請專利之發明的技術內容係問題、技術手段及功效三者相互關聯所構成之整體，故申請專利範圍、說明書、圖式及摘要中之用語、符號或中文譯名等應前後一致。

　　請求項中所載之用語使技術特徵本身之技術意義或技術關係不清楚，

---

[228] 經濟部智慧財產局，專利侵害鑑定要點（草案），2004年10月4日發布，頁34。
[229] 經濟部智慧財產局，專利侵害鑑定要點（草案），2004年10月4日發布，頁34～35。

致該發明所屬技術領域中具有通常知識者無法瞭解所請求之範圍者，則爲不明確；反之，則爲明確。在Bancorp Services v. Hartford Life案，雖然說明書中未定義請求項中之「保障投資信用之退保金」（surrender value protected investment credits），但其已有公認之意義，讀者能推知整個片語之意義，故美國法院判決其爲可識別且明確[230]。

請求項中之用語是否明確，端賴該發明所屬技術領域中具有通常知識者參酌請求項本身及說明書之記載，是否能明瞭申請標的之內容及請求項所界定之範圍。即使請求項中之用語不明確，但無礙請求項整體所界定之範圍，且其可專利性並非取決於該用語所描述之技術特徵的範圍者，則無不明確的問題，而不必審酌說明書或圖式限縮申請專利範圍。

對於請求項中常用之用語或標點符號，說明如下：

A.「一」（a）

以不定冠「a」或「an」表現數目時，美國專利實務一致的見解認爲除非申請專利範圍中特定其數目，否則不能被解釋爲僅指「單一」之意[231]，代表之意義爲「至少一」[232]。

若請求項對特定元件僅需一個或一個以上即能操作，得以「一」界定構件之數目，由於習慣上搭配使用連接詞「包含」，故所載之數目字涵蓋較多之數目，其意義爲一個及一個以上，例如「一連接桿」，指至少一支連接桿。惟對於複數個元件、手段功能用語或步驟功能用語，則不用不定冠詞。在Elkay v. Ebco案，美國法院判決「a」或「an」之意義爲「one」，但仍應依該冠詞之上下文義，若請求項記載開放式連接詞，例如「包含」，係指「一個或一個以上」（one or more than one）或「至少一個」（at least one），即使實施方式僅記載單一餵食管或單一流道[233]。因此，被依附項中記載「一……」或「至少一……」，其附屬項針對該技術特徵得記載爲「複

[230] Bancorp Services, L.L.C. v. Hartford Life Ins. Co., 359 F.3d 1367, 1372, 69 USPQ2d 1996, 1999-2000 (Fed. Cir. 2004).

[231] KCJ Corp. v. Kinetic Concepts, Inc. 223 F.3d 1351, 1356, 55 U.S.P.Q. 2d (BNA) 1835 (Fed. Cir. 2000) (Unless the claim is specific as to the number of elements, the article 'a' does not receive a singular interpretation unless the patentee evinces a clear intent.)

[232] Tate Access Floors, Inc. v. Maxcess Technologies, Inc., 222 F.3d 958, 55 U.S.P.Q. 2d (BNA) 1513 Fed. Cir. 2000).

[233] Elkay Mfg. Co. v. Ebco Mfg. Co., 52 U.S.P.Q.2d (BNA) 1109 (Fed. Cir. 1999).

數個……」或「至少二……」。

B.「一對」（a pair of）或「對偶」（dual）

　　以「一對」表現數目時，代表之意義爲二或二以上之任何數目，而非二對以上，亦不包含「一」。以「對偶」表現數目時，代表之意義爲「偶數」，排除「奇數」。

C.「複數」（plurality）或「多數」（multiplicity）

　　以「複數」表現數目時，代表之意義爲二或二以上之數目，例如「複數支連接桿」指二支或二支以上連接桿。撰寫請求項時，若需要超過一以上任何數目之特定元件，則使用「複數」。

　　「多數」這個詞亦時常被使用，但其傾向於指相當大的數目，例如「具有多數貫穿孔之篩子」。

　　應注意者，對於專利侵權之技術分析，若被控侵權物僅有一元件，從「複數」及「多數」無法讀取「一」之文義，且原則上「複數」及「多數」亦與「一」實質不同，不適用均等論。

　　申請專利範圍中之元件數目應限於其界定之範圍。元件數目表示方式如「複數」、「至少一」等，其中「複數」之意義爲「至少二」，「至少一」之意義爲「一以上」。申請專利範圍之技術特徵所載數量不明確時，應以說明書之內容推定其元件數目[234]。

D.「至少……」（at least……）

　　爲達成發明目的，對於元件組合中某一元件之數目有最少限制者，應以「至少……」記載最小值，例如「至少一」（at least one），代表之意義爲不是一個就是一個以上。「一或一以上」（one or more）之選擇式表現通常會被認爲不適當，因爲用語「或」會有是否適用前述擇一形式之解釋的疑慮，應避免使用。以「至少二」表現數目時，代表之意義爲二或二以上。

E.「至多……」（at most……）

　　爲達成發明目的，對於元件組合中某一元件之數目有最多限制者，應以「至多……」記載最大值，例如「至多三……」（at most three）。

F.「該」或「前述」（the或said）

　　在美國，請求項中第一次敘及之元件名詞之前必須加不定冠詞「a」或

---

[234] 經濟部智慧財產局，專利侵害鑑定要點（草案），2004年10月4日發布，頁35。

「an」或以複數名詞表示[235]，例如「a leg」或「legs」。嗣後提及該元件，則必須在該元件之前加定冠詞「the」或「said」（中譯皆為「該」或「前述」），例如「一支桿……一連桿，連結該支桿……」。若請求項記載「一支桿……一連桿，連結一支桿……」，則後者之支桿究竟是指前者之支桿或另一支桿並不明確。

　　事實上，以「該」或「前述」代表前述先行詞（antecedent）之意義，係一般文法規則，在我國的文章或請求項中亦常用「該」或「前述」表示前述元件，例如「該椅腳」、「前述椅腳」、「該兩支桿」或「該馬達手段」。在同一請求項群組中，使用「該」或「前述」表示另一請求項中之先行詞亦屬正確記載，但必須確定該先行詞僅代表某一個特定元件，否則會不明確。

G. 標點符號

　　請求項中常用之標點符號包括句號、冒號、分號、逗號及頓號等，其用法如下列：

a. 句號「。」：請求項應以單句為之，將句號置於句尾。

b. 冒號「：」：通常置於連接詞之後，主體之前。

c. 分號「；」：通常係以分號隔開數個描述技術特徵的子句。

d. 逗號「，」：在各個子句中以逗號表示語氣停頓。

e. 頓號「、」：在各個子句中以頓號隔開數個連續的同類詞。

　　標點符號與數學符號相同，皆有解釋上的優先順序，前述標點符號之優先順序：句號 > 冒號 > 分號 > 逗號 > 頓號。例如「……一光源，……；一凸點，可折射該光源所發出之光線；介質……。」解釋用語「折射」之意義時，不得主張光線之「折射」係經由「介質」之作用而達成者，因為「一凸點」及「折射」係被前後各一個「；」所限定，故「折射」係描述「凸點」在整個請求項中之作用，而非屬「介質」之功能，亦即該「凸點」本身必須具「折射」功能。易言之，不得解釋為「凸點」本身不具「折射」功能，該

---

[235] 我國專利法規並未明確規定首次提及某一技術特徵必須記載「一…」，且中文語法亦無不定冠詞之說法及記載習慣（但似乎有記載「該…」之習慣），從單一用語本身亦無法看出是單數或複數，故筆者認為若不會造成不明確，不一定必須記載「一…」；但為使請求項之記載更明確，保障自己解釋申請專利範圍的利益，建議最好首次提及某一技術特徵應記載「一…」，再次提及時，應記載「該…」。

折射功能係「；」之後「介質」的固有功能，請求項中「折射」之作用係由「介質」所產生者。

(4) 表現方式

申請專利範圍應明確記載申請專利之發明，若申請專利範圍中有語義不清楚之不精確用語，可能導致整體技術意義不明確。然而，即使申請專利範圍中所記載之技術特徵不夠精準，但仍可以使該發明所屬技術領域中具有通常知識者瞭解其意義及範圍而不會不明確者，得使用下列表現方式或用語描述該技術特徵。

申請專利範圍以下列表現方式或用語描述不必絕對精準之技術特徵，可以稍微擴張其文義範圍，不必嚴格限定在其原本之文義，以致取得專利權後尚須仰賴均等論延伸其保護範圍。按均等論之適用尚須功能、技術手段及結果實質相同，且有禁反言、先前技術阻卻、貢獻原則等限制，對於專利權人而言，主張均等侵權仍有一定風險。

以下就各種類型表現方式或用語舉例說明之：

A. 負面限定（negative limitation）

請求項中使用負面表現方式，例如「除……之外」、「非……」或類似用語。例如請求項為「一種自行車曲柄之製造方法，其係包含下列步驟(a)……；(b)使用非切削加工方式，將該踏板封口。」若說明書中所載之實施方式僅包括「沖製法」及「滾壓法」，因未列舉之其他加工方式未必皆具有實施方式中所載之效果，以致申請專利範圍不明確，故「非切削加工方式」的解釋可能會限縮於「沖製法」及「滾壓法」二種實施方式。又如請求項為「一種自行車座墊立管，其包括插束段及座墊立管二部分，二者均呈非圓管形態，以利相互插置結合。」實施方式揭露橢圓管形態，並指非圓管形態可以達成不自轉之功效，故申請專利範圍明確，「非圓管形態」的解釋僅排除圓管形態。

B. 開放式數值範圍

請求項中使用數值界定的用語，僅指出最小值或最大值，或包含0或100%數值之界定，例如「大於……」、「小於……」、「至少……」、「至多……」、「……以上」、「……以下」、「0～……%」或類似用語。例如請求項為「一種殺蟲劑組合物，係由成分A、B組成，其中A之含

量為30重量百分比以上。」既已明確界定組合物之成分為A及B，尚不宜將「……以上」僵化地解釋為上限值可達100%而使另一成分B不存在，而違反申請標的為組合物之本意。又如請求項為「一種螺釘，包括釘頭、釘桿及釘尾，……其特徵為該釘桿係具有二個以上之複數凹槽。」由於「以上……」係該技術領域中通常的表現方式，具有通常知識者能瞭解其範圍，「二個以上」的解釋會是「至少二個」。

C. 程度用語（term of degree）

　　請求項中使用相對標準或程度不明的用語，例如「遠大於」、「低溫」、「高壓」、「難以」、「易於」、「厚」、「薄」、「強」、「弱」或類似用語。例如請求項為「一種H型鋼之製造方法，係先將中胚加熱至1050～1350℃……，於總變形率達20%以上後冷卻至室溫，再加熱至高溫保持一段時間後完成。」由於「高溫」及「一段時間」係程度不明之用語，該發明所屬技術領域中具有通常知識者無法瞭解其範圍，以致申請專利範圍不明確，故「高溫」及「一段時間」的解釋可能會限縮於說明書中所載的實施方式。但如請求項為「一種高頻無線之週邊裝置，係包含……。」在通信領域中「高頻」所指之頻帶為3～30MHz，故申請專利範圍為明確。此外，若相對程度用語有度量之標準，則申請專利範圍為明確，例如請求項中界定某構件之「尺寸能插入門框……與座椅之間」[236]。

D. 概括性用語

　　請求項中使用「視需要時」、「必要時」、「若有的話」、「尤其是」、「特別是」、「最好是」、「較佳是」、「等」、「或類似的」或類似用語，通常在同一請求項中會界定出不同的申請專利範圍。例如請求項為「一種化合物A之製法，……，其反應溫度為20～100℃，較佳為50～80℃，最佳為70℃。」其中「較佳」及「最佳」所界定的範圍會異於「反應溫度為20～100℃」，以致申請專利範圍不明確，個案上，「較佳」及「最佳」的解釋可能會限縮於說明書中所載的實施方式。對於前述記載，應將「較佳」、「最佳」及其溫度範圍之技術特徵，改以附屬項申請之。

　　請求項為「一種拖鞋，係由鞋底、鞋面及釘扣等構件組成。」由於請

---

[236] 美國專利審查作業手冊Manual of Patent Examining Procedure (MPEP),8 Edition, 2173.05(b).

求項記載封閉式連接詞「由……組成」，僅包含鞋底、鞋面及釘扣，而用語「等」所界定之構件數目不確定，二者產生矛盾，導致申請專利範圍不明確。前述用語的解釋必須審酌說明書及圖式，最窄的範圍可能會限縮於說明書中所載的實施方式。筆者以為該請求項為日常用品，該發明所屬技術領域中具有通常知識者不會產生混淆或誤解，實無須過度強調封閉式連接詞之限定，而損及專利權人之利益。

　　惟若請求項為「一種研磨裝置，包含馬達、研磨頭、研磨平台……，其中該研磨頭有三花瓣、四花瓣、五花瓣等形狀。」由於用語「等」所界定之形狀數目不確定，具有通常知識者無法瞭解其範圍，導致申請專利範圍不明確，會將研磨頭之形狀限縮解釋為三花瓣、四花瓣或五花瓣三種。美國法院判決噴嘴用於「高壓清潔單元或類似裝置」之請求項前言中之用語「類似的」（similar）不明確，因為不清楚申請人意圖以「類似的」之記載涵蓋什麼裝置[237]，會將噴嘴解釋為僅用於高壓清潔單元。

E. 概略式用語（words of approximation）

　　概略式用語與前述之概括性用語雷同，實務上無區分之必要。「基本上」（essentially）、「實質上」（substantially）、「接近」或「約」（approximately）為概略式用語。例如請求項為「一種可除去蝕刻殘留物之組合物，以其重量計，由約35分羥基胺水溶液、約65分烷醇胺與約5分二羥基苯化合物所組成。」已指明組合物之各成分，並列出其重量比例，該發明所屬技術領域中具有通常知識者能瞭解其範圍，故申請專利範圍明確。再如請求項為「一種高分子導電材料，包含聚合物A及B，其特徵在於聚合物A及B之結晶度相對比率約50%。」請求項中用語「約……」係界定聚合物之間的結晶度相對比率，由於該比率係影響材料導電度之重要因素，而導電度為該發明的功效之一，當聚合物之間的結晶度相對比率為49%～51%，其導電度變化相當大，以致「約50%」之限定無法使該發明所屬技術領域中具有通常知識者瞭解其範圍，故「約50%」的解釋可能會限縮於說明書中所載的實施方式。

　　由於某些技術領域之特性，尤其是化學領域，以精確的數值或範圍嚴格定義申請專利範圍之技術特徵有其實際上的困難，或過於限縮申請專利

---

[237] Ex parte Kristensen, 10 USPQ2d 1701 (Bd. Pat. App. & Inter. 1989).

範圍。在美國專利申請實務上，係以不明確或非特定文字、用語界定申請
專利範圍，例如「substantial」、「about」等，該用語本身不會導致不明
確，須視具體個案及說明書所揭露之內容而定。若該文字、用語在該技術
領域是合理的描述，或足以使請求項中所載之技術對照先前技術具有區別
性，則仍爲美國專利商標局及法院所接受[238]。美國聯邦巡迴上訴法院指出：
「about」，指趨近於數量、數目或時間之精確值；「approximately」，指合
理的接近[239]；解釋申請專利範圍時，必須參酌說明書、申請歷史檔案及其他
請求項，依其技術及文體之意旨，決定不精確用語所包含之文義或範圍[240]。
例如請求項中記載「……基本上無鹼金屬之二氧化矽來源……」被美國法院
判決爲明確，因爲說明書所包含之指引及實施方式，足使具有通常知識者能
將起始材料中不可避免之雜質與基本構成元素之間拉上關係[241]。

　　用語「實質上」，時常被用於描述申請專利之發明的特性，只要被修
飾之技術特徵不要求精確之邊界，例如由於水變成氣態之溫度因海拔高度
而異，要求精確溫度實質上並不重要，故技術特徵之邊界得有某些程度的
模糊。另以技術特徵pH值6爲例，pH值5或5.8在文義上均未落入技術特徵之
範圍，因爲該數值均低於6。然而，若撰寫請求項時在數值6之前附加修飾
詞「實質上」或「大約」等，則pH值5.8在文義上可能落入該技術特徵之範
圍，而在特殊情況下，pH值5亦可能落入該技術特徵之範圍。準此，在專利
侵權訴訟中，具pH值5.8或5之被控侵權對象即屬文義侵權，不須再證明其是
否均等。

---

[238] Pall Corp. v. Micron Seps., 66 F.3d 1211, 1217, 36 U.S.P.Q. 2d 1255, 1229 (Fed. Cir. 1995) (Noting that terms such as "approach each other", "close to", "substantially equal" and "closely approximately" are ubiquitously used in patent claims and that such usages, when serving reasonably to describe the claimed subject matter to those skill in the field of the invention, and to distinguish the claimed subject matter from the prior art, have been accepted in patent examination and upheld by the courts.)

[239] Schreiber Foods, Inc., v. Saputo Cheese USA Inc., 83 F. Supp. 2d 942 (N.D. 11. 2000).

[240] Andrew Corp. v. Gabriel Electronics, Inc., 847 F.2d 819, 821-22, 6 U.S.P.Q. 2d 2010, 2013 (Fed. Cir.), cert. denied, 488 U.S. 927 (1988) (The use of the word 'about' avoids a strict numerical boundary to the specified parameter. However, the word 'about' does not have a universal meaning in patent claims. Its range must be interpreted in its technologic and stylistic context….in the patent specification, the prosecution history, and other claims determine….)

[241] In re Marosi, 710 F.2d 799, 218 USPQ 289 (CCPA 1983).

　　美國聯邦巡迴上訴法院定義「實質上」之通常意義爲「被特定之內容的大部分但非全部」（largely but not wholly that which is specified），而爲程度用語，不應被解釋爲具有嚴格數值限定[242]。美國法院判決，參酌記載於說明書中之指引，請求項中所載「以銅質添加物實質上增加化合物之功效」明確[243]。此外，美國法院判決請求項中所載「製成與E及H實質相等之平面照明模式」明確，因爲該發明所屬技術領域中具有通常知識者依「實質相等」用語知道所指之意義爲何[244]。

　　當技術特徵涉及程度、數量、狀態或比較等之意義時，其用語可以使用有大約（approximation）意思之文字，惟須明確地予以定義，例如在說明書或申請歷史檔案中說明該用語或提供區隔標準，否則必須確定該發明所屬技術領域中具有通常知識者依先前技術能理解該用語之意義，以免造成申請標的不明確。若說明書或申請歷史檔案中未定義該用語，則在專利侵權訴訟中必須取決於法院之解釋，例如美國聯邦法院即引用說明書之說明，解釋「實質上增加」（to increase substantially）之意義係至少增加30%[245]。

F. 用語「類型」（type）

　　美國法院判決獨立項中所載「ZSM-5型鋁矽酸鹽沸石」不明確，因爲「……型」意圖界定什麼並不明確；尤其更難以解釋爲何附屬項中所界定之沸石不在其獨立項中所界定之上位概念的沸石類型之內[246]。

G. 例示性用語「例如」（for example）或「例如」（such as）

　　實施方式應載於說明書中而非請求項。若載於請求項中，將造成申請專利範圍與實施方式的混淆，因爲實施方式之範圍較窄，其是否爲限定條件並不明確，因此，解釋申請專利範圍時，可能會限縮於說明書中所載的實施方式。例如：

a.「R爲鹵素，例如氯」。

b.「例如石綿或石絨之材料」[247]。

---

[242] Ecolab, Inc. v. Envirochem, Inc., 264 F.3d 1358, 60 U.S.P.Q.2d (BNA) 1173 (Fed. Cir. 2001).

[243] In re Mattison, 509 F.2d 563, 184 USPQ 484 (CCPA 1975).

[244] Andrew Corp. v. Gabriel Electronics, 847 F.2d 819, 6 USPQ2d 2010 (Fed. Cir. 1988).

[245] Exxon Research & Eng'g Co. v. United States, 265 F.3d 1371, 60 U.S.P.Q.2d (BNA) 1272 (Fed. Cir. 2001).

[246] Ex parte Attig, 7 USPQ2d 1092 (Bd. Pat. App. & Inter. 1986).

[247] Ex parte Hall, 83 USPQ 38 (Bd. App. 1949).

c.「輕質碳氫化合物，例如製成蒸汽或氣體」[248]。

d.「正常操作狀態，例如在容器中」[249]。

H. 其他用語

基於專利有效原則，一旦申請專利範圍中所載之用語不明確，最窄的範圍可能會限縮於說明書中所載的實施方式。例如下列情況：

美國法院判決「相對淺」（relatively shallow）、「約5mm的程度」（the order of about 5mm）、「實質部分」（substantial portion）不明確，因為說明書欠缺所請求程度的量測標準[250]。

美國法院判決請求項中所載「焦炭、磚塊或類似材料」（or like material）中之用語「或類似材料」使請求項不明確，因為焦炭或磚塊之外的材料必須多麼類似始滿足請求項之限定條件並不明確[251]。

美國法院判決請求項中所載「性質優於（superior）可資比較（comparable）之先前技術材料之性質」中之用語「優於」及「可資比較」不明確，因為參酌說明書，什麼性質需要比較及如何比較性質並不明確，而對於用語「優於」之意義並無指引[252]。

#案例[253]

系爭專利：

　　一種仿形起司的製造方法。為克服先前技術之核駁，申請人曾主動放棄「約20%的特殊成分」之技術特徵。

爭執點：

　　請求項中所載「約25%的特殊成分」是否涵蓋21.5%的特殊成分；「以約190至約250°F的烘焙條件」之記載是否涵蓋「150至300°F的烘焙條件」。

---

[248] Ex parte Hasche, 86 USPQ 481 (Bd. App. 1949).

[249] Ex parte Steigerwald, 131 USPQ 74 (Bd. App. 1961).

[250] Ex parte Oetiker, 23 USPQ2d 1641 (Bd. Pat. App. & Inter. 1992).

[251] Ex parte Caldwell, 1906 C.D. 58 (Comm'r Pat. 1906).

[252] Ex parte Anderson, 21 USPQ2d 1241 (Bd. Pat. App. & Inter. 1991).

[253] Schreiber Foods, Inc., v. Saputo Cheese USA Inc., 83 F. Supp. 2d 942 (N.D. 11. 2000).

聯邦巡迴上訴法院：

　　依申請歷史檔案，專利權人曾放棄「約20%的特殊成分」之技術特徵，故認定「約25%的特殊成分」之記載不能延伸解釋而涵蓋21.5%的特殊成分；由於說明書揭露之烘焙條件的範圍爲150至300°F，「約190至約250°F」之記載僅是專利權人申請之較佳溫度範圍，故認定「以約190至約250°F的烘焙條件」能被解釋爲涵蓋「150至300°F的烘焙條件」。

＃案例－智慧財產法院98年度民專訴字第29號判決

系爭專利：

　　請求項1：「一種可變緩衝行程之避震前叉結構，……；其特徵在於：上述一前叉管部……連通延伸至少一行程導槽；……。」

被告：

　　系爭專利前叉管部具可變緩衝行程功能，按「可變」之字義，係指緩衝行程至少有二以上之行程變化。

法院：

　　專利之前言係描述該專利之應用領域、創作目的或用途，創作標的名稱爲請求項前言之一部分。系爭專利之標的名稱使用「可變」一詞，係爲理解其目的，以增加請求項之可閱讀性，非屬請求項之限定條件。

　　系爭專利申請專利範圍第1項界定之行程定位管「連通延伸至少一行程導槽」，「至少一」係指「一」或「一以上」，是以系爭專利之行程導槽請求內容包含單一之行程導槽。「可變」之意涵，可包含「有」、「無」行程二種變化；單一之行程導槽即行程爲非「零」之使用態樣，而導栓位於行程導槽時，則爲「有」緩衝行程。

#案例－智慧財產法院98年度民專訴字第99號判決

系爭專利：

　　請求項1：「一種寬帶隙半導體晶體內非平衡添加摻雜劑之方法，包括步驟爲，在不同活動性的第一和第二補償摻雜劑存在內處理晶體，在晶體至少一部分內引進實質上等量的二摻雜劑，使二摻雜劑當中較不具活動性者在該部分晶體內之濃度，超過較不具活動性的摻雜劑在二摻雜劑當中較具活動性者不存在下，於其內之溶解度，然後由此優先除去二摻雜劑中較具活動性者，因而在該部分晶體內留下較不具活動性摻雜之非平衡濃度者。」

原告：

　　「實質上等量」係指成對相補的摻雜劑濃度「大致相符」或「近乎相同」，至於何種濃度於系爭申請專利申請範圍中並未限制，並引專家證詞謂「系爭專利所述之『實質上等量』可以被一熟習此技藝之人所理解係指『近似符合』（closing matching）或『大致相符』（rougly comparable）。半導體的摻雜可以被控制在一範圍內，該範圍係爲5或6次方（以10爲基數），一次方（以10爲基數）的差異不會造成物質上的差異。

法院：

　　所謂之實質上相同應指兩個摻雜量大致相同或約略相同，一般乃指兩個摻雜濃度之數值接近，就半導體製程領域而言，半導體之摻雜濃度通常均爲10之15至20次方，甚至更大之摻雜量，對於如此大之數量，倘兩者之差異在1次方之內，則兩摻雜劑數量之差異應該被視爲很大，而非很小，原告上開引述並不足採。依一般通常知識者之認知，「實質上等量」之文義乃代表差異量很小幾近可以被忽略，或最多僅能涵蓋測量誤差範圍內而言。

(5) 功能特徵

　　發明專利係保護請求項中所載技術特徵所構成的具體技術手段，並不保護抽象的發明概念。物之發明通常應以結構或特性界定請求項（即該技術特

徵是什麼），方法之發明通常應以步驟界定請求項。簡言之，撰寫請求項之技術特徵（或稱元件）通常應包含以下三項內容：(a)元件名稱；(b)元件之構件或特徵；及(c)元件與其他元件或與其構件之間的連結或協同關係。為使讀者單從請求項之文字即可明瞭請求項所界定之發明內容，而不必參酌說明書或圖式，申請人可以在請求項中記載各元件之功能（所載之元件做了什麼）與操作（所載之元件如何做）。某些技術特徵無法以結構、特性或步驟界定，或者以功能界定較為清楚，且依說明書中明確且充分揭露的實驗或操作，能直接確實驗證該功能時，得以功能（特徵）界定請求項（即該技術特徵做了什麼）。

於請求項中記載功能特徵（functional limitations），解釋申請專利範圍時，該請求項之文義範圍應涵蓋該發明所屬技術領域中具有通常知識者已知能夠實現該功能之所有實施方式，該請求項之記載不限於手段功能用語或步驟功能用語[254]（means-plus-function 或step-plus-function）或功能子句（functional clause，即whereby等引領之子句），亦得以其他功能語言（functional language）記載技術特徵。功能特徵之例如下：「使股線導槽往復運動之手段，用以使其作動〔手段功能用語〕……。」、「一脈搏計算器，感應每一血管脈搏……以計算〔功能語言〕……。」、「一種……轉向裝置，包括：……，藉此達成快速轉向目的〔功能子句〕。」

A. 何謂功能語言

對於物之請求項，除了記載結構及結構間之連結關係外，若不會過度限定請求項，亦得記載元件之間的功能或操作關係。請求項中所載必要元件彼此之間的功能關係，係描述申請標的做了什麼；請求項中所載必要元件彼此之間的操作關係，係描述申請標的如何做。換句話說，請求項中不僅應敘明構成元件、成分或步驟是什麼及其結構之連結關係，可以敘明其功能、目的或如何一起作動、操作，而達成請求項之前言中所載的結果[255]。例如：「一種搖動物品之裝置，其包含(a)一容器，<u>用以容置該物品</u>；(b)一基座；(c)複數支平行支桿，各支桿一端樞接於該容器且另一端樞接於該基座，<u>藉以支持</u>

---

[254] 以手段功能用語或步驟功能用語記載技術特徵之請求項稱手段請求項（means claim），參見本章六之(二)「手段請求項」。

[255] In Innova/Pure Water Inc. v. Safari Water Filtration Sys. Inc., 381 F.3d 1111, 1117-20, 72 USPQ2d 1001, 1006-08 (Fed. Cir. 2004).

該容器相對於該基座作振盪運動；及(d)一手段，<u>用以振盪該容器</u>，以搖動該物品。」[256]

　　前述請求項中劃底線部分為功能語言。以功能語言（functional language）描述元件，係界定其做了什麼，而非界定其係什麼，故功能語言本身並不會使請求項不明確[257]。若未過度使用功能或操作之陳述，且未導入不必要之技術特徵於請求項中，則無須參酌說明書或圖式就可以使請求項更明確且更容易明瞭。然而，以手段功能用語或步驟功能用語記載之手段請求項，因未記載足以達成該特定功能的結構或材料，故必須參酌說明書或圖式解釋請求項，否則有請求項不明確之虞。

　　對於以功能語言界定之請求項，除手段功能用語或步驟功能用語所描述之技術特徵外，一般皆採最寬廣之解釋範圍，專利審查基準指出：「請求項中包含功能界定之技術特徵，解釋上應包含所有能夠實現該功能之實施方式。」亦即以功能語言界定之請求項享有最寬廣之解釋範圍。SPLT規定：以功能或特性表示手段或步驟之請求項，若未定義支持其之結構、材料或動作，則應被解釋為能執行相同功能或具有相同特性之任何結構、材料或動作[258]。對於手段請求項中所載之手段功能用語或步驟功能用語，除我國與美國有明文規定外[259]，歐洲、日本或中國實質上亦採類似之解釋方法，皆會限於說明書中所載之結構、材料或動作及其均等範圍，而不會採最寬廣之解釋範圍。

　　由於功能特徵係定義元件或特徵做了什麼，而非元件或特徵是什麼，因此，請求項中之必要元件及其結構關係所界定之申請標的本身必須具可專利性[260]。若申請標的之新穎特徵就在功能特徵，而結構本身不具可專利性者，

---

[256] Landis on Mechanics of Patent Claim Drafting (edition 5), 3:1.1 Example 1 - Shaker, p3-2.

[257] In re Swinehart, 439 F.2d 210, 169 USPQ 226 (CCPA 1971).

[258] Substantive Patent Law Treaty (10 Session), Rule 13(4)(a), (Where a claim defines a means or a step in terms of its function or characteristics without specifying the structure or material or act in support thereof, that claim shall be construed as defining any structure or material or act which is capable of performing the same function or which has the same characteristics.)

[259] 我國專利法施行細則第19條第4項：「複數技術特徵組合之發明，其請求項之技術特徵，得以手段功能用語或步驟功能用語表示。於解釋請求項時，應包含說明書中所敘述對應於該功能之結構、材料或動作及其均等範圍。」

[260] In re Schreiber, 128 F.3d 1473, 1477-78, 44 USPQ2d 1429, 1431-32 (Fed. Cir. 1997).

申請標的之整體包含結構特徵及功能特徵所構成仍須通過先前技術檢測。說明申請標的具可專利性之責任在於申請人，其必須證明該功能特徵對照先前技術具可專利性，亦即該功能並非先前技術所固有[261]。解讀請求項時，應考量功能特徵之上下文義真正傳達給該發明所屬技術領域中具有通常知識者之事項，通常是將請求項中所載之元件、成分或步驟結合功能特徵，一併界定該元件、成分或步驟所提供的特殊功能或目的。

　　功能語言有很多種表現方式，在美國In re Ludtke & Sloan案，申請標的「降落傘傘面」包含習知元件A及B，除手段功能用語「means for」之外，請求項幾乎用了全部已知的功能表現方式：「……該複數條線材〔元件B〕提供〔降落傘〕展開狀態下各該平面材〔元件A〕輻射狀之分隔（實施狀態下的物理關係），以產生各該平面材之間的高多孔部位（物理性質），使有危害之速度……低於……（達成之功能關係）藉該降落傘相繼的張開（發生之效果）而逐漸減速（達成所要的最後結果）[262]。」

#案例－Boyden Power-Brake Co. v. Westinghouse[263]

系爭專利：

　　一種自動煞車機構，US 360,070。本發明是用於火車的煞車機構，係因應緊急煞車之需求，可讓各車廂管路之空氣也進入氣壓缸的三口閥，使其作動更快。

請求項2：

　　在煞車機構中，一主氣管路、一輔助氣槽、一煞車氣壓缸、一三向

---

[261] In re Swinehart, 439 F.2d 210, 212-13, 169 USPQ 226, 229 (CCPA 1971).

[262] In re Ludtke & Sloan, 169 U.S.P.Q. (BNA) 563 (C.C.P.A. 1971) (said plurality of the lines [B] providing a radial separation between each of said panels [A] upon deployment [of the parachute] creating a region of high porosity between each of the said panels such that the critical velocity…will be less than…whereby said parachute will sequentially open and thus gradually deaccelerate.)

[263] Boyden Power-Brake Co. et al. v. Westinghouse et al., 170 US 537 (1898) (In a brake mechanism, the combination of a main air pipe, an auxiliary reservoir, a brake cylinder, and a triple valve having a piston whose preliminary traverse admits air from the auxiliary reservoir to the brake cylinder, and which by a further traverse admits air directly from the main air pipe to the brake cylinder, substantially as set forth.)

閥之組合，該三向閥具有一活塞，該活塞之啟始橫向位置容許空氣自輔助氣槽流向煞車氣壓缸，其另<u>一橫向位置容許空氣直接由主氣管路流向煞車氣壓缸</u>，實質如前述。

爭執點：

三向閥及其所生之快速煞車作用。

被控侵權物：

具有申請專利範圍中所載之功能，但與說明書所載之實施方式並非相同結構。

地方法院：

以申請專利範圍中所載之功能作為其專利權範圍，認定被控侵權物落入該專利權範圍。

聯邦巡迴上訴法院：

申請專利範圍中所載之功能僅為結果，其為公共財，不得賦予專利權。

聯邦最高法院：

勉予承認系爭專利與被控侵權物的功能實際上相同，但達成該功能的手段並不相同。即使要有利於專利，尚難稱二者為均等機構。本案之柱塞閥即所稱之輔助閥，其與主閥各自獨立，亦即輔助三口閥的閥本體、操作及位置均獨立。二者之差異在於氣體由車輛管路進入煞車壓缸，與氣體從分開而獨立的輔助氣槽進入煞車壓缸。法院判決係限縮申請專利範圍之解釋，進而認定不侵權，其理由：

(1)本件專利並非一種包含從未達成之功能的專利、全新裝置或對技術之進步有全新進步的方法步驟，故非原創性發明，而為改良發明。依最高法院之判決先例，不得賦予其權利範圍涵蓋該功能的全部結構。

(2)依申請歷程，為迴避先前技術之核駁，申請人曾修正說明書，且申復請求項2之結構與先前技術不同。因此，申請人已排除請求項2原本所涵蓋的範圍，而說明書之修正顯示應將「輔助閥」讀入申請專利範

圍[264]。

(3)說明書已記載達成申請專利範圍中所載之功能的具體結構，將說明書中所載之內容讀入申請專利範圍可以得到請求項包含「輔助閥」。

(4)請求項1及4之記載包含輔助閥，經解釋，申請專利範圍應限於包含輔助閥之技術手段，請求項2亦應以輔助閥予以限縮。

筆者：當請求項涵蓋範圍過廣而將先前技術包含在內時，原則上該請求項應為無效。本件最高法院依申請歷程之申復及修正內容限縮解釋申請專利範圍，將請求項中所載之功能限於說明書中所載之結構，因該結構與先前技術有差異，而未認定專利無效。最高法院於1898年本案中認為全新發明，其專利權範圍可以由功能特徵予以界定，改良發明的專利權範圍僅能由實現功能之結構特徵予以界定。筆者認為該見解充分反映先占法理的思維－大發明大保護、小發明小保護、沒發明沒保護。然而，1952年修正導入35 U.S.C.第112條第6項，明定請求項中得以手段功能用語或步驟功能用語記載技術特徵，但其申請專利範圍的解釋仍限於說明書中所載之結構、材料或動作及其均等範圍，以維護請求項之明確性。美國專利法制此一發展更透澈地反映先占之法理，因為先占某一技術範圍必須已完成該技術之發明，若僅有抽象功能之構想而無具體的創新結構，尚難稱已完成該發明，自當難稱已先占該技術範圍。

＃案例－智慧財產法院99年度民專訴字第79號判決

系爭專利：

　　請求項1：「一種安全防漏之沖茶器結構改良，包括有：一杯體，……；一卡止盤，設有供腳板貫穿之穿孔，其盤體圓徑小於罩盤內徑而能整個容設並裝設在罩盤內昇降活動，且當下降至最低位置處時係

---

[264] Boyden Power-Brake Co. et al. v. Westinghouse et al., 170 US 537,560 (1898) (We agree with the defendant that this correspondence, and the specification as so amended, should be construed as reading the auxiliary valve into the claim, and as repelling the idea that this claim should be construed as one for a method or process. Language more explicit upon this subject could hardly have been employed.)

低於罩盤底緣而向下微幅凸露，該卡止盤設有肋片與透孔，且其中心設有能伸入通孔之頂桿而能於上昇時將止水件適時頂開；據此，當將整個沖茶器平置在任一平面上時可藉腳板頂撐，卡止盤將因重力自然下降而使其頂桿自通孔下縮，促使止水件塞住通孔，惟當將該沖茶器放置在口徑不大於卡止盤之任意容器上時，卡止盤將受該容器頂撐而藉頂桿將止水件頂離通孔，以令杯體內液體洩流至該容器者。」

法院：

　　系爭專利之「裝設在罩盤內昇降活動」為功能性敘述，而隱含結構特徵。經參酌系爭專利說明書第9頁第14至19行之記載：「……有關卡止盤之昇降機構亦可採用如第十二圖所示之方式，亦即在卡止盤肋片上以及杯底對應處分設有多數貫孔與插孔，以供一長度甚長於肋片高度之釘桿能貫穿貫孔而固接於插孔中，使卡止盤同樣能達到可相對於杯體昇降之目的。」以及第12圖對於釘桿與插孔之特徵，該隱含之結構特徵可解釋為「藉由卡止盤周圍延伸側向卡柱或向下延伸之釘桿在杯體內所預定空間中滑動來達成，當下降至最低位置處時，係低於罩盤底緣而向下微幅凸露。」

筆者：系爭專利之功能特徵有二段，包括「據此，當將整個沖茶器平置在任一平面上時可藉腳板頂撐，卡止盤將因重力自然下降而使其頂桿自通孔下縮，促使止水件塞住通孔，惟當將該沖茶器放置在口徑不大於卡止盤之任意容器上時，卡止盤將受該容器頂撐而藉頂桿將止水件頂離通孔，以令杯體內液體洩流至該容器者。」及法院所指「裝設在罩盤內昇降活動」。前者，係請求項中所載之其他結構特徵固有的功能及功效；後者，隱含結構特徵「釘桿與插孔」或「卡柱與插孔」。析言之，若請求項1未隱含「釘桿與插孔」或「卡柱與插孔」之結構，則無從達成系爭專利所欲解決之問題，故法院參酌說明書解釋請求項1必須包含「釘桿與插孔」或「卡柱與插孔」之結構。然而，前述功能子句「據此，……」係請求項中所載之其他結構特徵固有的功能及功效，而與系爭專利所欲解決之問題無關，故認定其未隱含任何結構特徵，可以將其視為無限定作用。

#案例－智慧財產法院98年度行專訴字第25號判決

系爭專利：

請求項1：「一種板面清潔裝置之清潔滾輪的磁力環傳動裝置，係用以傳動板面清潔裝置之清潔滾輪，其特徵在於：至少包含一磁力環組，該磁力環組係連接於該清潔滾輪之軸端及一驅動裝置之軸端，藉以使該驅動裝置得以帶動該清潔滾輪之轉動。」第2項：「如申請專利範圍第1項所述之板面清潔裝置之清潔滾輪的磁力環傳動裝置，其中該清潔滾輪係藉以清潔一板面。」

法院：

證據一組合證據二至證據六中之任一證據均足以證明系爭專利申請專利範圍第1項不具進步性，已如前述；系爭專利申請專利範圍第2項界定「其中該清潔滾輪係藉以清潔一板面」，惟此屬清潔一板面之功能性敘述，且其清潔滾輪構造已見於證據一，是系爭專利申請專利範圍第2項亦為其所屬技術領域中具有通常知識者由證據一組合證據二至證據六中之任一證據之先前技術顯能輕易完成，不具進步性。

#案例－智慧財產法院97年度行專訴字第39號判決

系爭專利：

請求項1：「一種衛星天線盤體唇緣構造改良，其包括一盤體與一側緣，該側緣位於該盤體周圍並具有一支撐環與一容置槽，其特徵在於該支撐環置於該側緣的上緣，當複數個衛星天線堆疊時，下方衛星天線的支撐環置入上方衛星天線的容置槽內，使得衛星天線在堆疊時候會整齊一致。」

原告：

證據2及證據6之專利說明書、圖式及申請專利範圍均無一語提及或揭露系爭專利之「容置槽」及「衛星天線堆疊時支撐環置入容置槽」等特徵。

法院：

　　系爭專利中所謂之「容置槽」係於申請專利範圍第2項限定，其為衛星天線的底緣與側緣向內側凹陷的容置槽。由證據2第五圖或證據6之結構，其唇緣與盤邊之間具有一內縮之空間，其作用與系爭專利之容置槽相同，故證據2或證據6已揭示具有系爭專利之容置槽之構造。證據2或證據6雖未揭示當複數個衛星天線堆疊時，下方衛星天線之支撐環置入上方衛星天線的容置槽內，使得衛星天線在堆疊時候會整齊一致，惟其乃因具天線結構具有容置槽後所必然會具有之效果，故當證據2或證據6之多個相同的該天線堆疊時其亦可達成穩定、整齊堆疊之效果，其為證據2或證據6具有容置槽結構所固有之效果，故證據2或證據6可證明系爭專利申請專利範圍第1項不具新穎性。

筆者：系爭專利之功能用語「當複數個衛星天線堆疊時，下方衛星天線的支撐環置入上方衛星天線的容置槽內，使得衛星天線在堆疊時候會整齊一致。」隱含結構特徵，限定支撐環與容置槽之形狀及尺寸關係，而具有限定作用，故並非請求項中所載之其他結構固有功能。雖然證據2、6未揭露該功能，但已揭露類似結構，故從其所揭露之結構及其固有功能，已揭露系爭專利之功能特徵。

＃案例－智慧財產法院97年度民專訴字第4號判決

系爭專利：

　　請求項1：「一種LED發光二極體手電筒結構，包括本體、電池座、LED發光二極體、燈座、燈罩；其中：在燈座內部設有複數個可供LED發光二極體穿出的透孔者；其特徵係在於：該透孔圓周設製圓弧狀擋緣，作為將光源周圍的散光集中、聚光之用。」

原告：

　　W002/02989A1專利並未見到如系爭專利中「透孔圓設製圓弧緣狀擋緣」的結構特徵，亦未揭露系爭專利中有關本體、電池座、燈座與燈罩

等相對結合結構，故系爭專利非熟悉該項技術者依據證據3所能易於思及完成。

被告：

　　由被證2美國6,461,008專利可看出其反射鏡或反射區域，係利用「圓弧錐形」作為反射光線的區域，將LED燈光線反射出去。此一手法與被舉發之專利範圍所述之「圓弧狀擋緣」完全相同，二者均係將光線透過包圍於LED燈外圍之「反射區域」，將光線反射出去。W002/02989A1專利圖FIG6-8所示，可以看出其反射鏡表面呈「圓弧形狀」，一如被舉發案申請專利範圍所述的「該透孔圓周設製圓弧狀擋緣，作為將光源周圍的散光集中、聚光之用。」

　　被證4所述的名詞盡管跟被舉發案有所不同，然而在解決光線的反射上全然一致，而所謂的「拋物線的表面」其實就是被舉發案的「圓弧狀擋緣」，二者對於將利用「圓弧狀擋緣」或「拋物線的表面」將光線反射的技術架構可謂一致，被證4早於被舉發案申請前，足證明被舉發案係運用已知的習知技藝。

法院：

　　W002/02989A1的背景技術中提及習知的手電筒是利用在一個凹形反光罩的焦點區域內布置所述的白熾燈泡，這種反光罩中至少涉及一個所謂的拋物面鏡，通過所述的拋物面鏡，所述手電筒的光輸出量應該會提高等語。故該專利燈罩之中斷的錐形技術特徵雖與系爭專利申請專利範圍第1項之圓弧狀擋緣有所不同，但其於說明書在習知技術中業已說明當時習知技術已利用拋物面鏡可造成光輸出量提高的功效，與系爭專利利用圓弧狀擋緣所造成的特徵以及功效相同。因此由W002/02989的背景技術中所說明之習知技術以及其利用結合複數個LED燈及其燈罩作為燈具手電筒的技術特徵，可證明系爭專利申請專利範圍第1項不具進步性。

　　由系爭專利申請專利範圍第1項所欲解決的問題而言，圓弧狀擋緣的設置係為整合散射光線並平直輸出以利解決光暈效果，而美國專利公告第4,254,453號亦係利用可變焦點的拋物面設置可達成較佳之結果。依前所述，系爭專利申請專利範圍第1項前言部分已屬習知技術，而系爭專利

具有圓弧狀檔緣之創作改良技術特徵部分亦爲前述美國專利公告第4,254,453號所揭示。故被告國運公司所舉美國專利公告第4,254,453號證據亦足以證明系爭專利申請專利範圍第1項係屬運用先前既有之技術或知識而爲熟習該項技術者所能輕易完成且未能增進功效者，難謂具進步性。

筆者：系爭專利之功能用語「作爲將光源周圍的散光集中、聚光之用。」係「圓弧狀擋緣」結構特徵固有的功能，引證已揭露類似結構「拋物面鏡」且具有相同功能，故能證明系爭專利不具進步性。

＃案例－智慧財產法院98年度民專上字第10號判決

系爭專利：

　　請求項1：「一種多功能保眼眼罩之改良構造，係包含有彈性束緊帶、主機本體、氣壓熱敷裝置及一控制器等，……，控制器內部設有電路裝置及表面設數控制開關及調節鈕，<u>俾於使用時，能以電路裝置之驅動，使氣囊及發熱元件產生脹縮、發熱功效，且得以控制器之操控預設作動之流程，整體以旋予眼部具有間歇式脹縮按摩、熱敷、震動按摩等交互多重作用</u>，爲其特徵者。」

上訴人：

　　系爭專利申請專利範圍第1項中包含有彈性束緊帶、主機本體、氣壓熱敷裝置、及控制器等，屬於「複數技術特徵組合」，而「俾於使用時，能以電路裝置之驅動，……爲其特徵者」，即爲「手段功能用語」，自應將該功能性子句列入比對內容。

被上訴人：

　　系爭專利申請專利範圍既非功能性子句，亦非手段功能用語。系爭專利之申請專利範圍，係採取「俾於使用時，能以電路裝置之驅動……爲其特徵」之表達方式，其並非以類似「whereby」等用語，是否構成「功能性子句」，已有疑義。縱將系爭新型專利申請專利範圍內所謂「功能性子句」與系爭產品之技術內容列入比對，兩者在功能及操作方

式上，根本完全不同，如何比對？

法院：

　　系爭專利申請專利範圍第1項，固有「俾於使用時，能以電路裝置之驅動，使氣囊及發熱元件產生脹縮、發熱功效，且得以控制器之操控預設作動之流程，整體以旋予眼部具有間歇式脹縮按摩、熱敷、震動按摩等交互多重作用」等與功能相關之文字，惟本請求項之撰寫方式並非以「……手段用以……」之用語記載其特定功能之技術特徵，且業已明確完整記載實施予眼部之間歇式脹縮按摩、熱敷、震動按摩等功能之結構特徵，所載之結構足以實現該功能，並已達完整之程度，自非以手段功能用語表示其技術特徵。系爭專利申請專利範圍第1項之解釋及其權利範圍，仍應以本請求項所請（包含所載之結構及功能）為準。

筆者：系爭專利之功能用語「俾於使用時，能以電路裝置之驅動，使氣囊及發熱元件產生脹縮、發熱功效，且得以控制器之操控預設作動之流程，整體以旋予眼部具有間歇式脹縮按摩、熱敷、震動按摩等交互多重作用，……。」隱含預設作動流程之電路裝置及其他已知的結構元件，而產生特定功能及功效，故具有限定作用。

B. 功能子句

　　功能子句（functional clause）係以「whereby」、「thereby」或「so that」等引領之子句，功能子句包括藉以子句（whereby clause）。藉以子句，通常附加於請求項末尾描述技術特徵或整個請求項之功能、效果或操作方式，其可能隱含結構特徵或連接關係，而有限定作用。

　　由於功能子句與專利權人的意識限定或排除事項有關，依請求項整體原則，解釋申請專利範圍時，不得忽略功能子句；另依全要件原則，原則上應列入專利權範圍與被控侵權對象之比對內容。例如請求項中記載：「一種……轉向裝置，包括：……，藉此達成快速轉向目的。」其中「藉此達成快速轉向目的」即為藉以子句，應列入比對內容[265]。

---

[265] 經濟部智慧財產局，專利侵害鑑定要點（草案），2004年10月4日發布，頁34。

決定藉以子句是否為請求項中之限定條件而具有限定作用，端賴個案之事實。在美國，過去很多判決指藉以子句中所載之功能不能作為決定該請求項可專利性之基礎；但近代的觀點認為藉以子句可以是結構或方法的一部分。在Hoffer v. Microsoft案，美國法院判決：藉以子句所陳述之條件對於可專利性具有實質意義，其不能被省略而改變該發明之實質[266]。因此，若藉以子句隱含結構或步驟特徵，解釋申請專利範圍時，藉以子句會限定請求項所涵蓋的範圍。然而，法院也注意到另一判例曾指出：當方法請求項中之藉以子句僅表示請求項中所載之其他方法步驟可達成之結果時，則該子句不具重要性[267]。

＃案例－智慧財產法院98年度民專訴字第35號判決

系爭專利：

請求項1：「一種不鏽鋼自攻螺栓，包含有一螺桿與一切削元件；其中：螺桿，係由一種不鏽鋼材質製成，其後端一體成型一頭部，並其前端設有一卡掣凹槽；切削元件，係由一種硬度較硬之鋼性金屬材料製成，其前端形成一切削端，而其後端一體成型有一卡掣凸柱，該卡掣凸柱恰可吻合插置於螺桿前端所設之卡掣凹槽，藉此，可利用插置於螺桿前端之切削元件先在金屬物體上鑽設一孔洞，令以不鏽鋼材質製成之螺桿得以方便的自攻鎖設於金屬物體上，且在螺桿螺設於金屬物體上後，可將切削元件予以取下者。」

法院：

系爭專利申請專利範圍第1項中所載螺桿之頭部、不鏽鋼材質及卡掣凹槽可對應到被證1申請專利範圍第2項中所載之帽體部、不鏽鋼材質及嵌槽；系爭專利申請專利範圍第1項中所載切削元件之硬度較硬之鋼性金屬材料及卡掣凸柱可對應到被證1申請專利範圍第2項中所載之鑽尾部之堅硬鋼材及嵌體；系爭專利申請專利範圍第1項中所載切削元件前端之切削端可對應到被證1申請專利範圍第2項中所載「鑽尾部」之文義及第

---

[266] Hoffer v. Microsoft Corp., 405 F.3d 1326, 1329, 74 USPQ2d 1481, 1483 (Fed. Cir. 2005).

[267] Minton v. Nat'l Ass'n of Securities Dealers, Inc., 336 F.3d 1373, 1381, 67 USPQ2d 1614, 1620 (Fed. Cir. 2003).

二、三圖所示鑽尾部前端之切削結構。系爭專利螺栓之整體結構關係爲頭部、螺桿、卡掣凹槽、卡掣凸柱及切削端之順序，而被證1之申請專利範圍第2項及第二、三圖顯示鑽尾螺釘之整體結構關係爲帽體部、嵌槽、嵌體、螺桿及切削端之順序，雖然系爭專利螺栓與被證1鑽尾螺釘之結構關係不同，惟該結構關係之差異僅爲結構順序的簡易改變，並未造成無法預期之功效，係屬該新型所屬技術領域中具有通常知識者顯能輕易完成者，故被證1可證明系爭專利申請專利範圍第1項不具進步性。

筆者：說明申請標的具可專利性之責任在於申請人，其必須證明該功能特徵對照先前技術具可專利性，說明該功能並非先前技術所固有。系爭專利之功能子句「藉此，可利用插置於螺桿前端之切削元件先在金屬物體上鑽設一孔洞，令以不鏽鋼材質製成之螺桿得以方便的自攻鎖設於金屬物體上，且在螺桿螺設於金屬物體上後，可將切削元件予以取下者。」係其他結構特徵固有的功能及功效，若引證1已揭露該結構，則具有該功能，自當可以達成該功能子句所描述之功效，故該功能子句不具限定作用。

案例－智慧財產法院97年度民專訴字第22號判決

系爭專利：
　　請求項1：「一種滑輪曬衣架之結構改良，……；其特徵乃在於；該主滑輪架內之滾輪的圓周面上設有一間隔環，並在自由壓輪上設有一相對於間隔環之環溝，而得藉由該滾輪上之間隔環隔開兩相鄰的吊繩。」

法院：
　　系爭曬衣架可對應解析爲八個要件，其爲編號1要件「滑輪曬衣架」、……、以及編號8要件「並在自由壓輪上設有一相對於間隔環之環溝」等八個要件。全要件原則成立，系爭曬衣架每一要件皆爲系爭專利第1項所對應之各要件文義所讀入，故系爭曬衣架落入系爭專利申請專利範圍第1項請求項之文義範圍。

筆者：法院將系爭專利請求項1解析為8個要件，並未將功能子句「而得藉由該滾輪上之間隔環隔開兩相鄰的吊繩」納入，係因該功能子句為其他結構特徵固有的功能及功效，若從被控侵權物可以讀取系爭專利請求項1中所載其他結構特徵，則一定具有該功能，故認定符合全要件原則，且落入請求項1之文義範圍。

C. 手段請求項

對於複數技術特徵組合之發明，若某些技術特徵無法以結構或步驟予以界定，或以功能界定較為清楚，且該發明所屬技術領域中具有通常知識者不須過度實驗，即能毫無困難瞭解該發明實現功能的技術手段者，得以手段功能用語或步驟功能用語記載該等技術特徵。對於前述以功能界定之發明，我國專利法施行細則第19條第4項規定：「複數技術特徵組合之發明，其請求項之技術特徵，得以手段功能用語或步驟功能用語表示，於解釋請求項時，應包含說明書中所敘述對應於該功能之結構、材料或動作及其均等範圍（equivalents）。」係參酌美國法典35 U.S.C.第112條第6項規定以手段功能用語或步驟功能用語記載申請專利範圍的撰寫格式，申請專利範圍中得以功能作為技術特徵界定申請專利之發明。有關手段請求項之解釋，見本章六之(二)「手段請求項」。

＃案例－智慧財產法院98年度民專上易字第6號判決

系爭專利：

請求項1：「一種節省空間增大容量之光明燈結構，……其特徵在於：該組成燈座本體之各燈座環，……：一補強件，……，係設有主轉盤、副轉盤，主轉盤設有對應補強……，主轉盤可依主軸栓而隨補強件同步旋轉，其上之各直形燈座本體亦得同時轉位，各直形燈座本體得獨自依其副轉盤、補強件周邊之軸孔軸承而旋轉，得獨自換面向；藉由上述結構，得使單一燈座本體增多點燈數量，並得多根直形燈座本體盡量靠近聚集而減少所佔空間，且不因此影響各點燈者露面機會，得隨時換位、換面之功效者。」

上訴人：

　　系爭產品不過僅係將系爭專利3補強件之組固主轉盤及副轉盤之軸承，加以解析並分別裝設……，系爭產品亦能同系爭專利3具有各直形燈座本體得同步旋轉及獨自旋轉之功效，而該等功效之達成，不過透過元件位置之轉換，係一般人皆可輕易完成，技術手段並無不同，且無功效上之增減，系爭產品與系爭專利3實質相同。

被上訴人：

　　上訴人不能忽略被系爭產品中「底補強件」、「副轉盤」與系爭專利申請專利範圍第1項之「補強件」、「副轉盤」實質並不相同之事實，而遽認因該申請專利範圍中記載「……得隨時換位（主轉盤可旋轉）、換面（副轉盤旋轉）之功效」，系爭產品只要有「旋轉換位（面）之功能」，即落入系爭專利之申請專利範圍。

法院：

　　系爭專利3申請專利範圍關於「藉由上述結構，得使單一燈座本體增多點燈數量，並得多根直形燈座本體盡量靠近聚集而減少所佔空間，且不因此影響各點燈者露面機會，得隨時換位、換面之功效者」等文字，非關技術內容，無須列入申請專利範圍之解讀。

---

(6) 步驟特徵之順序

　　獨立項應敘明申請專利之標的名稱及申請人所認定之發明之必要技術特徵，以呈現申請專利之發明的整體技術手段。必要技術特徵，指申請專利之發明為解決問題所不可或缺的技術特徵，其整體構成發明的技術手段。技術特徵，於方法發明為條件或步驟等特徵。

　　對於條件或步驟特徵之解釋，得參考結構特徵；對於步驟特徵之順序是否具限定作用，應參酌申請專利範圍之記載、說明書或圖式予以決定。

　　中國北京高級法院的「專利侵權判定指南」第18條區分為二種情況：

A. 方法專利權利要求對步驟順序有明確限定的，步驟本身以及步驟之間的順序均應對專利權保護範圍起到限定作用；

B. 方法專利權利要求對步驟順序沒有明確限定的，不應以此為由，不考慮

步驟順序對權利要求的限定作用，而應當結合說明書和附圖、權利要求記載的整體技術方案、各個步驟之間的邏輯關係以及專利審查檔案，從所屬技術領域的普通技術人員的角度出發，確定各步驟是否應當按照特定的順序實施。

(7) 周邊元件與工作物

有些裝置係使用某物或操作於（operate on）某物，或被某物使用或操作；有些方法係作用於（act on）某物或涉及被作用之某物。發明的構成元件或步驟與外部元件協同工作或對外部元件產生作用，或與周邊環境的元件互動，該外部元件或周邊環境的元件並非該發明所屬的技術特徵，例如碳粉匣發明，列印機爲其周邊元件（environmental element），紙張爲工作物（workpiece）。

雖然周邊元件及工作物並非發明的一部分，惟爲使請求項完整而有意義，有時候，請求項中仍應予以記載。基於請求項整體原則，記載於申請專利範圍的周邊元件及工作物「原則上」均爲界定專利權範圍的限定條件；基於全要件原則，被控侵權對象「原則上」必須包含全部限定條件，始落入專利權範圍。關鍵在於：是否具限定作用，會因撰寫方式之不同而有差異。例如：記載於請求項之前言部分，或以推導式請求（inferential claiming）方式記載於請求項之本體部分，則不具限定作用；相對地，記載於請求項之主體部分，且爲一般的主題式或包含式撰寫方式者，則具限定作用。

然而，另有一種見解認爲：對於周邊元件或工作物，基於請求項整體原則，應認定周邊元件或工作物具有限定作用；但被控侵權物並不一定要具備該周邊元件或工作物，始落入專利權範圍，換句話說，即使被控侵權物不具備該周邊元件或工作物，但適用該周邊元件或工作物者，仍落入專利權範圍，而符合全要件原則。對於涉及周邊元件或工作物之申請專利範圍的解釋及侵權判斷，中國北京高級法院的「專利侵權判定指南」有詳細說明，第22條：「（第1項）寫入權利要求的使用環境特徵屬於必要技術特徵，對專利權保護範圍具有限定作用。（第2項）使用環境特徵是指權利要求中用來描述發明所使用的背景或者條件的技術特徵。」第23條：「被訴侵權技術方案可以適用於產品權利要求記載的使用環境的，應當認定被訴侵權技術方案具備了權利要求記載的使用環境特徵，而不以被訴侵權技術方案實際使用該環

境特徵爲前提。」

　　對於前述二種見解，基於我國或其他國家法院尚無明確見解，筆者以爲應審愼爲之。按說明書及申請專利範圍的撰寫係屬申請人的責任，對於同一個元件，申請人可以將其寫在請求項之前言修飾標的名稱，也可以寫在前言之其他部分，更可以寫在請求項之主體。解釋申請專利範圍時，會因該元件爲名稱之修飾語或寫在前言或主體而產生不同的結果，甚至也會因撰寫的手法而產生不同的結果，申請人宜審愼爲之，否則必須承擔風險。

　　以請求項「一種用於列印機之墨匣，可從具有噴墨頭的列印機中分離，墨匣用來儲存記錄用的墨水，使該墨水列印在紙張上，墨匣本體包括：供應部，用來供應墨水到噴墨頭，……；空氣連結部，……；墨匣側表面具有一第一接合部，列印機具有第一結合部用以連接第一接合部，……。」爲例分析該請求項，據以說明因應之道：

A. 請求項中所載之「墨水」、「噴墨頭」或「列印機」爲周邊元件，「紙張」爲工作物。

B. 請求項之前言中標的名稱記載修飾語「用於列印機」，僅是陳述該發明之技術領域，不具有限定申請專利範圍之作用。

C. 前言中記載「墨水」、「噴墨頭」、「列印機」及「紙張」，若請求項之主體已完整界定發明之結構，而前言僅是陳述該發明之目的或所欲達到之用途（purpose or intended use）者，則前述周邊元件或工作物均不具有限定申請專利範圍之作用[268]。

D. 本體記載「供應部」、「空氣連結部」及「墨匣側表面」等結構特徵，並將「墨水」、「噴墨頭」、「列印機」及「紙張」等周邊元件或工作物作爲前述結構特徵之功能或操作描述（這種寫法稱爲推導式請求 inferentially claiming方式），而非構成申請標的「墨匣」的構成元件，則前述周邊元件或工作物均不具有限定申請專利範圍之作用。例如，請求項之本體中記載「供應部，用來供應墨水到噴墨頭，……」及「墨匣側表面具有一第一接合部，列印機具有第一結合部用以連接第一接合部，……」，均屬推導式請求方式，不具限定申請專利範圍之作用。

---

[268] Kropa v. Robie, 187 F.2d 150, 88 U.S.P.Q. 478 (CCPA 1951) (Use the preamble only to state a purpose or intended use for the invention, the preamble is not a claim limitation.)

E. 惟若請求項之本體中記載「墨水，用來供應……」或「供應部，包含噴墨頭……」，因「墨水」爲主題式、「噴墨頭」爲包含式撰寫方式，可作爲證明申請人認定「墨匣」的構成元件包括「墨水」及/或「噴墨頭」的基礎，即使墨水及噴墨頭僅爲一般習知之物，而非墨匣發明的一部分，經解釋申請專利範圍的結果，仍會認定「墨水」及/或「噴墨頭」並非周邊元件或工作物而具有限定申請專利範圍之作用。民事訴訟中，即使專利權人主張申請專利範圍的解釋應不包括墨水及/或噴墨頭，可能很難爲法院所接受。

六、特殊請求項之解釋

發明專利權範圍，以申請專利範圍爲準，於解釋申請專利範圍時，並得審酌說明書及圖式。申請專利範圍一經公告，具有公示效果，應採取社會大眾可信賴的客觀解釋，且該專利權範圍係從說明書內容所能合理期待的範圍。

獨立項中必須記載實施申請專利之發明之必要技術特徵；附屬項必須記載被依附項之外的附加技術特徵。技術特徵，於物之發明通常爲結構特徵及其連接關係；於方法發明通常爲步驟、順序及條件等技術特徵。發明的特點在於特性、功能、製法或用途者，只要能明瞭申請專利之發明，申請人亦得使用特性、功能、製法或用途等技術特徵記載申請標的。

對於一般請求項之解釋，已如前述，本節將分別說明如何解釋請求項中所載之特性、功能、製法或用途等技術特徵，包括記載已見於先前技術之技術特徵的二段式請求項。

(一)二段式請求項

解釋申請專利範圍應以請求項中所載之整體內容爲依據。專利法施行細則第20條第1項規定：二段式請求項（即吉普森式請求項）之解釋，應結合前言部分與特徵部分之技術特徵，認定其專利權範圍。專利侵害鑑定要點有相同之規定[269]。智慧財產法院98年度民專訴字第5號判決：「系爭專利1、2之獨立項均屬前述二段式請求項，故解釋其申請專利範圍時，前言部分及特徵部分均爲解釋之基礎，不得遺漏任一技術特徵，始符合全要件原則。是以

---

[269] 經濟部智慧財產局，專利侵害鑑定要點（草案），2004年10月4日發布，頁31。

原告於本件侵權訴訟中,將系爭專利之『滾輪』解釋爲非必要原件,即屬有誤,不足採信。原告據此而推演出被告產品應構成侵權云云,自非可採。」

美國聯邦巡迴上訴法院在Rowe v. Dror案中明確指出二段式請求項中之前言不僅界定發明之背景,也界定其範圍[270]。美國專利審查操作手冊（MPEP）亦指出:二段式請求項得被視爲一個包含先前技術內容之組合式請求項,只是其將先前技術部分記載於前言,故前言中所載之步驟或結構均爲技術特徵,而具限定作用[271]。中國北京高級法院的「專利侵權判定指南」第8條:「整體（全部技術特徵）原則。將權利要求中記載的全部技術特徵所表達的技術內容作爲一個整體技術方案對待,記載在前序部分的技術特徵和記載在特徵部分的技術特徵,對於限定保護範圍具有相同作用。」

#案例－Kegel Co., Inc. v. AMF Bowling, Inc.[272]

系爭專利:

　　一種在保齡球道上施加保護油層之機器。請求項7:「維護保齡球道之機器……特徵包括:維護裝置,包括……傳送裝置,用於將球道裝飾料從該儲存裝置傳送到緩衝裝置,該傳送裝置包括……許多橫向排列之油繩……<u>並使每條該油繩能獨立且有選擇性的在該第1位置及該第2位置之間移動之手段</u>。」

被控侵權對象:

　　有5條柔韌的油繩,每條均單獨受螺線管之控制,另包括了一可排列程序之控制器,使5條油繩中2條僅依先後順序操作。

爭執點:

　　請求項中所載之「使每條該油繩能獨立且有選擇性的在該第1位置

---

[270] Rowe v. Dror, 112 F.3d 473, 42 U.S.P.Q. 2d 1550 (Fed. Cir. 1997) (…the claim preamble defines not only the context of the claimed invention, but also its scope….)

[271] United States Patent and Trademark Office, Manual of Patent Examination Procedure Section 608.01 (m) (6ed. Rev. Sept. 1995) (The Jepson form of claim is to be considered a combination claim. The preamble of this form of claim is considered to positively and clearly include all the elements or steps recited therein as a part of the claimed combination.)

[272] Kegel Co., Inc. v. AMF Bowling, Inc. 127 F.3d 1420, 44 USPQ2d 1123 (Fed. Cir. 1997).

及該第2位置之間移動之手段」（means for selectively and independently shifting each of said wicks between said first position and said second position）。

被控侵權人：

除了傳送裝置必須包括「使每條該油繩能獨立且有選擇性的在該第1位置及該第2位置之間移動之手段」之技術特徵外，其他技術特徵均可由被控侵權對象讀取。

地方法院：

解釋請求項7，認為每條油繩必須各別與螺線管連接，故各別螺線管控制油繩之能力與控制器所排列之程序無關。被控侵權對象與請求項7均有油繩各別連接螺線管之結構，且各螺線管能獨立且有選擇性的移動與其相連之油繩，即使被控侵權對象某些油繩必須依順序操作，被控侵權對象文義上侵害請求項7之專利權。

被控侵權人上訴：

請求項中所載「獨立」（independently）必須包含可排列程序之控制器所執行之功能，其為請求項之一部分。由於被控侵權對象之控制器僅能以先後順序操作油繩，故未侵害請求項7。

專利權人：

請求項7記載了3個個別裝置：維護裝置、推進裝置及控制裝置。控制裝置是請求項之一部分；但控制裝置之結構及功能並非維護裝置之一部分。

聯邦巡迴上訴法院：

請求項7以二段式撰寫，意指前言部分均為已知技術，亦即前言部分的內容不僅是申請專利之發明的內涵，亦界定其範圍。請求項7之發明係由前言部分與特徵部分（維護裝置）結合所構成。被控侵權對象中每條油繩各自有一螺線管，油繩之間並未相連，以達成維護裝置中各螺線管「獨立選擇」（selectively and independently）移動其油繩。無論被控侵權對象中控制器所排列之程序為何，其各油繩之移動均係由各別螺線管控制。因此，維持地方法院之判決。

(二)手段請求項

　　手段請求項（means claim），指請求項中至少有一技術特徵並未記載結構、材料或動作，而係以手段功能用語或步驟功能用語（means-plus-function或step-plus-function，以下簡稱手段功能用語）表示，例如「使每條該油繩能獨立且有選擇性的在該第1位置及該第2位置之間移動之手段」、「振盪手段」、「手段，用以放大電氣訊號」等，而為以功能界定物或方法之請求項。

　　描述發明並不一定要用結構、材料、動作或步驟等技術特徵，若發明的創新部分在於抽象功能及其相互間之連結關係，得以功能作為技術特徵描述該發明；但為使請求項明確，避免專利權範圍中所載之功能特徵包含任何可達成該功能的技術，甚至不合理地包含未來的新興技術[273]，必須於說明書記載特定的結構、材料或動作。對於以功能特徵界定申請專利之發明的請求項，我國專利法施行細則第19條第4項規定得使用手段功能用語：「複數技術特徵組合之發明，其請求項之技術特徵，得以手段功能用語或步驟功能用語表示，於解釋請求項時，應包含說明書中所敘述對應於該功能之結構、材料或動作及其均等範圍（equivalents）。」係參酌美國法典35 U.S.C.第112條第6項，規定以手段功能用語記載申請專利範圍的撰寫格式，申請專利範圍中得以功能作為技術特徵界定申請專利之發明。若實現請求項中所載之功能的結構、材料或動作為創新者，為符合請求項之明確要件，及專利權人所獲得的專利權範圍應限於申請人於說明書中所揭露之技術範圍的原則，解釋以手段功能用語記載之手段請求項時，應包含說明書中所載相對應之結構、材料或動作及其均等範圍（均等範圍之解釋，限於該發明所屬技術領域中具有通常知識者於申請當時已知者，不及於未來的新興技術）。例如，請求項中記載「振盪手段」，並在說明書中記載對應「振盪」功能之「馬達、凸輪及凸輪從動件連桿」，即使未將該創新結構記載於請求項而直接界定申請專利範圍，仍符合明確要件。然而，能達成「振盪」功能之創新結構並不限於「馬達、凸輪及凸輪從動件連桿」，若「活塞及汽缸」亦能達成該功能，最好是將申請當時已知能達成該功能之結構「類型」全部載入說明書（因為事實上不經濟亦不可能將能達成該功能之已知結構全部記載於說明書），以延

---

[273] Halliburton Oil Well Cementing Co. v. Walker, 329 U.S. 1 (1946).

伸能達成該功能之均等結構，作爲解釋該均等範圍之基礎。

在前例中，若實現請求項中所載之功能的結構、材料或動作爲習知者，雖然得以手段功能用語表現次上位概念而涵蓋達成振盪功能之習知結構、材料或動作，但只要申請人能證明該用語對於該發明所屬技術領域中具有通常知識者而言不會造成申請專利範圍不明確，最好是以「振盪裝置」或「機械式振盪機構」等上位概念用語表現，始能涵蓋寬廣的範圍。

手段請求項大多適用於電子或機械技術領域，例如，以手段功能用語「放大電氣訊號手段」（means for amplifying an electric signal）取代具體結構特徵「放大器」（amplifier），而使該用語涵蓋所有記載於說明書中能放大電氣訊號之手段或裝置及其均等物。又如「電驅動手段」（electricdrive means for rotating）及「開關手段」（switch means）即爲手段功能用語。對於以電腦實現特定功能之發明（即電腦軟體相關發明）而言，其涵蓋範圍不僅限於說明書中所載之結構，並應限於說明書中所載之演算法（algorithm）[274]。若說明書中未適當描述達成申請專利範圍中所載之功能的結構、材料或動作，可能因申請專利範圍記載不明確等理由，而被認定爲無效[275]。

#案例－In re Donaldson Company, Inc.,[276]

系爭專利：

一種集塵裝置，申請號90/001,776。請求項1：「一空氣過濾裝置，用於過濾含有微粒之空氣，該裝置包括：一殼體，含有一空氣清淨室及過濾室，該殼體有上壁、封閉底部及連接該上壁之複數個邊壁；一污濁空氣入口，連接該過濾室，位於該殼體之一邊壁，通常高過該乾淨空氣

[274] WMS Gaming, Inc. v. International Game Technology, 184 F.3d 1339 (Fed. Cir. 1999), citing by Harris Corporation v. Ericsson Inc., Nos. 03-1625, 1626, (Fed. Cir. Aug 5, 2005) (The court's precedent requires the corresponding structure of a computer-implemented function to be more than just hardware that the disclosed algorithm constitutes part of the corresponding structure as well.)

[275] Kemco Sales, Inc. v. Control Papers Co., Inc. 208 F.3d 1352, 1360-61, 54 U.S.P.Q. 2d (BNA) 1308 (Fed. Cir. 2000).

[276] Kegel Co., Inc. v. AMF Bowling, Inc. 127 F.3d 1420, 44 USPQ2d 1123 (Fed. Cir. 1997).

出口；分開該乾淨空氣室及該過濾空氣室之手段，包含複數過濾元件手段，使該兩空氣室分開，位於過濾室，每一元件與該空氣出口有流體連通；噴射清潔手段，在該出口及該過濾元件之間，用以清潔每一過濾元件；及一底部，位於該過濾室，用以蒐集微粒，該底部具有手段，反應因該清潔手段於該過濾室壓力之增加，用以將粒狀物朝下（means, responsive to pressure increases in said chamber caused by said cleaning means, for moving particulate matter in a downward direction）移至該底部的最低底部，以移到該過濾裝置之外。」

說明書：

對於爭執的技術特徵，說明書相關記載如下：

(1)最低底部用以蒐集移除之微粒。蒐集部分為一斜面，由撓性材料所製成，當操作噴射清潔手段時，可反應室內壓差。當操作噴射清潔手段而使室內增壓時，蒐集部分之斜面，因其撓性而可朝外。撓性之移動可讓空氣將灰塵從過濾元件帶向蒐集區，避免灰塵再度聚積於鄰近之過濾元件。再者，撓性斜面有阻尼作用，可降低噴射清潔手段之噪音。

(2)對於請求項中所載之「手段，反應……」的對應結構，說明書之記載為：斜面為一個可移動的隔膜，可反應操作噴射清潔手段時污濁空氣室之壓差。隔膜由彈性加強橡膠薄材製成，然而，任何強度及撓性足夠的材料皆適用，薄金屬材料亦有撓性。

(3)當操作噴射清潔手段時，隔膜朝外移動或遠離過濾元件，以反應污濁空氣室之增壓。朝外的撓性移動如圖之虛線所示，壓力失去後即回復原位。反應壓力的撓性材料有下列重要功能：a.該移位允許空氣將灰塵帶向下方的漏斗；b.防止已移除之灰塵及微粒再度聚積於鄰近的過濾元件；c.協助降低噴射清潔手段的噪音及震動；d.協助已在隔膜上之微粒朝向螺旋輸出器。

法院：

本件適用35 U.S.C.第112條第6項以手段功能用語記載功能特徵的解釋方法。由於引證之蒐集器並未教示或建議請求項中所載「手段，反應……」對應到說明書中所載之「撓性壁」、「隔膜」或類似之結構，

故認定申請專利之發明並非顯而易知，撤銷專利商標局不予專利之審定。

　　對於手段請求項，因說明書未記載適當的對應結構以達成請求項中所載之功能，則不符合35 U.S.C.第112條第2項，其與說明書是否符合第112條第1項之揭露要件有密切關係。然而，對於35 U.S.C.第112條第1項，第6項並無額外的要求，亦即申請人撰寫之請求項適用第6項時，該請求項仍須符合第1項及第2項之要件。

　　手段請求項中以手段功能用語記載技術特徵，而未記載對應的結構、材料或動作，例如「阻隔聲音的手段」、「加熱液體的手段」、「儲存動能的手段」等，可能產生申請專利範圍不明確或不被說明書所支持，或說明書不符合可據以實現要件，或專利權人所獲得的專利權範圍超出申請人於說明書中所揭露之技術範圍。因此，解釋申請專利範圍時，適用專利法第19條第4項之解釋方法，請求項中所載之功能特徵僅能包含說明書中對應於該功能之結構、材料或動作，及該發明所屬技術領域中具有通常知識者不會產生疑義之均等物或均等方法，以認定其專利權範圍[277]。手段請求項適用專利法第19條第4項之解釋方法，惟應注意者，唯有以手段功能用語記載之技術特徵適用，而非請求項中所載之技術特徵均適用[278]，且仍適用最寬廣合理之解釋原則[279]。

　　有關手段請求項專利權之認定，涉及是否為手段請求項之判斷及其解釋，分述如下：

1. 是否為手段請求項之判斷

　　物之請求項的技術特徵以手段功能用語表示，或方法請求項的技術特徵以步驟功能用語表示時，其必須為複數技術特徵組合之發明。手段功能用語係用於描述物之請求項中的技術特徵，其用語為「……手段（或裝置）用以……」，而說明書中應記載對應請求項中所載之功能的結構或材料；步

---

[277] 經濟部智慧財產局，專利侵害鑑定要點（草案），2004年10月4日發布，頁33。
[278] MPEP, p.2100-323, Rev-11. Mar. 2014.
[279] MPEP, p.2100-318, Rev-11. Mar. 2014.

驟功能用語係用於描述方法請求項中之技術特徵，其用語爲「……步驟用以……」，而說明書中應記載對應請求項中所載之功能的動作。我國發明專利實體審查基準規定：

請求項中之記載符合下列三項條件者，即認定其爲手段功能用語或步驟功能用語[280]：

(1) 使用「……手段（或裝置）用以（means for）……」或「……步驟用以（step for）……」之用語記載技術特徵。

(2) 「……手段（或裝置）用以……」或「……步驟用以……」之用語中必須記載特定功能。

(3) 「……手段（或裝置）用以……」或「……步驟用以……」之用語中不得記載足以達成該特定功能之完整結構、材料或動作。

我國有關手段請求項之規定係因襲美國的法規。對於請求項是否爲手段請求項之判斷，美國MPEP 2181有進一步規定[281]：

(1) 請求項之技術特徵使用片語「手段用以」或「步驟用以」或非結構用語（non-structural term，僅取代「手段用以」）；

(2) 片語「手段用以」或「步驟用以」或非結構用語必須爲功能語言所修飾；

(3) 片語「手段用以」或「步驟用以」或非結構用語不得爲足以達成該特定功能之結構、材料或動作所修飾。

就MPEP 2181中有關手段請求項之規定整理如下：

(1) 請求項使用片語「手段用以」或「步驟用以」[282]或「○○用以」[283]（亦

---

[280] 經濟部智慧財產局，第二篇發明專利實體審查基準，2013年版，頁2-1-34。

[281] 美國專利審查作業手冊Manual of Patent Examining Procedure (MPEP),9 Edition, 2181. (Accordingly, examiners will apply 35 U.S.C. 112, sixth paragraph to a claim limitation if it meets the following 3-prong analysis:(A) the claim limitation uses the phrase "means for" or "step for" or a non-structural term [a term that is simply a substitute for the term "means for"] ; (B) the phrase "means for" or "step for" or the non-structural term must be modified by functional language; and (C) the phrase "means for" or "step for" or the non-structural term must not be modified by sufficient structure, material, or acts for achieving the specified function.)

[282] Kemco Sales, Inc. v. Control Papers Co., Inc. 208 F.3d 1352, 1360-61, 54 U.S.P.Q. 2d (BNA) 1308 (Fed. Cir. 2000).

[283] 美國專利商標局，35 U.S.C.112之補充審查指南（Supplementary Examination Guidelines），2011年2月9日發布。

即用語必須為means for或step for或○○for；其中，○○為非結構用語
〔non-structural term〕），則推定為以手段功能用語記載之手段請求
項；反之，則推定為並非以手段功能用語記載之手段請求項[284]，例如以
「means of noun」形式記載。詳細說明如下：

A.「○○手段用以……」（means for V-ing，即達成……功能之○○手
　　段）；或

B.「○○步驟用以……」（step for V-ing，即達成……功能之○○步
　　驟）；或

C.「□□用以……」（□□for V-ing，即達成……功能之□□）；其中
　　□□為非結構用語（non-structural term）取代前述之手段。

(2) 於前述(1)所述之用語之後，必須記載特定功能（亦即請求項中包含前述
用語及功能的整體形式應為：means for V-ing或step for V-ing或for V-ing，
其中V-ing為功能）。若未記載特定功能，則推翻前述之推定[285, 286]，認定
該請求項並非手段請求項。

(3) 請求項中不得記載足以達成該特定功能之完整結構、材料或動作。若記
載足以達成該特定功能之完整結構、材料或動作，則推翻前述之推定，
認定該請求項並非手段請求項，即使該請求項符合前述(2)之規定。

　　美國專利商標局於2011年2月9日發布35 U.S.C.112之補充審查指南
（Supplementary Examination Guidelines），依該補充審查指南之規定，適用
35 U.S.C.112第6項之請求項必須符合下列全部條件：

(1) 技術特徵使用手段片語或非結構用語，而無結構修飾語。

(2) 請求項中所載手段片語或非結構用語應被功能語言所修飾。

(3) 請求項中所載手段片語或非結構用語未被足以達成請求項中所特定之功

---

[284] Mas-Hamiton Group v. LaGard, Inc., 156 F.3d 1206, 1213, 48 U.S.P.Q. 2d 1010, 1016
(Fed. Cir. 1998) (The absence of the word 'means' in a claim element creates a rebuttable
presumption that 35 U.S.C. 112, paragraph 6 does not apply.)

[285] Personalized Media Communications Inc. v. International Trade Comm'n, 161 F.3d 696,
704, 48 U.S.P.Q. 2d 1880, 1887 (Fed. Cir. 1998) (In determining whether a presumption is
rebutted, the focus remains on whether the claim recites sufficiently definite structure.)

[286] 法律上的推定，係為法律適用或運作的政策安排，對於法律所要適用的事實，若具備某些要
件或形式時，先認定其具有該法律效果，除非有反證可以證明法律所要適用的事實並不存
在，始能推翻該推定。

能的完整結構、材料或動作所修飾。

　　非結構用語，並非描述結構之名詞，其只是一個取代手段片語之用語，藉以連結功能語言，例如「mechanism for」、「module for」、「device for」、「unit for」、「component for」、「element for」、「member for」、「apparatus for」、「machine for」或「system for」等。決定功能用語是否為非結構用語，應檢視下列事項：

(1) 說明書揭露內容是否足以使該發明所屬技術領域中具有通常知識者認知到該用語表示了某種結構。

(2) 一般字典或特殊字典是否提供了證據，證明藉該用語可認知到某種結構。

(3) 先前技術是否提供了證據，證明該用語具有該技術領域中已公認可實現所界定之功能的結構。

　　在科技領域中，經常以功能名詞作為元件之名稱，例如制動器（brake）、夾子（clamp）、容器（container）等，這些名詞本身即為結構用語，並不會有定義不明確的問題，不能以這些名詞表示功能（例如means for clamping），且未在請求項中明確揭露其具體結構，認定其屬於手段功能用語。在Greenberg v. Ethicon Endo-Surgery, Inc.案[287]，美國聯邦巡迴上訴法院認為系爭專利請求項中的「棘動機構」（detent mechanism）係參考系爭專利各主要結構元件而記載的用語，不能單就「棘動機構」之記載即認定其屬於手段功能用語。

　　美國聯邦巡迴上訴法院之全院聯席聽證曾判決：申請專利範圍是否適用35 U.S.C.第112條第6項，並非單純從其撰寫形式予以判斷，而應就其實質內容是否揭露要達成之功能且未揭露充分的結構綜合判斷之[288]。具體而言，僅因請求項中以「means」記載技術特徵，並不能認定該技術特徵屬於35 U.S.C.第112條第6項中所稱之手段功能用語；反之，即使請求項中未以

---

[287] Greenberg v. Ethicon Endo-Surgery, Inc., 91 F.3d 1580, 39 U.S.P.Q. 2d 1783, 1784-1787 (Fed. Cir. 1996).

[288] Phillips v. AWH Corp., Nos. 03-1269, 1286, 2005 U.S. App. LEXIS 13954 (Fed. Cir. Jul. 12, 2005) (en banc), citing Watts v. XL Sys., Inc., 232 F.3d 877, 880-81 (Fed. Cir. 2000) (Means-plus-function claiming applies only to purely functional limitations that do not provide the structure that perform the recited function.)

「means」記載技術特徵，亦不能認定該技術特徵就不屬於35 U.S.C.第112條第6項中所稱之手段功能用語[289]。

#案例－Serrano v. Telular Corp.[290]

系爭專利：

　　一種連接標準電話與無線收發器之方法及裝置，該發明係接收來自該標準電話之撥號輸入，將其轉化為數據流並儲存在該無線收發器中，作為後續之傳輸。該裝置自動判斷什麼時候電話被撥入最後一位數字，並作出回應向該無線收發器提供發送訊號。

　　裝置請求項：「一種連接電話通信設備，……及移動式無線收發器……之系統，該系統包括：…判斷手段…該手段可自動判斷在無線收發耦合手段上所輸入的一組電話數字的最後一位數字；並與該判斷手段耦合的發送信號手段，用以確定最後一位數字被輸入時回應該判斷手段，將發送信號提供給該無線收發器。」

　　方法請求項：「一種連接電話通信設備……及無線收發器……之方法，包括：……自動判斷在該電話通信設備上撥出之電話號碼中的至少最後一位數字；並將每個來自該轉換步驟的數位化的號碼送至該無線收發器以用於後續之傳輸。」

　　說明書：揭露之較佳實施方式係分析電話號碼的頭幾個數字，據以判斷會有多少位數字被撥入；並揭露該系統採用時間操作，據以確定最後一位數字被撥入的時間點，亦即當最後一位數字撥入後3秒間隔，系統就發送信號。此外，說明書另揭露採用離散邏輯電路之數位分析及計時的特點。

---

[289] Cole v. Kimberly-Clark Corp., 41 U.S.P.Q. 2d 1001, 1006 (Fed. Cir. 1996) (Merely because a named element of a patent claim is followed by the word 'means', however, does not automatically make the element a "means-plus-function" element under 35 U.S.C. 112, 6. The converse is also true; merely because an element does not include the word "means" does not automatically prevent that element from being construed as a means-plus-function element.)

[290] Serrano v. Telular Corp., 111 F.3d 1578, 42 USPQ2d 1538 (Fed. Cir. 1997).

爭執點：

　　請求項中所載「判斷手段」（determination-means）之意義是否為識別最後一位撥入之數字或時間點。

地方法院：

　　「判斷手段」之技術特徵包含數位分析及暫停特性的使用。被控侵權對象文義侵害專利權。

被控侵權人上訴：

　　依字典之意義，主張「判斷手段」及「判斷」（determining）步驟必須確定最後一位數字已撥入。

　　請求項中所載之「判斷手段」應被限制在完成數位分析的結構及實現該手段之離散邏輯電路。

聯邦巡迴上訴法院：

　　裝置請求項中所載「判斷手段」描述了一種判斷最後一位數字的功能，但未描述完整明確之結構以支持該功能，從而認定該請求項適用35 U.S.C.第112條第6項。「判斷手段」不僅指撥入最後一位數字之判斷，亦包括說明書中所指撥入最後一位數字之時間點之判斷，而非被控侵權人所指字典之定義。

　　雖然說明書揭露了完成數位分析之電路以判斷撥入之數字是否已完成，但也揭露了使用計時器判斷撥入之數字是否已完成。雖然說明書揭露了離散邏輯電路，但也說明亦得使用軟體控制下之微處理器。

　　方法請求項中並未記載功能，但記載了動作，判斷至少最後一位數字，故不適用步驟功能用語。

#案例—Personalized Media Communications, LLC, v. International Trade Commission[291]

系爭專利：

一種捕捉或確定電視節目播放中之系統。請求項7：「一種捕捉或確定電視節目播放中之具體訊號的系統……該系統包括：用於接收至少一些該播放資訊及在具體時間或具體位置檢測該具體訊號之<u>數位檢測器</u>……。」

爭執點：

請求項中所載「數位檢測器」（digital detector）之意義。

國際貿易委員會：

「用於……數位檢測器」（digital detector for）係功能語言，未限定具體結構，屬於手段功能用語；並認為說明書僅描述該數位檢測器檢測視頻播放中之數位資訊的功能，卻未描述該發明所屬技術領域中具有通常知識者能製造之具體結構，且「數位檢測器」並非該技術領域習知之用語，故依35 U.S.C.第112條第2項認定該請求項無效。

專利權人：

「數位檢測器」係該技術領域中習知之用語，且說明書已清楚定義該用語之範圍。

聯邦巡迴上訴法院：

請求項使用「means for V-ing」用語之技術特徵，即推定為適用手段功能用語；未使用「means for V-ing」用語，即推定為不適用手段功能用語。前述推定均得以內部證據或外部證據推翻，重點在於是否有充分明確之結構特徵，有充分明確之結構特徵，得將適用手段功能用語之推定推翻。

檢測器」並非泛稱之用語，如「手段」（means）、「元件」（element）或「裝置」（device）等；亦非含義不清楚之自創用語（coined

[291] Personalized Media Communications, LLC, v. International Trade Commission, 161 F.3d 696, 48 USPQ2d 1880 (Fed. Cir. 1998).

term），如「配件」（widget）或「器具」（ram-a-fram）等；而係結構特徵的充分描述，如「整流器」（rectifier）或「檢波器」（demodulator）等。雖然「數位檢測器」之限定未使用「means for V-ing」用語，而係以功能語言定義，且未記載任何特定結構，但「檢測器」（這種上位用語）本身已總括了各種不同之結構特徵，故「檢測器」並非手段功能用語。

「數位檢測器」中之「數位」係對其結構範圍進一步限定，亦即是對已為適當限定之結構（檢測器）另加額外之功能性限定（捕捉數位資訊）。

「數位檢測器」之意義為一種裝置，其係檢測資訊流中之數位訊號資訊，請求項之記載並非不明確。國際貿易委員會所依賴之依據並未顯示請求項不明確，僅是有關說明書之記載是否足使該發明所屬技術領域中具有通常知識者可據以實現，但其為35 U.S.C.第112條第1項無效之基礎，而非35 U.S.C.第112條第2項。

#案例－Greenberg v. Ethicon Endo-Surgery, Inc.[292]

系爭專利：

一種外科工具，US 4,674,501。外科醫師施行手術在人體內使用工具時，並無太大操作空間，只能將工具端伸入病人體內，將另一端之操作端留於體外，以進行操作。若需要旋轉工具，先前技術僅能旋轉整支工具，以致醫師必須在不方便的位置操作工具。為解決此問題，業有另一先前技術提供一輪型結構，可讓工具之軸旋轉，使工具把手仍停留在方便操作之位置，但醫師在操作該工具時，必須用一隻手維持該輪型結構在所需位置。系爭專利改良該輪型結構，使用「棘輪機構」，避免該輪型結構的自由旋轉。請求項1：「一種外科工具，包含一對軸，呈軸向

---

[292] Greenberg v. Ethicon Endo-Surgery, Inc., 91 F.3d 1580, 39 U.S.P.Q. 2d 1783, 1784-1787 (Fed. Cir. 1996).

成對且相對可滑動，每一軸在其末端有操作工具，一套筒……，一對手柄元件……，一手柄……，一徑向擴大輪在該套筒及該手柄有一<u>棘動機構</u>，限制該軸以預定之間隔共同旋轉，該另一手柄附在該自由延伸軸之外露端，該軸以手柄操作彼此相對移動，藉該套筒繞其共同軸旋轉，藉以使該工具可相對於該軸之軸線移至所需之旋轉位置。」

地方法院：

請求項中所載之「棘動機構」（detent mechanism）描述一手段及功能，未記載完成該棘動功能之結構，雖然「棘動機構」並未使用「means」，但說明書中曾出現「means」，整體考量的結果，等同於「棘動機構」有「means for」之用語，故請求項1適用35 U.S.C.第112條第6項，應解釋為說明書中所載之對應結構。

聯邦巡迴上訴法院：

不同意地方法院的認定。上訴法院認為：以功能定義之名詞不一定是手段功能用語，例如過濾器（filter）、夾持器（clamp）、螺絲起子（screwdriver）、切削器（cutter）等均係以功能定義之詞。辭典中「棘動」（detent）一詞的定義顯然是名詞，即使以功能予以定義，機械業者仍很容易可以瞭解其意義。雖然從該詞無法使人們得知一特定構造，但其他名詞亦如是，例如夾持器（clamp）、容器（container）。重點在於「棘動」或「棘動機構」是以其功能稱之，而且該用語在該技術領域具有合理而廣為知曉的結構意義。

是否適用35 U.S.C.第112條第6項之認定不宜將請求項與說明書合併考量，雖然說明書記載「means」，但請求項顯然未記載「means」，應推定不適用35 U.S.C.第112條第6項。

#案例－智慧財產法院98年度民專上易第3號判決

系爭專利：

請求項1：「一種腳踏車變速控制裝置，其係可藉由一變速控制線索作動一變速機構，該變速控制裝置係包括：<u>一控制本體</u>，其係可相關於

一軸（X）轉動，用以控制變速控制線索；一具有支座的作動本體，其支座之位置係與控制本體隔開，並與變速控制裝置結合，用以在起始位置與變速位置之間移動；一傳動裝置，其係可將作動本體從起始位置至變速位置的位移轉換成控制本體之轉動位移，其中傳動裝置包括數個棘輪齒；以及一界面構件，其係可相對於作動本體移動地安裝，並具有一作動力接受表面以及一作動力施力表面，其中作動力接受表面係設計成接受來自騎乘者的作動力，而其中作動力施力表面係將作動力施加至作動本體之支座上，用以將作動本體從起始位置移至變速位置；其中該作動本體係於起始位置與變速位置間線性地移動。」

上訴人（原告）：

請求項中所載「其中傳動裝置包括數個棘輪齒」已記載足以達成該「特定功能」之完整結構特徵，且依該圖式，意指傳動裝置即為控制本體。原判決已認定單就上訴人所提「傳動裝置」而言……其技術特徵的記載形式上不符合前述第一要件……該三要件係「共同必要條件」，既然如此，一旦技術特徵記載之形式不符合前述第一要件，即應認定系爭專利之「傳動裝置」因未符合第一要件而非屬手段功能用語之技術特徵。

被上訴人（被告）：

系爭專利雖未符合三步分析法的第一要件，仍應實質認定是手段功能用語。

法院：

施行專利法施行細則第18條第8項……，其關於手段功能用語修正說明有三：(一)複數技術特徵組合之發明，其某一技術特徵可能無法以結構或性質界定，或者以結構或性質界定不如以功能或效果界定來得明確時，得以手段或步驟功能用語界定申請專利範圍，並可簡化申請專利範圍之文字敘述。(二)另為明確界定專利權範圍，並明定解釋申請專利範圍時，應包含說明書中之具體實施方式及其均等範圍。(三)所謂「手段或步驟功能用語」係針對請求項為組合式元件之描述方式，在撰寫申請專利範圍時，能夠在不詳述其元件之結構、材料、動作之情形下，以一種實

現某一特定功能之手段或步驟的方式來表示之。使用此種格式之撰寫方式，將可省略結構、材料、動作所需之複雜說明，大幅簡化申請專利範圍之撰寫。由前述修正說明可知，專利法施行細則雖明文規定申請專利範圍可利用手段功能用語界定申請專利範圍，惟其中並未限定如何之創作表現客體始有適用之餘地，只要某一技術特徵可能無法以結構或性質界定，或者以結構或性質界定不如以功能或效果界定來得明確時，得以手段功能用語界定申請專利範圍，只是在解釋申請專利範圍時，應包含說明書中之具體實施方式及其均等範圍。

　　由於判斷申請專利範圍之限定條件是否屬於手段功能用語類型，涉及到申請專利範圍解釋，此係法院所應判斷之法律問題。而判斷申請專利範圍之限定條件是否屬於手段功能用語元件，以及申請專利範圍限定條件是否界定用以執行請求保護之功能的具體結構，必須從所屬技術領域中具有通常知識者的角度觀察之。因此當申請專利範圍中限定條件之「手段」組件並未使所屬技術領域中具有通常知識者明確的識別出其係為執行該功能之具體結構組件，且申請專利範圍中的其他部分並未以具體明確的結構界定所執行之功能時，法院即必須依據前項條文解釋其申請專利範圍。反之當申請專利範圍中之「手段」組件與其他組件會使人明確的界定出其係為執行該功能之具體結構組件時，則不能解釋為手段功能用語。

　　按申請專利範圍技術特徵之記載倘符合下列三項條件者即推定其為手段功能用語或步驟功能用語：一、使用「……手段（或裝置）用以（means for）……」或「……步驟用以（step for）……」之用語記載技術特徵。二、「……手段（或裝置）用以……」或「……步驟用以……」之用語中必須記載特定功能。三、「……手段（或裝置）用以……」或「……步驟用以……」之用語中不得記載足以達成該特定功能之完整結構、材料或動作。」惟倘技術特徵之描述並未包含該手段所達成之功能，或技術特徵之描述已包含該手段所達成之功能，進而揭露實現該手段所欲達成功能之具體結構或材料，則非手段功能用語。

　　依客觀解釋原則：對「傳動裝置」客觀解釋傳動之用語，顧名思義，其應介於兩構件間將其中之一構件動力傳到另一構件，而系爭專利

申請專利範圍第1項傳動裝置技術特徵之敘述為：「一傳動裝置，其係可將作動本體從起始位置至變速位置的位移轉換成控制本體之轉動位移，其中傳動裝置包括數個棘輪齒」，故依上述邏輯其一構件為動作本體，另一構件為控制本體，傳動裝置係將動作本體線性位移傳動至控制本體之媒介，最終控制本體被動作而成轉動位移，準此，傳動裝置並不包含動作本體和控制本體，且其具備之構件應介於動作本體和控制本體間，示意概如附圖二所示。此技術特徵結構描述僅為「傳動裝置包括數個棘輪齒」對該發明所屬技術領域中具有通常知識者而言，並無揭露足以達到該功能之完整結構，欲達到將作動本體傳動至控制本體尚需要涵蓋兩者之間相關結構，即第一棘輪機構和傳動板件等相關細部結構，是以由手段或步驟功能用語三條件實質認定，系爭專利申請專利範圍第1項確實為利用手段功能用語撰寫之技術特徵。因此，系爭專利申請專利範圍第1項之技術特徵「傳動裝置」係以「手段功能用語」表示，所包含發明說明中所敘述對該功能之結構、材料或動作及其均等範圍為：傳動裝置，為樞接於該制轉桿支撐板件之第一棘輪機構，具有數個與該定位扣齒嚙合之棘輪齒，可將該作動本體從起始位置至變速位置的位移轉換成該控制本體之轉動位移。

筆者：除前述「傳動裝置」之外，本案涉及手段功能用語的解釋尚有「控制本體」、「動作本體」及「界面構件」，因文字繁多，故略之。

＃案例－智慧財產法院100年度民專訴第126號判決

系爭專利：
　　請求項1：「一種防盜偵測裝置，包含：一氣壓變化偵測器，用以監測被保全空間內的氣壓變化狀態；一訊號過濾迴路，用來處理前述偵測器所收集的氣壓變化頻率，將聲頻雜訊濾除並將氣壓變化頻率轉成電子訊號；一判斷迴路，監控前述訊號過濾迴路傳來的偵測訊號，當該等訊號超過預設準位值時，即觸發一防盜警示訊號；一訊號輸出端，串接前

述判斷迴路可將該防盜警示訊號傳送給一外接搭配的防盜警示發報器；以及一罩殼，……。」

法院：

　　「氣壓變化偵測器」係記載「用以監測被保全空間內的瞬間氣壓變化狀態」等等，已有「用以（means for）」之用語，符合前述之條件。惟在系爭專利之說明書中查無可對應該功能之結構、材料、或動作，因此不屬於前述之條件所稱記載特定功能，故「監測被保全空間內的瞬間氣壓變化狀態」所實現之功能非為手段功能用語，僅為屬於功能性子句之用語。對於熟悉氣壓變化偵測防盜裝置業者而言，只要可達到「監測被保全空間內的瞬間氣壓變化狀態」功能的氣壓變化偵測器，均為其技術範圍。

　　筆者：請求項中所載之功能特徵是否適用手段功能用語之解釋方法，應依專利審查基準所示之三要件而定；至於說明書是否記載對應之結構或材料，是請求項記載是否明確、被支持的問題，二者不宜混淆。若「氣壓變化偵測器」係已知之既有結構用語，該請求項為該發明所屬技術領域中具有通常知識者所能理解、想像者，則為明確，得逕行認定其為結構特徵。從而，「氣壓變化偵測器」之解釋，無涉前述三要件之認定，更不必對照說明書之記載；即使說明書記載對應之結構或材料，仍只是具體之實施方式，尚不得限於該結構或材料。

#案例－智慧財產法院101年度行專訴第70號判決

系爭專利：

　　請求項1：「一種風扇系統，包括：一定子磁極；一驅動單元，係與該定子磁極耦合，並依據一驅動信號控制該定子磁極之極性改變；以及一即時停止單元，係與該驅動單元電性連接；其中，當該風扇系統斷電時，該驅動單元依據該即時停止單元所產生之一控制信號，使該定子磁極之二端電位相同，以使該風扇系統即時停止運轉。」

法院：

「即時停止單元」係記載「産生之一控制信號，使該定子磁極之二端電位相同」功能之技術特徵，系爭專利申請前所屬技術領域中具有通常知識者無法藉由前述之功能記載而推得出達成該功能之電路完整結構。說明書之實施方式記載該技術特徵，揭露電容、NMOSFET電晶體所組成電路之完整結構。雖請求項1中所載之技術特徵將如同美國聯邦最高法院之判例所言，不合理地包含任何可達成該功能的元件，但由於該技術特徵對應於說明書之實施方式之結構確實明確，且該實施方式亦確實爲專利權人之發明，故系爭專利申請專利範圍第1項及其附屬項係以手段功能用語表示。

案例－智慧財產法院97年度民專訴字第10號判決

系爭專利：

請求項1：「一種多樣式媒體即時錄製系統，包括：一擷取模組，用以擷取一多樣式媒體來源；一錄製模組，……；以及一隨機存取模組，用以應一中斷指令而停止該錄製模組錄製該多樣式媒體來源，定位該數位非連續儲存模組中該數位資料中之一位置，並無該多樣式媒體關係表中相應該位置後之該事件標記，且繼續提供該錄製模組錄製該擷取模組所擷取之該多樣式媒體來源於該數位資料中之該位置之後。」

法院：

系爭專利申請專利範圍第1項，參考被證8之該軟體操作過程記錄公證書內容，證據2所揭示之軟體雖具有將兩段不同媒體錄製在一起的功能，惟其功能僅是錄製功能而已，並未明確揭示如系爭專利申請專利範圍第1項之「隨機存取模組」所採用「依據該時間關係表定位該數位非連續儲存模組中該數位資料中之一位置」及「並無該多樣式媒體關係表中相應該位置之事件標記」之技術手段來達成不同媒體間之剪接功能，即使用者對一段錄製部分內容有不滿意時，可對該部分進行重新錄製，而新錄製之資料會對原此部分之資料進行覆蓋，而達成剪接之功能。由被

證8所記載之內容觀之，證據2之錄製軟體並無此功能，該錄製軟體僅能「錄製」及「播放」之功能，其並無法在錄製過程中做剪接的動作，由證據2並無法直接且無歧異得知系爭專利第1項之發明，故證據2尚無法證明系爭專利範圍第1項不具新穎性。

筆者：系爭專利之技術特徵「隨機存取模組」不符合手段功能用語之記載形式(1)，但符合記載形式(2)及(3)。然而，因「隨機存取模組」為依通常知識已知的結構，而為該發明所屬技術領域中具有通常知識者所能理解、想像者，該請求項並無違反明確要件之問題，故法院逕行以請求項中所載之功能「用以應一中斷指令而停止該錄製模組錄製該多樣式媒體來源，定位該數位非連續儲存模組中該數位資料中之一位置，並無該多樣式媒體關係表中相應該位置後之該事件標記，且繼續提供該錄製模組錄製該擷取模組所擷取之該多樣式媒體來源於該數位資料中之該位置之後。」作為限定條件，解釋「隨機存取模組」之範圍，並未依手段功能用語之解釋方法。

2. 手段請求項是否符合明確要件之判斷

對於手段請求項，美國專利商標局原本不認為必須受35 U.S.C.第112條第6項之拘束，只要先前技術中有任何元件能實現所請求之功能，則認定請求項不具可專利性，而不管說明書中所揭露之實施方式。但1994年Donaldson案[293]，美國聯邦法院判決專利申請案之審查及專利侵權分析皆必須受35 U.S.C.第112條第6項之限制，而使法院與專利商標局解釋手段請求項的方式一致[294]。換句話說，手段請求項中所載之功能特徵僅涵蓋說明書中所揭露之結構、材料或動作及其均等範圍。從被控侵權對象是否可以讀取到系爭專利請求項中所載之功能特徵之判斷，必須分析該被控侵權對象是否：(1)實現該功能特徵，及(2)實現該功能係使用說明書中所揭露之結構、材料、動作或其均等範圍。至於被控侵權對象是否落入前述均等範圍，必須

[293] In re Donaldson Co., 16 F.3d 1189, 29 USPQ2d 1845 (Fed. Cir. 1994) (en banc).
[294] 日本特許廳於1994年起認可以手段功能用語或步驟功能用語撰寫請求項。

分析其是否實現了請求項中所載之相同功能，且是否有實質相同之結構、材料或動作。

對於手段請求項中所載之功能特徵，必須解釋爲說明書中所揭露之結構、材料或動作及其均等範圍；因此，對於該功能特徵，必須在說明書載明其實施方式，清楚表示該功能特徵之涵義，否則違反明確要件[295]。解釋手段請求項中之功能特徵，首先應確定請求項中所載之特定功能爲何，其次應決定說明書中對應於該特定功能之結構、材料或動作。前述所稱之對應，指說明書或申請歷史檔案中必須記載結構、材料或動作，且其必須與請求項中所載之功能有清楚連結或關連（clearly links or associates）[296]。

雖然手段請求項中所載之技術特徵爲功能，但其必須在結構方面而非功能方面與先前技術有區別。手段請求項是否符合專利要件之判斷，必須審究其涵蓋什麼結構，始稱具體、明確，而非僅審究其具有什麼功能[297]，因爲功能是結構固有的內容[298]。因此，手段請求項中所載之功能特徵的範圍限於說明書中所載之對應結構、材料或動作及其均等物或方法，手段請求項是否符合專利要件應比對說明書中所載之對應結構、材料或動作。使用手段請求項，必須於說明書中充分記載對應請求項中所載之功能特徵的結構、材料或動作，否則不符合明確要件[299]或支持要件（未受可據以實現之結構、材料或動作所支持）[300]；然而，並非指說明書必須記載對應於手段請求項中所載功能的所有均等結構、材料或動作[301]；相對地，不必記載且最好省略習知之結構、材料或動作[302]；對於較佳實施方式、具有（商業）價值者或競爭對手可

---

[295] In re Donaldson Co., 16 F.3d 1189, 29 USPQ2d 1845 (Fed. Cir. 1994) (en banc).

[296] O.I. Corp. v. Tekmar Co., 115 F.3d 1576, 1583, 42 U.S.P.Q. 2d 1777, 1782 (Fed. Cir. 1997) (The Federal Circuit holds that, pursuant to this provision (35 U.S.C. 112 paragraph 6), structure disclosed in the specification is corresponding structure only if the specification or prosecution history clearly links or associates that structure to the function recited in the claim. This duty to link or associate structure to function is the quid quo for the convenience of employing Section 112, Paragraph 6.)

[297] Hewlett-Packard Co. v. Bausch & Lomb Inc., 909 F.2d 1464, 1469, 15 USPQ2d 1525, 1528 (Fed. Cir. 1990).

[298] In re Schreiber, 128 F.3d 1473, 1477-78, 44 USPQ2d 1429, 1431-32 (Fed. Cir. 1997).

[299] In re Dossel, 115 F.3d 942, 946, 42 USPQ2d 1881, 1884 (Fed. Cir. 1997).

[300] In re Ghiron, 442 F.2d 985, 991, 169 USPQ 723, 727 (CCPA 1971).

[301] In re Noll, 545 F.2d 141, 149-50, 191 USPQ 721, 727 (CCPA 1976).

[302] Hybritech Inc. v. Monoclonal Antibodies, Inc., 802 F.2d 1367, 1384, 231 USPQ 81, 94 (Fed.

能採用者，應盡可能詳細記載，將其納入請求項中之功能特徵所涵蓋的文義範圍。

在決定說明書是否滿足明確要件時，必須基於該發明所屬技術領域中具有通常知識者之觀點，檢視說明書之揭露內容，在不依賴外部文件的前提下，分析決定之[303]，亦即說明書中必須記載對應之結構、材料或動作，及清楚的連結或關連關係。若該發明所屬技術領域中具有通常知識者從說明書之記載內容，包括隱含或固有之揭露內容，能明瞭什麼結構、材料或動作實現了請求項中所載之功能特徵，則符合明確要件。對於請求項中所載之功能特徵，若說明書中未記載對應之結構、材料或動作，請求項不符合明確要件。例如美國法院解釋請求項中「用來監看ECG訊號……啓動……的第3監看手段」片語，認爲同一手段實現二種功能，而說明書中唯一提及之東西唯有醫師，因而判決除醫師外沒有結構可以完成所請求之雙重功能，因爲實施方式中並未揭露眞正實現所請求之雙重功能的結構，請求項不符合明確要件[304]。

美國法院指出在決定是否已揭露足夠的結構時，應基於該發明所屬技術領域中具有通常知識者之觀點，並指出專利商標局所發布的補充審查指南符合法院判決的這個觀點[305]。在Atmel案中，請求項中記載一種裝置，包含適用35 U.S.C.第112條第6項之技術特徵「高電壓產生手段」（high voltage generating means），其說明書引述非專利文件之技術期刊，該期刊描述了一特殊高電壓產生電路。美國聯邦巡迴上訴法院指出說明書已向該發明所屬技術領域中具有通常知識者充分揭露了實現所載之功能的對應結構，而將案件發回地方法院[306]。然而，於2005年前述Default Proof Credit Card System, Inc.案，美國聯邦巡迴上訴法院推翻前述見解，判決說明書中必須記載對應之結構、材料或動作，及清楚的連結或關連關係，不得依賴外部文件[307]。

Cir. 1986).

[303] Default Proof Credit Card System, Inc. v. Home Depot U.S.A., Inc., ___F.3d ___, 75 USPQ2d 1116 (Fed. Cir. 2005).

[304] Cardiac Pacemakers, Inc. v. St. Jude Med., Inc., 296 F.3d 1106, 1115-18, 63 USPQ2d 1725, 1731-34 (Fed. Cir. 2002).

[305] In re Dossel, 115 F.3d 942, 946-47, 42 USPQ2d 1881, 1885 (Fed. Cir. 1997).

[306] Atmel Corp. v. Information Storage Devices, Inc., 198 F.3d at 1382, 53 USPQ2d at 1231 (Fed. Cir. 1999).

[307] Default Proof Credit Card System, Inc. v. Home Depot U.S.A., Inc., ___F.3d ___, 75 USPQ2d 1116 (Fed. Cir. 2005).

對於電腦軟體相關之發明，若申請人僅揭露所實現之功能，而未以明示、隱含或固有的方式揭露硬體或硬體與實現該功能之軟體的組合，則申請案未揭露對應請求項中所載之功能特徵的任何結構[308]。絕大部分的情況下，說明書必須明示對應手段功能用語中之功能的結構、材料或動作，例如美國法院即指出接收數位數據單元實現了複雜的數學計算，且輸出結果到顯示器，其必須藉由或利用普通或特別目的之「電腦」予以執行[309]。在適當的情況下，圖式可以提供對應之結構、材料或動作[310]。

基於前述說明，下列五種情況構成手段請求項之申請專利範圍不明確，其中(3)至(5)一併構成說明書所載之內容違反可據以實現要件：
(1) 依撰寫之格式無法判斷是否為手段請求項（包括純功能請求項）。
(2) 請求項中所載之功能不清楚。
(3) 說明書中未記載對應該功能之結構、材料或動作。
(4) 說明書中未敘明請求項中所載之功能與說明書中所載之結構、材料或動作的對應關係。
(5) 說明書中所載對應該功能之結構、材料或動作不明確或不充分。

#案例－Atmel Corp. v. Information Storage Devices, Inc.,[311]

系爭專利：
　　一種充電泵，US 4,511,811，在半導陣列上的充電泵，由強化及MOS電晶體組成，以提供可程式電壓。請求項1：「一種裝置……；高電壓產生手段（high voltage generating means），置於該半導體電路上連接至半導體電路，用以自一低壓電源供應器產生高電壓；電壓脈衝產生手段，……；手段用以由該電壓脈衝手段偶合電壓至該半導體線路之一電壓結點；傳送手段……；該傳送手段含有切換手段，……。」

---

[308] B. Braun Med., Inc. v. Abbott Lab., 124 F.3d 1419, 1424-25, 43 U.S.P.Q. 2d 1896, 1899-1900 (Fed. Cir. 1997).

[309] Dossel, 115 F.3d at 946, 42 USPQ2d at 1885.

[310] Vas-Cath, Inc. v. Mahurkar, 935 F.2d 1555, 1565, 19 USPQ2d 1111, 1118 (Fed. Cir. 1991).

[311] Atmel Corp. v. Information Storage Devices, Inc., 198 F.3d at 1382, 53 USPQ2d at 1231 (Fed. Cir. 1999).

二造：

　　不爭執請求項1爲手段請求項。

地方法院：

　　雖然用來實現高電壓產生電路的電路組成爲已知者，可見於Dickson技術文獻「NMOS積體電路使用改良電壓多元技術，IEEE Journal of Solid State Circuits, No.3, June 1976」，但說明書中未清楚記載對應結構，則該請求項不明確，應爲無效專利。

聯邦巡迴上訴法院：

　　請求項是否不明確而無效，係取決於所屬技術領域中具有通常知識者參考說明書後是否瞭解請求項之範圍。本案說明書已敘明外部的Dickson技術文獻已揭露「已知電路技術被用來實現高電壓電路」，且專家證詞證實此文獻足以使所屬技術領域中具有通常知識者瞭解用何種電路，而無須過度負擔，故並無不明確之情事。對於手段請求項中所載之功能特徵，只要所屬技術領域中具有通常知識者瞭解說明書中所載對應該功能的結構，無論是隱含或揭露，皆符合明確要件。滿足明確要件的判斷原則：A.對應請求項中所載之功能特徵，說明書是否有充分之結構描述；B.說明書已指出外部文獻有對應之結構者，仍滿足明確要件；但須注意外部文獻中所揭露之結構不能取代未在說明書中所揭露之結構。

#案例－B. Braun Med., Inc. v. Abbott Lab.,[312]

系爭專利：

　　一種常閉自動釋放閥，US 4,683,916。系爭專利可連接靜脈注射管路並藉無針式注射或吸出流體，可避免針狀物的傷害，而具有安全性。

　　請求項1：「一種閥裝置，包含：第一本體元件，具一輸入口；第二本體元件，與該第一本體元件組合，且有一輸入口；一彈性閥圓盤，

---

[312] B. Braun Med., Inc. v. Abbott Lab., 124 F.3d 1419, 1424-25, 43 U.S.P.Q. 2d 1896, 1899-1900 (Fed. Cir. 1997).

裝在該第一本體元件及第二本體元件之間；第一手段，連結一本體元件，用以支撐圓盤中心；<u>手段，連結另一本體元件，用以維持該圓盤穩固在該第一手段上，以該圓盤邊緣可以移動方式</u>；及手段，在該圓盤旁邊，用以將靜脈注射器嵌入，以便打開常閉圓盤，並經由該裝置注入及吸出流體。」

　　說明書：組合後，第一本體元件之橫桿下端下壓撓性圓盤的中央部分，朝三角狀的頂端。此壓力使三角狀的頂端在圓盤內形成一小凹點，該小凹點會使圓盤邊緣移動。此外，圖2清楚顯示一橫桿使圓盤維持在三角狀元件上。

地院：

　　被控侵權對象並無橫桿或其均等物，故侵權不成立。

原告：

　　除說明書及圖2外，圖3揭露一閥座，該閥座也穩固維持該圓盤於該三角狀元件上。

聯邦巡迴上訴法院：

　　對於手段請求項，說明書必須記載對應之結構。所稱之對應，說明書或申請歷史檔案中所載之結構必須「清楚連結」至該功能。雖然圖3揭露閥座，但對於該閥座之結構與該功能之對應，說明書及申請歷史檔案未清楚描述。被控侵權對象並無橫桿，故文義侵權及均等侵權皆不成立。

3. 手段請求項之解釋及其步驟

　　解釋手段請求項，必須有四個步驟：

(1) 決定請求項中所載之技術特徵是否以手段功能用語予以界定。

(2) 確定以手段功能用語界定之功能為何。

(3) 決定說明書中對應該功能之結構、材料或動作。此步驟屬於法律問題[313]。

---

[313] B. Braun Med., Inc. v. Abbott Lab., 124 F.3d 1419, 1424-25, 43 U.S.P.Q. 2d 1896, 1899-1900

(4) 判斷所對應之結構、材料或動作及其均等物或方法為何。此步驟屬於事實問題[314]。

　　在第(3)步驟中，說明書中對應該功能之結構、材料或動作與請求項中之手段功能用語的對應關係必須清楚描述於說明書或申請歷史檔案，始能認定所對應之結構、材料或動作為該手段功能用語所涵蓋之範圍[315]；若未清楚描述，則非該手段功能用語所涵蓋之範圍[316]。

　　經認定請求項中所載之技術特徵為手段功能用語者，應決定其所請求之功能，並檢視說明書以決定其是否充分描述實現請求項中所載功能特徵之對應結構、材料或動作。說明書之文字內容必須從該發明所屬技術領域中具有通常知識者的觀點來衡量其是否可理解該文字內容已揭露對應之結構、材料或動作。為符合專利法第26條第2項之明確要件，說明書必須揭露手段請求項中所載功能特徵之對應結構、材料或動作，且說明書或申請歷史檔案必須清楚連結或關連到手段請求項中所載之功能特徵[317]；若說明書未揭露或未充分揭露對應之結構、材料或動作，或說明書或申請歷史檔案所揭露的內容無法連結或關連到對應之結構、材料或動作，得以不符合專利法第26條第2項之明確要件予以核駁。若說明書僅聲明已知的技術或方法均適用，尚難稱該手段請求項符合明確要件。

(Fed. Cir. 1997).

[314] Palumbo et al. v. Don-Joy Co. et al. 762 F.2d 969, 975, 226 U.S.P.Q. 5, 8 (Fed. Cir. 1985).

[315] O.I. Corp. v. Tekmar Co., 115 F.3d 1576, 1583, 42 U.S.P.Q. 2d 1777, 1782 (Fed. Cir. 1997) (The Federal Circuit holds that, pursuant to this provision [35 U.S.C. 112 paragraph 6], structure disclosed in the specification is corresponding structure only if the specification or prosecution history clearly links or associates that structure to the function recited in the claim. This duty to link or associate structure to function is the quid quo for the convenience of employing Section 112, Paragraph 6.)

[316] Medtronic Inc. v. Advanced Cardiovascular Systems Inc., 58 U.S.P.Q. 2d 1607 (Fed. Cir. 2001) (Even though the alleged corresponding structure in the specification are definitely capable of performing the function recited in the means-plus-function limitation, that may be insufficient to relate that structure to the means-plus-function limitation in the claim where there is no clear link or association between the disclosed structure and the function recited in the means-plus-function claim limitation.)

[317] B. Braun Med., Inc. v. Abbott Lab., 124 F.3d 1419, 1424-25, 43 U.S.P.Q. 2d 1896, 1899-1900 (Fed. Cir. 1997) (Structure disclosed in the specification, however, is only "corresponding" structure to the claimed means under § 112, p 6 if the structure is clearly linked by the specification or the prosecution history to the function recited in the claim.)

　　依專利法施行細則第19條第4項：「複數技術特徵組合之發明，其請求項之技術特徵，得以手段功能用語或步驟功能用語表示。於解釋請求項時，應包含說明書中所敘述對應於該功能之結構、材料或動作及其均等範圍。」解釋手段請求項時，除了請求項中所載之功能特徵外，該功能特徵僅能包含說明書中對應於該功能之結構、材料或動作，及該發明所屬技術領域中具有通常知識者不會產生疑義之均等範圍（均等物或均等方法），據以認定其專利權範圍。前述解釋申請專利範圍之方法適用於手段功能用語所界定之技術特徵，而非以手段功能用語界定之技術特徵，例如其他結構特徵，不受前述規定之限制[318]。此外，請求項中所載之技術特徵為手段功能用語者，該技術特徵固然應被解釋為包含說明書中所載的對應結構、材料或動作及其均等範圍，惟對於請求項中未記載之功能特徵，或對於實現請求項中所載之功能特徵並非「必要」的對應結構、材料或動作，均不能讀入請求項作為限定，從而限縮申請專利範圍。具體而言，專利法施行細則第19條第4項規定手段請求項的解釋方法係「……說明書中所敘述……」，並未限於「實施方式」中所載之結構、材料或動作，故不宜包括「不必要」之結構、材料或動作[319]。

　　解釋請求項中以手段功能用語記載之特徵，必須確定所請求之功能，並確定說明書中所載執行該功能的對應結構，切必將不必要的技術特徵導入申請專利範圍，而違反禁止讀入原則。在Acromed Corporation v. Sofamor Danek Group, Inc.案，請求項中所載之功能特徵為「堵塞流出物並限制其橫向運動」，其對應結構僅限於實現「堵塞流出物並限制其橫向運動」功能所必須的必要技術特徵，不必對應到整個實施方式，即使實施方式確實有螺絲直徑的描述。因此，該功能之對應結構為「骨骼螺絲的本體部分及肩部」，不必如被告所主張另包含「本體部分的直徑必須等於或大於螺紋部分脊部的直徑」。若依被告之主張，該請求項之解釋會違反禁止讀入原則。[320]

---

[318] IMS Technology, Inc. v. Haas Automation, Inc., 206 F.3d 1422, 54, 54 U.S.P.Q. 2d (BNA) 1129 (Fed. Cir. 2000) (Section 112, paragraph 6 does not limit all terms in a means-plus-function or step-plus-function clause to what was disclosed in the written description and equivalents thereof.)

[319] Medtronic Inc. v. Advanced Cardiovascular Systems Inc., 58 U.S.P.Q. 2d 1607 (Fed. Cir. 2001) (Even though the alleged corresponding structure in the specification are definitely capable of performing the function recited in the means-plus-function limitation, ...)

[320] Acromed Corporation v. Sofamor Danek Group, Inc. 253 F. 3d 1371 (2001) (In construing

　　美國聯邦巡迴上訴法院指出：對於手段請求項，若說明書中所載之結構可以互相替代，解釋該請求項，不必以一個上位概念用語涵蓋所有可互相替代的結構，只要就個別結構對應該手段功能用語作出個別解釋即足[321]。例如，請求項中某一技術特徵的功能敘述為「手段，用以轉換多個影像成為一特定之數位格式」，說明書中對應該功能的結構是資料擷取器或電腦錄影處理器，只能將類比資料轉換成數位格式，雖然「以程式完成之數位對數位轉換」之結構也能達成該功能，但因說明書已記載該結構但未清楚連結或關連至該結構，則該請求項之解釋不包含「以程式完成數位對數位轉換」之結構[322]。

　　專利法施行細則第19條第4項規定手段請求項的解釋方法，是為避免專利權人利用手段功能用語擴張其專利權範圍，進而超出其揭露內容所先占之技術範圍，而有違公示原則。35 U.S.C.第112條第6項明定「均等」（equivalents），美國法院並未表示其判斷方法與均等論不同；相對地，美國法院亦未表示手段請求項不適用貢獻原則等其他有關之分析方法。基於公示原則及先占之法理，筆者以為手段請求項仍適用無實質差異（insubstantial difference）之判斷、均等論及貢獻原則等有關之分析方法。對於前述「手段，用以轉換多個影像成為一特定之數位格式」之例，因說明書未清楚連結或關連至「以程式完成之數位對數位轉換」之結構，以致該請求項之解釋不包含該結構，可理解係因貢獻原則之適用。惟若說明書並未記載「以程式完

---

a means-plus-function limitation, a court must identify both the claimed function and the corresponding structure in the written description for performing that function. ……Under 35 U.S.C. § 112, 6, a court may not import into the claim structural limitations from the written description that are unnecessary to perform the claimed function. In this case, the district court correctly identified "blocking effluence and restricting transverse movement" as the recited functions. The trial court then correctly concluded that the body portion 182 and the shoulder portion 184 perform these two functions together. To limit the body portion to a diameter at least as large as the crest diameter of the second externally threaded portion would be to impermissibly import into the claim limitation specific dimensions of a preferred embodiment that are unnecessary to perform the claimed function of blocking effluence and restricting transverse movement.This court will not limit a patent to its preferred embodiments in the face of evidence of broader coverage by the claims.)

[321] Cortland Line Co., v. Orvis Co., Inc., 203 F.3d 1351, 53 U.S.P.Q. 2d 1734 (Fed. Cir. 2000).

[322] Medical Instrumentation and Diagnostics Corp. v. Elekta AB, 344 F.3d 1205 (2003).

成之數位對數位轉換」之結構，對於該發明所屬技術領域中具有通常知識者而言，「類比資料轉換成數位格式」與「以程式完成之數位對數位轉換」二者之結構具有可置換性者，筆者以爲該請求項之解釋尚包含「以程式完成數位對數位轉換」之結構，因爲二者均等，符合法定手段請求項之解釋方法。

解釋手段請求項之重點整理如下[323]：

(1) 僅手段功能用語所描述之技術特徵始適用：就請求項中所載之功能特徵，認定屬於手段功能用語之技術特徵，僅該技術特徵適用手段請求項之解釋方法，其他技術特徵不適用。

(2) 確認對應之結構、材料或動作：從說明書中所描述實現請求項中所載之功能特徵的對應結構、材料或動作，及說明書或申請歷史檔案所描述該功能特徵與該對應結構、材料或動作之連結或關連關係，確認該功能特徵所涵蓋的結構、材料或動作。說明書中所載之結構、材料或動作未涉及該功能特徵或對於該功能特徵非屬必要者，均非該功能特徵所涵蓋的範圍，不得作爲限定條件。

(3) 均等範圍的判斷：請求項中所載之功能特徵不僅涵蓋說明書中所載之對應結構、材料或動作，亦涵蓋其均等範圍。均等範圍，除不得爲說明書已明確排除於均等範圍之外的技術特徵外，其判斷標準：

　　A. 對比之結構、材料或動作雖然有差異，但係以實質相同之方式，實現請求項中所載之相同功能，且達成說明書中所載對應該功能實質相同之結果。

　　B. 對比之結構、材料或動作雖然有差異，但具有通常知識者認爲依申請時之通常知識係可簡易置換，而具可置換性者。

　　C. 對比之結構、材料或動作雖然有差異，但其並非實質上的差異。

就前述(3)之A、B及C三項判斷方式觀之，專利法施行細則第19條第4項中所載之「均等範圍」與專利侵權訴訟中之「均等論」並無太大不同。惟「均等範圍」必須限於請求項中所載之相同功能，及說明書中所載之結構、材料或動作於申請時之均等範圍[324]；「均等論」不限於前述相同功能及結

---

[323] Golight Inc. v. Wal-Mart Stores Inc., 355 F.3d 1327, 1333-34, 69 USPQ2d 1481, 1486 (Fed. Cir. 2004).

[324] Valmont Indus., Inc. v. Reinke Mfg. Co., 983 F.2d 1039, 25 U.S.P.Q.2d (BNA) 1455 (Fed. Cir. 1993).

構、材料或動作等，亦不限於申請時之均等範圍，而是以侵害專利之時點為準[325]。

　　手段請求項包含說明書所揭露之結構、材料或動作及其均等範圍，所述之「均等範圍」與專利侵權分析之「均等論」經常造成混淆，其異同說明如下：

(1) 均等範圍適用於專利審查、有效性及侵權分析；均等論僅適用於專利侵權分析。

(2) 均等範圍判斷之時點為專利申請時，即解釋申請專利範圍之時點；均等論判斷之時點為專利侵權時。

(3) 均等範圍之均等物或方法必須與請求項中所載之功能完全相同；均等論之功能僅須與請求項所載之技術特徵實質相同即足。

　　中國最高法院的「關於專利權糾紛案件的解釋」第4條：「對於權利要求中以功能或者效果表述的技術特徵，人民法院應當結合說明書和附圖描述的該功能或者效果的具體實施方式及其等同的實施方式，確定該技術特徵的內容。」顯示中國對於以功能或效果特徵界定之請求項，其解釋申請專利範圍的方法與前述內容相當。中國北京高級法院的「專利侵權判定指南」第16條有詳細說明：「（第1項）對於權利要求中以功能或者效果表述的功能性技術特徵，應當結合說明書和附圖描述的該功能或者效果的具體實施方式及其等同的實施方式，確定該技術特徵的內容。（第2項）功能性技術特徵，是指權利要求中的對產品的部件或部件之間的配合關係或者對方法的步驟採用其在發明創造中所起的作用、功能或者產生的效果來限定的技術特徵。（第3項）下列情形一般不宜認定為功能性技術特徵：(1)以功能或效果性語言表述且已經成為所屬技術領域的普通技術人員普遍知曉的技術名詞一類的技術特徵，如導體、散熱裝置、粘結劑、放大器、變速器、濾波器等；(2)使用功能性或效果性語言表述，但同時也用相應的結構、材料、步驟等特徵進行描述的技術特徵。」第17條明確規定功能性技術特徵的範圍：「在確定功能性技術特徵的內容時，應當將功能性技術特徵限定為說明書中所對應的為實現所述功能、效果所必須的結構、步驟特徵。」

[325] Al-Site Corp. v. VSI Int'l, Inc., 174 F.3d 1308, 50 U.S.P.Q.2d (BNA) 1161, 1167 (Fed. Cir. 1999); Ishida Co. v. Taylor, 221 F.3d 1310, 55 U.S.P.Q.2d (BNA) 1449, 1453 (Fed. Cir. 2000).

　　說明書及申請專利範圍的撰寫係由申請人自行決定，限制僅在於必須符合專利法規定的可據以實現要件、明確要件及支持要件。國際上，雖然僅有我國與美國專利法規有規定手段請求項之撰寫規範，但並不代表其他國家不允許以手段功能用語撰寫請求項。我國係於87年10月7日公布電腦軟體相關發明的審查基準中引進手段請求項之撰寫，另於93年7月1日施行的專利法施行細則第18條第8項中規定手段請求項之撰寫及解釋方法，但不代表在93年公告日或87年發布日之前不允許撰寫手段請求項，或不能以該方法解釋手段請求項。按行政程序法第165條規定，行政指導，指行政機關在其職權或所掌理之事務範圍內，為實現一定之行政目的，以輔導、協助、勸告、建議或其他不具法律上強制力之方法，促請特定人為一定作為或不作為之行為。行政指導係認知表示之一種，有別於意思表示，性質上為事實行為之一，並未改變權力關係的公權力行為。專利專責機關於施行細則或審查基準中指導說明書或申請專利範圍的撰寫方式，係基於為實現其所掌理應否准予專利之行政權限下而為之輔導、協助或建議等規定，促請申請人依該方式撰寫，較能符合專利法之本旨，不依審查基準之規定撰寫者，較有可能不符合專利法之本旨，而無法取得專利。換句話說，申請專利範圍中撰寫手段請求項，說明書中宜記載對應該功能之結構、材料或動作，較能符合專利法規定的明確要件等；然而，並非指說明書中一定要記載對應之結構、材料或動作，始符合明確要件等，因為是否符合明確要件等，仍須依該發明所屬技術領域中具有通常知識者之觀點審酌之。為保護法的安定性，原則上，固然應儘量依專利法規解釋手段請求項，但只要申請專利範圍已為明確且為說明書所支持，解釋時，尚不得依細則之規定，以說明書中所載之結構、材料或動作限制專利權範圍。[326]

　　過去一段時期，專利權人認為手段請求項有較大的空間擴張解釋其專利權範圍，但從美國專利實務的發展觀之，對於手段請求項的專利權範圍，法院判決已嚴格限制於說明書中所載之對應結構、材料或動作及其均等物或方法。依非正式統計，2000年之後，美國聯邦巡迴上訴法院認定為手段請求項的案例，80%不利於專利權人，因此，希望藉手段請求項擴張專利權範圍的

---

[326] 熊誦梅，美國法上手段功能用語之最新發展，2013/10/24，頁3/5，https://www.tipa.org.tw/p3_1-1 print.asp?nno=194。

想法並不實際。

#案例－Multiform Desiccants Inc. v. Medzam Ltd.[327]

系爭專利：

　　一種處理醫療廢棄物之容器，包袋包括裝著有毒液體的內部容器及封袋，當該內部容器破裂或滲漏，釋出之液體會降解該封袋之材質而被封袋中之內容物所吸收、停滯或處理。實施方式揭露之封袋材質爲可溶性，其內容物爲已知的聚丙烯酸鈉，其與液體接觸會膨脹並形成膠質吸附劑。

　　請求項1：「一種可吸收並停滯液體之包袋，包括：一封袋，其在該液體中可降解；第1材料，置於該封袋，用以可吸收並停滯液體；及第2材料，容置於該封袋中，用以處理該液體，該液體本身被吸收並停滯以化解某特定有害之品質。」

　　請求項11：「一種可吸收並停滯液體之包袋，包括第1種材料……，第2種材料…，及用於包含該第1種及該第2種材料之手段，該手段是乾燥的，用於在該手段與該液體接觸時釋出該第1種及該第2種材料，從而使該第1種及該第2種材料對該液體進行吸收、停滯及處理。」

專利權人：

　　在申請過程中曾聲明該封袋正常功能不一定須解體，因「可降解」（degradable）可被解釋爲「解體」（disintegrate）之同義詞，爲避免不明確，故以手段功能用語撰寫請求項。由第11項，即可清楚說明本發明並不限於溶解、解體的封袋。被控侵權對象具有收納及釋出內容物之功能，即使其結構、材料與說明書中所載者並非完全相同，其仍屬具有相同功能的均等物。

　　依請求項差異原則，對於請求項1之「可降解」，請求項11手段請求項應給予更寬的不同解釋，因爲後者並未限制在「可降解」，而是以收納及釋出之功能予以界定。

---

327 Multiform Desiccants Inc. v. Medzam Ltd., 133 F.3d 1473, 45 USPQ2d 1429 (Fed. Cir. 1998).

對於均等論之判斷，被控侵權對象與系爭專利之間係可置換之關係，證明兩者均等。

地方法院：

請求項11收納及釋出之功能並未涵蓋所有與液體接觸即釋出其內容物之封袋，因為其說明書所描述之封袋材料為「可降解之澱粉紙」（degradable starch paper）、「在水與其他液體中可降解」（degradable in water and other liquids）、「能溶解」（able to dissolve）及「實際上全部解體」（practically entirely disintegrated），因此封袋之釋出功能必須由溶解造成解體予以達成。被控侵權對象並未行使請求項11之功能。

對於被控侵權對象之撐開方式與請求項11之溶解方式以達到釋出之功能，具有通常知識者不認為兩者之間的關係是可置換。

聯邦巡迴上訴法院：

手段請求項中之功能不能被擴大而超出說明書所能支持的範圍，亦即僅限於說明書中所載之結構、材料或動作及其均等物。

依請求項差異原則，每一請求項之範圍均相對獨立，惟以不同用語撰寫之請求項亦可能涵蓋基本上相同之申請標的。即使依請求項差異原則，仍不得將請求項之範圍擴大而超出其應有之範圍。因而認定地方法院之判決並無違誤。

有關均等論之判斷，亦支持地方法院之觀點。

#案例－智慧財產法院100年度民專訴第64號判決

系爭專利：

請求項1：「一種紗的空氣處理裝置，將紗在一紗通道中處理，該紗通道至少部分地設在一個可封閉的噴嘴板中，其中該裝置有一叉形實心軛及一彈簧夾緊手段，該軛具有上攜帶器及下攜帶器，該噴嘴板可利用一移動槓桿移到一開放之穿入位置及一封閉之操作位置，其特徵在：該裝置有一個整合的鬆開輔助手段，具有力量提升傳動裝置，以將彈簧壓力解除。」

被告：

　　原告採手段功能用語界定的「彈簧夾緊手段」及「鬆開輔助手段」，但未指明其對應該功能的結構為何。系爭專利採吉普森形式撰寫請求項，於「其特徵在」之後僅有「鬆開輔助手段」一項技術特徵，不符合手段功能用語需有「複數技術特徵」的規定而致不明確。

法院：

　　於採用吉普森形式撰寫申請專利範圍之場合，因吉普森形式之前言部分為先前技術之技術特徵，特徵要件部分則為專利申請利主張為其發明部分之技術特徵，則以吉普森形式撰寫申請專利範圍，本質上即屬結合先前技術與專利申請人主張其發明之複數技術特徵，而非屬僅有一項構成要件構成之申請專利範圍，自得採用「手段功能」形式撰寫申請利範圍。

　　解釋請求項之前言部分之「彈簧夾緊手段」係指「壓縮彈簧」，參酌專利說明書所記載「鬆開槓桿」同時也是「彈簧夾緊槓桿」；依專利說明書之第1圖所繪，壓縮彈簧係位於「鬆開槓桿」之右下方，自可知悉所謂「一彈簧夾緊手段」係指「壓縮彈簧」。另外，特徵部分的「鬆開輔助手段」，應對應於說明書第11～12頁所有關於「可輔助鬆開該壓縮彈簧之構件」。

＃案例－智慧財產法院97年度民專訴字第18號判決

系爭專利：

　　專利A請求項1：「一種熱傳裝置，包含有：至少一器室，其容納有一可凝結液體，該室包括一設置來耦合至一熱源以用於蒸發該可凝結液體之蒸發區，被蒸發之可凝結液體於該至少一器室之內的表面上集聚為凝結液；以及<u>一多芯結構，其包含有一多數可互操作之芯結構設置於該至少一器室之內供用於促進該凝結液朝向該蒸發區流動</u>。」

原告：

　　系爭專利A之申請專利範圍已完整揭示技術特徵之結構，應無依專利

法施行細則第18條第8項解釋之必要。依據再審查理由書第3頁等審查歷史所建立之文義解釋，至少應涵蓋或文義上讀入（literally read on）任一實際上包含多數互連之芯結構從蒸發區不斷延伸至凝結區而具有一空間變化的芯吸能力使得凝結液聚向蒸發區時可有一增加的芯吸能力的多芯結構。

被告：

系爭專利A獨立項中關於「多芯結構」之記載應非以「手段功能用語」界定其技術特徵。該獨立項並非「技術特徵無法以結構、性質或步驟界定，或者以功能界定較為清楚」者，且屬於「純功能」之記載，欠缺具體技術特徵，所屬技術領域中具有通常知識者並無想像出其具體結構之可能性，導致申請專利範圍不明確，具有法定應撤銷事由，無須進行解釋。系爭專利申請專利範圍第1項不符合專利審查基準中所指「惟若某些技術特徵無法以結構、性質或步驟界定，或者以功能界定較為清楚……，得以功能界定申請專利範圍，應注意者，不允許以純功能界定物或方法的申請專利範圍。」屬於「純功能」之記載，欠缺具體技術特徵。

法院：

兩造雖然均不同意申請專利範圍第1項所記載之技術特徵適用專利法施行細則第18條第8項之解釋方法，惟對於申請專利範圍第1項所載之用語「多芯結構」及其功能「供用於促進該凝結液朝向該蒸發區流動」，兩造均認為其並未記載完整的結構，致被告認為應認定申請專利範圍第1項不明確，而原告認為應讀入說明書中所載相對應之技術特徵。由於發明專利權範圍以申請專利範圍為準，原則上，不得如原告所主張將未載於申請專利範圍之技術特徵讀入申請專利範圍，但在行政處分並無重大瑕疵，且經公告之專利權應視為有效之原則下，若依前述施行細則所定之解釋方法，則容許如原告所主張將專利說明書中所載相對應之結構或材料讀入申請專利範圍第1項，故系爭專利A申請專利範圍第1項應適用專利法施行細則第18條第8項之解釋方法。

申請專利範圍第1項所載之「多芯結構」並非通常知識中之一般用

語，該發明所屬技術領域中具有通常知識者實無法明瞭其意義，且因申請專利範圍第1項中僅記載多芯結構「包含有一多數可互操作之芯結構設置於該至少一器室之內」之結構特徵，及「供用於促進該凝結液朝向該蒸發區流動」之特定功能，並未記載足以達成該特定功能之完整結構或材料特徵，故「多芯結構……」，故這項技術特徵應適用專利法施行細則第18條第8項之解釋方法。

依原告所定系爭專利A發明名稱之英譯，申請專利範圍第1項中所載之「多芯結構」為「MULTI-WICK STRUCTURE」，可以解釋為「多毛細結構」，依其說明書內容，可以包括多種毛細結構或多層及多種毛細結構。基於說明書之記載，申請專利範圍第1項中所載之「多芯結構」至少必須對應到「該加熱（蒸發）區域具有一高芯吸力因子，且該芯吸力因子會隨著與該加熱區域之距離的增加而減少」之必要技術特徵，始能達成申請專利範圍第1項所界定之特定功能。另為明確界定該特徵，得依原告之主張解釋申專利範圍第1項必須「從蒸發區不斷延伸至凝結區」。

前述「該加熱（蒸發）區域具有一高芯吸力因子，且該芯吸力因子會隨著與該加熱區域之距離的增加而減少」之結構特徵係記載於申請專利範圍第2項之附屬技術特徵，雖然將前述結構特徵讀入申請專利範圍第1項，會導致申請專利範圍第1項與第2項相同，有違請求項差異原則，但在申請專利範圍第1項適用專利法施行細則第18條第8項所定之解釋方法的情況下，申請專利範圍第1項與2項之間可不適用請求項差異原則。

按申請專利範圍如何記載係申請人之選擇，基準並非限制性之規定，況且該基準亦敘明若申請人認為「以功能界定較為清楚」，即得以功能界定申請專利範圍，無需任何條件。至於前述基準所稱之「純功能」，係指整個請求項僅為單一功能，在這種情況下，該請求項無異是請求所欲達成之目的而非具體之發明構思，並非指單一技術特徵不得為功能限定。

#案例－智慧財產法院98年度民專上字第19號判決

系爭專利：

　　請求項6：「一種利於訂閱者自動設定所欲之廣告模式以及廣告類別之儲存媒體，包含：設定廣告模式之功能手段或裝置，以利於該訂閱者得到回饋之方式；設定廣告類別之功能手段或裝置，以利於該訂閱者設定所要接收之廣告類別；產生媒合資訊之功能手段或裝置；及產生媒合資訊之功能手段或裝置，以及知會媒合系統之功能手段或裝置，以利於與一廣告媒合系統進行雙向耦合。」

被上訴人：

　　系爭專利申請專利範圍第6項之構成要件皆以「功能手段用語」表示，但說明書及圖式並未對「設定廣告模式之功能手段或裝置」、「設定廣告類別之功能手段或裝置」、「產生媒合資訊之功能手段或裝置」、「知會媒合系統之功能手段或裝置」等非通用之技術用語作定義，該等用語之意義不明確，無法清楚界定請求項中所載之發明的範圍，說明書及圖式也未記載如何藉助軟體或硬體實施該功能，因此，具有通常技術水準之人無法據以實施請求項中所載之發明，故系爭專利申請專利範圍第6項應屬無效。

法院：

　　上訴人對於系爭專利申請專利範圍第6項為手段功能用語請求項亦並不爭執。依系爭專利圖一之系統示意圖可知，其除電腦資訊硬體或網路設備資源外，必然是以程式軟體來實現。系爭專利申請專利範圍第6項為手段功能用語請求項，但於說明書與圖式中，並未能找到該等手段功能用語對應之結構及材料，且亦非該發明所屬技術領域中具有通常知識者依發明說明的內容，不參酌先前技術文獻即能瞭解對應的結構及材料，故系爭專利申請專利範圍第6項因說明書或圖式不載明實施必要之事項，使實施為不可能或困難者，有違系爭專利核准時之專利法第71條第3款之規定。

4. 步驟功能用語之解釋

對於步驟功能用語，美國聯邦巡迴上訴法院在Masco Corp. v. U.S.[328]案中引述另案指出：只有當系爭步驟所包含之功能未記載相關之動作時，始適用35 U.S.C.第112條第6項步驟功能用語，至於其他規範一概準用手段功能用語。

美國聯邦巡迴上訴法院在Seal-Flex, Inc. v. Athletic Track and Court Const.,[329]案指出：功能，指申請專利範圍中之一元件與其他元件或與申請專利範圍整體之關係中所完成之事項；動作，指如何達成或完成前述功能之描述。

#案例－OI Corporation v. Tekmar Company, Inc.[330]

系爭專利：

一種用於去除氣相色譜分析樣品中之水汽的裝置及方法，其係使氣流通過盛在容器內之該樣品，清除該樣品中之雜質及水汽，氣流、雜質及水汽組成之分析物餘料（analyte slug）流出該容器，再流經一可控制溫度之通道，最後該氣流經過另一較低溫度之通道，再流回氣相色譜分析儀，以進行雜質測定。

裝置請求項：「一種從分析物餘料中去除水汽之裝置，……包括：(a)第1手段，用來使該分析物餘料穿過加熱到起始溫度之<u>通道</u>……；及(b)第2手段，用來使該分析物餘料穿過經氣冷到第2溫度之通道……。」

方法請求項：「一種從分析物餘料中去除水汽之裝置，……包括步驟：(a)使該分析物餘料穿過被加熱到起始溫度之通道……；及(b)使該分析物餘料穿過經氣冷到第2溫度之<u>通道</u>……。」

---

[328] Masco Corp. v. U.S., 47 Fed. Cl. 449 (2000), cited O.I. Corp. v. Telmar Co., Inc., 115 F.3d 1576, 1582, 42 U.S.P.Q. 2d (BNA) 1777 (Fed. Cir. 1997).

[329] Seal-Flex, Inc. v. Athletic Track and Court Const., 172 F.3d 836, 50, 50 U.S.P.Q. 2d (BNA) 1225 (Fed. Cir. 1999) (…"function" corresponds to what that element ultimately accomplishes in relationship to other elements of the claim and to the claim as a whole.… "acts" describe how a function is accomplished.)

[330] OI Corporation v. Tekmar Company, Inc. 115 F.3d 1576, 42 USPQ2d 1777 (Fed. Cir. 1997).

地方法院：

依35 U.S.C.第112條第6項規定，對於裝置請求項及方法請求項之解釋均聚焦於「通道」之意義，並認爲其被限定在說明書中所揭露之非平滑且非圓柱狀通道及其均等物。被控侵權對象中係平滑之圓柱狀通道，故作成未侵權之判決。

專利權人上訴：

請求項中之(a)中所載之「通道」（passage）並非手段功能用語，不適用35 U.S.C.第112條第6項

附屬項將「通道」限定於一種能使分析物餘料產生漩渦或螺旋之結構，故其所依附之獨立項不宜仍被限定爲能產生漩渦之結構，而且若該獨立項之解釋排除平滑封閉的幾何形狀，會違背請求項差異原則

地方法院錯誤的以方法請求項之前言定義功能，並誤將請求項中所載達成該功能之步驟認定爲步驟功能用語

前述方法請求項與裝置請求項「併行」，故兩者之解釋應一致均適用35 U.S.C.第112條第6項

被控侵權人：

爲達成使分析物餘料通過之功能，通道是必要的，故「通道」係描述手段功能用語之部分。說明書中僅揭露非平滑管道，並指出先前技術是平滑的管道，而與該發明有別，故「通道」用語應解釋爲不包括平滑的封閉式管道。

聯邦巡迴上訴法院：

同意專利權人對於「通道」並非手段功能用語之解釋，但認爲裝置請求項仍爲手段請求項。裝置請求項中「用來使該分析物餘料穿過……之手段」（means for passing the analyte slug through a passage）未記載明確的結構支持該手段，故爲手段功能用語；惟「通道」僅爲使分析物餘料穿過之功能所發生的位置，並非使分析物餘料穿過之功能的手段，故其並非手段功能用語。由於說明書中所描述之通道均爲非平滑之非圓管，且清楚的據以區別於先前技術，故「通道」之解釋不包括平滑的封閉結構。

　　　請求項差異原則僅是各個請求項代表不同範圍的推定，並非一種堅定不變的解釋原則。若請求項之用語或內部證據已有明確之定義，不宜以其他請求項之用語解釋該請求項。

　　　「步驟」是方法中之技術特徵的一般描述；「動作」是步驟之施行。方法請求項之前言爲「一種從分析物餘料中去除水汽之裝置」（A method for removing water vapor from an analyte slug），主體爲「步驟：……使該分析物餘料穿過……通道……」（comprising the steps of：……passing the analyte slug through a passage……）。前言係描述該方法之目的的陳述，而非與個別「通道」步驟相關之功能，由於該方法請求項並未記載與步驟相關之功能，故該請求項並非步驟功能用語請求項。

　　　方法請求項與裝置請求項中之技術特徵大部分一致，除了後者使用了「手段」用語。由於每一請求項之範圍均相對獨立，不能因兩請求項「併行」，就認爲兩者均適用35 U.S.C.第112條第6項。方法請求項並非步驟功能用語請求項，其所載之「通道」不包括平滑圓柱狀封閉結構。

5. 電腦軟體相關發明之手段請求項

　　　依美國專利商標局所發布35 U.S.C.112之補充審查指南的規定，電腦軟體相關發明以手段功能用語撰寫請求項時，申請人應於說明書中記載電腦軟體之「演算法」（algorithm），作爲判斷該請求項是否符合明確要件之基礎。

　　　電腦相關發明請求項中所載之技術特徵爲手段功能用語者，說明書中所揭露的對應結構不能僅只是通用電腦或通用微處理器；若僅描述實現某功能的通用電腦或通用微處理器，則屬於一般的功能限定。電腦相關發明請求項中之手段功能用語，其說明書中所揭露的對應結構必須包含電腦軟體之演算法，執行該演算法後能程式化通用電腦或微處理器，而將其轉化爲特定用途電腦。演算法，指用以解決邏輯或數學問題或執行作業的有限連續步驟，可以藉由包括數學方程式（mathematical formula）在內的任何可理解的表達方式，得以文字敘述（in prose）、流程圖（in a flow chart）或任何其他足以說明結構的方式予以呈現。

　　　說明書未揭露相關的演算法，例如僅描述電腦執行某程式但未說明該程

式為何，或僅描述有軟體但未說明完成軟體功能的細節等，皆應認定違反35 U.S.C.112第2項的明確要件。說明書中僅提及用於實現請求項中所載之功能而不知其實質內容的元件、編碼、邏輯操作、電腦系統中未定義的組件或特定電腦仍不足夠，尚須說明電腦或電腦組件如何實現請求項中所載之功能。

對於該發明所屬技術領域中具有通常知識者就能撰寫軟體將通用電腦轉化為具有請求項中所載之功能的特定用途電腦，是否可免除演算法的揭露？補充審查指南指出此種主張不具說服力，因為該發明所屬技術領域中具有通常知識者對於發明的理解並無法免除申請人應充分揭露對應之結構據以支持手段功能用語的責任，說明書中必須明確揭露演算法，僅描述功能尚非屬演算法的充分揭露，因演算法必須包含連續步驟。

說明書中明確揭露演算法，其揭露內容是否充分，應以該發明所屬技術領域中具有通常知識者的水準予以判斷。判斷標準在於：a.該發明所屬技術領域中具有通常知識者是否知道如何將電腦程式化，進而實現說明書中所記載的必要步驟，即可據以實現申請專利之發明；及b.是否符合明確揭露要件，即發明人是否已完成該發明。因此，說明書必須充分揭露演算法，將通用電腦轉化為特定用途電腦，使該發明所屬技術領域中具有通常知識者能執行所揭露之演算法，進而達到請求項中所載之功能。

電腦相關發明請求項中以手段功能用語撰寫的技術特徵應被理解為說明書中所揭露的結構或材料及其均等物，故手段功能用語所界定的範圍應限縮在說明書所揭露的範圍。若說明書未揭露對應結構，則應認定該手段功能用語違反明確要件，例如請求項中以手段功能用語所撰寫之技術特徵僅由軟體所支持，且未對應到任何演算法及以該演算法程式化的電腦或微處理器。

實施電腦相關發明，究竟應透過硬體、軟體或二者之組合，是經常被討論的問題，連帶引發一個問題，即前述實施模式中何者可以支持以手段功能用語記載的技術特徵。由於實現請求項中所載之特定功能的手段應被解釋為說明書中所載之對應結構、材料或動作及其均等範圍，故以手段功能用語記載的技術特徵限於所揭露之結構、材料或動作及其均等範圍，亦即係藉由硬體或軟、硬體之組合及其均等物或方法實現申請專利之發明，不應將該技術特徵解釋為以純軟體實現的電腦相關發明。

Facebook及Google等軟體公司於2012年12月7日向美國聯邦巡迴上訴法院提交一份法庭之友的文件，該些公司認為「抽象構想專利是高科技的瘟

疫」，原因在於想出電腦或是網站的抽象構想之新應用很簡單，但該新應用的困難、珍貴及創新之處在於抽象構想的下一步，以設計、分析、建構、部署介面、軟體、硬體方式實際實踐該抽象構想，而使該新應用能於日常生活中被實際利用。簡言之，抽象構想比實際實踐要簡單多了。雖然前述文件並非針對申請專利範圍明確與否的議題而提出，但以功能方式撰寫申請專利範圍中之技術特徵，其所生之不明確亦會導致前述抽象構想專利阻礙科技發展的情形，因為以功能方式撰寫技術特徵只能界定其所具有的功能，亦即僅界定發明之「what to do」，而該發明所屬技術領域中具有通常知識者可能無法透過該功能特徵而研發出實現該功能之實際結構、材料或動作，亦即無法推知發明之「how to do」。如同美國聯邦最高法院於1946年Halliburton Oil Well Cementing Co. v. Walker,[331]案之判決：專利權範圍中所載之技術特徵將包含任何可達成該功能的技術，甚至不合理地包含未來的發明。因此，面對申請專利範圍中之功能特徵，授予其專利權必須非常謹慎，因為很可能將專利權授予一個只有抽象功能的構想，但卻阻礙了後續所有實際可實現該功能的真正創新。[332]

（三）製法界定物之請求項

製法界定物之請求項（product by process claim），指產物或產物中至少一元件係以其製造方法界定之請求項，例如「一種依請求項1之方法製得之模製內層鞋底。」或「一種電阻器，包含：(a)陶瓷內芯；(b)經由分解烴類氣體使碳沈積於內芯上形成碳被覆層；(c)導電金屬帶，……。」當申請專利之發明本身無法以其結構、組成分或理化特性等特徵明確、充分界定者，得以製法特徵界定物之請求項。

製法界定物之請求項，其申請專利之發明應為具有請求項中所載之製造方法所賦予特性之產物本身[333]，SPLT有類似之規定[334]。這句話的重點有二：

---

[331] Halliburton Oil Well Cementing Co. v. Walker, 329 U.S. 1 (1946).

[332] 智慧財產法院，101年度智慧財產法院民事、行政專利訴訟裁判要旨及技術審查官心得報告彙編，102年7月，頁231。

[333] Substantive Patent Law Treaty (10 Session) Rule13(4)(b), (Where a claim defines a product by its manufacturing process, that claim shall be construed as defining the product per se having the characteristics imparted by the manufacturing process.)

[334] In re Bridgeford, 357 F.2d 679, 149 USPQ 55 (CCPA 1966).

1.申請標的爲物，其是否具備專利要件並非由製造方法決定，而是由該物本身所決定；2.對於物之申請標的，該製造方法必須賦予以其他方式無法描述之新穎特徵（novel feature）。說明如下：

(1) 對照先前技術評估製法界定物之請求項的可專利性時，應考慮方法步驟隱含之結構特性，尤其在產物僅能被製造該產物之方法步驟所界定的情況，或在製造方法之步驟被認爲係將特殊的結構特性導入最終產物的情況[335]。若申請專利之物與先前技術有相同的傾向，即使是以不同方法所製成者，該標的不具專利要件。例如，請求項爲一種沸石，其係集合各種無機材料在溶液中混合，再加熱結合凝膠而構成基本上無鹼金屬之結晶金屬矽酸鹽的製造方法所製得之產物；先前技術描述了在離子交換後去除鹼金屬而製得沸石之方法，其沸石產物基本上無鹼金屬。由於申請人未提出證據證明先前技術所製得之產物並非基本上無鹼金屬，故核駁所申請之沸石標的[336]。雖然專利行政機關可以如前述說明進行審查，惟實務上，其並無能力以請求項中所載之方法製得產物，再與先前技術之產物進行物理比對，以證明製法界定物之請求項之申請標的不具專利要件[337]。

(2) 就前述電阻器請求項而言，即使被覆碳層之電阻器爲已知，但由於先前技術被覆碳層是利用其他方式而並非分解烴類氣體，例如利用塗敷方式，若請求項中以分解烴類氣體使碳沉積之製法使沉積之碳被覆層在機械上或電氣上之特性不同於先前技術，在其結構或特性之差異係「非已知」且「無法描述」之前提下，得以製法界定物之請求項申請專利。這種請求項所限定之物包含特定製造方法，故其比以其他常規方式所界定之請求項或純產物（pure product）請求項狹窄。

對於前述製造方法必須賦予以其他方式無法描述之新穎特徵（novel feature），詳細說明如下。PCT檢索與國際初步審查指南[338]：製法界定物之請求項中該製法賦予該物足資區別之特性，檢索及評價其是否符合專利要件

---

[335] In re Garnero, 412 F.2d 276, 279, 162 USPQ 221, 223 (CCPA 1979).

[336] In re Marosi, 710 F.2d 798, 802, 218 USPQ 289, 292 (Fed. Cir. 1983).

[337] In re Brown, 459 F.2d 531, 535, 173 USPQ 685, 688 (CCPA 1972).

[338] PCT International Search and Preliminary Examination Guidelines PCT/GL/ISPE/1 5.26-27.

時應考量該製造方法。例如請求項為「一種雙層結構板，係將一鐵板與一鎳板焊接而製得」，則「焊接」應為檢索及對照先前技術是否符合專利要件的審查事項，因為「焊接」使終產物的雙層面板結構產生了不同於其他製造方法的物理特性[339]。就前述指南之說明，除非先前技術揭露相同的面板結構且係以焊接接合，否則不會破壞請求項的新穎性。

製法界定物之請求項，應記載該製造方法之製備步驟及參數條件等重要技術特徵，例如起始物、用量、反應條件（如溫度、壓力、時間等）。若請求項所載之物與先前技術中所揭露之物相同或屬能輕易完成者，即使先前技術所揭露之物係以不同方法所製得，該請求項仍不得予以專利。例如，申請專利範圍中所載之發明為方法P（步驟P1、P2、……及Pn）所製得之蛋白質，若以不同的方法Q所製得的蛋白質Z與所請求的蛋白質相同，且蛋白質Z為先前技術時，則無論申請時方法P是否已經能為公眾得知，所請求的蛋白質喪失新穎性。

雖然製法界定物之請求項大多適用於化學領域，但其他領域之請求項亦得使用，例如：「一種複合材料自行車手把，包括：一複合材料中空管狀元件；一補強部，利用短纖複合糰料充填，並利用長纖複合材料包覆，使得不同材料間得以順利結合；及一複合材料補強桿，由一矩形長纖布包覆一發泡材料而捲繞形成，並藉長纖布包覆於該補強桿與上述中空管狀元件之搭接處補強，再由上、下模具鎖合及擠壓膨脹之作用而與把手本體一體成型。」

然而，美國MPEP規定：對於有些乍看之下為製法之技術特徵，例如「酸蝕」（etched）、「焊接」（welded）、「熔入而產生鍵結」（interbonded by interfusion）、「混合鍵結」（intermixed）、「接地」（ground in place）或「緊配合」（press fitted）等，並未賦予申請標的新

---

[339] PCT/GL/ISPE/1, (where the manufacturing process would be expected to impart distinctive characteristics on the final product, the examiner would consider the process steps indetermining the subject of the search and assessing patentability over the prior art. Forexample, a claim recites "a two-layer structured panel which is made by welding together aniron sub-panel and a nickel sub-panel." In this case, the process of "welding" would be considered by the examiner in determining the subject of the search and in assessing patentability over the prior art since the process of welding produces physical properties in the end product which are different from those produced by processes other than welding.)

穎特徵者，均被美國法院判決是結構特徵，而不適用製法界定物之請求項的解釋方法。例如：「一種甲醛之<u>濃縮產物</u>之磷酸鹽，具有選自由……[A及B]所構成之群組之化合物鹽類，該磷酸具有一般的化學式……[C][340]。」美國法院認為其並非製法界定物之請求項，因為其用語「濃縮產物」（condensation product）之方法並非單純之方法特徵，其亦為結構特徵。對於下列之例，美國法院亦認為「產生熔解之方法……彼此之間產生鍵結」被解釋為結構特徵，而非製法特徵：「一種具有尺寸穩定及結構強之特性的混合、多孔、隔熱板，主要由膨脹之珍珠岩微粒所組成，其是以該珍珠岩表面之間<u>產生熔解之方法</u>，而使該微粒<u>彼此之間產生鍵結</u>，而在熱熔融狀態下形成多孔珍珠岩板[341]。」

＃案例－智慧財產法院98年度行專訴字第117號判決

系爭專利：

　　請求項1：「一種扇框，包括：一底座，具有複數個凸塊；以及一框體，具有一容置部與至少一支撐件，該些支撐件係設置於該框體之內壁與該容置部之間，且該容置部具有複數個凹槽，係分別與該些凸塊對應設置；其中，該底座與該框體之材質係不同，<u>且該底座係預先成型後，再成型該框體並同時使該底座與該框體相結合</u>。」

原告：

　　系爭專利申請專利範圍第1標的為「物之發明」，所載之「……該底座係預先成型後，在成型該框體並同時使該底座與該框體相結合」技術內容僅為其製造方法，並非第1項之技術特徵，無法用以判斷第1項是否具備專利要件。

法院：

　　製造方法界定物之申請專利範圍，其前提乃無法以結構、性質等界定物之發明的元件，僅能以製造方法加以描述，且該製造方法應賦予以其他方式無法描述之新穎特徵。又以製造方法界定物之申請專利範圍，

---

[340] In re Pilkington, 162 U.S.P.Q. (BNA) 145, 147 (C.C.P.A. 1969).
[341] In re Garnero, 162 U.S.P.Q. (BNA) 221, 223 (C.C.P.A. 1969).

其可專利性取決於該物（申請標的），而非製造方法。惟申請專利範圍是否為以製造方法界定物之申請專利範圍，如非，該方法即屬申請專利範圍之限定條件，而應納入比對範圍。

　　系爭專利係一發明專利，觀諸系爭專利申請專利範圍第1項：「一種扇框，包括：一底座，……；以及一框體，……；其中，該底座與該框體之材質係不同，且該底座係預先成型後，再成型該框體並同時使該底座與該框體相結合。」業已明確界定底座及框體之結構特徵，而末段所請之底座與框體之成形方法，並未另外賦予申請標的（即扇框）在底座及框體之其他新穎結構特徵。故系爭專利申請專利範圍第1項並非以製造方法界定物之申請專利範圍，是以其末段所述之成形方法應視為該物之限定條件，屬結構特徵之一部分，而應納入可專利性之技術特徵比對範圍。

　　以製造方法界定物之請求項，該製造方法是否構成申請專利範圍之限定條件，有二種不同觀點「製造方法不具限定作用」及「製造方法具限定作用」。

1. 製法特徵不具限定作用

　　原則上，製法界定物之請求項的申請標的應限於申請專利範圍中所載之製造方法所賦予特性的終產物本身[342]，而非該製造方法。換句話說，製法界定物之請求項的申請標的為產物，享有絕對的保護[343]，只要被控侵權物與專利權之產物標的相同或均等，即使製造方法不同，仍應構成侵權。我國發明審查基準規定：「以製法界定物之請求項，其申請專利之發明應為請求項中所載之製法所賦予特性之物本身，亦即以製法界定物之請求項是否具備專利要件並非由製法決定，而係由該物本身決定。若請求項中所載之物與先前

---

[342] 經濟部智慧財產局，專利侵害鑑定要點（草案），2004年10月4日發布，頁33。

[343] EPO boards of appeal decisions T_0400/88, (5. As repeatedly decided by Boards of Appeal [see decisions above, paragraph 2], "product-by-process" claims have to be interpreted in an absolute sense, i.e. independently of the process. They have, thus, to be examined as any other product claim, namely whether or not the claimed product fulfills the basic requirements of novelty [Article 54 EPC] and inventive step [Article 56 EPC].)

技術中所揭露之物相同或屬能輕易完成者，即使先前技術所揭露之物係以不同方法所製得，該請求項仍不得予以專利。[344]」即採「製法特徵不具限定作用」之觀點。若專利審查與專利侵權分析的標準一致，則申請專利範圍之解釋應不受其製造方法之限定。然而，若物之請求項中僅記載其製造方法特徵，而該製造方法不能限定該物，則該請求項將無任何限定條件。針對這種請求項，有一說認為：解釋申請專利範圍時仍必須參酌說明書中所載之製造方法，以該製造方法所賦予申請標的物之「特性」理解申請專利之發明，亦即該製造方法必須賦予以其他方式無法描述之新穎特徵（novel feature）作為限定條件。

　　1991年Scripps案係採方法除外說，美國聯邦巡迴上訴法院認為：製法界定物之請求項是否符合專利要件的審查，該物應不受方法特徵之限定，而專利侵權之分析原則應與前述審查原則一致，故製法界定物之請求項的正確解釋應為產物不受方法特徵之限定。換句話說，只要是與請求項中所載之方法製得之產物本身相同，則以任何方法製得之產物皆侵害該請求項[345]。

#案例－Scripps Clinic & Research Foundation v. Genentec In.,

系爭專利：

　　一種使用單株抗體的極純化VIII，第RE 32011號。本專利之發明係從血漿製備VIII抗體。請求項13至18均為引用請求項1中所載之製法的物之請求項。

申請專利範圍：

　　請求項1：「一種製備VIII凝血活性蛋白質的改良方法，包含(a)自血漿吸引收VIII：C/VIII：RP混合物或商用濃縮源至微粒限制在單株抗體特性VIII：RP，(b)洗提VIII：C，(c)吸收自步驟(b)所獲得的VIII：C於其他吸收劑以濃縮及進一步純化，(d)洗提該吸收的VIII：C，及(e)回復高度純化及濃縮VIII：C。」

---

[344] 經濟部智慧財產局，第二篇發明專利實體審查基準，2013年版，頁2-1-34。

[345] Scripps Clinic & Research Foundation v. Genentec In., 927 F.2d 1565, 18 USPQ 2d 1001 (Fed. Cir. 1991).

請求項13：「一種高度純化的人類抗體VIII：C，依請求項1的方法所製備。」

被控侵權對象：

係以再合成製程製備VIII抗體。

地方法院：

請求項13至18為引用請求項1之製法界定物之請求項，除非被控侵權對象使用相同製法，否則不構成侵權，故被控侵權對象未落入請求項13至18之專利權範圍。

上訴人（專利權人）：

被控侵權對象以不同製法製成相同產品，亦侵害其以製法所界定之物之請求項13至18的專利權。

聯邦巡迴上訴法院：

依In re Brown案，以製法界定物之請求項的新穎性、非顯而易知性與請求項中所記載之方法特徵無關。本案亦認為，專利要件之判斷不應受請求項中所記載之方法特徵所限定。專利侵權判斷原則與專利要件的判斷原則應一致，確定專利權範圍時，不應將以製法界定物之請求項13至18解釋受請求項1中所記載之方法特徵所限定。被告公司主張其產品在原理上與系爭專利已有不同，尤其以先前技術文件予以檢視，更是如此。被告公司的主張必須進行事實調查，而有調查外部證據之必要。地方法院的判決並不適當，故推翻地方法院判決，發回重新進行事實調查。

2. 製法特徵具限定作用

由於製法界定物之請求項就是在申請時無法以其結構、組成分或理化特性等特徵明確、充分界定產物的情況所採取的權宜措施，侵權時通常除製法之外亦無明確、充分之特徵足資比對，前述「製法特徵不具限定作用」的理論於實務上難以運作，因此，將製法納入比對內容，可能是不得不然的作法。

秉持製造方法具有限定作用之觀點的人認為：製造方法界定物之請求

項，係在其他技術特徵無法明確且充分界定申請專利之發明時始得為之，而取得之專利權範圍亦應限於以該製造方法製得之產物。專利權範圍係由申請專利範圍予以確定，無論是專利審查或專利侵權訴訟程序，申請專利範圍中所載之所有技術特徵均為重要而不可或缺（即請求項整體原則），製造方法理應構成解釋申請專利範圍之限定條件。若該產物係已知者，以製造方法界定物，對於先前技術的貢獻為製造該已知物之新方法，其專利權範圍自當受該方法之限定。若該物係未知者，其結構或性質等無法確定，僅得以製造方法予以界定，例如一種以特殊技術釀製之酒，由於不知酒的成分或特性，僅以釀製方法予以界定，在此情況下，其專利權範圍僅能受該方法之限定，否則即無任何限定條件。

美國專利審查作業手冊（MPEP）2113規定製法界定物之請求項係就產物本身是否符合專利要件予以審查，其規範與國際並無不同。然而，在專利有效性或侵權訴訟中，法院對於製法界定物之請求項的觀點並不一致，在1990年之前，一般認為製法界定物之請求項的專利權範圍限於產物本身，不涵蓋以不同方法製得之產物。雖然1991年前述之Scripps案採方法除外說，惟美國聯邦巡迴上訴法院於1992年Atlantic案召開全院聯席聽證，隨即作出相反的決定，而採方法要件說，判決指出：在侵權訴訟程序中，必須考量製法界定物之請求項中所包含之方法特徵，方法特徵應為專利權範圍之限定條件，否則違背專利法基本之全要件原則－被告實施請求項中之全部技術特徵或其均等物始構成侵權行為[346]。

總之，以製造方法界定物之請求項，原則上其專利權範圍應限於申請專利範圍中所載之製造方法所賦予特性的終產物[347]。中國北京高級法院的「專利侵權判定指南」第19條有類似規定：「以方法特徵限定的產品權利要求，方法特徵對於專利權保護範圍具有限定作用。」

---

[346] Atlantic Thermoplastics Co. Inc., v. Faytex Corp., 974 F.2d 1299, 24 USPQ 2d 1138 (Fed Cir. 1992) (en banc).

[347] 經濟部智慧財產局，專利侵害鑑定要點（草案），2004年10月4日發布，頁33。

#案例－Atlantic Thermoplastics Co. Inc., v. Faytex Corp.,

系爭專利：

一種吸震鞋底及製法，US 4,674,204。請求項1為製法請求項；請求項24為引用請求項1之製法界定物之請求項。

請求項1：一種製造抗衝擊的內鞋的方法，該內鞋底用於插入鞋體之中，該方法包括下列步驟：將一種能膨脹的聚氨酯泡沫材料置於模具中；從該模具中取出製成的內鞋底，該內鞋底具有基本上由聚氨酯泡沫材料製成的腳跟部；將一種彈性插入材料預先置於該模具中，該彈性插入材料比該聚氨酯泡沫材料具有更高的抗衝擊性及較小的彈性，並具有足夠的表面粘性，以便在注入聚氨酯泡沫材料時可保持該彈性插入材料在該模具中的位置，從而保證聚氨酯泡沫材料可在該彈性插入材料的上方膨脹，不致於使該彈性插入材料移位；取模製而成的包含該彈性插入材料在內的內鞋底，其中該彈性插入材料的該粘性表面構成內鞋底暴露在外的底表面的一部分。

請求項24：一種採用如請求項1所述方法製造而成的內鞋底。

被控侵權對象：

被控侵權的內鞋底與系爭專利具有基本上相同的結構，但其製法不同：首先將一種液態彈性插入材料注入模具的底部表面，俟其固化，再將聚氨酯泡沫材料注入該模具中，形成內鞋底；另在該模具的底部腳跟部位設置一橫向凸條，限制注入該模具內的液態彈性插入材料的位置，防止其在模製過程中移位。

地方法院：

被控侵權對象侵權不成立，理由：A.系爭專利係將一種固體彈性插入材料「置於」模具中，而被控侵權對象係將液態材料注入模具中，該液態材料固化之前不具彈性，故不符合「將一種彈性插入材料預先置於該模具中」之界定；B.為保持該彈性插入材料在該模具中的位置，系爭專利係使其表面具有足夠的粘性，而被控侵權對象係在模具內設置凸條防止其移位，況且尚在模具表面塗佈脫模劑使其不具有足夠的粘性。

上訴人（專利權人）：

　　製法界定物之請求項24的保護範圍不受請求項中所載之方法特徵的限定。

聯邦巡迴上訴法院：

　　聯邦最高法院的多數判決認定製法界定物之請求項僅在該物實質上由同一製法製成時始構成侵權；製法界定物之請求項不會被不同製法所製成之相同物所侵害。

　　早在1891年，美國專利商標局及關稅及專利上訴法院實務就認為：除以製法界定物之外尚無其他撰寫方法的例外情況，始得以製法界定物。該法院嗣後開放製法界定物之請求項的撰寫，不再強調前述之例外情況，即使可以其他方法描述，亦允許自由利用製法界定物之請求項的撰寫。為防止申請人以新製法界定而取得舊產物的專利權，專利商標局強調製法界定物之請求項的標的是「物」而非「製法」，但限定條件是「製法」，故其可專利性必須考量製法之限定。

　　本院一再重申侵權的成立必須具有請求項中所有限定條件或其均等物或方法，被控侵權對象欠缺一限定條件，侵權即不成立。上訴人之主張是要求本院忽略方法特徵之限定，本院不表同意。

　　雖然解釋製法界定物之請求項有二種不同觀點，由於物之專利與方法專利之權能的差異僅在於「製造」，而「使用」製造方法即等於「製造」物品，且自從TRIPs擴張製造方法之專利保護後，方法專利權之效力亦及於該方法直接製成之物，比較專利法第58條第2項[348]、第3項[349]之規定，製造方法與以製造方法界定之物二者的專利權能並無實質上的差異。然而，依專利法第99條第1項規定[350]，製造方法專利之舉證責任倒置，當製造方法專利所製

---

[348] 專利法第58條第2項：「物之發明之實施，指製造、為販賣之要約、販賣、使用或為上述目的而進口該物之行為。」

[349] 專利法第58條第3項：「方法發明之實施，指下列各款行為：一、使用該方法。二、使用、為販賣之要約、販賣或為上述目的而進口該方法直接製成之物。」

[350] 專利法第99條第1項：製造方法專利所製成之物在該製造方法申請專利前，為國內外未見者，他人製造相同之物，推定為以該專利方法所製造。

成之物在該製造方法申請專利前，為國內外未見者，於專利侵權訴訟程序中，他人製造相同之物，推定為以該專利方法所製造。因此，以製造方法界定物之請求項，並無實際效益，反而不適用舉證責任倒置之規定[351]。惟若提起專利侵權訴訟，實體物便於作為查扣、起訴之對象，故製法界定物之請求項仍有其在起訴程序上之效益。

3. 因應不同階段之解釋方法

在Abbott Labs. v. Sandoz, Inc.案「抗菌劑」專利，US 4,935,507，美國聯邦巡迴上訴法院召開全院聯席聽證，確認「在判斷侵權時，製法界定物之請求項中該製法應被視為限定條件。[352]」Abbott案判決解決了前述美國聯邦巡迴上訴法院在Scripps案與Atlantic案中解釋方法的歧異。

前述判決結論「製造方法應被視為申請專利範圍的限定條件」與美國專利審查實務「製造方法不得被視為申請專利範圍的限定條件」顯然不同。美國MPEP規定：製法界定物之請求項不受所列舉步驟之操作的限制，僅受步驟中所載之結構的限制[353]。對於製法界定物之請求項的審查，目前全世界採取的解釋方法並無不同，申請專利之發明應為請求項中所載之製造方法所賦予特性之物本身，亦即以製法界定物之請求項是否符合專利要件並非由該製法決定，若請求項中所載之物與先前技術中所揭露之物相同或能輕易完成者，即使先前技術所揭露之物係以不同方法所製得，該請求項仍不得予以專利。

美國聯邦巡迴上訴法院在判決中特別說明解釋申請專利範圍的基本原則－申請專利範圍具有定義功能（definition function）及公示功能（public notice function），並說明三個理由：

(1) 聯邦最高法院支持，包括1884年BASF案之判決結果同本Abbott案，1997年Warner-Jenkinson案重申的全要件原則。

(2) 申請人有權決定如何界定申請專利之發明，但依35 U.S.C.第112條第2項明確要件及公示功能，其選擇之界定方式將限定其專利權範圍。

(3) 若不考慮製法為判斷侵權時的限定條件，將無法確認被控侵權物與專利

[351] 尹新天，專利權的保護，專利文獻出版社，1998年11月，頁204～208。
[352] Abbott Labs. v. Sandoz, Inc., 566 F.3d 1282, 1293 (Fed. Cir. 2009) (en banc).
[353] 美國專利審查作業手冊Manual of Patent Examining Procedure (MPEP),8 Edition, 2113.

是否相同。

申請專利範圍必須定義專利權範圍，即申請專利範圍本身應就其中所載之用語意義提供明確的指示，但解釋申請專利範圍仍應參酌說明書，瞭解申請專利範圍的必要內容，尤其發明人自己作為辭彙編纂者（lexicographer）或明確放棄某些範圍。然而，解釋申請專利範圍，尚不得將說明書中所載之技術內容讀入申請專利範圍，故有必要藉說明書清楚瞭解申請專利範圍有界定或未界定之間的微妙界線，重點在於申請專利範圍不得超出說明書所揭露發明人已完成之發明，即不得超出申請人以說明書所先占的技術範圍。若申請專利範圍涵蓋的範圍過廣，例如申請專利範圍本身、說明書或申請歷史檔案明確指出申請專利之發明限於某物或某方法時，則法院可能會將申請專利範圍限於說明書所載的該物或該方法。

美國聯邦巡迴上訴法院引用最高法院在Warner-Jenkinson案所重申普遍適用的原則：「申請專利範圍中所載的每一元件對於定義該專利範圍而言皆為重要。[354]」美國聯邦巡迴上訴法院認為在專利侵權訴訟中考量製法界定物之請求項，不可忽略申請專利範圍的公示功能。若除了製造方法說明書中並未揭示請求項中所界定之化合物的任何結構或特性，並將製法界定物之請求項解釋為其製造方法並非限定條件，而以其他製造方法製得相同化合物的被控侵權人仍必須負侵權責任，將損及社會大眾對申請專利範圍中以文字界定專利權範圍的信賴保護。

若說明書未揭露申請專利之發明的結構或特性，專利訴訟時，專利權人卻主張其專利權範圍涵蓋所有相同產物而不限於所載之製造方法；相對地，法院僅能以請求項中所載之方法與被控侵權的方法比對，而無其他分析工具可以用來確認被控侵權物是否構成侵權。若專利權人主張系爭專利的製造方法與被控侵權物的製造方法相似，法院尚得據以判斷被控侵權物是否侵害系爭專利；相對地，若專利權人主張侵權的基礎不在製造方法是否相似，法院無從確認被控侵權物是否侵害系爭專利，而且法院亦無理由不准他人利用較佳的不同製造方法從事生產。

基於前述說明，對於製法界定物之請求項，美國聯邦巡迴上訴法院多數法官認為：若製造方法並非判斷侵權時的限定條件，則無法確認被控侵權物

---

[354] Abbott Labs. v. Sandoz, Inc., 566 F.3d 1282, 1293 (Fed. Cir. 2009) (en banc).

與系爭專利物是否相同，而且也違背申請專利範圍的公示功能，故請求項中所載之製法應爲判斷侵權時的限定條件。

然而，亦有少數法官強烈反對前述判決，主要理由有三，說明如下。

A. 製法界定物之請求項的解釋方法應考量下列事項，再決定其解釋方法：a.該物是否新穎，b.該物是否無法以製造方法以外之技術特徵充分界定請求項，及c.發明的核心是否爲製法。對於某些成分結構難以界定的發明，使用製法界定物之請求項是唯一選擇，限制了製法界定物之請求項的權利範圍，無疑會打擊該技術領域的發明。

B. 美國專利商標局的審查基準對於可專利性之判斷與美國聯邦巡迴上訴法院的判決不同，對於製法界定物之請求項，美國聯邦巡迴上訴法院判決的解釋方法係以方法請求項解釋物之請求項，相對於美國專利商標局的解釋方法增加新的限定條件，因而失去了申請人以製法界定物之請求項請求保護新產物的本意。二機關的解釋方法不同，會導致判斷同一發明之專利有效性與判斷侵權的解釋方法不一致。

C. 就前述理由(3)「若不考慮製法爲判斷侵權時的限定條件，將無法確認被控侵權物與專利是否相同」，不同意見書認爲舉證責任在專利權人，若專利權人無法證明被控侵權物的結構與系爭專利相同，則應受無法舉證之不利益，不應以不易舉證爲由，限制製法界定物之請求項的解釋方法。

專利有效性與專利侵權分析同屬專利侵權訴訟案件之程序，對於申請專利範圍的解釋方法是否應一致的問題，事實上已有定論。美國聯邦巡迴上訴法院曾多次闡述解釋申請專利範圍的原則：在司法機關「不論是專利有效性或專利侵權分析，申請專利範圍的解釋方法必須一致。[355]」（按司法機關與行政機關的解釋方法不一致，前者採客觀合理解釋之原則，後者採最寬廣合理解釋之原則，已如前述）然而，Abbott案的判決並未遵從這個原則，對於方法界定物之請求項，採取專利訴訟階段的專利有效性與專利侵權分析不同的解釋方法；在後續的Amgen案中，法院持續適用Abbott案的見解，並指出「在專利訴訟階段的專利有效性與專利侵權分析，解釋申請專利範圍的方法

---

[355] Amazon.com, Inc. v. Barnesandnoble.com, Inc., 239 F.3d 1343, 1351 (Fed. Cir. 2001); also in W. L. Gore & Assocs., Inc. v. Garlock, Inc., 842 F.2d 1275, 1279 (Fed. Cir. 1988) (claims must be interpreted and given the same meaning for purposes of both validity and infringement analyses.)

不一致，影響是重大的。」[356]

(四) 有關用途之請求項

用途發明，指發現物的未知特性，利用該特性於特定用途之發明。用途，為使用物的方法；用途發明，屬於方法發明，得以用途請求項予以保護。產物之用途發明，指產物的新穎使用方式，以產生某種預期之效果。無論是已知物或新穎物，其特性是該物所固有，而非申請人所創作，故用途發明的本質不在物的本身，而在於物之特性的「應用」。

在我國，僅稱用途請求項經常會造成混淆，因為涉及用途發明之請求項就有三種記載形式：用途請求項（use claim，以用途use為標的，被視為方法請求項，只有這種請求項才是真正的用途請求項）、用途界定物之請求項（product-by-use claim，以物為標的，以用途為限定條件）及用途界定方法請求項（以方法為標的，以用途為限定條件）。

1. 用途界定物之請求項

用途界定物之請求項，係以物為申請標的而於前言中記載特定用途之發明，例如「一種殺蟲劑」、「一種用於治療心臟病之醫藥組合物」之請求項，二者均為以物為申請標的之請求項，另於前言中以「殺蟲」或「治療心臟病」用途作為技術特徵限定請求項。

申請標的與已知物相同者，原本應喪失新穎性，惟若發現已知物前所未知的特性，得利用該特性（所產生之新穎技術效果）於特定用途，例如「一種易切削不脆化銅合金，其特徵是含有重量比為0.1%～0.5%的Fe，0.02%～0.2%的Cr，其餘為Cu。」依申請專利範圍整體原則（as a whole）[357]，解釋請求項不得忽略任何技術特徵，故用途界定物之請求項之專利權範圍應受請求項中所載所有技術特徵之限定，包含所載之用途特徵。對於用途界定物之請求項的解釋，SPLT亦規定其應受所載之用途的限定[358]。例如「一種用於殺蟲之組合物A+B」，其專利權範圍係組合物A+B限於「殺蟲」之用途，若

---

[356] Amgen Inc. v. F. Hoffmann-La Roche Ltd. 2009 U.S. App. LEXIS 20409 (Fed. Cir. Sept. 15, 2009) (⋯the impact of these different analyses is significant.)

[357] 經濟部智慧財產局，專利侵害鑑定要點（草案），2004年10月4日發布，頁31。

[358] Substantive Patent Law Treaty (10 Session), Rule 13(4)(c), (Where a claim defines a product for a particular use that claim shall be construed as defining the product being limited to such use only.)

嗣後申請「用於清潔之組合物A＋B」，因該申請專利範圍係組合物A＋B限於
「清潔」之用途，原則上不宜認定喪失新穎性。惟若該用途係所界定之物的
構造或材料本身固有之已知特性的應用，則該用途所限定之申請專利範圍為
其構造或材料本身，不得以另一新用途再界定該物，而取得相同之物的另一
專利，則前述之例喪失新穎性。例如「用於殺蟲之化合物X」，其「殺蟲」
用途係化合物X本身固有之已知特性的應用，應認定其申請專利範圍為化合
物本身。

　　以用途界定物之請求項，應將申請之標的物解釋為適於所界定之特殊用
途，於解釋請求項時應參酌說明書所揭露之內容及申請時之通常知識，考量
請求項中的用途是否隱含技術特徵而限定申請標的。若該用途隱含特性，則
生限定作用。

(1) 物品：請求項「用於熔化鋼鐵之鑄模」，其用途「熔化鋼鐵」隱含鑄模
　　材料必須承受鋼鐵熔點以上的高溫，而對申請標的「鑄模」具有限定作
　　用，故該鑄模對照僅能耐低溫的一般塑膠製冰盒，雖然二者均屬鑄模，
　　但鑄模材料並不相同。

(2) 裝置：請求項「用於起重機之吊鉤」，其用途「起重機」隱含結構之尺
　　寸及強度，而對申請標的「吊鉤」具有限定作用，故該吊鉤對照細小的
　　魚鉤，雖然二者具有相似之形狀，但結構之尺寸及強度顯然不同。

(3) 組合物：請求項「用於鋼琴弦之鐵合金」，其用途「鋼琴弦」隱含材料
　　必須是具高張力之層狀微結構（lamellar microstructure），而對申請標的
　　「鐵合金」具有限定作用，故其與不具有層狀微結構之鐵合金顯然不同。

　　若請求項中所載之用途僅係描述一般使用目的或使用方式，未隱含任何
特性，則該用途不生限定作用。

(1) 化合物：請求項「用於催化劑之化合物X」，相較於先前技術「用於染
　　料的化合物X」，雖然化合物X的用途不同，但決定其本質特性的化學結
　　構式並無不同。

(2) 組合物：請求項「用於清潔之組合物A＋B」，相較於先前技術「用於殺
　　蟲之組合物A＋B」，雖然組合物A＋B的用途不同，但決定其本質特性
　　的組成並無不同。

(3) 物品：請求項「用於自行車之U型鎖」，相較於先前技術「用於機車之U
　　型鎖」，雖然U型鎖的用途不同，但其本身結構並無不同。

　　對於用途界定物之請求項，中國北京高級法院的「專利侵權判定指南」第21條規定：「（第1項）產品發明或者實用新型專利權利要求未限定應用領域、用途的，應用領域、用途一般對專利權保護範圍不起限定作用。（第2項）產品發明或者實用新型專利權利要求限定應用領域、用途的，應用領域、用途應當作為對權利要求的保護範圍具有限定作用的技術特徵。但是，如果該特徵對所要求保護的結構和/或組成本身沒有帶來影響，也未對該技術方案獲得授權產生實質性作用，只是對產品或設備的用途或使用方式進行描述的，則對專利權保護範圍不起限定作用。」

＃案例－智慧財產法院97年度民專訴字第6號判決

系爭專利：

　　請求項1：一種光擴散用板片，其特徵係在：此板片係在基材板片之表面上，形成由混有珠狀物之合成樹脂層所構成之光擴散層而成者；上述珠狀物，係由埋設於上述合成樹脂層內之珠狀物，以及由上述合成樹脂層至少部分突設之珠狀物所構成者。

　　說明書中記載其發明目的之一為「穿透型光擴散用板片」。

原告：

　　系爭專利說明書中與「光反射」相關之內容完全未提到光擴散用板片可用於光反射型擴散用板片，且於專利權維持過程中已刪除請求項6「於基材板片內面積層有金屬蒸鍍層」，基於禁反言之原則，系爭專利申請專利範圍第1項之「光擴散用板片」不包括「光反射型擴散用板片」。

被告：

　　申請專利範圍並未限定其為「反射型光擴散用板片」或「穿透型光擴散用板片」，因此解釋上「光擴散用板片」之文義乃同時包含「反射型光擴散用板片」或「穿透型光擴散用板片」兩種。更何況系爭專利說明書明白揭露：「由光擴散用板片之基材板片的側部進入的光線C，係在基材板片之下面所形成的金屬蒸鍍層與基材板片及光擴散層之界面間反射，並被導光至基材板片上面所形成得光擴散層」，故請求項1的「光擴

散用板片」之文義包含「反射型光擴散用板片」或「穿透型光擴散用板片」兩種類型。

法院：

　　系爭專利申請專利範圍第1項之文義，並無限定「光擴散用板片」係用於「反射型光擴散用板片」或「穿透型光擴散用板片」。系爭專利說明書敘述及系爭專利發明之目的應係一種「穿透型光擴散用板片」之應用。惟發明說明及圖示僅能用來輔助解釋申請專利範圍中既有之限制解釋，而不能將之讀入申請專利範圍，而成為一新的限制條件。系爭專利申請專利範圍第1項之「光擴散用板片」，究係用於「反射型光擴散用板片」或「穿透型光擴散用板片」，應屬該「光擴散用板片」之用途限定，與該「光擴散用板片」之結構本身無關，而系爭專利申請專利範圍第1項中並無限定其用於「反射型光擴散用板片」或「穿透型光擴散用板片」，故若有將系爭專利申請專利範圍第1項相同結構之「光擴散用板片」用於「液晶顯示裝置」且為「反射型光擴散用板片」之應用，應仍屬系爭專利申請專利範圍第1項之權利範圍。

2. 用途界定方法請求項

　　用途界定方法請求項，係以方法為申請標的而於前言中記載特定用途之發明，屬於一般的方法請求項。用途界定方法請求項可以是所載之全部操作步驟為已知，而新穎特徵在於使用已知或未知物之方法（即用途）；而一般方法請求項中必須記載至少一新穎的操作步驟。例如「一種鍍鋅之方法，其包含電解步驟，溶液包含：……」，即使所載之溶液及唯一之操作步驟「電解」均為已知，只要該溶液從未被使用於「鍍鋅」之用途，仍具可專利性。在美國，由於35 U.S.C. 100(b)明定專利之標的限於「已知方法、機械、製品、組合物或材料之新用途」，不允許用途請求項且不允許以新用途界定物而取得物之專利，故必須記載實現用途的步驟，始能授予用途發明專利，例如「一種使用請求項4單細胞繁殖的抗體離析並純化……抗癌干擾素之方法」被認為不明確，因為未記載任何有效積極之步驟[359]。

---

[359] Ex parte Erlich, 3 USPQ2d 1011 (Bd. Pat. App. & Inter. 1986).

　　總之，對於用途界定方法請求項，不必在意所記載之物或操作步驟的新舊，只要使用物的方法（即用途）新穎，即具可專利性；對於用途界定物之請求項，用途未隱含技術特徵時，該物本身必須是新穎之物，始有准予專利之可能，但用途隱含技術特徵時該用途亦有限定作用。

3. 用途請求項

　　用途請求項之標的名稱得為「用途」、「應用」或「使用」。請求項之前言中有關用途之敘述為發明之技術特徵之一，具有限定請求項之作用。請求項究竟是用途請求項、用途界定物之請求項或用途界定方法請求項，應由記載之文字予以區分。例如用途請求項「化合物A作為殺蟲之用途」或「化合物A之用途，其係用於殺蟲」視同「使用化合物A殺蟲之方法」或「殺蟲方法，其係使用化合物A」（申請標的為方法），具有「殺蟲」及「使用化合物A」之技術特徵，而不認定為「作為殺蟲劑之化合物A」（申請標的為物），亦非「使用化合物A製備殺蟲劑之方法」（申請標的為製備方法）。

　　用途請求項之可專利性在於將具有未知特性之物使用於前所未知之特定用途，故通常僅適用於依據物的構造或名稱較難以理解該物如何被使用的技術領域，例如化學物質之用途；機器、設備及裝置等物品通常較難有未知特性之特定用途，故以用途作為機械或電子領域之申請標的，通常不具新穎性。

　　因用途請求項屬方法請求項，依專利法第24條第2款，用途請求項中所載之申請標的不得為人類或動物之診斷、治療或外科手術方法。因醫藥組成物及其製備方法依法得為申請標的，故將用途請求項之記載方式撰寫成製備藥物之用途的瑞士型請求項，例如「一種化合物A在製備治療疾病X之藥物的用途」或「一種化合物A之用途，其係用於製備治療疾病X之藥物」，得認可這種記載型式之請求項為一種製備藥物之方法，非屬人類或動物之診斷、治療或外科手術方法。

4. 有關用途之請求項的記載方式

　　前述三種請求項取決於請求項之記載形式，理論上用途發明屬於方法發明，但在很多情況下，亦得撰寫成物之請求項。實務上，請求項得以物、製備方法、處理方法或用途為申請標的，而前言中有關用途之敘述為發明之技術特徵之一。

(1) 以物為申請標的

· 請求項：「一種治療疾病X之組合物，包含化合物A為活性成分」。

· 申請標的：「組合物」。

· 技術特徵：「治療疾病X」及「化合物A為活性成分」。

(2) 以製備方法為申請標的

· 請求項：「一種製備治療疾病X之組合物的方法，其係以化合物A為活性成分與醫藥上可接受之賦形劑混合製成」。

· 申請標的：「製備方法」。

· 技術特徵：「製備治療疾病X之組合物」、「化合物A為活性成分」、「醫藥上可接受之賦形劑」及「混合」。

(3) 以處理方法為申請標的

· 請求項：「一種殺蟲方法，其係使用化合物A」。

· 申請標的：「處理方法」。

· 技術特徵：「殺蟲」及「使用化合物A」。

(4) 以用途（或使用、應用）為申請標的

· 請求項：「一種化合物A作為殺蟲之用途（或使用、應用）」或「一種化合物A之用途（或使用、應用），其係用於殺蟲」。

· 申請標的：「用途」、「使用」或「應用」。

· 技術特徵：「殺蟲」及「使用（或應用）化合物A」。

· 前述請求項視同：「一種使用（或應用）化合物A殺蟲之方法」或「一種殺蟲方法，其係使用（或應用）化合物A」（申請標的為殺蟲方法）。

· 前述請求項不認定為：「一種包含化合物A之殺蟲劑」（申請標的為物）。

· 前述請求項不認定為：「一種使用（或應用）化合物A製備殺蟲劑之方法」（申請標的為製備方法）。

#案例－智慧財產法院98年度行專訴字第58號判決

系爭專利：

　　修正後請求項1：「一種口服投藥配方供製備一藥物之用途，該藥物在哺乳動物中介於進食狀態及斷食狀態之間具有降低之水不溶或難溶於水之藥劑的生物可利用性差異，該口服投藥配方包含藉由磷脂介面活性物質安定化之水不溶或難溶於水之藥劑的微顆粒、一糖類，及可選擇的一種碳水化合物衍生醇類，其中該微顆粒小於2微米，且於活體中介於進食狀態及斷食狀態之間的生物可利用性的比例係0.8至1.25。」

法院：

　　修正後申請專利範圍第1項之申請標的為用途發明。按申請專利範圍之認定應以申請專利範圍中所載之文字為基礎，並得審酌發明說明、圖式及申請時的通常知識。是申請專利範圍所指之發明是否業經充分揭示而得為熟習該項技藝人士參照實施，應參酌說明書內容及發明申請時所存在之既有技術一併列入考量。準此，系爭專利申請專利範圍第1項既係揭示一種口服投藥配方供製備一藥物之用途，則審查該發明是否符合專利要件或認定申請專利範圍時，均應考量申請人就該用途之敘述。

(五)新型專利之請求項

　　專利法第104條定義新型：「新型，指利用自然法則之技術思想，對物品之形狀、構造或組合之創作。」申請專利之新型是否符合新型定義，包括「自然法則」、「技術性」、「物品之形狀、構造或組合」等要件。「自然法則」、「技術性」要件與發明並無不同，至於「物品之形狀、構造或組合」要件，係依據請求項中所載之申請標的名稱及技術特徵判斷之。新型請求項之標的名稱屬於物品範疇，且所載之技術特徵至少其中之一為結構特徵，即符合「物品之形狀、構造或組合」要件；只要前述二者其中之一不符合規定，即不符合「物品之形狀、構造或組合」要件。

　　經濟部智慧財產局發布的舉發審查基準第4.3.1.3「有關實體要件之爭執」規定：「有關新型實體要件之爭執，除下列新型之定義外，準用專利審查基準第二篇『發明專利審查』中各實體要件之有關規定。新型專利係保護

利用自然法則之技術思想具體表現於物品之形狀、構造或組合之創作，惟新型專利實體要件之審查仍應就請求項中所載之全部技術特徵爲之。」前述基準之規定呼應民事訴訟的請求項整體原則及全要件原則，然而，前述基準之後又規定：「新型請求項之進步性審查，應視請求項中所載之非結構特徵是否會改變或影響結構特徵而定；若非結構特徵會改變或影響結構特徵，則先前技術必須揭露該非結構特徵及所有結構特徵，始能認定不具進步性；若非結構特徵不會改變或影響結構特徵，則應將該非結構特徵視爲習知技術之運用，只要先前技術揭露所有結構特徵，即可認定不具進步性。」

　　事實上，前述基準與發明專利審查基準之規定不同，而且亦逾越專利法第120條準用第58條第4項：「發明專利權範圍，以申請專利範圍爲準，於解釋申請專利範圍時，並得審酌說明書及圖式。」按前述「新型專利實體要件之審查仍應就請求項中所載之全部技術特徵爲之」就是依第58條第4項規定，故申請專利範圍中所載之技術特徵皆爲專利權範圍的限定條件，每一個技術特徵皆不得忽略，若將其中任一技術特徵視爲習知技術之運用，無異是將該技術特徵排除於限定條件之外，而有不當擴大專利權範圍之虞，明顯違反請求項整體原則及全要件原則。因此，若新型請求項之解釋及其實體審查方式、侵權分析方式與發明請求項不同，不僅逾越母法，且實務上亦窒礙難行，進而造成行政審查及司法審判無法操作的窘境。例如，於民事訴訟程序中，侵權判斷時，遵守請求項整體原則及全要件原則，不忽略每一個技術特徵，進行文義侵權及均等論比對，但在專利無效抗辯時，卻將某一技術特徵視爲習知技術之運用。更甚者，依「非結構特徵視爲習知技術之運用」之規定，行政審查不必考量申請專利之新型中之非結構特徵解決什麼問題，達成什麼功效，就「視爲習知技術之運用」，則於司法審理新型專利侵權訴訟中，是否可以不管均等論之三部檢測的功能、技術手段及結果，或是否可以不管「可置換性」，逕行認定被控侵權對象對應該非結構特徵之技術內容實質相同，均等侵權成立？

　　以請求項「一種插頭插腳之絕緣構造，包含插頭本體及兩插腳，該兩插腳併排連結於該插頭本體之一端，該兩插腳鄰近於該插頭本體處係以熱熔膠加硬化劑於室溫下披覆，具有耐磨功效；該插頭本體係PP材質製成。」爲例，依舉發基準之規定，說明新型之定義及進步性的審查方式如下。

　　有關新型定義之審查，因前述請求項中所載之標的爲「插頭插腳之絕緣

構造」，而為表現於物品之構造，且技術特徵包含插頭本體及兩插腳之結構特徵，故符合新型定義。

　　有關新型進步性審查，因前述請求項中所載之插頭本體係以非結構特徵PP材質予以界定，且該材質不會改變或影響結構特徵，故應將該非結構特徵視為習知技術；因前述請求項中所載之披覆方法使插腳表面形成披覆層，故該披覆方法係屬會改變或影響結構特徵的非結構特徵。因此，若先前技術已揭露該插頭本體、兩插腳及該披覆方法，即使未揭露PP材質，仍可證明前述請求項不具進步性；相對地，若先前技術已揭露該插頭本體、兩插腳及PP材質，但未揭露該披覆方法，則不能證明前述請求項不具進步性。

　　前述新型進步性審查方式與發明進步性審查方式之差異在於：a.須先就請求項中所載之內容區分結構特徵及非結構特徵；b.再認定那些非結構特徵會改變或影響結構特徵、那些非結構特徵不會改變或影響結構特徵；c.對於不會改變或影響結構特徵之非結構特徵，不予審查，逕自認定為習知技術。

　　細繹前述差異，實務上會遭遇若干問題：

1. 如何區分結構特徵及非結構特徵。例如「鍍鉻層」、「含鉻之不鏽鋼」及「以鉻防鏽的處理方法」；「鍍鉻層」為層狀結構，「含鉻之不鏽鋼」為材質，「以鉻防鏽的處理方法」為方法。層狀結構屬結構特徵，材質或方法屬非結構特徵，暫無疑義（發明請求項中所載之材質，究為結構特徵或為非結構特徵？非無疑義）；惟若請求項記載「以鉻防鏽的處理方法」，說明書記載二實施方式「鍍鉻層」及「含鉻之不鏽鋼」，請求項中所載之方法隱含層狀結構及材質，則如何認定請求項中所載之方法係屬結構特徵或非結構特徵？又如「滲碳層」及「以滲碳方法處理……」；「滲碳層」為層狀結構，「以滲碳方法處理……」為方法。層狀結構屬結構特徵，材質或方法屬非結構特徵，似無疑義；惟「以滲碳方法處理……」之後即形成「滲碳層」，亦即前者隱含後者之結構特徵，則如何認定請求項中所載之「以滲碳方法處理……」係屬結構特徵或非結構特徵？

2. 如何認定會或不會改變、影響。如前例，請求項中所載之「以鉻防鏽的處理方法」隱含層狀結構及材質，其究竟是屬於會改變、影響結構特徵或屬於不會改變、影響結構特徵？其次，若請求項記載「電鍍金屬件表面」方法，在金屬外表面會形成電鍍層，依前述進步性審查原則，「電鍍金屬件表面」為非結構特徵，且不會改變、影響金屬件結構，應認定「電鍍金屬

件表面」為習知技術；但若認定該方法隱含電鍍層結構特徵，則應作為審查對象，尚不得將「電鍍金屬件表面」認定為習知技術。再者，若請求項記載「於金屬件表面滲碳」方法，在金屬內表面會形成滲碳層（審查基準認定滲碳層為層狀結構），依前述進步性審查原則，「於金屬件表面滲碳」為非結構特徵，且從外觀無法觀察該滲碳層結構，故該滲碳方法究竟是否會改變、影響金屬件結構似有爭執，因為材質不屬於結構特徵，是否會改變、影響金屬件結構似不宜考量材質內部的微觀結構。

3. 逕自認定為習知技術是否妥當。專利權範圍，以申請專利範圍為準，且審查基準亦規定新型專利實體要件之審查仍應就請求項中所載之全部技術特徵為之，將某些技術特徵逕自認定為習知技術，等同於忽略該等技術特徵，有違專利法第58條第4項所定的請求項整體原則，亦與專利侵權訴訟中的全要件原則不一致。此外，進步性審查須考量申請專利之新型整體技術包括問題、技術手段及功效，若將某些技術特徵逕自認定為習知技術，而該技術特徵恰為解決問題、達成新型目的之新穎特徵，則進步性如何審查，是否須考量說明書中所載之問題、功效？或是一以貫之，將前述技術特徵所解決之問題、功效一併忽略？若然，則如何認定或撰寫不具進步性的理由？

　　中國專利審查指南2001年版第四部分第六章第4-51頁指出：「在進行實用新型創造性審查時，如果技術方案中的非形狀、構造技術特徵導致該產品的形狀、構造或者其結合產生變化，則只考慮該技術特徵所導致的產品形狀、構造或者其結合的變化，而不考慮該非形狀、構造技術特徵本身。技術方案中的那些不導致產品的形狀、構造或者其結合產生變化的技術特徵視為不存在。」中國於2001年的規定與我國前述基準的見解基本上相同，但中國於2006年專利審查指南已拋棄前述見解，指出：「……在實用新型專利新穎性的審查中，應當考慮其技術方案中的所有技術特徵，包括材料特徵和方法特徵……在實用新型專利創造性的審查中，應當考慮其技術方案中的所有技術特徵，包括材料特徵和方法特徵……」，見2010年版專利審查指南第四部分第六章第4-53頁。

　　對於新型專利之侵權判斷，中國北京高級法院的「專利侵權判定指南」第20條的規定與發明專利的侵權判斷並無不同，僅係特別強調：「（第1項）實用新型專利權利要求中包含非形狀、非構造技術特徵的，該技術特

徵用於限定專利權的保護範圍，並按照該技術特徵的字面含義進行解釋。（第2項）非形狀、非構造技術特徵，是指實用新型專利權利要求中記載的不屬於產品的形狀、構造或者其結合等的技術特徵，如用途、製造工藝、使用方法、材料成分（組分、配比）等。」

＃案例－智慧財產法院99年度行專訴字第4號判決

系爭專利：

　　請求項1：「一種散熱器結構改良，其係由一結合扇葉及定子組風扇裝設於風扇座中，風扇配合固結元件組設一具散熱鰭片的散熱板所構成之組件，其特徵在於：散熱板為金屬板經衝製彎折加工成型的構件，其板體周邊朝上彎折複數散熱鰭片，各鰭片上形成穿孔，板體上形成複數個的散熱凸緣。」

法院：

　　經查，系爭專利為新型專利，依系爭專利核准審定時之專利法第97條規定，新型創作標的係對物品之形狀、構造或裝置之創件或改良。因此關於方法技術之創作或改良並非新型專利保護之標的。系爭專利將「散熱板為金屬板經衝製彎折加工成型的構件」此一構件經衝製彎折之加工成型製造方法記載於申請專利範圍，由於製造方法並非新型專利之創作標的，自難謂上述之加工成型製造方法為系爭新型專利之創作內容。因此，系爭新型專利之技術內容與舉發證據相較是否具有突出之技術特徵或顯然功效之增進，自仍應以申請專利範圍中關於形狀、構造或裝置之結構作為比對之基礎。

筆者：本件爭執的焦點在於新型專利請求項中所載的「製法」。法院認為「製法並非新型專利保護之標的」，故直接將「製法」排除於比對對象之外，僅審理申請專利範圍中所記載之結構特徵。

#案例－智慧財產法院100年度行專訴字第100號判決

系爭專利：

請求項1：「一種防霉貼片，包含有：一離型紙；一貼紙，藉由黏著劑貼合於該離型紙上，<u>其內含有可揮發釋出之防霉組合物；藉此，該貼紙與離型紙撕離後可黏貼於置物品之容器中，使防霉組合物於預定時間內持續釋出，進而防止物品發霉者。</u>」

法院：

本案之創作目的：「提供一種防霉貼片，係將天然物質所組成之防霉組合物結合於貼片內，用以可隨意將貼片貼置於任何須防霉之容器或空間中，進而可有效地抑制黴菌之成長與繁殖，解決習知防腐劑、乾燥劑及脫氧劑無法有效抑制黴菌成長之缺失者。」

系爭專利為新型專利為物品之形狀、構造或裝置之改良，其審究及保護的範疇在於物品之構造，就本件系爭專利而言，即其層狀結構，至於該層狀結構之材質或塗覆之物質性質非為所問。

系爭專利申請專利範圍第5項至第13項進一步分別界定防霉組成物之成分（參申請專利範圍第6項、第7項），防霉組合物之製造方法（申請專利範圍第5項），或另含防臭抑菌組成物（申請專利範圍第8項至第12項），或另含抗氧化劑（申請專利範圍第13項）之技術特徵，惟上揭之界定僅涉及物品之材料成分或含量之變化、或界定該成分之製法，該等變化並未造成該物品之形狀或構造上之改變，亦即其實質上並不涉及物品之形狀、結構或裝置之改良，非新型專利保護之範疇所在。

筆者：本件爭執的焦點在於新型專利請求項中所載的「材質」。法院認為「層狀結構之材質或塗覆之物質性質非為所問」，若材質「並未造成該物品之形狀或構造上之改變」，而「不涉及物品之形狀、結構或裝置之改良」，則「材質」不具限定作用。法院並未逕行將「材質」排除於比對對象之外，尚須論究其是否會影響或改變結構特徵。

＃案例－智慧財產法院98年度行專訴字第64號判決

系爭專利：

　　請求項1：「一種插頭插腳之絕緣構造，其中插頭之插腳鄰近於插頭本體處係<u>塗裝有一層絕緣材料者</u>。」

法院：

　　系爭專利申請專利範圍第1項及舉發證據3，二者同屬插頭插腳絕緣層之固著構造，且兩者皆係利用於插頭插腳處形成一絕緣材料，以避免插腳相互導通引發危險，兩者目的、原理皆為相同。雖然系爭專利申請專利範圍第1項係「塗裝」絕緣層，而舉發證據3則揭示為「包覆」絕緣層，惟「塗裝」（或「噴佈、浸漬、刷著」）乃係一般習知之「包覆」方式，為該技術領域中具通常知識者所能輕易置換之技術手段，原告雖強調系爭專利以「塗裝」（或「噴佈、浸漬、刷著」）方式包覆絕緣層，可以省去加工處理之步驟，並節省製造時間及成本，惟該等功效乃該製造方法置換而為該技術領域中具通常知識者所可預期之必然結果，尚難謂為不可預期之功效。此外，系爭專利說明書並沒有任何實施方式或數據，可說明絕緣層以「塗覆」（或「噴佈、浸漬、刷著」）的方式包覆，有更佳之絕緣效果或其他不可預期之功效。故系爭專利申請專利範圍第1項與舉發證據3比較，其絕緣層包覆方式縱有不同，仍為該技術領域中具通常知識者顯能輕易置換完成者，難謂具進步性。

筆者： 本件爭執的焦點在於新型專利請求項中所載的「製法」，法院並未因「製法」並非結構特徵就逕行將其排除於比對對象之外，或逕行將其視為習知技術。

＃案例－智慧財產法院101年度民專訴字第11號判決

系爭專利：

　　新型專利請求項1：「一種具止擋環之螺絲結構，其包含：一螺絲，其具有一螺絲頭及延伸出該螺絲頭之一螺桿；一套桶，係套設於該螺桿

外圍；及一暫時套設止擋環，其係設於該螺桿上以推抵該套桶之一端，使該套桶係抵頂該螺絲頭，<u>當具該暫時套設止擋環之螺絲結構組裝於電路板之後，該暫時套設止擋環從該螺桿移除。</u>」

法院：

系爭專利更正後申請專利範圍第1項所載「當具該暫時套設止擋環之螺絲結構組裝於電路板之後，該暫時套設止擋環從該螺桿移除」，係屬一種操作步驟之技術特徵，非屬「形狀」、「構造」或「裝置」之新型專利標的，自無法以系爭專利具有上述之技術特徵而主張系爭專利之結構較被證2、3具進步性。

筆者：本件爭執的焦點在於新型專利請求項中所載的「操作特徵」，法院因「操作特徵」並非結構特徵就直接將其排除於比對對象之外。

#案例－智慧財產法院100年度民專訴字第77號判決

系爭專利：

新型專利請求項1：「一種碎石排水袋，係包含有本體，讓本體設導水管，及導水管後方設壁面，且於該壁面固設有網面，此網面位於導水管之入口處；又設有袋體，及袋體設網狀面；另面設塑膠布面，如此以<u>使水份經網狀面進入袋體中，再於袋體內填設有碎石，可利用碎石防止土石堵塞導水管之入口處，並提供擋土牆良好之排水效果</u>。」

法院：

系爭專利申請專利範圍第1項編號1E所示之技術特徵為「如此以使水分經網狀面進入袋體中，再於袋體內填設有碎石，可利用碎石防止土石堵塞導水管之入口處，並提供擋土牆良好之排水效果」；其中「如此以使水分經網狀面進入袋體中」，以及「可利用碎石防止土石堵塞導水管之入口處，並提供擋土牆良好之排水效果」等文句，均屬物品原有之物理特性與功能之描述，並對於裝置或結構所附加之限制條件，非屬物品之實質技術特徵，無庸作為比對之構成要件；至於「再於袋體內填設

有碎石」，則爲整個碎石排水袋之重要構成要件，蓋系爭專利所界定之本體與袋體均爲習知技術，而結合本體與袋體作爲擋土牆洩水管結構而未於袋體内填設碎石，則無法發揮系爭發明所欲達成「利用碎石防止土石堵塞導水管入口處」之發明目的。則系爭專利申請專利範圍第1項之完整結構即如系爭專利發明說明書第6圖所示，必須包含導水管、壁面、網面、塑膠布面、網狀面、碎石各構成要件，則被控侵權物品既未將碎石填設於袋體内，自不具有利用「碎石」防止土石堵塞導水管入口處之功能，同時亦欠缺系爭專利申請專利範圍第1項如附表一編號1E所示之技術特徵。綜上所述，被控侵權物品欠缺系爭專利申請專利範圍第1項所界定「於袋體内填設有碎石」之技術特徵，不符合全要件原則。

筆者：法院在判斷被控侵權產品是否落入專利權範圍時，係基於全要件原則，而與發明專利並無不同，亦即並未直接將「操作特徵」排除於比對對象之外，或視「操作特徵」是否影響或改變結構特徵而定。

案例－智慧財產法院99年度行專訴字第53號判決

系爭專利：

　　請求項1：「一種電線、電纜之組合結構，包括：金屬導體及包覆於該金屬導體成同心圓狀之絕緣層及被覆層，其中該絕緣層及被覆層至少係由PVC粉、安定劑、高嶺土、可塑劑等成份組成；其特徵在於：該安定劑係非鉛系安定劑。」

被告：

　　系爭專利載於前言部分「該絕緣層及被覆層至少係由PVC粉、安定劑、高嶺土、可塑劑等成份組成」之技術特徵，與載於特徵部分「該安定劑係非鉛系安定劑」之技術特徵，屬原料部分，因非關物品之「構造」之創作，而非爲系爭專利申請專利範圍第1項是否具有專利要件所需予以考量者。

法院：

按進步性之審查應以申請專利之發明的整體爲對象，不得僅針對發明說明或申請專利範圍中所記載之技術特徵部分或某一技術特徵。經查，被告就系爭專利之進步性審查，僅針對申請專利範圍記載之「金屬導體及包覆於該金屬導體成同心圓狀之絕緣層及被覆層」技術特徵，並未以申請專利之新型的整體爲對象，非合於進步性之審查基準。另系爭專利申請專利範圍第1項之特徵部分爲「該安定劑係非鉛系安定劑」，固係有別於先前技術之必要技術特徵，惟查，習知之電線電纜的絕緣層及被覆層使用鉛系安定劑可增加其耐熱效果，系爭專利申請專利範圍第1項之電線電纜的絕緣層及被覆層使用非鉛系安定劑，於系爭專利說明書並未揭露是否與使用鉛系安定劑的電線電纜具有相同的耐熱效果；再者，非鉛系安定劑並未含有鉛，因此並不會產生鉛、鎘、汞、六價鉻、多溴聯苯、多溴聯苯醚等金屬有害物質，故系爭專利申請專利範圍第1項具有防止鉛、鎘、汞、六價鉻、多溴聯苯、多溴聯苯醚等金屬成份外逸的功效係爲固有功效，並未有新功效產生。

筆者：本案爭執的焦點在於新型專利請求項中所載的「材質」，法院並未因「材質」並非結構特徵就將其排除於比對對象之外或直接將其視爲習知技術。對於材質特徵而言，於發明專利之物品請求項，以材質描述物品極爲常見，將其視爲「結構特徵」而具限定作用，已爲理所當然；然而，於新型專利之請求項，同樣是以材質描述物品，審查基準卻將其視爲「非結構特徵」，進而認定其爲習知技術不具限定作用，尙難謂具說服力。

#案例－智慧財產法院98年度民專上易字第21號判決

系爭專利：

請求項1：「一種熱水器考克本體結構，其考克本體由燃燒器接管下依序延伸一瓦斯控制閥室及一壓控水盤接座，而瓦斯控制閥室一側連通具有固定座之瓦斯供氣管，且瓦斯控制閥室另一側由橫向歧管連通壓差

控制閥室，使壓差控制閥室底部再由立向歧管連通流量預定控制閥室，該流量預定控制閥室末端並連通於燃燒器接管側邊者，其主要特徵在於：該考克本體係由金屬壓鑄脫模製成，其中橫向歧管配合成形心柱之拔模，與流量預定控制閥室呈同向橫臥平行設置，並於橫向歧管端部形成管開口，以使橫向歧管分別與瓦斯控制閥室、壓差控制閥室呈垂直向交疊連通，而立向歧管亦配合成形心柱之拔模，與瓦斯控制閥室呈同向直立平行設置，且於立向歧管端部形成管開口，促使立向歧管分別與壓差控制閥室、流量預定控制閥室呈垂直向交叉連通者。」

被上訴人：

系爭專利之技術特徵為「該考克本體係由金屬壓鑄脫模製成」（按新型專利的製法特徵），而有禁反言阻卻之適用。

法院：

系爭產品之熱水器考克本體結構與經解釋及解析之申請專利範圍比對，系爭產品之熱水器考克本體結構可以讀取系爭專利申請專利範圍第1項之要件1至5所載技術特徵之文義，故系爭產品之熱水器考克本體結構落入系爭專利申請專利範圍第1項之文義範圍。解釋專利之均等範圍時，為維護公眾對專利權人在專利申請至專利權維護過程中所為說明書之補充、修正、更正、申復及答辯之信賴，倘專利權人於上開過程為符合專利要件而就申請專利範圍有所限定或排除時，自應依「禁反言」原則，限制專利權之均等範圍，是以禁反言係阻卻均等論之適用，而系爭產品係落入系爭910專利申請專利範圍第1項之文義範圍，並非落入其均等範圍，業如前述，自無進行禁反言阻卻分析之必要。

筆者：法院在判斷被控侵權產品是否落入專利權範圍時，係基於全要件原則，而與發明專利並無不同，亦即並未直接將方法或材質特徵排除於比對對象之外，或視方法或材質特徵是否影響或改變結構特徵而定。若因新型專利不保護製法、材質等非結構特徵，僅審理請求項中所載之結構特徵，顯然會違反全要件原則，而有不當擴大新型專利權範圍損及公益之虞。

#案例－智慧財產法院101年度民專訴字第40號判決

系爭專利：

請求項1：「一種具有清潔部件及框體之清潔用品，其中該框體具有多數個穿孔，該穿孔係由大內徑以及小內徑構成，以將已纏繞成捆的清潔部件之折點自小內徑塞入而至大內徑，再回拉該清潔部件，以固定該框體於該清潔用品上。」

原告：

「再回拉該清潔部件」一詞應解釋為「包含直接回拉與間接回拉」。從系爭產品布條整齊即可得知有回拉技術。系爭產品之抵頂物件回縮時清潔部件將因摩擦力而不可避免的被回拉，即為系爭專利之文義所讀取。

被告：

應限於直接回拉，不包含頂底物件取出時所造成清潔部件因摩擦力回縮之動作。系爭拖把組之清潔部件是用機器推的，推進去以後棉線膨脹就會與穿孔咬合固定在圓盤上，不必再有回拉的動作。

法院：

系爭專利說明書第5頁記載「圖3C係接續圖3B將超過框體之表面的清潔部件所膨脹部位回拉，以固定該清潔部件於該框體上。由於該清潔部件之該撓性，在回拉之後，該清潔部件將與該框體緊密接合」，足見回拉之目的在固定清潔部件於框體上，是以「再回拉該清潔部件」應解釋為「再次藉由拉力將清潔部件拉回，而能固定於框體上」。

系爭產品於抵頂部件回縮時因摩擦力而使清潔部件一同被拉回，然其係因摩擦力所致而非因拉力所致，且該摩擦力之力道尚不足以使清潔部件能固定於框體上，自難認此情形為系爭專利「回拉」之文義所讀取。

筆者：本件為新型專利，若法院依現行專利審查基準及若干其他判決之見解認定「操作特徵」不具限定作用，則本件之判決結果可能不同。

第四章　解釋申請專利範圍進階版

現行專利法第58條第4項明定解釋申請專利範圍的基本原則：「發明專利權範圍，以申請專利範圍爲準，於解釋申請專利範圍時，並得審酌說明書及圖式。」經濟部智慧財產局於民國93年10月4日在網站上發布「專利侵害鑑定要點」，內文中記載：「申請專利範圍中所載之技術特徵明確時，不得將發明（或新型）說明及圖式所揭露的內容引入申請專利範圍；申請專利範圍中所載之技術特徵不明確時，得參酌發明（或新型）說明與圖式解釋申請專利範圍；……[1]。」事實上，司法機關及國內專利界普遍的見解亦如是[2]。

專利侵權民事訴訟中經常會遇到某些難以處理的情況，例如：說明書記載解決問題X、達成功效Y的技術手段Z爲元件A+B+C，雖然A、B及C三者皆爲必要技術特徵，但請求項卻僅記載A+B。於專利侵權民事訴訟，專利權範圍應以請求項中所載A+B爲準？或應解釋爲A+B+C？若依專利侵害鑑定要點之解釋方法，請求項中所載之A+B明確者，專利權範圍應爲A+B；請求項中所載之A+B不明確者，始有解釋爲A+B+C之可能。然而，何謂「明確」？係指專利法第26條第2項之明確性？「明確」之判斷，逕以請求項中所載之文字內容爲準？或必須審酌說明書及圖式，使該發明所屬技術領域中具有通常知識者能瞭解申請專利之發明，始爲明確？換句話說，「明確」的認定基礎僅限於請求項或另包括說明書及圖式？延續前述之例，依說明書之記載，若前述C爲對照說明書中所載之先前技術的新穎特徵，卻未記載於請求項，於專利侵權民事訴訟，解釋申請專利範圍的結果應爲何？再者，依說明書之記載，先前技術爲A+B'，若請求項爲A+B，其中B涵蓋B'，例如金屬涵蓋先前技術的銅，於專利侵權民事訴訟，解釋申請專利範圍的結果應爲何？前述情況發生在核准專利前的審查程序或行政救濟程序，解釋申請專利範圍的結果是否不同？

我國專利法有關發明專利權解釋申請專利範圍之基本原則，最早見於民

---

[1] 經濟部智慧財產局，專利侵害鑑定要點（草案），2004年10月4日發布，頁35。

[2] 最高行政法院98年度裁字第1309號裁定：「就專利法第106條第2項規定所謂『於解釋申請專利範圍時，並得審酌創作說明及圖式』，係指申請專利範圍所載之文字用語模糊、定義不明確，而說明書或圖式另有明確之定義或揭露時，可予參酌而言……。」

國83年1月21日修正公布的專利法第56條第3項：「發明專利權範圍，以說明書所載之申請專利範圍爲準。必要時，得審酌說明書及圖式。」修法的相關理由：「第3項之規定係參照歐洲專利公約第69條之精神而制訂。」專利侵害鑑定要點前述之解釋方法是否符合歐洲專利公約第69條之精神？是否符合專利法理？實務上是否窒礙難行？

　　前述問題涉及現行專利法第58條第4項及若干解釋申請專利範圍之原則的眞義，例如禁止讀入原則之眞義。本文謹從解釋申請專利範圍的基本理論、立法沿革、各國相關規定、我國相關判決、相關之法制及理論、實務問題等方向入手，嘗試從先占之法理出發，並引述美國諸多判決作爲佐證，就如何正確解釋申請專利範圍的問題，提供筆者之淺見。

一、專利法第58條第4項立法沿革

　　一如前述，我國專利法有關解釋發明專利權之基本原則，最早見於民國83年1月21日修正公布的專利法第56條第3項：「發明專利權範圍，以說明書所載之申請專利範圍爲準。必要時，得審酌說明書及圖式。」民國90年10月24修正公布的專利法未修正第56條。

　　民國92年2月6日修正公布、93年7月1日施行的專利法第56條第3項修正爲：「發明專利權範圍，以說明書所載之申請專利範圍爲準，於解釋申請專利範圍時，並得審酌發明說明及圖式。」主要係刪除「必要時」三個字，修正的立法理由：「按發明專利權範圍以說明書所載之申請專利範圍爲準，申請專利範圍必須記載構成發明之技術，以界定專利權保護之範圍；此爲認定有無專利侵權之重要事項。在解釋申請專利範圍時，發明說明及圖式係屬於從屬地位，未曾記載於申請專利範圍之事項，固不在保護範圍之內；惟說明書所載之申請專利範圍僅就請求保護範圍之必要敘述，既不應侷限於申請專利範圍之字面意義，也不應僅被作爲指南參考而已，實應參考其發明說明及圖式，以瞭解其目的、作用及效果，此種參考並非如現行條文所定『必要時』始得爲之，爰參考歐洲專利公約第69條規定之意旨修正爲『於解釋申請專利範圍時，並得審酌發明說明及圖式』。」前述修正理由已明示發明專利的保護範圍不得侷限於申請專利範圍之文字，尙應審酌說明書及圖式中所載之目的、作用及效果據以解釋，而非申請專利範圍不明確而爲「必要時」，始審酌之。

　　民國100年12月21日修正公布、102年1月1日施行的專利法第58條第4項修正為：「發明專利權範圍，以申請專利範圍為準，於解釋申請專利範圍時，並得審酌說明書及圖式。」主要係因應申請專利之文件分為申請書、說明書、申請專利範圍、摘要及必要之圖式，說明書不再包含申請專利範圍及摘要，爰予配合修正。民國102年6月13日及103年3月24日施行之專利法未修正第58條。

二、外國法相關規定

(一)歐洲專利

　　1973年歐洲專利公約第69條第(1)項規定：「歐洲專利或歐洲專利申請案的保護範圍由申請專利範圍之內容予以確定，得以說明書及圖式解釋申請專利範圍。」各締約國另簽訂第69條的議定書，見第三章一之(三)「折衷主義」。

(二)美國

　　美國聯邦巡迴上訴法院於2005年Phillips v. AWH Corp.案召開全院聯席聽證，對於申請專利範圍的解釋提出宣示性的見解：專利商標局專利審查時，必須「賦予申請專利範圍符合說明書之最寬廣合理的解釋」（giving claims their broadest reasonable construction）。該判決明確認可專利商標局所使用的「最寬廣合理的解釋」標準：「專利商標局解釋專利申請案的申請專利範圍時，不僅應以申請專利範圍中所載之用語為基礎，且應審酌該發明所屬技術領域中具有通常知識者對於說明書的解釋，賦予申請專利範圍最寬廣合理的解釋。前述解釋方法係依專利商標局的細則37 CFR 1.75(d)(1)規定：申請案之申請專利範圍必須依循說明書其他部分中所載之發明，且申請專利範圍中所使用之用語及措辭必須在說明書中找到明確的支持基礎或先行基礎，故對於申請專利範圍中所載之用語的意義，可以審酌說明書予以確定[3]。」

---

[3] Phillips v. AWH Corp., 415 F.3d 1303, 75 USPQ2d 1321 (Fed. Cir. 2005) (The Patent and Trademark Office ("PTO") determines the scope of claims in patent applications not solely on the basis of the claim language, but upon giving claims their broadest reasonable construction in light of the specification as it would be interpreted by one of ordinary skill in the art.) In re Am. Acad. of Sci. Tech. Ctr., 367 F.3d 1359, 1364[, 70 USPQ2d 1827] (Fed. Cir. 2004). (Indeed, the rules of the PTO require that application claims must "conform to

　　前述Phillips案已指出於審查階段解釋申請專利範圍的方法。至於核准專利後民事訴訟階段解釋申請專利範圍的方法，美國法院亦明確表達其見解，在In re Morris案，法院判決：「在申請程序中專利商標局解釋申請案之申請專利範圍，不必與法院於專利侵權訴訟案中解釋申請專利範圍之方法相同。在申請程序中，對於申請專利範圍之用語，專利商標局賦予該用語最寬廣合理的解釋，係該發明所屬技術領域中具有通常知識者經考量說明書所定義或所能提供之內容而得之啓示，從而明瞭[該用語]之通常意義[4]。」依美國專利之司法訴訟實務，申請專利範圍之解釋係以說明書、申請歷史檔案、先前技術及其他請求項爲基礎，探知申請人於申請時對於申請專利範圍中所載之文字的客觀意義。

　　無論是周邊限定主義或折衷主義，申請專利範圍才能確定專利權範圍[5]。解釋申請專利範圍是以申請專利範圍之文字、用語爲核心，在不違背申請專利範圍之文字、用語的前提下，參考說明書、申請歷史檔案等內、外部證據，探知申請專利範圍之文字、用語所代表的客觀意義，以確認申請專利範圍所界定的專利權範圍。解釋申請專利範圍的整個過程皆圍繞在申請專利範圍的文字、用語所代表的意義，不得將說明書或申請歷史檔案中之技術特徵讀入申請專利範圍，亦即解釋申請專利範圍是以申請專利範圍所載之文字、用語爲核心及界線[6]。美國聯邦巡迴上訴法院指出：解釋申請專利範圍是以申請專利範圍中所載的文字爲起點，亦爲終點[7]。發明專利權範圍是以申請專利範圍爲度；法院不得擴張或限縮該專利權範圍，而使授予的專利權

---

the invention as set forth in the remainder of the specification and the terms and phrases used in the claims must find clear support or antecedent basis in the description so that the meaning of the terms in the claims may be ascertainable by reference to the description." 37 CFR 1.75(d)(1).)

[4] In re Morris, 127 F.3d 1048, 1054-55, 44 USPQ2d 1023, 1027-28 (Fed. Cir. 1997).

[5] Markman v. Westview Instruments, Inc., 52 F.3d 967, 34 U.S.P.Q. 2d 1321 (Fed. Cir. 1995) (en banc) aff'd, 116 S. Ct. 1384 (1996) (The written description part of the specification itself does not delimit the right to exclude. That is the function and purpose of claims.)

[6] Thermally, Inc. v. Aavid Engineering, Inc., 121 F.3d 691, 693, 43 U.S.P.Q. 2d 1846, 1848 (Fed. Cir. 1997) (Throughout the interpretation process, the focus remains on the meaning of claim language.)

[7] AbTox, Inc. v. Exitron Corp., 122 F.3d 1019, 1023, 43 U.S.P.Q. 2d 1545, 1548 (Fed. Cir. 1997) (Claim construction inquiry, therefore, begins and ends in all cases with the actual words of the claim.)

範圍不同於申請專利範圍中所載之內容[8]。

　　美國法院及MPEP已明確表示申請專利範圍的解釋有二種：行政機關以最寬廣合理解釋爲原則；司法機關以客觀合理解釋爲原則。二機關採用不同的解釋原則，原因在於：申請過程中，申請人有機會修正申請專利範圍，審查人員賦予申請專利範圍最寬廣的解釋，經授予專利權後，可以避免其被解釋得過廣而超過其應有的範圍[9]。

(三) 日本

　　日本發明專利權的解釋規定於特許法第70條[10]：「1.發明的技術範圍，必須基於申請專利範圍保護的範圍予以確定。2.前項得參照說明書的記載及圖式解釋申請專利範圍中所載之用語的意義。3.前二項不得參照摘要中之記載。」

　　依日本審查基準第II部第2-4章，申請專利之發明的認定，是以記載於請求項之發明予以認定。對於記載於請求項中之發明的事項（用語）所包含之意義的解釋，應考慮申請案申請時之技術知識及其說明書、圖式所記載之內容，始得爲之。對於記載於請求項中之發明的認定，具體方式如下列[11]：

1. 請求項中所載之內容明確時，依所載之內容認定申請專利之發明；對於記載於請求項中之用語，可解釋爲其所具有的通常意義。

2. 雖然請求項中所載的內容明確，但說明書或圖式對於請求項中所載之用語（發明特定事項）的意涵有特別定義或說明者，解釋該用語時必須考慮該定義或說明。對於請求項的用語，說明書或圖式中所載其下位概念僅爲單純的例示，不適用前述解釋方法。請求項中所載的內容不明確且理解困難，但依說明書、圖式或申請時之通常知識解釋請求項中所載之用語，足

---

[8] Max Daetwyler Corp. v. Input Graphics, In., 583 F.Supp. 446, 451, 222 U.S.P.Q. 150 (E.D. Pa. 1984) (The scope of the invention is measured by the claims of the patent. Courts can neither broaden nor narrow the claims to give the patentee something different than what he has set forth.)

[9] Phillips v. AWH Corp., 415 F.3d at 1316, 75 USPQ2d at 1329. (Fed. Cir. 2005).

[10] 日本特許法第70條：「1.特許發明の技術的範圍は、願書に添付した特許請求の範圍の記載に基づいて定めなければならない。2.前項の場合においては、願書に添付した明細書の記載及び図面を考慮して、特許請求の範圍に記載された用語の意義を解釈するものとする。3.前二項の場合においては、願書に添付した要約書の記載を考慮してはならない。」

[11] 經濟部智慧財產局，先前技術文獻調查實務，100年3月，頁2~3。

使其明確者,則適用前述解釋方法。

3. 即使審酌說明書、圖式或申請時之通常知識,仍無法理解請求項中所載之發明時,則不必認定申請專利之發明。

4. 經認定,請求項中所載之發明與說明書及圖式中所載之發明不一致者,不得逕以說明書及圖式中所載之發明進行審查,而無視於請求項中所載之發明。對於說明書或圖式有記載而請求項未記載之事項(用語),應以請求項之記載為準,據以認定申請專利之發明;對於說明書或圖式未記載而請求項有記載之事項(用語),仍應以請求項之記載為準。

依前述說明,對於發明專利權之解釋,日本概以請求項中所載之內容是否明確為分界。請求項明確者,除非有特別定義或說明,以申請專利範圍為準;請求項不明確者,得審酌說明書及圖式。從說明文字的表面觀之,日本的解釋方法恰與我國專利侵害鑑定要點中所載的內容不謀而合:「申請專利範圍中所載之技術特徵明確時,不得將發明(或新型)說明及圖式所揭露的內容引入申請專利範圍;申請專利範圍中所載之技術特徵不明確時,得參酌發明(或新型)說明與圖式解釋申請專利範圍;……。」然而,日本法院另有不同解釋方法,詳見後述。

在我國,專利法第58條第4項是否適用於授予專利權之前有關申請專利之發明的認定?在日本,特許法第70條亦有同樣的疑問。日本最高法院於平成3年(1991)3月8日有關昭和62年(行ッ)第3號「脂肪分解酵素」事件判決:「作為審查發明專利要件之前提,認定申請專利之發明之要旨時,若無特殊情事,應依申請專利範圍之記載為準。所謂特殊情事,係指申請專利範圍之記載無法明確一望即知其技術意義,或一望即知有誤記事項,並經對照說明書(原文為「發明之詳細說明」,以下同)之記載係屬明顯者等,則容許審酌說明書。」因此,於授予專利權之前審查專利要件之階段,日本特許廳係依該判決認定「發明之要旨」,而非依特許法第70條。審查申請專利之發明是否具新穎性、進步性等專利要件之前,應理解、確定發明之實體(技術內容),此係審查之內在要求,其理甚明。前述之「確定」即認定發明之要旨,特許法上雖未使用「發明之要旨」之用語,惟於發明專利之審查、審判實務及撤銷審決訴訟中,已成為既定之慣用語。依前述最高法院之判決,於認定發明之要旨的過程中,為明瞭發明之技術內容,固有閱讀說明書或圖式之必要,惟於理解技術內容後確定發明之要旨的技術事項時,該判決宣示

了下述理論：不得逾越申請專利範圍之記載，附加僅記載於說明書或圖式中之構成要件，因此，得審酌說明書的情況係屬例外。[12]

　　相對地，對於專利侵權民事訴訟案件中解釋申請專利範圍的法律依據，日本最高法院第三小法庭於昭和50（1975）年5月27日有關昭和50（オ）第54號「槳」事件判決：「因實用新型法第26條準用特許法第70條之規定，故新型之技術範圍，應依申請書所附說明書之申請專利範圍（在日本，申請專利範圍爲說明書的一部分，而說明書係附屬於申請書）中之記載定之。惟爲更加具體正確判斷前述申請專利範圍中所載之意義，作爲判斷資料，應認爲得審酌說明書其他部分的創作構造及其作用效果，並無不妥。」依判決，對於發明專利侵權案件，解釋申請專利範圍的法律依據應爲特許法第70條，當無疑義。東京智財高院於平成18（2006）年9月28日有關平成18（ネ）第10007號「可攜帶遊戲機」事件判決：「上訴人主張：由於可明確理解系爭專利申請專利範圍之記載，一望即知其意義，於解釋其技術範圍時，不得審酌說明書等之記載。惟查，不問申請專利範圍之記載是否確係一望即知其意義，解釋申請專利範圍時，可審酌說明書等之記載。」

　　依前述判決整理如下：行政機關審查申請案件，必須先認定「發明之要旨」，原則上，應以申請專利範圍爲準，若明顯有不明確或誤記而無法理解其技術意義，「得」審酌說明書及圖式。司法機關審理專利侵權案件，發明專利權之確定應依特許法第70條，以申請專利範圍爲準，且「應」審酌說明書及圖式。

(四) 中國

　　中國發明專利權的解釋規定於專利法第59條第1項：「發明或者實用新型專利權的保護範圍以其權利要求的內容爲準，說明書及附圖可以用於解釋權利要求的內容。」

　　中國最高法院的「關於專利權糾紛案件的解釋」第2條：「人民法院應當根據權利要求的記載，結合本領域普通技術人員閱讀說明書及附圖後對權利要求的理解，確定專利法第五十九條第一款規定的權利要求的內容。[13]」

---

[12] 塩月秀平，日本最高法院判例解說44卷9號，頁212～235。

[13] 中國最高人民法院，最高人民法院關於審理侵犯專利權糾紛案件應用法律若干問題的解釋，2009年12月28日公告，2010年1月1日起施行。

第2條規定準確地說明申請專利範圍的解釋必須以「申請專利範圍」為準，更強調無論申請專利範圍是否明確，均必須從「說明書及圖式」所載之內容理解申請專利之發明，據以確定專利權範圍；而非單從「申請專利範圍」理解申請專利之發明，決定其內容是否明確。

中國北京高級法院的「專利侵權判定指南」第7條規定：「折衷原則。解釋權利要求時，應當以權利要求記載的技術內容為准，根據說明書及附圖、現有技術、專利對現有技術所做的貢獻等因素合理確定專利權保護範圍；既不能將專利權保護範圍拘泥於權利要求書的字面含義，也不能將專利權保護範圍擴展到所屬技術領域的普通技術人員在專利申請日前通過閱讀說明書及附圖後需要經過創造性勞動才能聯想到的內容。[14]」

綜合前述內容，專利法所稱「以申請專利範圍為準」並非指專利權範圍之確定完全取決於申請專利範圍（此為極端的周邊限定主義），無論申請專利範圍是否明確；亦非指只要申請專利範圍本身並無不明確，則無審酌說明書或圖式之必要，因為即使申請專利範圍本身明確，對照說明書所載申請專利之發明仍可能產生不明確或不為說明書所支持。

(五)實質專利法條約

為協調各國專利制度，世界智慧財產權組織召開多屆實質專利法條約（SPLT，Substantive Patent Law Treaty）[15]會議，第10屆草約中包括申請專利範圍解釋之法則，如Article11(4)(a)規定：「申請專利範圍應由其用語予以決定。解釋申請專利範圍，應考量適用之說明書及圖式修正本或更正本，及該發明所屬技術領域中具有通常知識者於申請日之通常知識[16]。」而其Rule13(1)規定：「(a)除非說明書中賦予特別涵義，申請專利範圍之用語應依其在相關技術領域中之通常涵義及範圍解釋之。(b)申請專利範圍之解釋無

---

[14] 中國北京市高級人民法院，專利侵權判定指南，2013年10月9日發布。

[15] 為協調各國之專利制度，世界智慧財產權組織召開多屆實質專利法條約（Substantive Patent Law Treaty，以下簡稱SPLT）會議，2004年為第10屆，雖然該條約迄今尚未正式生效施行，惟從其草約內容仍得一窺各國協調之趨勢與方向。

[16] Substantive Patent Law Treaty (10 Session), Article 11(4)(a) (The scope of the claims shall be determined by their wording. The description and the drawings, as amended or corrected under the applicable law, and the general knowledge of a person skilled in the art on the filing date shall [, in accordance with the Regulations,] be taken into account for the interpretation of the claims.)

須侷限於嚴格之文義。[17]」

三、我國法院相關判決

對於專利法第58條第4項之涵義，我國法院明示：「申請專利範圍之文字僅記載專利權之構成要項，為確定其實質內容，『自得』參酌說明書及圖式所揭示的目的、作用及效果，以確定專利之保護範圍。」參見智慧財產法院97年度民專上字第4號判決：「我國專利法解釋申請專利範圍，係採學說所謂折衷限定主義（介於中心限定主義及周邊限定主義之間），即原則上對於專利保護之範疇，係根據申請專利範圍之文字通常僅記載專利之構成要件，其實質內容得參酌說明書及圖式所揭示之目的、作用及效果而加以解釋。解釋時之優先順序，依序為申請專利範圍、說明書及圖式。至於實施方式及摘要部分，原則上非屬解釋之基礎。而運用折衷限定主義解釋申請專利範圍，應遵循下列三要點：(1)以申請專利範圍之內容為基準，未記載於申請專利範圍之事項，不在保護之範圍。而解釋專利範圍時，未侷限於字面意義，其不採周邊限定主義之嚴格字義解釋原則；(2)因申請專利範圍之文字僅記載專利之構成要項，為確定其實質內容，『自得』參酌說明書及圖式所揭示的目的、作用及效果，以確定專利之保護範圍。說明書及圖式於解釋申請專利範圍時，係屬從屬地位，必須依據申請專利範圍之記載，作為解釋之內容；(3)確認申請專利範圍之專業技術涵義，得參酌專利申請至維護過程中申請人及智慧財產局間有關專利聲請之文件。」

對於前述「自得」參酌說明書，智慧財產法院97年度民專訴字第6號判決其意思為「雖可且應」參酌說明書：「對於申請專利範圍中的文字、用語有不明瞭或疑義的時候，參考說明書及圖式以瞭解其真義乃是最主要的解決方式。惟，發明說明及圖式雖可且應作為解釋申請專利範圍之參考，但申請專利範圍方為定義專利權之根本依據，因此發明說明及圖式僅能用來輔助解釋申請專利範圍中既有之限定條件（文字、用語），而不可將發明說明及圖式中的限定條件讀入申請專利範圍，亦即不可透過發明說明及圖式之內容而

---

[17] Substantive Patent Law Treaty (10 Session), Rule13 (1)(a) (The words used in the claims shall be interpreted in accordance with the meaning and scope which they normally have in the relevant art, unless the description provides a special meaning.) (b) (The claims shall not be interpreted as being necessarily confined to their strict literal wording.)

增加或減少申請專利範圍所載的限定條件，否則將混淆申請專利範圍與發明說明及圖式各自之功用及目的，亦將造成已公告之申請專利範圍對外所表彰之客觀權利範圍變動，進而違反信賴保護原則。」

四、相關法制及實務

對於申請專利範圍的解釋，我國專利侵權訴訟實務因襲外國很多既有的原則、方法，但礙於語言、文字或司法制度的差異，在理解或運用時，難免有知其然、不知其所以然之迷失，僅理解原則、方法的表面文字即斷章取義，從而忽略整個專利法制、理論，自限於自以為是的既有框架，以致於實務操作上常有左支右絀之憾。

本節將從專利法制之目的、先占之法理等方向入手，審視既有解釋申請專利範圍之原則及方法，進行系統性的探討，希冀稍稍釐清如何正確解釋申請專利範圍。

(一)專利法制之目的

解釋申請專利範圍，應以申請專利範圍為依據，正確解釋申請專利範圍中所載之文字意義，合理界定專利權的保護範圍。申請專利範圍的解釋是否合理，可以從專利法第1條之目的出發。專利法制係藉政府授予申請人於特定期間內「保護」專有排他之專利權，以「鼓勵」申請人發明、創作，並將其成果公開，使社會大眾能「利用」該創作，進而「促進產業發展」。因此，專利權範圍應落入申請人於說明書中所揭露其已完成之發明的技術範圍，若專利權範圍超出申請人已完成之發明的技術範圍，則不合理。簡言之，申請專利範圍中所載之專利內容應與說明書中所載之發明內容相呼應，前者應為後者所涵蓋。

(二)先占法理與專利權範圍之關係

解釋申請專利範圍之目的在於正確解釋申請專利範圍之文字意義，合理界定專利權範圍。解釋申請專利範圍時，不僅要充分考慮專利權對照先前技術之貢獻，保護專利權人的利益，更要充分考慮社會大眾的利益，不得將專利權人未完成之技術納入保護範圍，始符合公平原則。

發明人完成其發明創作，將創作內容撰寫成說明書、申請專利範圍及圖式等申請文件，揭露該創作所欲解決之問題、解決問題之技術手段及對照先

前技術之功效，其揭露之程度必須足使該發明所屬技術領域中具有通常知識者能製造及／或使用該創作，而能合理確定該發明人已完成該創作（即符合可據以實現要件）。當發明人以說明書表示其其已完成發明創作，象徵該發明人已先占該創作之技術範圍，見第一章一「先占之法理」。

經核准公告之專利權，其說明書應讓社會大眾得知發明人已完成之發明，促使社會大眾利用該發明；其申請專利範圍應明確界定專利權範圍，使社會大眾知所迴避。專利權的保護範圍包含文義範圍及均等範圍（事實上尚須經禁反言等原則限縮之）；專利權範圍應限於發明人已完成之發明，不得超出其先占之範圍。解釋申請專利範圍，其對象為申請專利範圍中所載之文字、用語，解釋的結果為其文義範圍，即專利法第58條第4項所稱之專利權範圍。然而，專利權的保護範圍尚涵蓋均等範圍，其係以文義範圍為中心，發明構思為外延，但限於實質相同而未超出其先占之範圍，並非無邊無際而無法合理預期周邊界限的抽象概念。解釋申請專利範圍時，應依說明書理解專利權人的發明構思是什麼，以確定其文義範圍，並應理解專利權人以該發明構思為外延界定了什麼範圍，以建構其均等範圍。

以圖式呈現專利權範圍（狹義的文義範圍，係依專利法第58條第4項解釋申請專利範圍的結果）與發明構思、實施方式（含實施例，以下同）之間的關係如下：

圖4-1　正確的專利權範圍

圖4-2　不被支持的專利權範圍

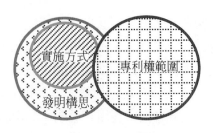

圖4-3　不被支持的專利權範圍

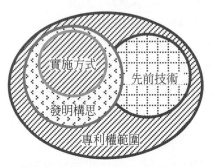

圖4-4　專利權範圍涵蓋先前技術

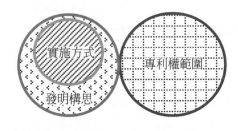

圖4-5　專利權範圍未涵蓋必要技術特徵

　　圖4-1顯示專利權的最大範圍係以發明構思為界，而且必須涵蓋說明書中所載（至少一個）實施方式，始符合專利法第26條第2項所規定的支持要件。圖4-2、圖4-3顯示若專利權範圍超出發明構思，包含非屬發明人已完成之發明，則不符合支持要件，不論是否涵蓋說明書中所載之實施方式，均不宜給予保護。圖4-4顯示專利權範圍涵蓋發明構思、實施方式及已公開之先前技術，係因申請專利範圍未記載新穎特徵，故不符合支持要件，亦不具新穎性，不宜給予保護。圖4-5顯示專利權範圍未涵蓋任一實施方式並超出發明構思，係因申請專利範圍未記載必要技術特徵，致未包含發明人已完成之發明，故不符合支持要件，不宜給予保護。從圖4-1至圖4-5所示先占之法理，可得知「大發明大保護、小發明小保護、沒發明沒保護」的道理。然而，專利權範圍之確定仍應以申請專利範圍為準，並應審酌說明書及圖式，若發明人先占之技術範圍為A，但申請專利範圍僅界定a，仍應認定專利權範圍為a；若發明人先占之技術範圍為a，即使申請專利範圍界定A，經解釋

後，其專利權範圍仍應限於a。

（三）司法機關的解釋與行政機關的解釋

專利法第58條第4項規定：「發明專利權範圍，……。」有謂其僅適用於司法審查階段「專利權」之申請專利範圍的解釋，不適用於行政審查階段「申請案」之申請專利範圍的解釋；有謂申請專利範圍的解釋係屬法院之權責，行政機關不必也不能解釋。

對於前述的爭議，最高行政法院98年度裁字第1309號裁定：「就專利法第106條第2項規定所謂『於解釋申請專利範圍時，並得審酌創作說明及圖式』，係指申請專利範圍所載之文字用語模糊、定義不明確，而說明書或圖式另有明確之定義或揭露時，可予參酌而言……。」法院業於新型專利行政訴訟案件中適用舊專利法第106條第2項（對應現行法第58條第4項），行政機關自當遵循，據以審查專利申請案件及舉發案件；然而，不宜完全套用，因為行政機關係針對「申請專利之發明」是否符合專利要件之審查，而非針對業經核准之「專利權」是否遭受侵權之審理。

對於申請專利範圍的解釋，在美國，除前述Phillips案及In re Morris案外，In re American Academy案法院亦有明確的判決：「專利商標局使用一種不同於地方法院的標準解釋申請專利範圍；審查時，專利商標局必須給予申請專利範圍符合說明書之最寬廣合理的解釋，除非其通常意義不符合說明書[18]。」依美國法院的專利訴訟實務，申請專利範圍的解釋有二種，適用於行政機關於申請案之審查程序及適用於司法機關於侵害專利權之民事訴訟程序，二機關所採用的解釋方法並不相同，前者係以「最寬廣合理解釋」為原則，後者係以「客觀合理解釋」為原則。

申請專利之階段，解釋申請專利範圍之目的在於確定申請專利之發明的範圍，以供行政機關判斷其是否符合專利要件；核准專利後之訴訟階段，解釋申請專利範圍之目的在於客觀解釋經公告之申請專利範圍的意義，合理界定其權利範圍。由於不同階段解釋申請專利範圍之目的不同，以致於不同階段所運用之原則亦有差異，申請專利之階段係採最寬廣合理解釋之原則，核准專利後之訴訟階段係採客觀合理解釋之原則。然而，無論是哪一種原則，

---

[18] In re American Academy of Science Tech Center, 367 F.3d 1359, 1369, 70 USPQ2d 1827, 1834 (Fed. Cir. 2004).

實際操作時皆不宜僵化，仍須回歸到第一章所述之先占法理，徹底瞭解發明人真正發明了什麼及其以申請專利範圍界定了什麼[19]，始能符合各自之目的。

1. 最寬廣合理解釋原則

　　最寬廣合理解釋，所稱之「最寬廣」並非無邊無際，仍應以符合說明書所揭露之內容為界，始為「合理」。對於最寬廣合理解釋原則，美國專利商標局於2011年2月9日發布35 U.S.C.112之補充審查指南有完整明確的說明：審查過程中，係在請求項符合說明書所揭露之內容的前提下，賦予請求項該發明所屬技術領域中具有通常知識者所認知最寬廣合理的解釋。由於申請人在申請專利的過程中可以修正請求項，賦予請求項最寬廣合理的解釋可以避免所取得之專利權被賦予過大的範圍。審查的重點在於：從該發明所屬技術領域中具有通常知識者的觀點，什麼是合理範圍。在最寬廣合理解釋的原則下，請求項中所載之用語應賦予其字面意義，除非此意義與說明書中所揭露之意義不一致。字面意義，指該發明所屬技術領域中具有通常知識者於完成發明時（筆者按：我國係以專利申請案之申請日或優先權日為準）所賦予該用語的通常習慣意義。請求項中所載之用語的通常習慣意義得依請求項本身、說明書、圖式及先前技術等予以佐證，其中又以說明書為最佳來源，說明書作為字典，最能釐清請求項中所載之用語的意義。賦予請求項中所載之用語通常習慣意義（ordinary and customary meaning），係屬推定的性質，申請人主張該用語於說明書中已明確賦予不同意義者，可推翻該推定[20]。

---

[19] Phillips v. AWH corp., Nos. 03-1269, 1286, 2002 U.S. App. LEXIS 13954 (Fed. Cir. Jul. 12, 2005) (en banc) (Ultimately, the interpretation to be given a term can only be determined and confirmed with a full understanding of what the inventors actually invented and intended to envelop with the claim.)

[20] Federal Register/Vol. 76, No. 27、Wednesday, February 9, 2011、Notices, 7164, Supplementary Examination Guidelines for Determining Compliance with 35 U.S.C. 112 and for Treatment of Related Issues in Patent Applications. (During examination, a claim must be given its broadest reasonable interpretation consistent with the specification as it would be interpreted by one of ordinary skill in the art. Because the applicant has the opportunity to amend claims during prosecution, giving a claim its broadest reasonable interpretation will reduce the possibility that the claim, once issued, will be interpreted more broadly than is justified. The focus of the inquiry regarding the meaning of a claim should be what would be reasonable from the perspective of one of ordinary skill in

　　對於通常習慣意義，美國法院有諸多判決：請求項中所載之用語的通常習慣意義，係該發明所屬技術領域中具有通常知識者所認知該用語於完成發明時的意義[21]。在說明書未明示要將不同意義導入請求項中所載之用語的情況下，應假設該用語爲該發明所屬技術領域中具有通常知識者所賦予之通常習慣意義[22]，亦即以該用語在說明書中所載的上下文用法，或以該用語在該發明所屬技術領域中的通常用法，精確地反映請求項中該用語之「通常」及「習慣」意義。爲佐證用語的通常習慣意義，證據可以是各種來源，包括請求項本身之文字、說明書、申請歷史及內部證據中有關之科學原理、技術術語之意義及技術現況[23]。對於該用語，若外部證據（例如字典）顯示一個以上之定義，應審酌內部證據，從各種可能的定義中確定最符合申請人所使用之意義。

2. 客觀合理解釋原則

　　客觀合理解釋，指以申請歷史檔案爲基礎，客觀解釋申請專利範圍的文字意義，合理界定專利權範圍。申請專利範圍一經公告，具有公示效果，應採取社會大眾可信賴的「客觀」解釋，且該專利權範圍應爲從說明書內容所能「合理」期待的範圍。解釋申請專利範圍，是探知申請人於申請時（並非侵權時）對於申請專利範圍所記載之文字的「客觀」意義，而非申請人的

---

the art⋯. Under a broadest reasonable interpretation, words of the claim must be given their plain meaning, unless such meaning is inconsistent with the specification. The plain meaning of a term means the ordinary and customary meaning given to the term by those of ordinary skill in the art at the time of the invention. The ordinary and customary meaning of a term may be evidenced by a variety of sources, including the words of the claims themselves, the specification, drawings, and prior art. However, the best source for determining the meaning of a claim term is the specification-the greatest clarity is obtained when the specification serves as a glossary for the claim terms. The presumption that a term is given its ordinary and customary meaning may be rebutted by the applicant by clearly setting forth a different definition of the term in the specification. When the specification sets a clear path to the claim language, the scope of the claims is more easily determined and the public notice function of the claims is best served.)

[21] Phillips v. AWH Corp., 415 F.3d 1303, 1313, 75 USPQ2d 1321, 1326 (Fed. Cir. 2005) (en banc) (The ordinary and customary meaning of a claim term is the meaning that the term would have to a person of ordinary skill in the art in question at the time of the invention⋯.)

[22] Brookhill-Wilk 1, LLC v. Intuitive Surgical, Inc., 334 F.3d 1294, 1298 67 USPQ2d 1132, 1136 (Fed. Cir. 2003).

[23] Phillips v. AWH Corp., 415 F.3d 1314, 75 USPQ2d 1327 (Fed. Cir. 2005) (en banc).

「主觀」意圖。為使社會大眾對於申請專利範圍有一致之信賴，應以該發明所屬技術領域中具有通常知識者（並非專利權人、可能的侵權人或法官）為解釋之主體，始可能獲知其客觀意義；初步得以字面意義（即通常習慣意義）解釋之，但該意義與內部證據不一致者，則以內部證據優先。

美國專利商標局35 U.S.C.112之補充審查指南指出：在涉及專利侵權及有效性之訴訟程序，已核准的申請專利範圍係被推定為明確而有效，不會被賦予最寬廣合理的解釋，而是依申請歷史檔案（申請及維護專利過程中的內部證據）解釋之。換句話說，對於已核准專利權之請求項，除非其用語的意義模糊而難以理解，否則法院不會認定該用語不明確。相對地，對於審查中之請求項，因不會將其推定為明確而有效，美國專利商標局的解釋可以與法院的解釋不同。在審查過程中，美國專利商標局應以最寬廣合理的方式解釋申請專利範圍，努力建立紀錄清楚呈現申請人所欲請求的範圍[24]。

SPLT草約中包括申請專利範圍解釋之法則，如Article11(4)(a)規定：「申請專利範圍應由其用語予以決定。解釋申請專利範圍，應考量依適用法律修正或訂正之說明書及圖式，及該發明所屬技術領域中具有通常知識者於申請日之通常知識[25]。」而其Rule13(1)規定：「(a)除非說明書中賦予特別

---

[24] Federal Register、Vol. 76, No. 27、Wednesday, February 9, 2011、Notices, 7164, Supplementary Examination Guidelines for Determining Compliance with 35 U.S.C. 112 and for Treatment of Related Issues in Patent Applications. (Patented claims enjoy a presumption of validity and are not given the broadest reasonable interpretation during court proceedings involving infringement and validity, and can be interpreted based on a fully developed prosecution record. Accordingly, when possible, courts construe patented claims in favor of finding a valid interpretation. A court will not find a patented claim indefinite unless it is 'insolubly ambiguous.' In other words, the validity of a claim will be preserved if some meaning can be gleaned from the language. In contrast, no presumption of validity attaches before the issuance of a patent. The Office is not required or even permitted to interpret claims when examining patent applications in the same manner as the courts, which, post issuance, operate under the presumption of validity. The Office must construe claims in the broadest reasonable manner during prosecution in an effort to establish a clear record of what applicant intends to claim.)

[25] Substantive Patent Law Treaty (10 Session), Article 11(4)(a) (The scope of the claims shall be determined by their wording. The description and the drawings, as amended or corrected under the applicable law, and the general knowledge of a person skilled in the art on the filing date shall [, in accordance with the Regulations,] be taken into account for the interpretation of the claims.)

涵義，申請專利範圍之用語應依其在相關技術領域中之通常涵義及範圍解釋之。(b)申請專利範圍之解釋不必侷限於嚴格之文義。[26]」尤應注意者，Article11(4)(a)係規定「應」考量說明書及圖式，而非我國或歐洲等外國所規定的「得」審酌說明書及圖式。

　　為符合客觀合理解釋原則，整理前述說明如下：(1)解釋目的：客觀解釋申請專利範圍中所載之用語的文義，合理界定專利權範圍；該範圍必須是從說明書內容所能合理期待的範圍。(2)時間基準：解釋申請專利範圍是探知申請人於申請時對於申請專利範圍所載之文字的客觀意義，而非申請人所認定的主觀意義，故認定時點並非侵權時。(3)解釋主體：為使社會公眾對於申請專利範圍有一致之信賴，應以該發明所屬技術領域中具有通常知識者為準，以該虛擬人作為解釋主體之標準，始可能獲知申請專利範圍的客觀意義。(4)內部證據優先：解釋申請專利範圍可以引用各種來源，惟當內部證據已清楚顯示其意義者，或外部證據與內部證據不一致者，仍應以內部證據為優先。

　　對於前述圖4-2至圖4-5所示之情形，行政審查階段可以違反專利法第26條第2項促使申請人修正申請專利範圍；但專利核准後之訴訟階段，若專利權人不主動申請更正、經審查不准更正或當事人未提起舉發、未抗辯專利權無效，為正確合理解釋申請專利範圍以利後續審理程序之進行，訴訟階段僅能以客觀合理解釋為原則，限縮解釋申請專利範圍。

　　綜合以上說明：最寬廣合理解釋原則，解釋手法趨向放寬，適用於行政機關；申請專利範圍中所載之用語應給予最寬廣的解釋，但必須符合說明書而能為說明書所支持的合理範圍。客觀合理解釋原則，解釋手法趨向窄化，適用於司法機關；申請專利範圍中所載之用語應給予符合社會大眾客觀上所期待而可信賴的合理解釋，得以內部證據及外部證據作為解釋之基礎，但內部證據優先於外部證據。

---

[26] Substantive Patent Law Treaty (10 Session), Rule13 (1)(a) (The words used in the claims shall be interpreted in accordance with the meaning and scope which they normally have in the relevant art, unless the description provides a special meaning.) (b) (The claims shall not be interpreted as being necessarily confined to their strict literal wording.)

(四)美國Phillips v. AWH Corp.案[27]

美國聯邦巡迴上訴法院於2005年Phillips v. AWH案召開全院聯席聽證，對於申請專利範圍之解釋方法提出宣示性看法，堪稱美國法院對於解釋申請專利範圍的重要經典案例。

專利權人Edward H. Phillips發明之「囚犯拘留設施之鋼構模組」為一種焊接鋼殼模板所構成的監獄房舍，具有高承載力、抗衝擊、防火、隔音等特點。申請專利範圍的請求項共26項，請求項1：「一種建築模板所組成之結構，可以隔音、防火、抗衝擊，用以保護資料及人身安全的屏障或房舍，包括以下組成部分：一外殼，實質上為平行六面體形狀，該外殼具有二個光滑鋼製面板，當多個模板組裝在一起時，鋼製面板形成內、外牆……；密閉手段，用隔音、隔熱材料隔開二個鋼製面板……；及其他手段，設於該外殼內部，以增加其承載力，包含位於該外殼內部而從鋼殼牆向內伸展的鋼製擋板（baffles）。」Phillips原先與AWH公司簽訂協議，由AWH公司開發銷售專利產品，協議於1990年結束。1997年Phillips向科羅拉多地方法院起訴AWH公司侵害其專利權。

第一審之重點在於請求項1中所載之「其他手段，設於該外殼內部，以增加其承載力，包含位於該外殼內部而從鋼殼牆向內伸展的鋼製擋板。」科羅拉多地方法院認為其係以手段功能用語記載之技術特徵，適用專利法第112條第6項，應解釋為涵蓋說明書中所載之對應結構、材料及其均等物。依說明書之記載，擋板與牆面的角度皆非直角，始能產生中間連鎖，從而認定擋板必須從牆面呈鈍角或銳角伸展開來，藉以構成內牆連鎖屏障的一部分，故作成AWH不構成侵權的簡易判決。

Phillips上訴，聯邦巡迴上訴法院於2004年4月維持一審判決[28]。多數意見認為請求項已記載完整的結構特徵，不適用專利法第112條第6項，因請求項已限定「擋板」一詞，依說明書之記載，「擋板」不包括與牆面呈直角的情況。判決指出：說明書敘及「擋板」可以使子彈改變方向，並提及「這樣的角度可以使本來穿透外部鋼板的子彈改變方向」，而未提及「擋板」可以與牆面呈直角。另依說明書中所載發明具有抗衝擊、抵禦子彈之功效，故

---

[27] Phillips v. AWH Corp., 415 F.3d 1303, 75 USPQ2d 1321 (Fed. Cir. 2005) (en banc).

[28] Phillps v. AWH Corp., 363 F.3d 1207 (Fed. Cir. 2004).

「擋板」不可以與牆面呈直角。然而，少數意見認爲：多數意見將申請專利範圍限於實例方式，而未以「baffles」的字面意義（plain meaning）解釋其範圍，並不妥適。按「baffles」之意爲「阻止、妨礙或測量物質流動的手段」，說明書中並未重新定義「baffles」，專利權人亦未曾放棄「baffles」字面意義的全部內容。再者，說明書中所載之抗衝擊僅爲其發明目的之一，沒有理由以實施方式限制「baffles」，而應採用字典之定義。

　　Phillips請求再審，聯邦巡迴上訴法院於2004年7月決定撤銷原判決，並召開全院聯席聽證，就該案進行再審。再審決定書提出7個問題，要求當事人及律師協會、工商業協會、政府機關及有關人士或團體提供諮詢意見。問題如下列：

1. 基於公示原則，解釋申請專利範圍係以字典或說明書作爲主要資料？何者優先？

2. 若以字典作爲主要資料：a.是否有說明書清楚捨棄或適用辭彙編纂者原則情況時才可據以限制其意義？b.說明書中出現什麼文字始適用a.之情況？c.通用字典與專業字典何者優先？d.同一用語有多種定義時如何決定其通常意義？是否藉助說明書決定之？

3. 若以說明書作爲主要資料：a.如何看待字典？b.若說明書只有一實施方式而無其他指示，申請專利範圍是否限於該實施方式？

4. 本院前審多數意見與少數意見是牴觸或是互補？若爲互補，則專利權範圍就有雙重限制，申請專利範圍的解釋是否必須符合該雙重限制？

5. 爲迴避專利要件之核駁，而限縮申請專利範圍，是否容許？若肯定的話，在什麼條件始適用？

6. 解釋申請專利範圍，申請歷史檔案及專家證詞有什麼作用？

7. 依最高法院Markman案及本院全院聯席聽證Cybor案的判決，本院是否應尊重地方法院有關申請專利範圍解釋的決定？若爲肯定，哪些方面？什麼情況？什麼程度？

　　針對前述問題，聯邦巡迴上訴法院全院聯席聽證的再審判決摘要說明如下：

1. 解釋申請專利範圍的原則

　　依專利法之規定，說明書是描述發明，申請專利範圍是界定發明人申請

之標的。然而，在什麼情況下應依說明書確定專利權範圍？按專利法的基本原則是申請專利範圍界定專利權人獨占之範圍（即本書所強調先占之技術範圍）。申請專利範圍中所載之用語應賦予通常習慣意義，其為該發明所屬技術領域中具有通常知識者於發明時所理解的涵義。具有通常知識者就申請專利範圍中所載之用語的理解，為申請專利範圍的解釋提供一個客觀基礎。該基礎是基於一種普遍之認知：發明人是該領域中典型的技術人員，而專利文件是供該領域其他技術人員閱讀。具有通常知識者在閱讀申請專利範圍時，不是只閱讀記載該用語的申請專利範圍，還閱讀全部專利文件的上下文，包括專利說明書（正符合前述SPLT的規定：「應」考量說明書及圖式）。

2. 解釋申請專利範圍的基礎

　　對於申請專利範圍中所載之用語，若該發明所屬技術領域中具有通常知識者所理解的普通涵義對於法官而言也是顯而易見，則通用字典可能就已足夠，申請專利範圍的解釋可為該廣泛理解、接受之普通涵義。然而，大多數案件在確定申請專利範圍的通常習慣意義時，必須探究其中之用語在該領域的特定涵義。由於該發明所屬技術領域中具有通常知識者所理解之涵義並非都很明顯，或當專利權人以特殊方式使用技術術語時，則必須藉助社會大眾所能使用的資料，包括申請專利範圍、說明書、申請歷史檔案及科學原理、技術術語涵義、先前技術等內、外部證據，據以確定該發明所屬技術領域中具有通常知識者所理解之涵義。分述如下：

(1) 申請專利範圍

　　對於申請專利範圍中所載之用語，申請專利範圍本身可以提供實質性的指導。首先，用語的上下文義就很有用，例如「鋼製擋板」，就隱含「擋板」這個用語並非鋼製品。其次，申請專利範圍中所載之其他用語皆可以作為解釋申請專利範圍的基礎，例如請求項中所載之用語通常具有一致性，得以某一請求項中所載之用語的意義解釋其他請求項中所載相同用語之涵義（按這種解釋方法即為本書所稱相同用語解釋一致性原則之適用）。此外，尚可以利用各請求項之間的差異，釐清用語之涵義，例如附屬項中所載之附屬技術特徵，其並非該附屬項所依附之獨立項的限定（按這種解釋方法即為請求項差異原則之適用）。

(2) 說明書

　　申請專利範圍爲申請文件的一部分，故其並非獨立。申請專利範圍的理解，必須依據說明書；說明書與申請專利範圍密切相關，說明書是釐清系爭用語之涵義的最佳指南。聯邦巡迴上訴法院與最高法院一向重視說明書在解釋申請專利範圍時的作用，其重要性在於其法定地位－專利法規定說明書應以「完整、清楚、簡潔、明確的用語」描述申請專利之發明，故說明書必須反映申請專利範圍。聯邦巡迴上訴法院有些判決指出專利權人在說明書中針對某一用語賦予特別意義時，應以該意義優先解釋申請專利範圍；當說明書顯示專利權人有意捨棄或限制申請專利範圍時，其專利權範圍應依專利權人之意予以確定（按這種解釋方法即爲辭彙編纂者原則之適用）。專利授權程序進一步強化申請專利範圍與說明書之間的關聯性。專利商標局在認定申請專利範圍時，不僅要依據申請專利範圍中所載之文字，還要以該發明所屬技術領域中具有通常知識者之觀點，依說明書所理解申請專利範圍之意義，賦予其最寬廣合理的解釋（The Patent and Trademark Office determines the scope of claims in patent applications not solely on the basis of the claim language, but upon giving claims their broadest reasonable construction "in light of the specification as it would be interpreted by one of ordinary skill in the art."）。

(3) 申請歷史檔案

　　解釋申請專利範圍時，除參照說明書外，法院尙應考量申請歷史檔案。申請歷史檔案，爲內部證據之一，完整地記綠專利授權的歷程，包括審查過程中所呈現的所有先前技術。專利審查資料是申請人爲取得專利權所爲之說明，其與說明書一樣，可以協助法院明瞭專利權人與專利局如何理解專利內容。然而，由於申請歷史檔案係反映專利局與申請人之間的交涉過程，而非最後結果，故不如說明書清楚明白，解釋申請專利範圍時，其作用不如說明書。申請歷史檔案通常可以顯示申請人對於申請專利範圍中所載之用語的理解，以及其在審查過程中所爲之限制，故從申請歷史檔案可以得知該用語的涵義。

(4) 外部證據

　　雖然內部證據對於解釋申請專利範圍相當重要，尙可利用專家及發明人證詞、字典及學術論文等外部證據解釋申請專利範圍。外部證據可以作爲理解相關技術的基礎，但其不如內部證據重要，原因在於：A.外部證據並非申

請文件的一部分，亦非審查過程中所產生的文件，外部證據建立的時點與解釋申請專利範圍的時點（專利申請日）不一定相同。B.解釋申請專利範圍的主體為該發明所屬技術領域中具有通常知識者，而外部證據並非全部是該虛擬人所撰寫，或為該虛擬人所撰寫，故不能完全反映其觀點。C.專家證詞是臨訟製作，故可能會有內部證據所無的偏見，若該「專家」並非所屬技術領域的技術人員，或未經過交叉辯論，偏見會更嚴重。D.外部證據多不勝數，當事人都會選擇有利於己的證據，法院要承擔過重的辨識責任。E.過度依賴外部證據，可能會改變內部證據所顯示的涵義，而損及公開申請專利範圍所生的公示功能。

我們曾注意到字典及論文的重要性，尤其技術字典可以使法院更理解相關技術，及該領域之技術人員理解相關技術的方式。技術字典蒐羅了科技領域中所使用的涵義，可以有效協助法院理解特定用語在該科技領域中具有通常知識者所理解的涵義。因此，若法院認為字典有助於其解釋申請專利範圍，則字典可以作為參考。

我們認為專家證詞可以作為外部證據，因為專家證詞可以說明發明的技術背景，可以解釋發明的實施方式，以確保法院與該發明所屬技術領域中具有通常知識者的理解一致，或確定該專利或其先前技術中所載之用語在相關技術領域中的特定意義。然而，法院解釋申請專利範圍中所載之用語時，專家所出具的推論或無證據支持的證詞不生作用。若專家證詞與內部證據所顯示的解釋結果不一致時，應予採信該專家證詞。

(五)辭彙編纂者原則之真義

辭彙編纂者原則（lexicographer rule），指申請人自己可以定義、運用、記載申請專利範圍中所載之文字、用語。對於「禁止將說明書或圖式所揭露之內容讀入申請專利範圍」與「得審酌說明書及圖式界定申請專利範圍」二原則，美國專利侵權訴訟實務迭有爭執，美國聯邦巡迴上訴法院於Phillips案確立了辭彙編纂者原則及內部證據優先原則，而將申請專利範圍限制在說明書中所載之發明，即申請人以說明書先占之技術範圍，以解決前述爭執。筆者以為可以理解為辭彙編纂者原則優先於禁止讀入原則。

在早期，申請人作為辭彙編纂者，必須在說明書中刻意且清楚地（deliberately and clearly point out）指出申請專利範圍中所載之文字、用語與

一般慣用之意義（conventional understanding）的差異，始足以當之[29]。近年來，美國法院之觀點已有改變，認為申請人自行編纂請求項中所載之用語的意義，並非僅能認定辭彙本身之定義，而應以說明書及圖式整體內容為之，亦即得以隱含之意義予以定義，依據說明書整體內容所顯示該用語之用法，不限於明示的辭彙編纂或明確排除於請求範圍之外的情況[30]。因此，解釋申請專利範圍時，申請人可以在說明書中明示或暗示將申請專利範圍中之文字、用語限於狹義之定義，尚可依據申請人於說明書中實施方式所記載之必要技術特徵或新穎特徵限定其申請專利範圍。除前述正向定義外，亦可反向排除、放棄所請求的範圍，例如說明書中所載之先前技術，應認定申請專利範圍未涵蓋其內容。在Teleflex案，法院即明確指出：「專利權人可以表明其意圖不按照通常習慣意義適用請求項中之用語，例如針對某一用語重新定義，或在內部證據中說明其排除或限制申請專利範圍之意義，明確予以放棄[31]。」

專利侵害鑑定要點記載：「說明書所載之先前技術應排除於申請專利範圍之外。……解釋申請專利範圍，得參酌專利案自申請至維護過程中，專利權人所表示之意圖和審查人員之見解，以認定其專利權範圍[32]。」、「申請專利範圍中每一請求項中之文字均被視為已明確界定發明專利權範圍。當事人認為請求項中之文字記載不明確時，得……向專利專責機關提起舉發；當事人不願透過舉發程序解決者，則依內部證據及外部證據解釋申請專利範圍[33]。」

有謂辭彙編纂者原則僅適用於說明書及圖式，而不適用於申請歷史檔案中其他文件；且僅適用於前述之正向定義，而不適用於逆向排除、放棄。然

---

[29] Patient Transfer system, Inc. v. Patient Handling Solutions, Inc., (2000 U.S. Dist, LIXIS 7648).

[30] Phonometrics, Inc. v. Northern Telecom, Inc. 133 F.3d 1459, 45 USPQ2d 1421 (Fed. Cir. 1998).

[31] Teleflex, Inc. v. Ficosa North America Corp. 299 F.3d 1313 (Fed. Cir. 2002) (Regarding the first step, we conclude that claim terms take on their ordinary and accustomed meanings unless the patentee demonstrated an intent to deviate from the ordinary and accustomed meaning of a claim term by redefining the term or by characterizing the invention in the intrinsic record using words or expressions of manifest exclusion or restriction, representing a clear disavowal of claim scope.)

[32] 經濟部智慧財產局，專利侵害鑑定要點（草案），2004年10月4日發布，頁35。

[33] 經濟部智慧財產局，專利侵害鑑定要點（草案），2004年10月4日發布，頁31。

而，解釋申請專利範圍之法律依據為專利法第58條第4項，除該項規定中所載之申請專利範圍、說明書及圖式外，專利侵權訴訟實務已將解釋申請專利範圍的基礎擴及申請歷史檔案，辭彙編纂者原則作為申請專利範圍之解釋方法，即使該原則僅適用於正向定義，逆向排除、放棄仍適用前述第4項後段之規定，故逆向排除、放棄是否屬辭彙編纂者原則之一環似已不重要。

（六）禁止讀入原則之真義

美國聯邦巡迴上訴法院在Johnson Worldwide v. Zebco[34]案確立禁止讀入原則。表面上，禁止讀入原則與辭彙編纂者原則、我國專利法第58條第4項似乎矛盾，實際上，遵守專利法之規定正確適用二原則，則無窒礙難行。

解釋申請專利範圍的目的在於正確解釋申請專利範圍之文字意義，合理界定專利權範圍。解釋申請專利範圍，係依解釋之原則、優先順序等，經整體考量後，確定申請專利範圍之文字、用語的意義。原則上尚不得將說明書及圖式有揭露但未記載於申請專利範圍之技術特徵讀入申請專利範圍[35]，而縮小專利權範圍；亦不得將說明書及圖式未揭露之技術特徵排除於申請專利範圍之外，而擴張專利權範圍[36]（這種解釋方法即為請求項整體原則之適用）。除非說明書內容顯示請求項中所載之用語本身應包含實施方式之技術特徵[37]。

專利侵害鑑定要點規定：「發明說明有揭露但並未記載於申請專利範圍之技術內容，不得被認定為專利權範圍[38]。」智慧財產法院97年度民專訴字

---

[34] Johnson Worldwide Associates, Inc. v. Zebco Corp. 175 F.3d 985, 50 USPQ3d 1607 (Fed. Cir. 1999).

[35] Intervet America, Inc. v. Kee-Vet Laboratories, Inc., 887 F.2d 1050, 1053 (Fed. Cir. 1989) (courts cannot alter what the patentee has chosen to claim as his invention, ⋯ limitations appearing in the specification will not be read into claims, ⋯ interpreting what is meant by a word in a claim is not to be confused with adding an extraneous limitation appearing in the specification, which is improper.)

[36] Ethicon Endo-surgery, Inc. v. United States Surgical Corp., 93 F.3d 1572, 1578, 1582-83 (Fed. Cir. 996) (The district court ⋯ read an additional limitation into the claim, an error of law.) (the patentee's infringement argument invites us to read [a] limitation out of the claim. This we cannot do.)

[37] Modine Mfg. Co. v. Int'l Trade Comm'n 75 F.3d 1545, 37 U.S.P.Q. 2d 1609 (Fed. Cir. 1996) (Where the patentee describes an embodiment as being the invention itself and not only one way of utilizing it, this description guides understanding the scope of the claims.)

[38] 經濟部智慧財產局，專利侵害鑑定要點（草案），2004年10月4日發布，頁35。

第6號判決：「發明說明及圖式雖可且應作爲解釋申請專利範圍之參考，但申請專利範圍方爲定義專利權之根本依據，因此發明說明及圖式僅能用來輔助解釋申請專利範圍中既有之限定條件（文字、用語），而不可將發明說明及圖式中的限定條件讀入申請專利範圍，亦即不可透過發明說明及圖式之內容而增加或減少申請專利範圍所載的限定條件，否則將混淆申請專利範圍與發明說明及圖式各自之功用及目的，亦將造成已公告之申請專利範圍對外所表彰之客觀權利範圍變動，進而違反信賴保護原則。」前述內容即爲業界所稱的「禁止讀入原則」。

雖然美國聯邦巡迴上訴法院在Johnson Worldwide v. Zebco[39]案確立了禁止讀入原則，惟依美國專利侵權訴訟實務，解釋申請專利範圍時，申請專利範圍與說明書之間的關係涉及二項原則：(1)不得將說明書中所載之技術特徵讀入申請專利範圍。(2)得參酌說明書內容解釋申請專利範圍中之用語。由於前述二原則之表面意義矛盾，且二原則之間的區別並不具體、明顯，爭議迭起[40]。

在Alloc. v. US International Trade Comm'n案，美國聯邦巡迴上訴法院判決：不得將說明書中之技術特徵讀入申請專利範圍，其原則是：(1)該發明所屬技術領域中具有通常知識者認爲說明書中所揭露之技術特徵對於發明的實質或目的的達成並不具意義者（反面解釋，對實質或目的的達成具意義，並非絕對禁止讀入）；或(2)該技術特徵僅是例示性（exemplary）者（反面解釋，非屬例示性者，並非絕對禁止讀入）。例示性技術特徵包括二種情形：a.說明書中並未指明申請專利之發明應限於實施方式之技術特徵；b.實施方式記載該技術特徵之目的係爲揭露最佳實施方式之規定[41]。詳言之，說

---

[39] Johnson Worldwide Associates, Inc. v. Zebco Corp. 175 F.3d 985, 50 USPQ3d 1607 (Fed. Cir. 1999).

[40] Phillips v. AWH Corp., Nos. 03-1269, 1286, 2005 U.S. App. LEXIS 13954 (Fed. Cir. Jul. 12, 2005)(en banc) (The role of the specification in claim construction has been an issue in patent law decisions in this country for nearly two centuries.)

[41] Alloc. Inc. v. US International Trade Comm'n 342 F.3d 1361 (Fed. Cir. 2003) (The court shall not be less inclined to infer a more narrow definition of a disputed claim term from the specification if a person of ordinary skill in the art would consider the feature relied on from the specification 'exemplary' or insignificant to the essence or primary purpose of the invention.) (Where the specification describes a feature , not found in the words of the claims, only to fulfill the statutory best mode requirement, the feature should be considered

明書中所揭露之內容固然有助於瞭解申請專利範圍中之語言，但無充分理由時，切勿將未記載於申請專利範圍中之技術特徵讀入申請專利範圍。例如，對照說明書中所載之實施方式，申請專利範圍中所載之用語涵蓋的範圍更爲寬廣時，不得將該實施方式讀入申請專利範圍[42]。內部證據及外部證據均只是作爲解釋申請專利範圍的輔助資料，不得作爲界定專利權範圍的依據而增、刪申請專利範圍中所載之技術特徵。惟若說明書中明確將申請專利範圍[43]限於實施方式，則無不得將實施方式中之特定條件、態樣讀入申請專利範圍的問題[44]。綜合前述判決要旨，爲符合專利有效原則，若實施方式中所載之技術特徵對於申請專利之發明爲必要技術特徵或與先前技術有別之新穎特徵，則實施方式之技術特徵得作爲申請專利範圍中之必要技術特徵[45]，即使增加了申請專利範圍中原先未記載之技術特徵，仍屬適當，並未違反禁止讀入原則。

　　按說明書內容有助於確認申請專利範圍及其意義，故申請專利範圍必須爲說明書所支持，申請專利範圍之文字、用語的解釋必須基於說明書[46]。美國聯邦巡迴上訴法院於2005年Phillips案召開全院聯席聽證，對於申請專利範圍的解釋方法提出宣示性看法：「解釋申請專利範圍時，說明書具有舉足輕重的地位，因爲該發明所屬技術領域中具有通常知識者瞭解請求項中所載之用語的意義不僅基於該用語所在之請求項的整體意義，亦基於整個專利所揭

---

exemplary, and the patentee should not be unfairly penalized by the importation of that feature into the claims.)

[42] Superguide Corp. v. DirecTV Enterprises, Inc., 358 F.3d 870, 875, 69 USPQ2d 1865, 1868 (Fed. Cir. 2004).

[43] U.S. Indus, Chems., Inc. v. Carbide & Carbon Chems. Corp., 315 US 668, 678 53 USPQ6, 10 (1942) (Extrinsic evidence is to be used for the court's understanding of the patent, not for the purpose of varying or contradiction the terms of the claim.)

[44] Substantive Patent Law Treaty (10 Session), Rule 13(2)(a) (The claims shall not be limited to the embodiments expressly disclosed in the application, unless the claims are expressly limited to such embodiments.)

[45] Wang Labs. v. America Online, Inc., 197 F.3d 1377, 1384 (Fed. Cir. 1999).

[46] Standard Oil Co. v. American Cyanamid Co., 774 F.2d 448, 452, 227 U.S.P.Q. 293, 298 (Fed. Cir. 1985) (The description part of the specification aids in ascertaining the scope and meaning of the claims inasmuch as the words of the claims must be based on the description.)

露之上下文的整體意義，包括說明書[47]。」

　　中國北京高級法院的「專利侵權判定指南」第26條有詳細規定：「當權利要求中引用了附圖標記時，不應以附圖中附圖標記所反映出的具體結構來限定權利要求中的技術特徵。」第27條：「專利權的保護範圍不應受說明書中公開的具體實施方式的限制，但下列情況除外：(1)權利要求實質上即是實施方式所記載的技術方案的；(2)權利要求包括功能性技術特徵的。」第12條：「專利說明書及附圖可以用以對權利要求字面所限定的技術方案的保護範圍作出合理的解釋，即把與權利要求書記載的技術特徵等同的特徵解釋進專利權保護範圍，或者依據專利說明書及附圖對某些技術特徵作出界定。」

　　筆者以為：「禁止讀入原則」之適用不宜僵化、誤用，誤以為只要請求項本身並無任何疑義、不明確之情事即無審酌說明書及圖式解釋申請專利範圍之必要；甚至，即使經解釋申請專利範圍，仍舊以申請專利範圍中所載之內容一字不動地建構專利權範圍，而不論該申請專利範圍是否涵蓋說明書中所載之先前技術或實施方式。若解釋申請專利範圍後仍一字不動地維持原本文字，這種解釋方法無異是極端的周邊限定主義，而與我國專利所採取的折衷主義不合。事實上，辭彙編纂者原則之適用優先於禁止讀入原則，禁止讀入原則之真義應為「禁止不當讀入」，若請求項中所載之發明超出說明書先占之範圍，限縮解釋該請求項，將其限於該先占之範圍，並未違反禁止讀入原則，詳細說明見本章六之(四)「禁止讀入原則之限制」。

五、實務問題

　　當今專利界將專利法第58條第4項之適用係以申請專利範圍是否明確為分界。申請專利範圍不明確，始得審酌說明書及圖式；申請專利範圍明確，不得審酌說明書及圖式，以免違反禁止讀入原則，不當限縮專利權範圍。前述見解及禁止讀入原則之僵化適用，不僅不符合專利法制、理論，實務操作

---

[47] Phillips v. AWH corp., Nos. 03-1269, 1286, 2002 U.S. App. LEXIS 13954 (Fed. Cir. Jul. 12, 2005) (en banc) (The specification is of central importance in construing claims because the person of ordinary skill in the art is deemed to read claim term not only in the context of the particular claim in which the disputed term appears, but in the context of the entire patent, including the specification.)

亦會衍生各式各樣大大小小的問題，而有窒礙難行之虞。

（一）審查程序的錯亂及困境

就申請專利範圍的解釋而言，雖然民事訴訟案件當事人通常會有不同主張，但基於先占之法理，申請專利範圍之意義及範圍在第一次申請時就已確定[48]。我國專利法第26條第2項所規定申請專利範圍的明確性是很重要的專利要件，美國聯邦巡迴上訴法院認為請求項之明確性的判斷標準在於「申請專利範圍是否為該發明所屬技術領域中具有通常知識者所能明瞭」[49]。若審酌說明書即能明瞭申請專利範圍之邊界，應認定該申請專利範圍明確[50]；若申請專利範圍之文義晦暗不明、難以明瞭，且無法經由合理之限縮解釋使其明確者，則應認定申請專利範圍不明確[51]。美國專利商標局發布的35 U.S.C.112補充審查指南指出有關第112條第2項請求項用語是否明確的具體審查步驟：步驟1：解釋請求項；步驟2：決定請求項用語是否明確；及步驟3：解決請求項用語之不明確。究其意義，明確性是取得專利權的專利要件之一，而非解釋申請專利範圍的前提條件，若為前提條件，實務上矛盾重重疊疊，困境環環相扣。

行政審查階段，審查專利法第46條所規定的專利要件之前，必須先認定申請專利範圍所載申請專利之發明，經確定後始能審查該發明是否符合可據

---

[48] Mark A. Lemley, The Changing Meaning of Patent Claim Terms, Michigan Law Review Vol. 104:105 (2005) (I argue that patent claim terms should have a fixed meaning throughout time and that this meaning should be fixed at the time the patent application is first filed.)

[49] Enzo Biochem, Inc. v. Applera corp., 599 F3d 1332, 1336 (Fed. Cir. 2010) (Indefiniteness requires a determination whether those skilled in the art would understand what is claimed.)

[50] Exxon Research & Eng'g Co. v.United States, 265 F.3d 1371, 1375 (Fed. Cir. 2001) (We have stated the standard for assessing whether a patent claim is sufficiently definite to satisfy the statutory requirement as follows: If one skilled in the art would understand the bounds of the claim when read in light of the specification, then the claim satisfies section 112 paragraph 2.)

[51] Praxair, Inc. v. ATMI, Inc., 543 F.3d 1306, 1320 (Fed. Cir. 2008) (A claim will be found indefinite only if it is insolubly ambiguous, and no narrowing construction can properly be adopted . On the other hand, if the meaning of the claim is discernible, even though the task may be formidable and the conclusion may be one over which reasonable persons will disagree, we have held the claim sufficiently clear to avoid invalidity on indefiniteness grounds.)

以實現要件、新穎性、進步性及申請專利範圍之明確性、支持要件等。對照前述步驟順序，若申請專利範圍的解釋必須以明確性為前提始能審酌說明書及圖式，則審查程序錯亂，而有雞生蛋、蛋生雞的爭執。何況，既經認定申請專利範圍不明確，得以違反專利法第26條第2項核駁，何須再審酌說明書及圖式？

　　司法審查階段，基於專利有效原則，應認定申請專利範圍明確而有效，但審酌說明書及圖式必須以申請專利範圍不明確為前提，二者之間有無矛盾？再者，經審酌說明書及圖式，即使認定申請專利範圍未記載必要技術特徵或涵蓋說明書中所載之先前技術，但仍堅持禁止讀入原則，既不得將必要技術特徵讀入申請專利範圍，又不得排除先前技術，依舊維持原本不明確的申請專利範圍，則又何必解釋申請專利範圍？此外，對於前述「經解釋仍不明確」之情況[52]，經法院審酌說明書及圖式仍無法確定專利權範圍時，應如何進行後續的侵權訴訟判斷？

　　面臨前述困境，有謂當事人得於訴訟階段抗辯專利無效，以解決該困境，並主張不得由法院主動認定專利無效，因為專利有效原則使然。然而，實務上，當事人不一定會抗辯專利無效，即使抗辯專利無效，大多也只主張系爭專利不具進步性而已，因為請求項通常每一個字都很明確也都見於說明書，故「形式上」已為說明書所支持，難謂請求項不明確[53]。事實上，請求項是否明確，尚須考量其「實質上」是否為說明書所支持[54]，惟事涉說明書的審酌，若請求項本身並無不明確，依專利侵害鑑定要點的規定，必須以申請專利範圍為準，則根本無審酌說明書的機會，當然也無從爭執請求項實質上是否明確。

---

[52] 宋皇志，不明確要怎麼解釋－從申請專利範圍明確性要件論申請專利範圍之解釋，專利師，第15期，2013年10月，頁7～10。

[53] 經濟部智慧財產局，第二篇發明專利實體審查基準，2013年版，頁2-1-18，「具體而言，即每一請求項中記載之範疇及必要技術特徵應明確，……。解釋請求項時得參酌說明書、圖式及申請時之通常知識。……例如依說明書之記載，並參酌申請時之通常知識，認定獨立項未敘明必要技術特徵，而導致請求項不明確。此外，審查時若認為獨立項未敘明必要技術特徵，亦可能導致請求項無法為說明書所支持，或導致申請專利之發明違反可據以實現要件。」

[54] 經濟部智慧財產局，第二篇發明專利實體審查基準，2013年版，頁2-1-31，「應注意者，請求項不僅在形式上應為說明書所支持，並且在實質上應為說明書所支持，使該發明所屬技術領域中具有通常知識者，能就說明書所揭露的內容，直接得到或總括得到申請專利之發明。」

(二)進步性判斷的謬誤及困境

進步性審查必須以請求項中所載申請專利之發明的整體為對象,亦即必須將該發明所欲解決之問題、解決問題之技術手段及對照先前技術之功效作為一整體予以考量[55]。

說明書記載解決問題X、達成功效Y的技術手段Z為元件A+B+C,其中C為解決問題X、達成功效Y的新穎特徵,請求項卻僅記載A+B。於專利侵權民事訴訟程序,被告以先前技術A+B'抗辯請求項專利無效。若經解釋申請專利範圍,請求項仍為A+B,將請求項與先前技術比對,雖然B'與B為簡易置換之技術,先前技術仍無法證明請求項A+B不具進步性。為何?因為先前技術無法解決問題X、達成功效Y。事實上,請求項A+B也無法解決問題X、達成功效Y。

延續前例,若B'為B之下位概念,先前技術A+B'可以證明請求項A+B不具新穎性,但因欠缺C而無法解決問題X、達成功效Y,故無法證明請求項A+B不具進步性,從而產生請求項A+B不具新穎性卻具進步性的矛盾。

綜合前二段,說明書記載A+B+C,C為解決問題X、達成功效Y的新穎特徵,請求項卻僅記載A+B。進步性審查時,如何考量請求項A+B解決的問題、達成的功效?

(三)均等論判斷的謬誤及困境

相對於申請專利範圍中所載之技術特徵,被控侵權對象之元件、成分、步驟或其結合關係的改變或替換未產生實質差異時,則適用均等論。

說明書記載解決問題X、達成功效Y的技術手段Z為元件A+B'+C,其中C為解決問題X、達成功效Y的新穎特徵,請求項卻僅記載A+B'。於專利侵權民事訴訟程序,若經解釋申請專利範圍,請求項仍為A+B',被控侵權對象為A+B",因B'與B"為簡易置換之技術,故可認定請求項A+B'與被控侵權對象A+B"適用均等論。然而,此判斷結果對於被告並不公平,因為被控侵權對象欠缺C無法解決問題X達成功效Y。

如前段所稱,說明書記載A+B'+C,C為解決問題X、達成功效Y的新穎特徵,請求項卻記載A+B',均等論判斷時,如何考量請求項A+B'有關三部

---

[55] 經濟部智慧財產局,第二篇發明專利實體審查基準,2013年版,頁2-3-16。

檢測的手段、功能、結果？

　　換個情況，說明書記載解決問題X、達成功效Y的技術手段Z為元件A+B”，其中B”為解決問題X、達成功效Y的新穎特徵，先前技術為A+B’，請求項卻記載A+B，而B為B’之上位概念且涵蓋B”。於專利侵權民事訴訟程序，若經解釋申請專利範圍，請求項仍為A+B，被控侵權對象為A+B’，從B’可以讀到B之文義，致被控侵權對象A+B’構成文義侵權，卻無法解決問題X、達成功效Y，故產生被控侵權對象A+B’構成文義侵權卻不適用均等論的矛盾。

　　如前段所稱，說明書記載A+B”，B”為解決問題X、達成功效Y的新穎特徵，請求項卻記載A+B，均等論判斷時，如何考量請求項A+B有關三部檢測的手段、功能、結果？

(四) 適用逆均等論的謬誤

　　若被控侵權對象為申請專利範圍之文義所涵蓋，但被控侵權對象係以實質不同之技術手段達成實質相同之功能或結果時，則適用逆均等論，得阻卻文義侵權。

　　當請求項記載功能特徵，而涵蓋新興技術時，或許會有逆均等論之適用，因為該功能特徵涵蓋範圍過廣，不限於說明書所載達成發明構思的具體結構。以觸控面板為例，當產業技術水準從一般面板進展到觸控面板，觸控面板的先鋒發明記載達成「觸控」功能之技術手段，即可迴避先前技術，例如以上位概念用語或功能用語記載為：「一種觸控螢幕……：一觸控面板控制器……將觸覺定位……轉換為觸覺定位……；一驅動程式……將該觸覺定位……轉換為觸覺效果……驅動……；一觸覺感應控制器……將該觸覺效果……轉換為螢幕訊號……。」不必記載具體之結構，而限縮其申請專利範圍。審查階段，依審查基準規定，解釋達成「觸控」功能之手段，應涵蓋該發明所屬技術領域中具有通常知識者於申請日所能想像的所有結構；同理，於訴訟階段專利權的解釋亦應涵蓋於侵權日所能想像的所有結構，亦即會涵蓋申請日至侵權日之間始研發的新興技術，而該新興技術並非專利權人先占之技術範圍，似有主張逆均等論之空間。雖然如此，時至今日，美國專利侵權訴訟實務尚未出現逆均等論之案例，而我國卻有不少專家學者舉例說明逆均等論之適用，其原因為何？實有細究之必要。

事實上，若誤用禁止讀入原則，常常會連帶影響後續的判斷。例如，說明書記載解決問題X、達成功效Y的技術手段Z為元件A+B'，其中B'為解決問題X、達成功效Y的新穎特徵，請求項為A+B，被控侵權對象為A+B"，而B為B'之上位概念且涵蓋B"。於專利侵權民事訴訟程序，若經解釋申請專利範圍，請求項仍為A+B，從被控侵權對象之B"可以讀到B之文義，致被控侵權對象A+B"構成文義侵權，卻無法解決問題X、達成功效Y，故產生被控侵權對象A+B"可適用逆均等論之錯誤認知。將前段具體化，關於電池電極的某專利案，申請專利範圍中記載該電極係由具「微孔」之金屬板所組成，但未記載微孔的「直徑」及「作用」；說明書中記載該微孔的「作用在於控制氣泡的壓力」及「直徑在1到50微米之間」；被控侵權對象的金屬板上之孔徑遠大於50微米，幾乎沒有控制氣泡壓力之作用，但專利侵害鑑定要點第39頁認為該被控侵權對象有適用逆均等論之餘地。

美國二百餘年的專利訴訟實務尚無一件訴訟案適用逆均等論，筆者以為前述案例係因解釋專利權時未審酌說明書及運用禁止讀入原則過於僵化，若遵循第一章二「解釋申請專利範圍的指導方針」，將請求項中所載之「微孔」限縮在說明書中所定義的「直徑在1到50微米之間」（不限定「微孔」之孔徑是否會有文義不明確之虞？）或限縮在可以達成說明書中所記載具有「控制氣泡壓力之作用」的微孔，則被告就不必主張適用「逆均等論」，抗辯被告產品未落入專利權的文義範圍。這樣的結果是否不會那麼突兀？更順理成章？更具有說服力？

六、如何正確解釋申請專利範圍

說明書的作用是揭露申請人已完成了什麼發明；申請專利範圍的作用是在申請人已完成之發明的基礎上界定申請人請求授予什麼範圍。

我國的專利侵權訴訟實務，對於「得審酌說明書及圖式」、「禁止讀入原則」、「最寬廣合理解釋原則」及「客觀合理解釋原則」常有誤解、誤用，本節綜合整理訴訟階段「得審酌說明書及圖式」及「禁止讀入原則」之意義，並以功能請求項為例，說明審查階段「最寬廣合理解釋原則」與訴訟階段「客觀合理解釋原則」之異同。

(一)說明書於解釋申請專利範圍的作用

美國聯邦巡迴上訴法院在Phillips v. AWH案判決：「解釋申請專利範圍

時，說明書具有舉足輕重的地位，因爲該發明所屬技術領域中具有通常知識者瞭解請求項中所載之用語的意義不僅應基於該用語所在之請求項上下文的整體意義，亦應基於整個專利所揭露之上下文的整體意義，包括說明書[56]。」

　　申請專利範圍爲說明書的一部分（美國申請文件的架構），其並非個別單獨存在[57]。閱讀申請專利範圍必須審酌說明書[58]；因爲說明書會顯示專利權人發明了什麼及未發明什麼[59]。說明書與申請專利範圍關係密切，說明書通常是明瞭系爭用語之涵義的最佳指南[60]，故說明書在解釋申請專利範圍時具有重要作用，其原因在於說明書具有法定地位，專利法規定說明書應以「完整、清楚、簡潔、明確的用語」描述申請專利之發明。申請專利範圍的解釋必須爲說明書中所描述之發明，但不包含從申請專利範圍的文義所排除者[61]。解釋申請專利範圍的基本原則：專利申請文件中所載之用語，必須解釋爲其在該專利申請文件中所顯示之意義，故申請專利範圍的解釋結果必須與說明書所揭露之意義一致，因爲申請專利範圍爲說明書的一部分[62]。惟若專利權人在說明書中對某一用語賦予特別涵義，則以該涵蓋優先[63]。相對

---

[56] Phillips v. AWH corp., Nos. 03-1269, 1286, 2002 U.S. App. LEXIS 13954 (Fed. Cir. Jul. 12, 2005) (en banc) (The specification is of central importance in construing claims because the person of ordinary skill in the art is deemed to read claim term not only in the context of the particular claim in which the disputed term appears, but in the context of the entire patent, including the specification.)

[57] Markman v. Westview Instruments, Inc., 52 F.3d 978 (Fed. Cir. 1995) (en banc).

[58] Markman v. Westview Instruments, Inc., 52 F.3d 979 (Fed. Cir. 1995) (en banc) (For that reason, claims must be read in view of the specification, of which they are a part.)

[59] In re Fout, 675 F.2d 297, 300 (CCPA 1982) (Claims must always be read in light of the specification. Here, the specification makes plain what the appellants did and did not invent….)

[60] Vitronics Corp. v. Conceptronic Inc., 90 F.3d 1582 (Fed. Cir. 1996).

[61] Netword, LLC v. Centraal Corp., 242 F.3d 1347, 1352 (Fed. Cir. 2001) (The claims are directed to the invention that is described in the specification; they do not have meaning removed from the context from which they arose.)

[62] Merck & Co. v. Teva Pharms. USA, Inc., 347 F.3d 1367, 1371 (Fed. Cir. 2003) (A fundamental rule of claim construction is that terms in a patent document are construed with the meaning with which they are presented in the patent document. Thus claims must be construed so as to be consistent with the specification, of which they are a part.)

[63] CCS Fitness, Inc. v. Brunswick Corp., 288 F.3d 1359, 1366 (Fed. Cir. 2002) (Consistent with that general principle, our cases recognize that the specification may reveal a special

地，說明書顯示專利權人對申請專利範圍有意捨棄或限制者，則專利權的正確範圍應依說明書中所顯示專利權人的意思予以確定[64]。總之，對於申請專利範圍中所載之用語的解釋，必須徹底瞭解發明人真正發明了什麼及其以申請專利範圍界定了什麼，始能予以確定[65]，其指導方針詳見第一章二「解釋申請專利範圍的指導方針」。唯有確實遵守該指導方針，始能符合公平原則（專利權人私益及社會大眾公益之間的衡平），並達成解釋申請專利範圍之目的（合理界定專利權）。

對於前述指導方針，美國聯邦巡迴上訴法院在Tandon Corp. v. U.S. International Trade Commission案有闡示性的判決：依說明書之記載，若某些技術特徵是申請專利之發明的必要技術特徵，但專利權人並未將其記載於獨立項A，而是記載於附屬項或另一獨立項B，解釋獨立項A時，仍須包含該必要技術特徵，而不適用請求項差異原則，因為申請專利範圍尚不得超過專利權人揭露於說明書之發明[66]。美國聯邦巡迴上訴法院另在Netword LLC v. Centraal Corp.案判決：「雖然說明書不必記載所有實施方式及其變易物，且申請專利範圍不侷限於發明人的實施方式……但不得將申請專利範圍擴及發明人所描述的發明之外。申請專利範圍就是對於申請專利範圍中所載之技術用語及其他用語所涵蓋範圍的司法陳述[67]。」

---

definition given to a claim term by the patentee that differs from the meaning it would otherwise possess. In such cases, the inventor's lexicography governs.)

[64] SciMed Life Sys., Inc. v. Advanced Cardiovascular Sys., Inc., 242 F.3d 1337, 1343-44 (Fed. Cir. 2001) (In other cases, the specification may reveal an intentional disclaimer, or disavowal, of claim scope by the inventor. In that instance as well, the inventor has dictated the correct claim scope, and the inventor's intention, as expressed in the specification, is regarded as dispositive.)

[65] Phillips v. AWH corp., Nos. 03-1269, 1286, 2002 U.S. App. LEXIS 13954 (Fed. Cir. Jul. 12, 2005) (en banc) (Ultimately, the interpretation to be given a term can only be determined and confirmed with a full understanding of what the inventors actually invented and intended to envelop with the claim.)

[66] Tandon Corp. v. U.S. International Trade Commission 831 F.2d 1017, 4 USPQ2d 1283 (Fed. Cir. 1987) (Whether or not claims differ from each other, one can not interpret a claim to be broader than what is contained in the specification and claims as filed.)

[67] Netword LLC v. Centraal Corp., 242 F.3d 1347, 58 USPQ2d 1076 (Fed. Cir. 2001).

#案例－智慧財產法院99年度民專上更（一）字第13號判決

法院：

　　按專利係保護技術思想，並非保護依該技術思想所實施之物，因此在判斷專利是否被侵權時，係以被控侵權之物品或方法與專利權所欲保護之技術思想加以比對。且按專利權係國家基於經濟及產業政策所授予之排他權利，具有以一對眾之關係，專利權一旦被授予，同時也宣告了排除他人享有及限制他人使用該項權利之機會，故爲確定技術思想的範圍，且爲讓公眾能明確得知該項專利權的排他範圍，仍必須以書面文字確認發明人所欲請求保護的範圍，並公告週知。因此專利法第56條第3項規定，專利權範圍，以說明書所載之申請專利範圍爲準。

(二)最寬廣合理解釋原則與客觀合理解釋原則

　　在In re American Academy案，美國聯邦巡迴上訴法院判決：「專利商標局使用一種不同於地方法院的標準解釋申請專利範圍；審查時，專利商標局必須給予申請專利範圍符合說明書之最寬廣合理的解釋，除非其通常意義不符合說明書[68]。」然而，美國聯邦巡迴上訴法院曾多次闡述解釋申請專利範圍的原則：在司法機關「不論是專利有效性或專利侵權分析，申請專利範圍的解釋方法必須一致。[69]」對於申請專利範圍之解釋方法，究竟應採行一元論或二元論，若採行一元論，於我國訴訟制度應如何調和？

　　在我國，有關專利要件審查的申請案、舉發案、更正案等，係循智慧財產局 > 經濟部訴願會 > 智慧財產法院 > 最高行政法院之審查及救濟程序；有關專利侵權訴訟的民事案件（包含專利無效抗辯，有關專利要件審查），係循地方法院（或智慧財產法院第一審）> 智慧財產法院 > 最高法院之審理及上訴程序。智慧財產法院管轄有關智慧財產權之行政訴訟及民事訴訟案

---

[68] In re American Academy of Science Tech Center, 367 F.3d 1359, 1369, 70 USPQ2d 1827, 1834 (Fed. Cir. 2004).

[69] Amazon.com, Inc. v. Barnesandnoble.com, Inc., 239 F.3d 1343, 1351 (Fed. Cir. 2001); also in W. L. Gore & Assocs., Inc. v. Garlock, Inc., 842 F.2d 1275, 1279 (Fed. Cir. 1988) (claims must be interpreted and given the same meaning for purposes of both validity and infringement analyses.)

件，前述二程序的交集會在該法院，甚至在同一庭的同一案件也會有最寬廣合理解釋及客觀合理解釋方法的競合問題。因此，唯有調和二種解釋方法，始能消弭二元論所生解釋結果不同之矛盾與衝突。

1. 二解釋原則之異同

　　延續本章五之(四)「適用逆均等論的謬誤」中所述觸控面板以達成「觸控」功能之手段撰寫請求項之例，說明「最寬廣合理解釋原則」與「客觀合理解釋原則」之間的差異。於專利審查，若觸控功能為已知技術，支持觸控功能的電容式結構為新穎特徵，卻僅將其記載於實施方式而未記載於申請專利範圍者，行政機關得以先前技術已揭露實現觸控功能之電阻式結構為由，認定該請求項不具新穎性，促使申請人修正請求項，將電容式結構記載於請求項，回歸發明構思，如圖4-6。然而，於專利侵權訴訟，因專利權人無法修正申請專利範圍（雖然得向行政機關申請更正，但於專利侵權訴訟階段更正申請專利範圍，緩不濟急，且行政機關不一定准許更正，因其實體要件包括：A.基於先占之法理，不得超出技術範圍；及B.基於公示原則，不得實質擴大或變更申請專利範圍。）為符合專利有效原則，使請求項符合專利法所定之明確性、支持要件等，司法機關只能將專利權範圍限於說明書中所載之發明構思，適當時，可以是記載於說明書中之實施方式的結構、材料或動作及其均等物，例如專利法施行細則第19條第4項所規範以手段功能用語記載的手段請求項。換句話說，於專利侵權訴訟階段，客觀合理解釋申請專利範圍，應以申請專利範圍為準，審酌說明書及圖式，而將其專利權範圍限於說明書及圖式所揭露專利權人已完成之發明構思，始符合先占之法理；尚非逕依禁止讀入原則，將專利權範圍僵化地限於請求項中所載之文字意義，而不管解釋的結果是否為專利權人已完成之發明。即使如此，仍不得以申請日至侵權日之間始研發的新興技術已為侵權時之通常知識為由，任憑專利權人將其於申請時所完成之發明構思擴及當時無法想像的新興技術，始符合先占之法理，如圖4-6。

圖4-6　功能請求項之專利權範圍

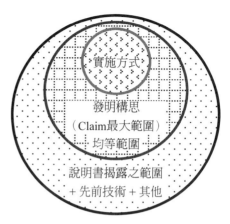

圖4-7　專利權範圍與說明書之關係

　　按請求項係以文字記載技術手段，解決說明書中所載之問題，並達成說明書中所載之功效；請求項的實質內容尚包含說明書中所載之問題及功效；但請求項的實質內容並不一定等於申請人已完成之發明構思，因爲請求項可能僅界定發明構思的一部分，未界定之部分會被認定貢獻給社會大眾。具體而言，專利權是以說明書所揭露之發明構思爲界，若申請人僅發明結構A，但請求項卻界定X功能，嗣後第三人以結構B實現相同功能時，尤其是結構B並非由結構A可輕易完成者，認定該功能請求項涵蓋結構B，對於第三人並不公平。因此，於專利侵權訴訟階段解釋申請專利範圍，會限縮在說明書中所載之實施方式所建構的發明構思（係該發明所屬技術領域中具有通常知識者依實施方式可以想像無實質差異的均等範圍），即實施方式所能支持的範圍，尚不得涵蓋說明書中已揭露之先前技術或申請人已放棄之部分，如圖4-7。

　　東京地裁平成8年（ワ）22124號判決：「實用新案的申請專利範圍以前述方式記載時，僅依該記載無法明瞭該創作之技術範圍，對前述記載，應審酌說明書詳細說明中所記載之創作，亦即應依詳細說明中所揭露之具體構成所顯示的技術思想，據以確定該創作的技術範圍。但此舉並非要將創作的技術範圍限於說明書中所載的具體實施方式，縱然未記載於實施方式，若該發明所屬技術領域中具有通常知識者從說明書中所載之內容得以實施其構成

者，則解釋上應將該技術範圍包含在內[70]。」

　　中國北京高級法院的「專利侵權判定指南」第16條第1項：「對於權利要求中以功能或者效果表述的功能性技術特徵，應當結合說明書和附圖描述的該功能或者效果的具體實施方式及其等同的實施方式，確定該技術特徵的內容。」第17條：「在確定功能性技術特徵的內容時，應當將功能性技術特徵限定為說明書中所對應的為實現所述功能、效果所必須的結構、步驟特徵。」[71]

2. 二解釋原則之調和

　　眾所周知，在我國或在美國，專利侵權民事訴訟之被告除了可以向法院抗辯被控侵權對象未落入系爭專利權範圍之外，亦可以抗辯系爭專利權無效。在美國，在專利權有效性之攻防中，解釋申請專利範圍亦為一先決步驟[72]；無論於專利侵權分析或於專利有效性之攻防中，對於同一申請專利範圍均應作相同的解釋[73]，差異僅在於：判斷專利權範圍是否遭受侵害，係以解釋後之申請專利範圍與被控侵權對象比對；判斷專利權是否有效，係以解釋後之申請專利範圍與先前技術比對。在我國，當事人對於申請案或舉發案的審定不服，皆有上訴至法院的機制，若解釋申請專利範圍有二種不同解釋原則，有可能導致歧異：(1)以機關區分：行政機關與司法機關的歧異。(2)以是否經專利公告區分：申請案與舉發案的歧異、申請案與侵權案（含專利無效抗辯）的歧異。(3)以訴訟類型區分：申請案與侵權案（含專利無效抗辯）的歧異、舉發案與侵權案（含專利無效抗辯）的歧異。若某專利之舉發案及侵權案同時繫屬智慧財產法院，而該侵權案又有專利無效抗辯，則先審舉發案或先審侵權案是否會有不同結果？甚至先審專利有效性或先審專利侵

---

[70] 東京地裁平成10年12月22日判決、平成8年（ワ）22124號、「磁性媒體讀取頭事件」、判例時報1674號第152頁、判例タイムズ991號，頁230。

[71] 中國北京市高級人民法院，專利侵權判定指南，2013年10月9日發布。

[72] Amazon.com Inc. v. Barnesandnoble.com Inc., 239 F3d. 1343, 57 U.S.P.Q.2d 1747, 1751-52 (Fed. Cir. 2001) (It is elementary in patent law that, in determining whether a patent is valid and, if valid, infringed, the first step is to determine the meaning and scope of each claim in suit.)

[73] W.O. Gore & Associates v. Garlock, Inc. 842 F.2d 1275 (Fed. Cir. 1988) (The same interpretation of a claim must be employed in determining all validity and infringement issue in a case.)

權是否會有不同結果？

筆者以爲智慧財產案件審理法第8條堪爲調和二解釋原則之良方：「（第1項）法院已知之特殊專業知識，應予當事人有辯論之機會，始得採爲裁判之基礎。（第2項）審判長或受命法官就事件之法律關係，應向當事人曉諭爭點，並得適時表明其法律上見解及適度開示心證。」對於申請專利範圍的解釋及其解釋結果，法院得於準備程序適度開示「已知之特殊專業知識」，並「曉諭爭點」，予當事人有辯論之機會，例如申請專利範圍涵蓋說明書中所載之先前技術或申請專利範圍未記載某（必要）技術特徵，如何解決說明書中所載之問題？達成該先前技術無法達成之功效？藉以凝聚當事人之攻防焦點，調和二解釋原則之歧異。然而，爲避免二解釋原則之歧異，根本解決之道仍在於行政審查時必須以說明書中所載申請人已完成之發明爲基礎，多加思考申請專利範圍與該發明構思之間的對應關係，審愼地審查申請專利範圍是否符合專利法第26條第2項之明確性及支持要件，始能避免於司法訴訟階段限縮解釋申請專利範圍。無論如何，撰寫申請專利範圍係專利權人的責任，因撰寫上的瑕疵所生之不利益，依理，仍應由專利權人承擔。就專利權人而言，尚得以更正申請專利範圍矯正瑕疵以爲防禦，且可以因應行政程序或訴訟程序之差異，考量其策略作爲。

表面上「最寬廣合理解釋原則」與「客觀合理解釋原則」有歧異，「以申請專利範圍爲準」（偏周邊限定主義）與「審酌說明書及圖式」（偏中心限定主義）有差異，然而，只要回歸申請專利範圍應以說明書內容所建構的發明構思爲界之指導方針（詳見第一章二「解釋申請專利範圍的指導方針」），解釋申請專利範圍時即有所依歸。相對地，若依我國專利界的傳統觀念，以申請專利範圍中所載之內容「是否明確」爲分野，請求項明確者，以申請專利範圍爲準，請求項不明確者，始得審酌說明書及圖式，則解釋申請專利範圍的結果常會因人、因時、因地而異，以致於無所依循。

基於前述分析說明，可以歸納三點結論：

(1) 無論是審查階段或訴訟階段，申請專利範圍或申請專利範圍的解釋結果皆應限於申請人所完成之發明，不得超出申請人先占之技術範圍，始爲正確、合理。

(2) 於審查階段，最寬廣合理解釋原則，係趨向擴張解釋申請專利範圍，其目的在於藉修正程序合理限縮申請專利範圍，以符合先占之法理，並避

免專利權有專利無效之事由；於訴訟階段，客觀合理解釋原則，係趨向限縮解釋申請專利範圍，其目的在於使申請專利範圍清楚、明確，以符合先占之法理，並避免違反專利有效原則及公示原則。

(3) 因應不同階段應採行不同解釋原則，始能符合程序限制（訴訟階段無從申請修正或更正），解決個案可能的瑕疵，藉適時曉諭爭點、開示心證之程序機制，二種解釋原則之間當可調和而無矛盾。

(三)「得」審酌說明書及圖式之真義

對於專利法第58條第4項所規定之「於解釋申請專利範圍時，並得審酌說明書及圖式」，依前述各國相關法律見解，無論申請專利範圍是否明確，均應審酌說明書及圖式，據以解釋申請專利範圍；何況，我國最高行政法院101年度判字第1031號判決：專利法第26條第2項有關明確性之審查，應審酌說明書及圖式[74]。換句話說，解釋申請專利範圍之前必須先審酌說明書及圖式，以決定其是否明確，又何來申請專利範圍不明確始能審酌說明書及圖式之說？

對於專利法第58條第4項所規定「得審酌說明書及圖式」的時機，讀者可能還是一團霧水，筆者以為應回歸專利法制之根源，從先占之法理出發。基於先占之法理，專利法制係「大發明大保護，小發明小保護，沒發明沒保護」，先占範圍的大小決定保護範圍的大小，未曾先占任何技術範圍者，不得給予任何專利權保護，以免竊占原本屬於社會大眾可以自由利用的技術領域，因而損及公益。解釋申請專利範圍時，必須先瞭解發明人真正發明了什麼及其以申請專利範圍界定了什麼，而解釋的結果必須是申請專利範圍與說明書內容的交集，亦即發明人所擁有的專利權範圍必須是其已記載於說明書的發明。當申請專利範圍所界定的內容未超出說明書所載的發明（即專利權

---

[74] 最高行政法院101年度判字第1031號判決：「按申請專利範圍應明確記載申請專利之新型，各請求項應以簡潔之方式記載，且必須為新型說明及圖式所支持，專利法第26條第3項、第108條定有明文。準此，判斷申請專利範圍是否具有明確性，應以熟習該項技術之人或所屬技術領域中具有通常知識者為標準，倘該等人士閱讀專利說明書所記載申請專利範圍，可知悉申請專利範圍者，說明書之內容符合明確性之法定要件。反之，無法經由專利說明書，瞭解申請專利範圍，則無法滿足明確性要件。至於熟習技術之人或所屬技術領域中具有通常知識者，其等解讀之程度，必須已盡合理之努力，仍無法明瞭專利範圍，始可認定該申請專利範圍因不明確而無效，以保護專利權人之發明或創作之貢獻，不致因說明書撰寫方式不理想，而導致專利應撤銷。」

範圍爲發明人的發明），則不得以說明書中有記載但未記載於申請專利範圍的技術特徵限縮申請專利範圍（禁止讀入原則）；惟當申請專利範圍所界定的內容超出說明書所載的發明（即專利權範圍並非發明人的發明），則「應」審酌說明書及圖式，限縮申請專利範圍至說明書所載的發明，使專利權範圍限於發明人的發明，始符合先占之法理。前述二種情況，有時審酌、有時不審酌，故專利法第58條第4項稱「得」審酌說明書及圖式，筆者以爲其眞正的意義係指經審酌說明書或圖式之後「得」依說明書或圖式所揭露之技術內容界定專利權範圍。

1. 審酌說明書及圖式與禁止讀入原則

　　專利侵害鑑定要點內文中記載：「申請專利範圍中所載之技術特徵明確時，不得將發明（或新型）說明及圖式所揭露的內容引入申請專利範圍；申請專利範圍中所載之技術特徵不明確時，得參酌發明（或新型）說明與圖式解釋申請專利範圍；……。[75]」所稱「明確」、「不明確」，不宜僅就「申請專利範圍中所載之技術特徵」或「申請專利範圍」予以判斷，而應綜合申請專利範圍與說明書中所載之技術內容予以判斷。若申請專利範圍所界定的內容未超出說明書所載的發明，則爲「明確」，其專利權範圍以申請專利範圍爲準，而有禁止讀入原則之適用，不得依說明書或圖式限縮申請專利範圍。若申請專利範圍所界定的內容超出說明書所載的發明，則因無法理解申請專利範圍所界定的內容如何解決說明書中所載之問題並達成說明書中所載之功效，而爲「不明確」，故必須藉說明書或圖式限縮申請專利範圍，至不超出說明書所載之發明的程度，使申請專利範圍屬於專利權人已完成之發明內容，而無禁止讀入原則之適用。

2. 審酌說明書及圖式與辭彙編纂者原則

　　對於申請專利範圍中所載之用語，若專利權人在說明書中明確賦予該用語特別涵義者，應以該涵義優先[76]。相對地，說明書顯示專利權人對申請專

---

[75] 經濟部智慧財產局，專利侵害鑑定要點（草案），2004年10月4日發布，頁35。

[76] CCS Fitness, Inc. v. Brunswick Corp., 288 F.3d 1359, 1366 (Fed. Cir. 2002) (Consistent with that general principle, our cases recognize that the specification may reveal a special definition given to a claim term by the patentee that differs from the meaning it would otherwise possess. In such cases, the inventor's lexicography governs.)

利範圍有意捨棄或限制者，則專利權的正確範圍應依專利權人的意思予以確定[77]。依民事審判實務，涉及辭彙編纂者原則之解釋方法，包括有意捨棄或限制。

　　對於請求項中所載之用語，說明書未明確賦予特別涵義，辭彙編纂者原則是否適用的問題，美國法院認爲不必以明確賦予涵義或明確捨棄、限制爲限[78]，而應以說明書及圖式之整體內容爲之。當申請人自己作爲辭彙編纂者決定請求項中所載之用語的意義時，應審酌說明書的情況不只是明示的編纂或明確捨棄某範圍，特殊用語的意義可以是暗示性的定義，亦即可以依該用語在說明書中之上下文義脈絡的用法予以解釋[79, 80]。

　　此外，解釋申請專利範圍時，申請人可以在說明書中明示或暗示而將申請專利範圍中之文字、用語限於狹義之定義，亦可依據申請人於實施方式中所載之必要技術特徵或新穎特徵限定申請專利範圍[81, 82]。若申請人於說明書中明示或暗示排除、放棄所請求的範圍，應限縮解釋其申請專利範圍，例如說明書載有先前技術，其申請專利範圍應排除該先前技術[83]。美國聯邦巡迴

---

[77] SciMed Life Sys., Inc. v. Advanced Cardiovascular Sys., Inc., 242 F.3d 1337, 1343-44 (Fed. Cir. 2001) (In other cases, the specification may reveal an intentional disclaimer, or disavowal, of claim scope by the inventor. In that instance as well, the inventor has dictated the correct claim scope, and the inventor's intention, as expressed in the specification, is regarded as dispositive.)

[78] Lockwood v. American Airlines, Inc. 107 F.3d 1565, 41 USPQ2d 1961 (Fed. Cir. 1997).

[79] Phillips v. AWH Corp., 415 F.3d 1303, 75 USPQ2d 1321 (Fed. Cir. 2005) (en banc).

[80] Vitronics Corp. v. Conceptronic Inc., 90 F.3d 1576, 1583, 39 USPQ2d 1573, 1577 (Fed. Cir. 1996).

[81] SciMed Life Systems v. Advanced Cardiovascular Systems No. 99- 1499 (Fed. Cir. Mar. 14, 2001) (when the 'preferred embodiment' is described as the invention itself, the claims are not entitled to a broader scope than that embodiment.)

[82] Wang Labs. v. America Online, Inc., 197 F.3d 1377, 1384 (Fed. Cir. 1999).

[83] Cultor Corp. v. A.E. Staley Manufacturing Co., 224 F.3d at 1331, 56 USPQ2d at 1210. (Fed. Cir. 2000) (Although the claim language referred broadly to dissolving polydextrose in water, the written description made clear that the water-soluble polydextrose referred to in the claims was polydextrose prepared using a citric acid catalyst. Because the written description explicitly limited the subject matter of the patent to a polydextrose purification process using a citric acid catalyst, the court declined to hold that the asserted claims read on a process using a catalyst other than citric acid, even though the claims themselves did not refer to citric acid. The explicit reference in the specification to the invention as a process limited to one prepared with the citric acid catalyst, the court held, effected a disclaimer of the other prior art acids. Claims are not correctly construed to cover what was expressly disclaimed.)

上訴法院在Bell Atlantic Network Services v. Covad Communications Group案判決：即使說明書未記載明確的定義，亦得作爲解釋申請專利範圍的指引。對於申請專利範圍中所載之用語，若整份說明書一直是指向某一特定意義，則暗示該用語應解釋爲該意義[84]。

3. 中國法院修正專利權範圍的類型

中國北京高級法院的「專利侵權判定指南」第11條：「對權利要求的解釋，包括澄清、彌補和特定情況下的修正三種形式，即當權利要求中的技術特徵所表達的技術內容不清楚時，澄清該技術特徵的含義；當權利要求中的技術特徵在理解上存在缺陷時，彌補該技術特徵的不足；當權利要求中的技術特徵之間存在矛盾等特定情況時，修正該技術特徵的含義。」第12條：「專利說明書及附圖可以用以對權利要求字面所限定的技術方案的保護範圍作出合理的解釋，即把與權利要求書記載的技術特徵等同的特徵解釋進專利權保護範圍，或者依據專利說明書及附圖對某些技術特徵作出界定。」第14條：「（第1項）權利要求與專利說明書出現不一致或者相互矛盾的，該專利不符合專利法第二十六條第四款的規定，告知當事人通過專利無效宣告程式解決。當事人啓動專利無效宣告程式的，可以根據具體案情確定是否中止訴訟。（第2項）當事人不願通過專利無效程式解決，或者未在合理期限內提起專利權無效宣告請求的，應當按照專利權有效原則和權利要求優先原則，以權利要求限定的保護範圍爲准。但是所屬領域的技術人員通過閱讀權利要求書和說明書及附圖，能夠對實現要求保護的技術方案得出具體、確定、唯一的解釋的，應當根據該解釋來澄清或者修正權利要求中的錯誤表述。」[85]

中國國家知識產權局於2013年10月9日發布「專利侵權判定標準和假冒專利行爲認定標準指引（徵求意見稿）」[86]，第一篇第1章第2節之4.2「修正

---

[84] Bell Atlantic Network Services, Inc. v. Covad Communications Group, Inc. 262 F.3d 1258, 59 USPQ2d 1865 (Fed. Cir. 2001) (Instead, the written description provide[s] guidance as to the meaning of the claims, … even if the guidance is not provided in explicit definitional format. …Thus, when a patentee uses a claim term throughout the entire patent specification, in a manner consistent with only a single meaning, he has defined that term by implication.)

[85] 中國北京市高級人民法院，專利侵權判定指南，2013年10月9日發布。

[86] 中國國家知識產權局，專利侵權判定標準和假冒專利行爲認定標準指引（徵求意見稿），2013年10月9日發布。

權利要求限定的範圍」對於前述之「特定情況下的修正」有明確的說明：
「在理解權利要求的技術內容時，應當結合說明書的相關內容，避免機械地
理解權利要求中文字和措辭的表面含義。……當該技術方案屬於以下情形
時，需要通過將其從專利權的保護範圍中予以排除，從而修正權利要求的範
圍。」並列舉一系列範例，闡述必須修正專利權範圍的類型。

(1) 請求項具有說明書中要解決的問題

依說明書內容，尤其是先前技術的內容，認定請求項中所載之技術手
段；若該技術手段仍具有說明書中要解決的問題（技術缺陷），則解釋申請
專利範圍時，應將該技術手段排除於專利權範圍之外。例如：請求項中所載
之「傳熱液」的文義不排除先前技術所採用的「水」，但說明書中記載該發
明係以防凍液取代水，以解決「水在低溫情況下結冰使導管易折斷」之問
題，故傳熱液之解釋應不包含水。

(2) 請求項不能實現發明目的

說明書中所載之技術手段必須符合發明目的，始符合可據以實現要
件；若請求項中所載之技術手段不能實現發明目的者，則解釋申請專利範圍
時，應將該技術手段排除於專利權範圍之外。如前例，申請專利之發明的目
的在克服「水在低溫情況下結冰使導管易折斷」之問題，以水爲傳熱液，無
法達成該發明目的，故傳熱液之解釋應不包含水。

(3) 請求項涵蓋既有技術

專利申請案違反新穎性、進步性等專利要件者，無法取得專利權，故專
利申請日或優先權日之前的既有技術不得爲請求項所涵蓋。解釋申請專利範
圍時，應將既有技術排除於專利權範圍之外，尤其是說明書中所載之既有技
術，若爲外部證據所揭露之既有技術，則構成專利無效之理由。如前例，請
求項中所載之傳熱液不得涵蓋說明書中所載之既有技術所採用的水。

(4) 請求項之範圍涵蓋說明書中明確排除的技術

對於請求項中所載之用語，專利權人得於說明書中自行定義或排除其所
涵蓋之意義。對於說明書已明確排除的技術手段，解釋申請專利範圍時，應
將該技術手段排除於專利權範圍之外，即使該技術手段落入請求項中所載之
用語的通常習慣意義範圍。例如，請求項記載某通式化合物，其中取代基X
爲「低級烷基」，說明書中明確定義「本專利所述低級烷基爲碳原子數不超

過6的烷基且不包含C1烷基及C2烷基」；雖然「C1烷基」及「C2烷基」屬於請求項中所載之「低級烷基」，但因說明書已明確予以排除，故解釋申請專利範圍時，應將「C1烷基」及「C2烷基」排除於專利權範圍之外。

(5) 請求項之用語涵蓋申請、維護專利之過程中所放棄的技術

在申請、維護專利之過程中，經申復或修正申請文件，放棄某技術手段，從而對於專利權的授予或維持產生實質作用者，解釋申請專利範圍時，應將該技術手段排除於專利權範圍之外。例如，申請過程中，針對審查人員的核駁意見，專利權人申復申請專利之發明與引證文件之區別：「申請專利之發明能使兩支相鄰的筆尖雙雙著紙，從而使兩種顏色互相重合形成一種新的顏色，而引證文件的多頭筆寫出的字跡的顏色是固定標準色。」由於申請過程中專利權人已限縮申請專利範圍放棄一部分技術手段，而取得專利權，則嗣後專利侵權程序中，不得將曾經放棄之技術手段重新取回，主張其申請專利範圍涵蓋該技術手段。

＃案例－智慧財產法院101年度民專上字第7號判決

系爭專利：

　　請求項1：「一種胸罩背片結構，該胸罩主要係由兩罩杯之外側延伸設有可對應扣合之背片，於背片對應乳房外側處設有二支撐肋，俾可將胸罩背片支撐平整者，其特徵在：於二支撐肋之間對應設有輔助抵撐肋條，該輔助抵撐肋條之兩端分別接設於二支撐肋之頂、底端，使其呈斜向設置來抵撐背片之支撐肋者；據此，於穿戴胸罩而撐張拉扯背片時，該支撐肋間藉以輔助抵撐肋條兩端分散背片橫向拉扯之拉力，使其胸罩穿戴起來更為平整服貼者。」

法院：

　　系爭專利主要技術特徵係於胸罩背片之2支撐肋間有一頂底端「接設」之支撐肋。依據系爭專利確定之行政判決之見解，解釋接設之文義，應包含相互重疊之連接設置或相鄰之連接設置方式。然而，所謂「相鄰」之範圍應如何界定，上開二確定判決並未加以解釋。經查系爭專利之創作目的在於避免支撐肋受橫向拉力拉扯時發生彎曲變形造成背

> 片不平整，其技術手段即是於二支撐肋間對應設有輔助抵撐肋條，藉由
> 該輔助抵撐肋之兩端「分散」支撐肋所受之橫向拉力；另依其〔實施方
> 式〕……故所謂「相鄰之連接設置」仍必須達到相互抵撐之作用，始符
> 合系爭專利創作之目的，而為系爭專利申請專利範圍之文義所及。倘該
> 輔助抵撐肋條之兩端無法對該二支撐肋產生抵撐效果，該輔助抵撐肋條
> 將形同虛設，其功效將無異於系爭專利說明書揭示之先前技術。

(四) 禁止讀入原則之限制

禁止讀入原則之真義應為「禁止不當讀入」，見本章五之(五)「禁止讀入原則之真義」。本節將說明禁止讀入原則之限制，亦即將說明書或圖式內容讀入申請專利範圍，並未違反「禁止不當讀入」的情形。

雖然美國聯邦巡迴上訴法院在Johnson Worldwide v. Zebco案確立禁止讀入原則之適用：「若申請專利範圍無不明確，或發明人對於申請專利範圍中之用語並未重新定義，即無理由將說明書中所載之限定條件讀入申請專利範圍。」惟法院所稱「不明確」係以請求項本身之記載為準？或是以複數個請求項所構成之申請專利範圍整體為準？或是綜合說明書、圖式等文件所揭露之專利發明包括問題、手段及功效為準？若不是以說明書為基礎，僅依部分文件內容例如請求項中所載之技術特徵理解該請求項是否「明確」，則所理解的申請專利範圍可能並非申請人已完成之發明，給予其專利保護顯不合法，對於社會大眾及專利侵權訴訟之被告並不公平。就審查的角度而言，專利實體要件之審查對象為申請專利之發明，包括新穎性、進步性及專利法第26條所定各項要件之審查，尤其支持要件及可據以實現要件均涉及請求項與說明書之間的關係，更可說明請求項是否明確之認定，仍須審酌說明書及圖式所揭露之內容，據以認定專利權人所完成之發明，而非就請求項本身單獨即可為之。

美國聯邦巡迴上訴法院在Johnson Worldwide v. Zebco案判決：除非萬不得已，應假定請求項中所載之用語係通常意義。下列二種情況可以從說明書找出請求項中所載之用語的涵義：(1)發明人作為辭彙編纂者於說明書中清楚明確界定請求項中所載之用語的涵義；(2)發明人使用的用語使請求項

不明確，以致從請求項中所載之用語無法確定其專利權範圍[87]。在Teleflex v. Ficosa North America案，美國聯邦巡迴上訴法院即明確指出：「我們認為請求項中所載之用語應採用其通常習慣意義，除非專利權人在內部證據中重新定義該用語，或以文字表示其排除或限制申請專利範圍之意義，表明其意圖不按照通常習慣意義，而明確放棄該申請專利範圍[88]。」

　　雖然美國聯邦巡迴上訴法院多次強調「禁止讀入原則」，但美國聯邦巡迴上訴法院在Elkay MFG v. Ebco Manufactruing案判決：一般規則，申請專利範圍不受實施方式的限制，除非請求項中所載之用語本身包含該意思[89]。在CCS Fitness v. Brunswick案美國聯邦巡迴上訴法院判決：「若內部證據表明專利權人依據特定實施方式將請求項中所載之用語與先前技術予以區別、明確放棄某一標的或稱某特定實施方式對該發明很重要時，請求項之用語就不會是通常意義[90]。」

　　解釋申請專利範圍，應以該發明所屬技術領域中具有通常知識者為解釋主體，綜合其閱讀說明書及圖式後所理解的發明構思，依申請專利範圍所載之內容，據以確定其專利權範圍。當請求項中所載之技術特徵欠缺說明書中

---

[87] Johnson Worldwide Associates, Inc. v. Zebco Corp. 175 F.3d 985 (Fed. Cir. 1999) (In short, a court must presume that the terms in the claim mean what they say, and, unless otherwise compelled, give full effect to the ordinary and accustomed meaning of claim terms….The first arises if the patentee has chosen to be his or her own lexicographer by clearly setting forth an explicit definition for a claim term….The second is where the term or terms chosen by the patentee so deprive the claim of clarity that there is no means by which the scope of the claim may be ascertained from the language used.)

[88] Teleflex, Inc. v. Ficosa North America Corp. 299 F.3d 1313 (Fed. Cir. 2002) (…, we conclude that claim terms take on their ordinary and accustomed meanings unless the patentee demonstrated an intent to deviate from the ordinary and accustomed meaning of a claim term by redefining the term or by characterizing the invention in the intrinsic record using words or expressions of manifest exclusion or restriction, representing a clear disavowal of claim scope.)

[89] Elkay Manufactgrueing Co. v. Ebco Manufactruing Co.192 F.3d 973, 52 USPQ2d 1109 (Fed. Cir. 1999) (The general rule, of course, is that the claims of a patent are not limited to the preferred embodiment, unless by their own language.)

[90] CCS Fitness, Inc. v. Brunswick Corp. 288 F.3d 1359, 62 USPQ2d 1658 (Fed. Cir. 2002) (… a claim term will not carry its ordinary meaning if the intrinsic evidence shows that the patentee distinguished that term from prior art on the basis of a particular embodiment, expressly disclaimed subject matter, or described a particular embodiment as important to the invention.)

所載之必要技術特徵或新穎特徵，或申請專利範圍涵蓋說明書中所載之先前技術，致申請專利範圍與說明書中所載之發明構思不一致，而有不明確或無法為說明書所支持者，說明書中所載之必要技術特徵、新穎特徵或先前技術可限制申請專利範圍，否則無從進行後續的進步性或均等論分析。因此，雖然原則上申請專利範圍不受說明書中所載之實施方式的限制，惟若實施方式中所載之技術特徵為申請專利之發明的必要技術特徵或區別先前技術之新穎特徵，或申請專利範圍涵蓋申請或維護專利過程中所揭露之先前技術，為符合專利有效原則，實施方式之技術特徵得限定申請專利範圍[91]，即使增加了原先未記載於請求項之技術特徵，仍屬適當，並未違反禁止讀入原則。簡言之，禁止讀入原則之真義為「禁止不當讀入」，若請求項中所載之發明超出說明書先占之技術範圍，限縮解釋該請求項，將其限於該先占之技術範圍，並未不當讀入，而未違反禁止讀入原則。

違反下列情事之一，而以內部證據中所揭露之必要技術特徵或新穎特徵限制申請專利範圍，不僅符合本章六之(三)「『得』審酌說明書及圖式之真義」，亦未違反禁止讀入原則。

1. 每一個請求項應涵蓋至少一實施方式

申請專利範圍係總括界定說明書中所載之實施方式，若說明書記載複數個實施方式，各個請求項可以對應記載，只要每一個請求項涵蓋至少一實施方式即足，並非每一個請求項必須涵蓋所有實施方式。獨立項已涵蓋實施方式者，則其附屬項不一定要涵蓋另一實施方式。美國聯邦巡迴上訴法院在Burke v. Bruno Independent Living Aids案判決：「地方法院認為『floor pan』必須是平面結構，該解釋將說明書中所載之實施方式排除在外，故不能被維持[92]。」

---

[91] Modine Mfg. Co. v. Int'l Trade Comm'n 75 F.3d 1545, 37 U.S.P.Q. 2d 1609 (Fed. Cir. 1996) (Where the patentee describes an embodiment as being the invention itself and not only one way of utilizing it, this description guides understanding the scope of the claims.)

[92] Burke, Inc. v. Bruno Independent Living Aids, Inc. 183 F.3d 1334, 51 USPQ2d 1295 (Fed. Cir. 1999) (The district court's claim interpretation requiring a single plane would exclude the preferred embodiment described in the specification and, thus, cannot be sustained.)

＃案例－智慧財產法院99年度民專上易字第17號判決

> **系爭專利：**
>
> 　　請求項1：「一種CCD及CMOS影像擷取模組追加一，其包括有一電路基板，該電路基板上具有一影像感測元件（CMOS、CCD）及相關之電子元件，並於該影像感測元件之封裝體上緣設有一鏡頭座，其特徵在於：……。」
>
> **法院：**
>
> 　　查系爭專利申請專利範圍第1項已載明「一種CCD及CMOS影像擷取模組追加一，其包括有一電路基板，該電路基板上具有一影像感測元件（CMOS、CCD）及相關之電子元件，……」，另參酌說明書第1、2圖所示，電路基板與影像感測元件封裝體確係不同元件，且系爭專利之電路基板上係具有一影像感測元件，是以系爭專利申請專利範圍第1項之「電路基板」應解釋為「承載影像感測元件及其他相關電子零件作為電子訊息傳遞之載板」。

2. 申請專利範圍不得涵蓋申請歷史檔案中所揭露之先前技術

　　如前述CCS Fitness v. Brunswick案美國聯邦巡迴上訴法院之判決：「特定實施方式將請求項中所載之用語與先前技術予以區別……，請求項之用語就不會是通常意義。」申請專利範圍的解釋不得涵蓋說明書中所載之先前技術及專利權人於申請、維護專利過程中曾主張與請求項不同之先前技術[93]。美國聯邦巡迴上訴法院在O.I. Corp. v. Tekmar Co.案判決：「說明書中記載之『passage』結構全部是非平壁或圓錐形。說明書明確記載平壁圓管之先前技術據以區分。……我們認為該發明所屬技術領域中具有通常知識者閱讀申請專利範圍、說明書及歷史檔案後會認定請求項中所載之『passage』未涵蓋平

---

[93] Boyden Power-Brake Co. et al. v. Westinghouse et al., 170 US 537,560 (1898) (We agree with the defendant that this correspondence, and the specification as so amended, should be construed as reading the auxiliary valve into the claim, and as repelling the idea that this claim should be construed as one for a method or process. Language more explicit upon this subject could hardly have been employed.)

壁圓管結構[94]。」

#案例－智慧財產法院101年度民專上字第14號判決

系爭專利：

　　請求項1：「一種具有端子保護功能之卡片連接器，包含有：一殼體，……，該殼體於該容置部之至少一對相對側緣之底面設有一擋止肩面；以及一壓板，大致呈矩形，可上下位移地位於該容置部內，該壓板之至少一對相對側緣具有一頂抵肩面，對應於該二擋止肩面；該壓板具有複數穿孔形成於其板身，該第二組端子之身部向上頂抵於該壓板底面，且該等接觸部係由下向上穿過該等穿孔而露出於該壓板上方。」

法院：

　　系爭專利說明書第4頁〔先前技術〕段第1至9行：「按，習知之具有端子保護功能之卡片連接器，例如本案申請人之前所申請的公告第M277143號『具有端子保護功能之卡片連接器』，即提出了對於卡片連接器內的端子提供保護的一種技術，……。」系爭專利之新型說明所載先前技術的技術特徵在於殼體兩側壁之導軌的「上止點」與壓板兩側之導引部的「頂點」彼此間以「點對點」相互擋止頂抵的結構，所謂「點」係指擋止頂抵的結構均為殼體及壓板兩相對前後及／或左右側緣的部分位置，即先前技術之「上止點」及「導引部頂點」均為殼體及壓板之左右相對側緣的部分位置。因此，於解釋系爭專利申請專利範圍第1項之「擋止肩面」及「頂抵肩面」等用語的文義範圍時，其文義範圍必須排除「擋止肩面」及「頂抵肩面」彼此間以「點對點」相互擋止頂抵的結

---

[94] O.I. Corp. v. Tekmar Co., Inc. 115 F.3d 1576 (Fed. Cir. 1997) (All of the "passage" structures contemplated by the written description are thus either non-smooth or conical. In addition, the description expressly distinguishes over prior art passages by stating that those passages are generally smooth-walled. OI has not identified anything in the prosecution history contrary to those statements. Therefore, we conclude that one skilled in the art reading the claims, description, and prosecution history would conclude that the term "passage" in claim 17 does not encompass a smooth-walled, completely cylindrical structure. Because the description adequately explains the meaning of "passage" as used in this patent, we need not consider extrinsic evidence.)

構，即排除「擋止肩面」及「頂抵肩面」均分別為「殼體」及「壓板」之兩相對前後及／或左右相對側緣的部分位置，該「擋止肩面」及「頂抵肩面」其中至少一個必須分別為「殼體」及「壓板」之兩相對前後及／或左右相對側緣的全部位置，也就是「殼體」之兩相對前後及／或左右相對側緣的整側緣均必須為「擋止肩面」，或者是「壓板」之兩相對前後及／或左右相對側緣的整側緣均必須為「頂抵肩面」，否則將會導致其文義範圍包括到系爭專利之新型說明所載先前技術的技術內容，即「上止點」與「導引部頂點」間的「點對點」擋止頂抵結構，而使系爭專利有專利無效之情事。

3.　請求項中所載之發明應達成說明書中所載之功效

申請專利之發明必須解決說明書中所載之問題、達成說明書中所載之功效，故解釋申請專利範圍時，說明書中所載之功效具有限制效果。美國聯邦巡迴上訴法院在Loctite v. Ultraseal案判決：說明書稱其發明在去除氧氣後發生「快速立即」反應，故申請專利範圍必須限於能達成「快速立即」功效之結構[95]。然而，若說明書記載複數個功效，各個請求項可以對應記載，只要每一請求項涵蓋至少一功效即足，並非每一個請求項必須涵蓋所有功效[96]；獨立項已涵蓋功效者，則其附屬項不一定要涵蓋另一功效。

＃案例－智慧財產法院99年度民專上更(一)字第13號判決

系爭專利：

請求項1：「一種多樣式媒體即時錄製系統，包括：一擷取模組，用以擷取一多樣式媒體來源；一錄製模組，用以將該多樣式媒體來源即時錄製為一數位資料於一數位非連續儲存模組中，並建立相應該數位資料之一多樣式媒體關係表，且應一動作指令而與錄製該多樣式媒體來源同步建立一事件標記於該多樣式媒體關係表中；以及一隨機存取模組，用

---

[95] Loctite Corp. v. Ultraseal, Ltd. 781 F.2d 861, 228 USPQ 90 (Fed. Cir. 1985).

[96] Honeywell, Inc. v. Victor Co. 298 F.3d 1317, 63 USPQ2d 1904 (Fed. Cir. 2002).

以應一中斷指令而停止該錄製模組錄製該多樣式媒體來源,定位該數位非連續儲存模組中該數位資料中之一位置,並無效該多樣式媒體關係表中相應該位置後之該事件標記,且繼續提供該錄製模組錄製該擷取模組所擷取之該多樣式媒體來源於該數位資料中之<u>該位置之後</u>。」

上訴人（專利權人）:

「該位置之後」應解釋為「只要接在該位置之後的任一位置即可,並不一定必須要直接接在（緊接）該位置之後」。

被上訴人:

「該位置之後」應解釋為「直接接在（緊接）該位置之後且排除數位資料中的末端（最後端）位置」。

法院:

有關「該位置之後」之解釋:系爭專利說明書第9頁第17至19行記載:「隨機存取模組32可以繼續提供錄製模組31錄製擷取模組30所擷取之多樣式媒體來源39,並將其錄製於數位資料中此位置之後（即直接接在此位置之後）。」雖說明書記載之實施方式內容並非用以限定申請專利範圍,然依系爭專利說明書第14至16行記載:「有鑑於此,本發明之主要目的為提供一種可以在一次操作流程之中,將多樣式媒體進行錄製,並同時完成影音剪接之多樣式媒體即時錄製系統即方法。」可知,系爭專利的發明目的在於多樣式媒體進行錄製完成時,即可同時完成影音剪接。因此,所繼續錄製的多樣式媒體來源必須直接接在所定位的位置之後,才可以在錄製完成時同時完成影音剪接,而達到系爭專利的發明目的,若依上訴人主張「該位置之後」並不一定緊接在該位置之後,亦包含該位置之後的任何位置,則將使得多樣式媒體錄製完成時不一定同時完成影音剪接(若非緊接在該位置之後,使用者後續必須編輯數位資料中的位置而得到完整的影音資料),而將無法達到系爭專利的發明目的,故「該位置之後」必須為直接接在(緊接)該位置之後。另就「該位置之後」一詞的「位置」而言,須排除數位資料中的末端(最後端)位置,其係對於習知的錄製多媒體來源技術而言,在中斷指令(用以使得停止錄製多樣式媒體來源的指令)產生後所繼續錄製的資料係直

接接在數位資料中的末端位置之後，證據2「Web-Guider」軟體及證據3「TW412701」專利等先前技術〔系爭專利行政訴訟之證據屬內部證據〕於中斷指令產生後所繼續錄製的資料亦均係直接接在數位資料中的末端位置之後，因此，系爭專利之「位置」解釋必須排除數位資料中的末端（最後端）位置。是以，系爭專利請求項1、10及20之「該位置之後」一詞，應指直接接在（緊接）該位置之後且排除數位資料中的末端（最後端）位置。

筆者：基於專利有效原則之推定，解釋申請專利範圍的結果必須達成說明書中所載之發明目的，且不得涵蓋內部證據中所顯示之先前技術，始能達成合理界定專利權範圍之目的。

＃案例－智慧財產法院101年度行專訴字第15號判決

系爭專利：
　　請求項1：「一殼體，該殼體上係設有至少一個通用串列匯流排插座開孔；至少一電路板，該至少一電路板係對應結合於該殼體內；二電極線接線頭，該二電極線接線頭係結合於該殼體下方，且與該至少一電路板連接；至少一通用串列匯流排插座，該至少一通用串列匯流排插座係對應結合於該殼體之通用串列匯流排插座開孔，且與該至少一電路板電性連接；以及一電源指示燈，該電源指示燈係配設於該殼體上，並與該至少一電路板電性連接，以供指示電源啟閉狀態者。」（如此始能將其方便提換容設於一般開關座）

原告：
　　本專利案中所述之殼體係一個可以配合組裝於習用開關座的元件，藉由該殼體讓本專利案中的壁上型開關USB充電器結構可以輕易的組裝於任何一個習用的開關座中。關於殼體的結構及功效，請參第一圖至第三圖及說明書第6頁第1段，在本專利案說明書中清楚記載「……該上殼體11與下殼體12係以兩支五金卡片60互相結合，並可固定卡於原開關座

上，俾利方便取下與固定者……」。可見證據2中所稱之底座11與蓋板12並無法達到如本專利案中可與一般開關座直接結合的功效，且本專利案更藉由上述殼體10之結構，簡化了將一般開關插座改裝成USB充電插座的花費以及難度，而與證據2不同。

法院：

　　系爭專利請求項1之「殼體」僅界定「該殼體上係設有至少一個通用串列匯流排插座開孔」，而「殼體」的外觀形狀究竟係為一般「電源插座」外觀形狀或是「開關座」外觀形狀並無任何界定，因此，於系爭專利請求項1之「殼體」外觀形狀解釋上，至少可包含「電源插座」及「開關座」等兩種實施態樣，並非參酌系爭專利說明書及圖式等內容後，增加系爭專利說明書或圖式有記載而於系爭專利請求項1未界定之技術特徵，進而將系爭專利請求項1之「殼體」外觀形狀限縮為「電源插座」的單一實施態樣，故原告將系爭專利請求項1未界定的技術特徵不當讀入，以限縮其申請專利範圍，並不正確。

　　系爭專利請求項7係直接依附於請求項1之附屬項，其係進一步界定「該殼體係進一步結合於一開關座上」，則比較系爭專利請求項1與7，於此兩個請求項的「殼體」外觀形狀解釋上，系爭專利請求項1之「殼體」除了可結合於一開關座上以外（此時「殼體」即為「電源插座」外觀形狀），「殼體」亦可不需結合於一開關座上（此時「殼體」即為「開關座」外觀形狀），而系爭專利請求項7之「殼體」則因其所界定之「該殼體係進一步結合於一開關座上」技術特徵，已間接將「殼體」外觀形狀排除「開關座」的實施態樣（若「殼體」外觀形狀為「開關座」則無法（亦無需）再結合於一「開關座」上）；因此，依上開系爭專利請求項1之「殼體」解釋，證據2的蓋板與底座之組合（即「開關座」外觀形狀）已揭露系爭專利請求項1之「殼體」技術特徵。

筆者：本件輔以請求項差異原則解釋請求項1中所載之「殼體」的意義，更見其解釋結果的正確性。

（五）先占之法理與申請專利範圍的解釋

先占之法理是貫穿整個專利法制的理論根基，適用於可據以實現要件、新穎性及進步性等專利要件之理解，亦適用於申請專利範圍的解釋。於民事訴訟階段解釋申請專利範圍，首先應明瞭專利權人「發明了什麼」及專利權人以申請專利範圍「請求了什麼」，而且解釋申請專利範圍的結果必須建構在說明書所揭露之發明的基礎上，具體而言，申請專利範圍必須屬於專利權人已完成之發明，亦即落在申請專利之發明所先占之技術範圍內，始符合專利法制、理論。前述說明簡要指出解釋申請專利範圍的指導方針（詳見第一章二「解釋申請專利範圍的指導方針」），從專利法相關規定即可得到印證，就以專利法第26條第2項「申請專利範圍……必須爲說明書所支持」爲例，其充分說明申請專利範圍應揭露專利權人於說明書中所記載之問題、手段及功效三者共同建構之發明構思，申請專利範圍中超出該發明構思的範圍，應不予保護。發明構思不限於實施方式，可以理解爲該發明所屬技術領域中具有通常知識者基於實施方式可以想像得到而屬申請專利範圍實質相同的範圍，亦即專利侵權分析的均等範圍。

雖然訴訟階段的客觀合理解釋原則與審查階段的最寬廣合理解釋原則有差異，但二者仍應遵循前述指導方針，始能符合先占之法理，並調和二者之差異。囿於「必要時」、「明確」等字眼或眾人皆知的「禁止讀入原則」、「辭彙編纂者原則」、「最寬廣合理解釋原則」或「客觀合理解釋原則」等之表面意義，並不能正確、合理解釋申請專利範圍，唯有遵循前述指導方針，運用前述各項解釋原則、方法始能順暢無礙，進而達成正確、合理之目的。

解釋申請專利範圍應以申請專利範圍本身爲基礎，說明書及圖式等爲輔助資料。解釋申請專利範圍是以申請專利範圍之文字、用語爲對象，在不違背申請專利範圍之文字、用語的前提下，參考說明書及圖式、申請歷史檔案等內、外部證據，確認申請專利範圍所合理界定的專利權範圍。雖然解釋申請專利範圍係以「文字、用語」爲對象，而非以「技術特徵」爲對象，以致於大部分判決會以禁止讀入原則爲由，認定不得將說明書及圖式有揭露但未記載於申請專利範圍之「技術特徵」讀入申請專利範圍。然而，專利法第58條第4項係採折衷主義，專利權範圍固然應以申請專利範圍爲準，惟訴訟階

段解釋申請專利範圍時，無論其記載明確或不明確，仍應依循前述指導方針審酌說明書及圖式，在專利權人已完成之發明的基礎上界定專利權人應得之權利範圍，超出說明書所揭露之發明者，非屬專利權範圍，始符合先占之法理。

對於解釋申請專利範圍時申請專利範圍、說明書與圖式三者之間的關係及運用，最高法院101年度台上字第2099號民事判決有完整的闡述說明：「在解釋申請專利範圍時，創作說明及圖式係屬於從屬地位，未曾記載於申請專利範圍之事項，固不在保護範圍之內；惟說明書所載之申請專利範圍僅就請求保護範圍之必要敘述，既不應侷限於申請專利範圍之字面意義，也不應僅作為指南參考而已，實應參考其創作說明及圖式，以瞭解其目的、作用及效果。」參酌該判決及前述指導方針，實不宜以申請專利範圍是否明確為分界，僅依申請專利範圍本身的內容即斷然認定明確或不明確，據以決定審酌或不審酌說明書及圖式；亦不宜誤用禁止讀入原則，誤以為無論什麼狀況皆不得將說明書中所載之技術特徵讀入請求項，不知不覺中違反專利法第58條第4項規定，陷入絕對的周邊限定主義。

第五章　發明專利侵權分析

　　經濟部智慧財產局於民國93年10月4日在網站上發布「專利侵害鑑定要點」，司法院秘書長嗣於93年11月2日以秘台廳民一字第0930024793號將該要點草案函送各法院參考。第三章已針對專利權範圍侵害判斷流程之階段1「解釋申請專利範圍」詳加說明，本章將介紹階段2「比對經解釋後之申請專利範圍與被控侵權對象」。

一、專利權範圍與侵權分析

(一)專利權範圍

　　專利權的保護範圍包含文義範圍及均等範圍（事實上尚須經禁反言等原則限縮之）；相對於文義範圍，均等範圍有延伸文義範圍之結果，但在概念上二者皆為專利權的保護範圍，故均等範圍並非專利權保護範圍的擴張。這個概念對於均等論之限制（例如禁反言、先前技術阻卻）、逆均等論的論理及先占法理之推論有相當影響。

1. 文義範圍

　　依專利法第58條第4項：「發明專利權範圍，以申請專利範圍為準，於解釋申請專利範圍時，並得審酌說明書及圖式。」解釋申請專利範圍之目的在於合理界定專利權範圍，所確定之專利權範圍即為其文義範圍。基於先占之法理，解釋申請專利範圍之基礎在於申請專利範圍、說明書及圖式，實務上，尚得以申請歷史檔案等內部證據及外部證據為之，但應以申請專利範圍為準，且解釋申請專利範圍之時間基準應為申請時。

　　依前述說明，專利權之文義範圍係以申請專利範圍為準，參酌說明書及圖式，並依解釋申請專利範圍所適用之諸多原則據以建構之「技術範圍」，屬於專利權人於申請時已完成之發明內容，而為專利權人以說明書先占之範圍。

2. 均等範圍

　　我國專利法並未規定「均等」，亦未規定專利權範圍及於均等範圍，惟基於公平正義及利益平衡，防止「不道德的仿冒」及「剽竊」，依各國專利侵權訴訟實務，專利權範圍不限於申請專利範圍之文義，尚應包含所有與其

技術特徵均等之範圍[1]。

均等範圍，係以文義範圍為中心，以說明書中所載所欲解決之「問題」、解決問題之「技術手段」及對照先前技術之「功效」三者所共同構成之發明構思為外延，而依均等理論，從專利權之文義範圍延伸到與其手段、功能及結果實質相同的範圍。基於公平正義及利益平衡，專利權之「保護範圍」應延伸至均等範圍，其認定之時間基準亦應從申請時改為侵權時；另基於先占之法理，均等論之分析，係依無實質差異、三部檢測或可置換性等檢測方法，涵蓋實質相同之發明構思。

(二)專利侵權分析之攻防

專利侵權分析，無非是針對當事人之間攻防主張的判斷。專利權人得主張被控侵權對象落入專利權範圍，包括文義範圍及均等範圍；被控侵權人得主張被控侵權對象未落入專利權範圍，或主張專利權無效。因此，專利侵權分析，無論任何步驟皆圍繞專利權範圍為之。依擬訂的策略，針對不同範圍，當事人應適用不同攻防方法，攻守有別不可誤引、誤用。本節係依第二章二「專利侵權分析之流程」中各個步驟依序說明其內涵，請一併參酌圖5-1「流程圖」及圖5-2「各步驟之範圍圖式」，尤其是圖5-2所示各範圍之大、小變化關係，更容易理解本節內容。

1. 解釋申請專利範圍

解釋申請專利範圍是專利侵權分析的第一步驟，也是最重要的步驟，解釋的結果牽動侵權與否的認定，也牽動專利有效性的認定。原則上，專利權人會趨向擴張解釋申請專利範圍，被控侵權人會趨向限縮解釋；然而，為使專利權無效，基於策略，當事人亦可以反向為之。例如，為迴避先前技術，專利權人可以趨向限縮解釋申請專利範圍，而被控侵權人可以趨向擴張解釋申請專利範圍，以使專利權無效。由於解釋申請專利範圍為法律問題，法院不一定會遵循當事人的主張作成決定，故攻防策略的擬訂仍須基於事實，以免失所依附。

---

[1] Warner-Jenkinson Co., Inc. v. Hilton Davis Chemical Co., 520 U.S 17 (1997)(The scope of a patent is not limited to its literal terms but instead embraces all equivalents to the claims described.)

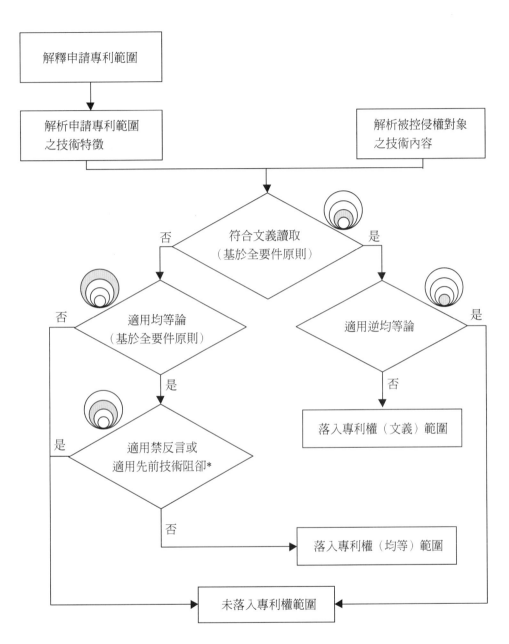

* 被告主張適用禁反言及／或適用先前技術阻卻，判斷時，兩者無先後順序關係

** 各步驟之範圍圖示，暗色部分表示該步驟之範圍

圖5-1　流程圖

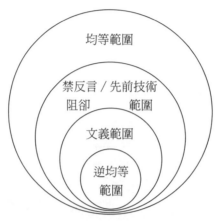

圖5-2　各步驟之範圍圖式

　　解釋申請專利範圍係以申請專利範圍中所載之文字為對象，解釋的結果為其文義範圍，但影響及於均等範圍。因後續的分析皆圍繞著文義範圍及均等範圍，故解釋申請專利範圍這個步驟的攻防為當事人所必爭，這個步驟的得失決定當事人勝敗之大半。

　　解釋申請專利範圍的基礎包括內部證據及外部證據，作為內部證據的申請歷史檔案，除可用於解釋申請專利範圍外，尚可用於主張禁反言。實務上，誤用申請歷史檔案係常見者，原因在於未注意適用對象的差異：申請歷史檔案，用於解釋申請專利範圍時，係針對文義範圍；用於主張禁反言時，係針對均等範圍。

2. 申請專利範圍與被控侵權對象之解析

　　專利侵權分析係就申請專利範圍中所載的每一個技術特徵逐一比對為之，故必須以獨立功能為準將申請專利範圍分解為若干技術特徵，且被控侵權對象亦須對應前述技術特徵予以分解，以利後續分析步驟之進行。

　　均等論分析係就技術特徵之技術手段（即技術途徑或方式）、功能及結果為之，技術特徵之集合的均等範圍比單一技術特徵的均等範圍更為寬廣。因此，將同一請求項解析得越細微，其均等範圍越小，對專利權人越不利；反之，則對專利權人越有利。基於前述的利弊得失，當事人可採取有利於己的解析方式，但仍須以功能為準。法院解析申請專利範圍，係基於事實自行

為之，不必受當事人主張之拘束。

3. 文義讀取

　　文義讀取，係分析被控侵權對象是否落入專利權的文義範圍。專利權人自認被控侵權對象落入其專利權的文義範圍者，得向法院主張文義侵權，尚應以律師出具的鑑定報告證明其主張；被控侵權人得抗辯專利權人之主張，亦應以律師出具的鑑定報告證明其主張。若從被控侵權對象可以讀取專利權中所載每一個技術特徵之文義，則應認定被控侵權對象落入專利權的文義範圍；無法完全讀取者，則應認定被控侵權對象未落入專利權的文義範圍。

　　文義讀取的比對，必須基於全要件原則，每一個技術特徵皆為必要，不得忽略，只要從被控侵權對象無法讀取到任一個技術特徵，則應認定被控侵權對象未落入專利權的文義範圍。文義讀取分析並無太多空間供當事人操作運用，就被控侵權人而言，固然不得主張專利權中任一個技術特徵為不必要，但可以抗辯被控侵權對象欠缺某一技術特徵，或某一技術特徵與專利權之文義不同，甚至實質不同，主張被控侵權對象未落入專利權的文義範圍。

4. 均等論

　　經前述文義讀取分析，若專利權人自認被控侵權對象未落入專利權的文義範圍，應主張並敘明理由說明為何被控侵權對象落入專利權之均等範圍，尚應以律師出具的鑑定報告證明其主張；被控侵權人得抗辯專利權人之主張，亦應以律師出具的鑑定報告證明其主張。專利權人不主張，法院不一定會主動進行均等論分析。

　　專利權人主張均等論之適用，係企圖將專利權的文義範圍延伸到均等範圍，即使被控侵權對象未落入其文義範圍，只要落入其均等範圍，仍有侵權之可能。均等論分析仍應基於全要件原則，每一個技術特徵皆為必要，不得忽略，只要任一個技術特徵不適用均等論，則應認定被控侵權對象未落入專利權的均等範圍。

　　均等論與文義讀取分析的時間基準不同，前者為侵權時，後者為申請時，二者之技術背景不同，會影響文義範圍及均等範圍之認定，故當事人有攻防之空間，尤其是進展快速的技術領域。均等論的分析方法不限於三部檢測法或可置換性檢測法，日本的本質說，英國的目的解釋論亦為可能的選擇，我國法院並未絕對排除。

5. 均等論之限制

依專利侵害鑑定要點，禁反言及先前技術得阻卻均等範圍的不當擴張，事實上，貢獻原則、請求項破壞原則、特別排除原則及詳細結構原則等亦得為均等論之限制，以阻卻均等範圍的不當擴張。如第四章所述，實務上常見申請歷史檔案的誤用，申請歷史檔案用於主張禁反言時，係針對均等範圍，而非文義範圍。

除前述不適用均等論之抗辯外，被控侵權人自認專利權人所主張的均等範圍有不當擴張之情事，得援引前述方法限制之，使該範圍回復至合理的專利權範圍，亦即回復至專利權人先占的範圍。限制均等範圍的不當擴張，不必囿於流程圖之先、後順序，只要被控侵權人認為有限制均等論之情事，不論被控侵權對象是否落入專利權的均等範圍，皆得主張。被控侵權人主張均等論之限制，其應擔負舉證責任；專利權人有說明的責任。

6. 逆均等論

被控侵權人自認被控侵權對象雖落入專利權的文義範圍，但其技術手段與專利發明所採用之技術原理不同，得主張被控侵權對象適用逆均等論而無侵權之可能，並敘明理由。專利權人主張均等論之適用，係企圖將專利權的文義範圍延伸到均等範圍；被控侵權人主張逆均等論之適用，係企圖將專利權的文義範圍限縮至說明書所揭露之發明構思，即專利權人先占之範圍。

被控侵權人主張逆均等論之適用，必須冒著承認被控侵權對象構成文義侵權之風險，故實際案例幾稀，事實上，美國專利侵權訴訟實務未見任何案例。解釋申請專利範圍之時間基準為申請時；逆均等論分析之時間基準為侵權時。由於時間基準之差異，對於技術進展快速的技術領域，筆者認為或有主張逆均等之空間。然而，絕大部分主張逆均等論的案例係對於解釋申請專利範圍之誤解，例如第四章五之(四)「適用逆均等論的謬誤」中所提專利侵害鑑定要點第39頁之例[2]，筆者認為只要正確解釋申請專利範圍，個案之問題即可迎刃而解，而無主張逆均等論之必要。

---

[2]　關於電池電極的某專利案，申請專利範圍中記載該電極係由具「微孔」之金屬板所組成，但未記載微孔的「直徑」及「作用」；說明書中記載該微孔的「作用在於控制氣泡的壓力」及「直徑在1到50微米之間」；被控侵權對象的金屬板上之孔徑遠大於50微米，幾乎沒有控制氣泡壓力之作用，但專利侵害鑑定要點第39頁認為該被控侵權對象有適用逆均等論之餘地。

二、解析申請專利範圍及被控侵權對象

專利侵權分析，就是先確定專利權範圍，再確定被控侵權對象，最後是比對、判斷被控侵權對象是否落入專利權範圍。進行比對之前，必須正確解析申請專利範圍及被控侵權對象，此一解析工作直接影響比對結果之正確性[3]。

美國聯邦最高法院於1997年Warner-Jenkinson案[4]對於均等論之適用開始採取嚴格的態度，肯認禁反言得阻卻均等論之適用，無論是申請、維護專利之過程中所為「有關可專利性」之修正或申復，均適用禁反言（見本章五之(二)之7「美國Warner-Jenkinson v. Hilton Davis案」）；嗣後又於2002年在Festo[5]案中判決，任何與核准專利有關之要件均有關可專利性，但禁反言僅能彈性限制均等論，並將是否適用均等論的證明責任由專利權人負擔（見本章五之(三)之2之(5)「美國Festo v. Shoketsu Kinzoku Kogyo Kabushiki案」）。自此以後，全要件原則、禁反言及貢獻原則等限制均等論的理論、原則備受重視，均等範圍有逐漸被限縮的趨勢。為避免專利權範圍被過度限縮，在擬定專利侵權訴訟之攻防策略時，專利界日益重視專利侵權分析階段1「解釋申請專利範圍」，這是可想而知的正常發展。其實，除前述限制均等論的理論、原則外，專利侵權分析階段2中原本就隱藏著一個有可能限縮均等範圍的操作步驟，即「解析申請專利範圍」。

眾所周知者，因申請專利範圍係其中所載之技術特徵的交集，請求項中所載之技術特徵的數量與其所涵蓋的範圍成反比，即技術特徵越多涵蓋範圍越狹窄；相反地，將申請專利範圍拆解為若干要件（elements，即技術特徵）[6]，要件中所包含的內容與其所涵蓋的均等範圍成正比，即內容越多涵

---

[3]　經濟部智慧財產局，專利侵害鑑定要點（草案），2004年10月4日發布，頁36。

[4]　Warner-Jenkinson Company v. Hilton Davis Chemical Co., 520 U.s. 17, at 21023 (1997) (Each element contained in a patent claim is deemed material to defining the scope of the patented invention, and thus the doctrine of equivalents must be applied to individual elements of the claim, not to the invention as a whole.)

[5]　Festo Corporation v. Shoketsu Kinzoku Kogyo Kabushiki Co., Ltd., et al., 122 S.Ct. 1831, 1833 (2002).

[6]　中國北京市高級人民法院，專利侵權判定指南，2013年10月9日發布，第5條：「技術特徵是指在權利要求所限定的技術方案中，能夠相對獨立地執行一定的技術功能、並能產生相對獨立的技術效果的最小技術單元或者單元組合。」

蓋的均等範圍越寬廣。這個道理類似於新穎性審查對照進步性審查，進步性審查係以請求項整體為對象，進步性對照新穎性，射程更為寬廣。因此，應正確解析申請專利範圍，以免過度限縮或不當擴張其均等範圍。

（一）解析申請專利範圍

解析申請專利範圍，係將請求項中所載之全部內容拆解為若干技術特徵。比對被控侵權對象是否落入專利權範圍，係基於全要件原則及逐一比對原則；若從被控侵權對象可以讀取到請求項中各個技術特徵之文義，則構成文義侵權；若請求項中各個技術特徵與被控侵權對象中各個技術內容無實質差異（insubstantial difference），則構成均等侵權。美國聯邦最高法院於Warner-Jenkinson案肯認請求項之整體比對相對於逐一比對會累積差異的結果，而使專利權超出合理的均等範圍。然而，請求項中之文字敘述係以單句表現一整體技術手段，並未單獨條列各個技術特徵，且請求項中所載之所有技術特徵均重要而不可或缺（即請求項整體原則），故在比對專利權範圍與被控侵權對象之前，應先解析申請專利範圍。

1. 解析申請專利範圍之目的及必要性

如前述，申請專利範圍中所載之技術特徵的多寡涉及其專利權範圍的大小，故將申請專利範圍解析得越細微，技術特徵中所包含的內容越少，該技術特徵所涵蓋的均等範圍越狹窄。專利侵權訴訟涉及兩造之利益，就專利權人的角度，一般情況下，專利權涵蓋的範圍越寬廣對其越有利，但就被控侵權人的角度，專利權涵蓋的範圍越狹窄對其越有利，故訴訟策略上就有必要考量申請專利範圍應如何解析。解析申請專利範圍之目的在於將請求項中所載之文字拆解成各個具獨立功能的技術特徵，以確保專利侵權分析結果的正確性。

在Warner-Jenkinson案，除了肯認禁反言可以阻卻均等論之適用外，美國聯邦最高法院也確認均等論之適用必須以技術特徵逐一比對之方式為之，該法院判決：「對於專利權保護範圍之確定，獨立項中每一個技術特徵均屬重要（deemed material），故均等論應針對請求項中各個技術特徵，而非針對發明整體。在適用均等論時，即使對單一技術特徵，亦不得將保護範圍擴張到實質上忽略請求項中所載之技術特徵的程度。只要均等論之適用不超過前述之限度，我們有信心均等論不致於損及申請專利範圍在專利保護體系

中之核心作用。[7]」依全要件原則，均等論之均等檢測必須逐一檢測技術特徵[8]；侵權之認定，要求被控侵權物或方法必須包含每一個技術特徵或其均等物或方法[9]。技術特徵逐一（element-by-element test/elemental approach）比對方式，係將請求項中所載之技術特徵與被控侵權對象中對應之技術內容個別比對，經逐一比對，均屬相同或實質相同者，則構成均等侵權，見本章三之(二)1「逐一比對」。由於整體比對方式會造成均等範圍不當擴張，故美國聯邦最高法院判決均等論之適用必須以逐一比對方式為之。實務操作時，勿以整體比對之方式為之，可以理解，但整體比對與逐一比對之界線為何？以包含10個元件之請求項為例，將該10個元件作為1技術特徵作為比對之基礎，固然可以理解其後續的均等判斷必然係以整體比對之方式為之，而不為美國聯邦最高法院所容許；然而，將該10個元件解析為2個技術特徵，是否符合逐一比對方式？若非，則到底應解析為幾個技術特徵，始符合逐一比對方式？前述問題涉及解析申請專利範圍的標準為何的問題。

2. 解析申請專利範圍之準據

專利係保護解決問題之技術手段，而非保護功能。技術手段係技術特徵的集合；技術特徵係申請專利範圍中界定申請專利之發明的限定條件，通常於物之發明為結構及其連結關係等特徵，於方法發明為步驟及條件等特徵。中國北京高級法院的「專利侵權判定指南」第5條定義技術特徵：「技術特徵是指在權利要求所限定的技術方案中，能夠相對獨立地執行一定的技術功能、並能產生相對獨立的技術效果的最小技術單元或者單元組合。」解析申

---

[7] Warner-Jenkinson Company v. Hilton Davis Chemical Co., 520 U.s. 17, at 21023 (1997) (Each element contained in a patent claim is deemed material to defining the scope of the patented invention, and thus the doctrine of equivalents must be applied to individual elements of the claim, not to the invention as a whole. It is important to ensure that the application of the doctrine, even as to an individual element, is not allowed such broad play as to effectively eliminate that element in its entirety. So long as the doctrine of equivalents does not encroach beyond the limits just described, or beyond related limits to be discussed infra, at 11-15, 20, n. 8, and 21-22, we are confident that the doctrine will not vitiate the central functions of the patent claims themselves.)

[8] 美國學者認為「逐一比對」為全要件原則之內涵，因為整體比對會忽略某些技術特徵，故全要件原則有時係指「逐一比對」的意思。

[9] M. Scott Boone, Defining and Redefining the Doctrine of Equivalents: Notice and Prior Art, Language and Fraud, 43 IDEA 650-51 (2003).

請專利範圍時，通常得依申請專利範圍中之文字記載，將請求項中能相對獨立實現特定功能、產生功效的元件、成分、步驟及其結合關係設定為技術特徵[10]。

解析申請專利範圍，應以獨立功能為準。功能，指技術特徵的特性，而為技術與結果之間的因果演變過程，通常功能係一種客觀的物理作用或化學反應。就物品而言，通常指技術特徵本身所能產生之機械功能或電性功能，例如彈簧藉彈性而具有儲存或釋放能量之功能；就物質而言，通常指技術特徵本身所能產生之化學反應。技術特徵之名稱通常係其所能產生之功能的定義，例如彈簧、連桿、傳動輪、扣件、噴嘴及觸媒等。

全要件原則，係指請求項中每一個技術特徵均對應表現在被控侵權對象中；但並不限於每一個技術特徵必須一對一的對應表現。解析申請專利範圍時，以被控侵權對象中多個元件、成分或步驟達成申請專利範圍中單一技術特徵之功能，或以被控侵權對象中單一元件、成分或步驟達成申請專利範圍中多個技術特徵組合之功能，均得稱技術特徵係對應表現在被控侵權對象，而未違反全要件原則。然而，應注意者，就一般請求項（擇一形式記載之請求項或多項附屬項等除外）而言，請求項中所載之技術特徵構成一技術手段，不論元件、成分或步驟如何拆解或組合，不得忽略請求項中所載之任一個技術特徵，以符合全要件原則[11]。

解析申請專利範圍並非毫無限制，解析申請專利範圍之極限－不得破壞技術特徵之功能，例如不得將螺釘再拆解為螺頭及螺桿二個技術特徵，而失其螺固之功能。此外，解析申請專利範圍亦不得破壞請求項之限定，以下列之請求項為例：「一種電腦用水冷式散熱裝置，包含一第一散熱單元，該第一散熱單元包括：一第一水箱，具有第一水孔的直立箱本體，及第一隔板區隔出第一水室及第二水室；一第二水箱，具有第二水孔的直立箱本體，及第二隔板區隔出第三水室及第四水室；及一散熱體，具有鰭片層及導流管，且該等導流管均勻分布連通於該第一水室與第三水室、第三水室與第二水室、第二水室與第四水室間。」其技術關係為散熱體位於第一水箱與第二水箱之間，而水之流程是第一水室＞導流管＞第三水室＞導流管＞第二水室＞導

---

10 經濟部智慧財產局，專利侵害鑑定要點（草案），2004年10月4日發布，頁36～37。
11 經濟部智慧財產局，專利侵害鑑定要點（草案），2004年10月4日發布，頁36。

流管＞第四水室。解析申請專利範圍時，是否可以改變請求項中所載之技術特徵的排列組合關係？例如，將第一水箱－散熱裝置－第二水箱之連結關係改變爲第一水箱－第二水箱－散熱裝置，使水之流程改爲第一水室＞第三水室＞導流管＞第二水室＞第四水室？答案當然是不可以，因爲改變連結關係會破壞請求項之限定，而有請求項破壞原則之適用，見本章之五之(三)之5之(1)「請求項破壞原則」；此外，改變後之連結關係是否超出說明書中所載之發明，更是重要考量。

若被控侵權對象中多個元件對應系爭專利的多個技術特徵，仍認定符合全要件原則，就專利權人的角度，當然希望將系爭專利請求項對應被控侵權對象整體比對，而不必就各項技術特徵逐一比對，以擴大其均等範圍。然而，整體比對方式並不符合全要件原則，已爲美國最高法在Warner-Jenkinson案中所認定，故解析申請專利範圍時仍應拆解申請專利範圍中所載之技術特徵。

界定物之發明的技術特徵通常爲結構特徵，但單一結構不一定能產生獨立功能而對整體技術手段發揮作用、產生功效。申請專利範圍中單一技術特徵之功能可能由被控侵權對象中多個元件、成分或步驟達成；申請專利範圍中多個技術特徵組合之功能亦可能由被控侵權對象中單一元件、成分或步驟達成。因此，解析申請專利範圍時，應以獨立功能爲準，將技術特徵組合或拆解，使申請專利範圍中每一個技術特徵均具有前述之獨立性及價值性。

以實例說明如下，請求項記載（省略組件間之結合關係）：「一種供人乘坐之家具，其包含：一第一支撐組件，用以垂直向上支持人體臀部，……；一第二支撐組件，用以水平向前支持人體背部，……；一對第三支撐組件，用以垂直向上支持人體雙臂，……；及至少三件第四支撐組件，用以將前述三支撐組件與地面平行隔開，……。」依獨立功能解析，所界定之家具爲「座椅」，第一支撐組件爲「座部」，第二支撐組件爲「靠背」，第三支撐組件爲「扶手」，第四支撐組件爲「椅腳」。

前述實例僅屬說明性質，將申請專利範圍中之文字解析爲若干技術特徵，實務操作上相當困難，例如申請專利範圍中之「四隻木製椅腳」，若與被控侵權對象中之「單柱四爪鋼製椅腳」比對，究竟應以椅腳之支數解析爲四個技術特徵，或解析爲「四隻」、「木製」及「椅腳」三個技術特徵？其解析之結果會因設定之功能不同而有差異。

　　總結前述說明,解析申請專利範圍,係將請求項中所載之內容拆解爲若干具有獨立功能,且能對整體技術手段產生功效的技術單元或單元之組合。換句話說,技術特徵必須具有:A.獨立性,技術特徵本身具獨立功能,不須再與其他技術特徵組合即能發揮其本身的功能;及B.價值性,技術特徵對請求項中所載之整體技術手段具有價值,可以在整體技術手段中發揮作用、產生功效[12]。

　　以請求項中所載之整體技術手段的零件、組件、未完成品或完成品作爲技術特徵爲例,說明前述之獨立性及價值性。例如請求項記載:「一外殼(A),包含前蓋(a1)、筒身(a2)及後蓋(a3)……;一內部元件(B),包含透鏡(b1)及雷射模組(b2)……。」解析申請專利範圍,例示如下:

5個要件:a1+a2+a3+b1+b2

4個要件:a1+a2+a3+B(b1+b2)

3個要件:A(a1+a2+a3)+b1+b2或(a1+a2)+a3+B(b1+b2)

2個要件:A(a1+a2+a3)+B(b1+b2)或(a1+b1)+(a2+a3+b2)

1個要件:(a1+a2+a3+b1+b2)

　　前述解析的結果整理如下:

零件:a1、a2、a3、b1及b2。

組件:A(a1+a2+a3)及B(b1+b2)。

未完成品:(a1+a2)、(a1+b1)及(a2+a3+b2)。

完成品:(a1+a2+a3+b1+b2)。

　　解析申請專利範圍的結果僅包含零件或組件者,符合前述獨立性及價值性;只要包含未完成品者,不符合前述獨立性及價值性;以完成品作爲解析結果者,違反逐一比對原則。

#案例－智慧財產法院98年度民專訴字第136號判決

系爭專利:

　　請求項1:「一種寵物籠鎖扣接合裝置,寵物籠係由上、下籠體組合,並藉由數鎖扣加以扣結。其特徵在於上籠體之底端周側適當處突伸

---

[12] 閆秀元,如何對技術方案進行特徵區劃,專利侵權判定實務,2001年11月,頁70。

設以數上組接塊,各上組接塊具有二開口朝上之開槽;下籠體之頂端周側對應上籠體之上組接塊乃設以下組接塊,各下組接塊係分別具有二開口朝下之開槽;數鎖扣,於其底部內側面樞接扣勾,據以卡設組入下組接塊二開槽內,而鎖扣內側壁則突伸有卡勾,以使卡勾嵌組於上組接塊二開槽內者。」

法院:

解析系爭專利申請專利範圍請求項1之內容,可得其技術特徵要件有五:第1要件「一種寵物籠鎖扣接合裝置」、第2要件「寵物籠係由上、下籠體組合,並藉由數鎖扣加以扣結」、第3要件「上籠體之底端周側適當處突伸設以數上組接塊,各上組接塊具有二開口朝上之開槽」、第4要件「下籠體之頂端周側對應上籠體之上組接塊乃設以下組接塊,各下組接塊係分別具有二開口朝下之開槽」及第5要件「數鎖扣,於其底部內側面樞接扣勾,據以卡設組入下組接塊二開槽內,而鎖扣內側壁則突伸有卡勾,以使卡勾嵌組於上組接塊二開槽內者」。

#案例－智慧財產法院98年度民專訴字第41號判決

系爭專利:

請求項1:「一種具有換氣系統之鞋子的氣閥結構,其主要包含有於鞋底空氣室之側壁及隔離部區域設有單向形態之進氣閥及出氣閥,其結構特徵具備有:上述出氣閥結構是於隔離部之肉厚處設有一貫通孔,該貫通孔是由空氣室之底部向空氣道之上部方向形成傾斜狀態;及於該貫通孔中形成有錐狀擴大部;及於該擴大部中放置有一遮著貫通孔之膜片;上述進氣閥包含有:於鞋底空氣室之側壁設有一橫向組合孔,及設有一為分離元件之組合部;上述組合部包含有一可嵌合於上述組合孔中之嵌合管,及於該嵌合管之端部設有一平板狀之本體,及於該本體之前側設有與上述本體共同形成U形狀之支持部,及該支持部與本體間插設有一膜片。」

法院：

　　經解析系爭專利請求項第1項範圍，其技術特徵可解析為4個要件，分別為編號1要件「一種具有換氣系統之鞋子的氣閥結構」；編號2要件「其主要包含有於鞋底空氣室之側壁及隔離部區域設有單向形態之進氣閥及出氣閥」；編號3要件「上述出氣閥結構是於隔離部之肉厚處設有一貫通孔，該貫通孔是由空氣室之底部向空氣道之上部方向形成傾斜狀態；及於該貫通孔中形成有錐狀擴大部；及於該擴大部中放置有一遮著貫通孔之膜片」；編號4要件「上述進氣閥包含有：於鞋底空氣室之側壁設有一橫向組合孔，及設有一為分離元件之組合部；上述組合部包含有一可嵌合於上述組合孔中之嵌合管，及於該嵌合管之端部設有一平板狀之本體，及於該本體之前側設有與上述本體共同形成U形狀之支持部，及該支持部與本體間插設有一膜片。」

（二）解析被控侵權對象

　　解析被控侵權對象，應對照申請專利範圍之技術特徵，解析被控侵權對象中對應之技術內容。解析被控侵權對象所得之元件、成分、步驟或其結合關係與申請專利範圍之技術特徵必須對應，被控侵權對象中與申請專利範圍之技術特徵無關的元件、成分、步驟或其結合關係應予剔除[13]。解析申請專利範圍係獨立為之；解析被控侵權對象，係對應系爭專利申請專利範圍所載之文字，不得反向為之。

　　專利標的為物時，被控侵權對象應為物；應就該物與申請專利範圍所述之申請標的物予以比對。專利標的為方法時，被控侵權對象應為方法；應就該方法與申請專利範圍所述之申請標的方法予以比對，故被控侵權對象應包括能證明其實施方法之證據[14]。以製造方法界定物之申請專利範圍，雖然申請專利範圍所載之內容包括物與製造方法，但其專利標的為物，故被控侵權對象只需為「終產物」即可。申請專利範圍中所指之「終產物」之技術特徵未完全對應表現在被控侵權對象時，被告應配合提供其所使用之製造方法的

---

[13] 經濟部智慧財產局，專利侵害鑑定要點（草案），2004年10月4日發布，頁36。
[14] 經濟部智慧財產局，專利侵害鑑定要點（草案），2004年10月4日發布，頁37。

實施證據，以利鑑定機構判斷被控侵權對象是否落入專利權範圍[15]。

　　應注意者，專利侵權分析，係就被控侵權對象與系爭專利申請專利範圍中所載之文字比對，而非將被控侵權對象轉化成文字，再與系爭專利申請專利範圍中所載之文字比對。換句話說，文義讀取分析，指從被控侵權對象是否讀取到系爭專利技術特徵的文義；均等論分析，指被控侵權對象之技術內容相對於請求項中之技術特徵是否僅為非實質性之差異。因此，解析被控侵權對象，係對應系爭專利申請專利範圍中所載之各個技術特徵，擷取對應的技術內容，而以文字表現解析的結果，絕非將被控侵權對象轉化成文字，再與申請專利範圍比對。中國北京高級法院的「專利侵權判定指南」第32條：「進行侵權判定，不應以專利產品與被訴侵權技術方案直接進行比對，但專利產品可以用以說明理解有關技術特徵與技術方案。」第33條：「權利人、被訴侵權人均有專利權時，一般不能將雙方專利產品或者雙方專利的權利要求進行比對。」

#案例－智慧財產法院99年度民專上字第61號判決

系爭專利：

　　請求項1：「一種可偵測印刷電路板上之鑽孔精密度的裝置，其主要結構係包含：一掃描光機，其上方設一信號接收器，係為可調整定位及移動之結構，該信號接收器之下方設有一倍率鏡頭，用以接收反射之光源信號，另於該信號接收器之兩側設一組調整角度支架，供連接兩投射光源以調整光源輸出之角度，使該倍率鏡頭所接收之信號為最佳之信號；及一平台，係設於該掃描光機之正下方，為可相對於該掃描光機移動其上所置放之印刷電路板，供該掃描光機掃描該印刷電路板上之鑽孔。」

上訴人：

　　經100年7月8日勘驗，系爭機台係以鉚釘鉚接於支架，而為永久性接合固定裝置，系爭機台無法亦無須為調整光源投射角度之操作，故與系爭專利使用調整手段並不相同。

15　經濟部智慧財產局，專利侵害鑑定要點（草案），2004年10月4日發布，頁37。

法院：

依系爭專利說明書之記載：「請參閱第一圖，爲本發明之立體示意圖……另於信號接收器之兩側設一組調整角度支架，供連接兩投射光源，並藉由該調整角度支架上下作動及調整該兩投射光源之角度，使該信號接收器透過倍率鏡頭所接收之信號爲最佳之信號，其最佳信號乃是投射光源投射在待測物如印刷電路板之聚焦光線的反射光……」，是以「最佳之信號」係指「投射光源投射在待測物如印刷電路板之聚焦光線的反射光」。至於「調整角度支架」係指用以連接投射光源，其功能在於藉由該支架配合調整投射光源之角度，使信號接收器得以接收最佳之信號，至於調整投射光源角度與否，應包括裝置機台校正之調整，亦包括各種印刷電路板之表面粗糙度、平面度、厚度或孔徑大小不一，而藉由調整投射光源輸出之角度以使信號接收器得以接收最佳之信號，惟並未限制須於檢測印刷電路板之過程中「隨時調整」。

系爭專利請求項1第4要件爲：「該信號接收器之兩側設一組調整角度支架，供連接兩投射光源以調整光源輸出之角度，使該倍率鏡頭所接收之信號爲最佳之信號」。經本院現場勘驗結果亦係於信號接收器下方兩側設有一組光源支撐架用以連接投射光源，且支撐架上設有弧形螺孔槽，惟支撐架係以鉚釘與投射光源固定，然經核閱本院於100年7月8日現場勘驗照片可知，上述機台之光源支撐架除設有弧形螺孔槽，亦設有固定孔，且上述機台之鉚釘固定於弧形螺孔槽內之位置亦各有不同，是以由所屬技術領域中具有通常知識者可知，光源支撐架上之固定孔係用以固定裝置而不可調整部分，而弧形螺孔槽之設計則係一「定位調整孔」，而於作裝置定位時可有調整之空間，故機台之投射光源可沿該「弧形螺孔槽」之角度作位置之調整，即對應於系爭專利之調整角度支架。另上訴人已具狀自承系爭機台光源支撐架之螺孔槽主要係用以產品組裝時校正光源設定位置而使用，復自承「亞亞機台上之光源支撐架設計有一螺孔槽，主要係用以在機台構件在組裝或機台於客戶生產線上定位試運轉時『校正』光源以尋找光源固定位置使用」，是以系爭機台之光源支撐架既可透過弧形螺孔槽調整設定光源輸出角度，其目的即係藉由支撐架調整投射光源輸出之角度以使信號接收器下方之倍率鏡頭所接

收之信號為最佳之信號，而落入系爭專利申請專利範圍第1項第4要件之文義範圍。

　　系爭機台光源支撐架上之弧形螺孔槽既可供調整投射光源之角度，則上訴人縱係於系爭機台投射光源調整角度後，再以鉚釘將投射光源固定，仍無礙於其具有「一組調整角度之支架」之技術內容，是上訴人以此辯稱其未落入系爭專利申請專利範圍第1項第4要件之文義範圍，並非可採。至於上訴人辯稱：一旦上訴人將機器出廠或定位試轉完成後，螺孔槽上的定位螺絲即會選擇用一工業點膠予以固定而不再移動、或直接換上鉚釘固定而不再移動，定位及固定後之光源支撐架將不會隨著各種待測印刷電路板之表面粗糙度、平面度、厚度或孔徑大小不一而再度調整光源輸出之角度，故未落入第4要件之文義讀取云云。然系爭專利申請專利範圍第1項第4要件並未限定須「隨時調整光源輸出角度」，已如前述，上訴人以申請專利範圍所未記載之限制條件限縮第4要件，其所辯亦無足採。

筆者：本件上訴人主張請求項1之解釋應納入「隨時調整光源輸出角度」之限定，並主張被控侵權物之光源支撐架的「螺孔槽」（用於安裝被控侵權物時校正光源），係以定位螺絲用工業點膠予以固定或換上鉚釘固定，使其無法如系爭專利般因應各種印刷電路板之表面粗糙度、平面度、厚度或孔徑大小不一而隨時調整光源輸出之角度，據以抗辯其已「迴避設計」，而未侵權。然而，法院認為「工業點膠」及「鉚釘」均非對應系爭專利之元件，不應納入比對內容。

三、全要件原則

　　為判斷被控侵權對象是否侵害專利權，應在解析申請專利範圍與被控侵權對象後，就二者比對，並判斷被控侵權對象是否落入專利權範圍。專利侵權包括文義侵權及均等侵權二種類型，全要件原則應作為文義侵權及均等侵權分析之限制（或稱前提條件）。符合「文義讀取」須先符合「全要件原則」，始有成立可能[16]；適用「均等論」須先符合「全要件原則」，始有成

---

[16] 經濟部智慧財產局，專利侵害鑑定要點（草案），2004年10月4日發布，頁38。

立可能[17]。

(一)定義

全要件原則（all elements rule/all limitations rule），指請求項中每一個技術特徵完全對應表現（express）在被控侵權對象，包括文義的表現及均等的表現[18]。請求項中每一個技術特徵或與其實質均等之結構或步驟表現在被控侵權對象時，始構成侵權。全要件原則係美國聯邦最高法院於1889年Peter v. Active Mfg. Co.案[19]所創設，法院認為申請專利範圍由A、B及C所構成，若被控侵權物或方法亦包含A、B及C，則構成申請專利範圍之文義侵權。

全要件原則，指判斷被控侵權對象是否落入專利權範圍時，請求項中每一個技術特徵必須完全對應表現在被控侵權對象，不得遺漏請求項中所載的任何一個技術特徵；請求項整體原則，指解釋申請專利範圍時，不得忽略請求項中所載的每一個文字、用語。全要件原則，係用在侵權分析階段，對象是對於申請專利範圍具有限定作用的技術特徵，而非其他不具限定作用的文字、用語；請求項整體原則，係用在解釋申請專利範圍階段，對象是文字、用語。

對於全要件原則，中國北京高級法院的「專利侵權判定指南」第30條有詳細規定：「判定被訴侵權技術方案是否落入專利權的保護範圍，應當審查權利人主張的權利要求所記載的全部技術特徵，並以權利要求中記載的全部技術特徵與被訴侵權技術方案所對應的全部技術特徵逐一進行比較。」第31條：「被訴侵權技術方案包含與權利要求記載的全部技術特徵相同或者等同的技術特徵的，應當認定其落入專利權保護範圍；被訴侵權技術方案的技術特徵與權利要求記載的全部技術特徵相比，缺少權利要求記載的一個或多個技術特徵，或者有一個或一個以上技術特徵不相同也不等同的，應當認定其沒有落入專利權保護範圍。」

雖然專利侵權比對應遵循全要件原則，惟仍有若干例外，包括第二章之五之(一)「請求項之前言」中所載不具限定作用的文字、用語，例如應用領域、發明目的或用途，或第二章之五之(三)「請求項之主體」中所載之不

---

[17] 經濟部智慧財產局，專利侵害鑑定要點（草案），2004年10月4日發布，頁41。
[18] 經濟部智慧財產局，專利侵害鑑定要點（草案），2004年10月4日發布，頁28。
[19] Peter v. Active Mfg. Co., 129 U.S. 530, 537 (1889).

具限定作用的周邊元件、工作物、功能或效果等。中國北京高級法院的「專利侵權判定指南」第34條：「對產品發明或者實用新型進行專利侵權判定比對，一般不考慮被訴侵權技術方案與專利技術是否為相同技術領域。」

(二)比對方式

文義侵權，係確認解釋後申請專利範圍中之技術特徵的文字意義是否完全對應表現在被控侵權對象，故技術特徵之解析及比對方式的不同，對於文義侵權的比對結果影響相當輕微。相對地，技術特徵之解析及比對方式的不同，對於均等侵權的比對結果影響重大。美國法院判斷被控侵權對象是否構成均等侵權，主要係運用三部檢測，惟判斷時究竟應以請求項之技術特徵逐一比對，或應以請求項之整體比對，在1997年美國聯邦最高法院定下標準之前一直無法統一，以下簡要介紹採用二種不同標準之判決。

1. 逐一比對

全要件原則究竟採整體比對或逐一比對，迭有爭議。美國聯邦巡迴上訴法院於1987年Pennwalt Corp. v. Durand-Wayland, Inc.,案[20]召開全院聯席聽證，判決於全要件原則之下採逐一比對方式。該案US 4,106,628係一種「水果或其類似物之分類器」，藉水果之顏色、重量或二者之組合，利用機電秤重及光學顏色感應器區別水果，以預設的重量及顏色標準進行分類。請求項主要係以硬體結構及手段功能用語記載功能特徵限定該發明，爭執焦點在於將物品卸載到對應的容器之前，利用「位置指示手段」（position indicating means）指示已完成分類而正等待卸載之物品的位置，而說明書中記載對應該「位置指示手段」的結構為「移位寄存器」（shift register）。對於爭執之請求項10，焦點為其中所載之二個位置指示手段：「第一位置指示手段，當該物件運送於該光學偵測手段及該電子秤重手段之間時，回應來自該計時手段的訊號，及來自該第一比較手段及第二比較手段中先產生的訊號，用以產生訊號連續指示該物件要被分類之位置」及「第二位置指示手段，回應來自該計時手段之訊號，來自該第一比較手段之訊號，及來自第一比較手段及第二比較手段中後產生的訊號，用以在該物件通過該光學偵測手段或該電子秤

---

20 Pennwalt Corp. v. Durand-Wayland, Inc., 833 F.2d 931 (Fed. Cir. 1987) (en banc).

重手段之後，產生訊號連續指示該物件要被分類之位置」[21]。

　　被控侵權對象係利用電腦儲存被分類物之顏色及重量數據後加以分析，未儲存各物件之位置，故無位置指示功能，亦無儲存及傳遞位置變化數據之功能。被控侵權對象與系爭專利之差異在於：前者係利用電腦控制；後者係利用機電線路硬體控制。專利權人主張被控侵權對象雖然不具備位置指示功能，但其具備重量及顏色的區別功能，藉該功能可輕易推知物品的位置，再以電腦進行說明書中所載之作用，故尚不足以迴避專利侵權。

　　地方法院認為系爭專利請求項10為手段請求項，其結構係記載於說明書中之應對結構，被控侵權對象並無請求項10中所載位置指示手段之功能，故判決文義侵權及均等侵權均不成立。

　　美國聯邦巡迴上訴法院判決：除非被控侵權對象具備請求項中所載之每一個技術特徵或均等之技術內容，就本件專利以手段功能用語界定申請專利範圍而言，應具備請求項中完全相同之功能，尤其是系爭專利的位置指示功能，否則不構成侵權。在適用均等論時，必須將每一個技術特徵均視為申請專利範圍的一部分，且每一個技術特徵均為重要不可或缺。法院不能在表面上使用均等論，卻抹除一些已為公眾所依賴據以迴避侵權的結構或功能限定。專利權人必須證明從被控侵權對象中可以找到每一個技術特徵或均等之技術特徵，始能認定構成侵權。被控侵權對象中之替代技術與請求項中對應之技術特徵必須是以實質相同的方式，達成實質相同的功能（即均等侵權分析之三部檢測法），始有均等侵權之可能。雖然被控侵權對象可以被設計成具備位置指示功能，惟實際上其未被設計成具備該功能，且不能感應外界訊號之刺激。地方法院顯然是以逐一比對（element-by-element）方式，認定均

---

[21] Pennwalt Corp. v. Durand-Wayland, Inc., 833 F.2d 931 (Fed. Cir. 1987) (en banc) (…first position indicating means responsive to a signal from said clock means and the signal from a first one of said first and second comparison means for generating a signal continuously indicative of the position of an item to be sorted while the item is in transit between a first one of said optical detection means or said electronic weighing means, and the other of said optical detection means or said electronic weighing means,…) (…second position indicating means responsive to the signal from said clock means, the signal from said first position indicating means, and the signal from the other of said first and second comparison means for generating a signal continuously indicative of the position of the item to be sorted after the item has passed the other of said optical detection means and said electronic weighing means,…)

等侵權不成立，因被控侵權對象並未完成系爭專利實質相同的功能。聯邦巡迴上訴法院最後判決侵權不成立。

本件判決有不同意見書點出一些問題：被控侵權對象究竟是欠缺請求項中某一技術特徵，或是將該技術特徵與其他技術特徵合併，不同的認定會導致不同結論；將某一個技術特徵一分為二或將二個技術特徵合而為一，是否仍然構成均等侵權？換句話說，均等侵權分析究竟應採取技術特徵「逐一比對」或請求項「整體比對」？美國聯邦最高法院在1997年Warner-Jenkinson案始確認技術特徵逐一比對方式，見本章五之(三)之1「全要件原則之逐一比對」。

均等論比對，應以解析後申請專利範圍之技術特徵與被控侵權對象之對應元件、成分、步驟或其結合關係中不符合文義讀取之技術內容逐一比對（element by element），不得以申請專利範圍之整體（as a whole）與被控侵權對象比對[22]。

2. 整體比對

除技術特徵逐一比對方式之外，另一種方式係就申請專利之發明整體比對（invention as a whole/entirety approach），將被控侵權對象與請求項整體比對，若二者實質相同，則構成均等侵權。整體比對方式對專利保護範圍之認定較為寬鬆，有利於專利權人。

中國北京高級法院的「專利侵權判定指南」第53條：「權利要求與被訴侵權技術方案存在多個等同特徵的，如果該多個等同特徵的疊加導致被訴侵權技術方案形成了與權利要求技術構思不同的技術方案，或者被訴侵權技術方案取得了預料不到的技術效果的，則一般不宜認定構成等同侵權。」顯然中國法院並不認同整體比對方式。

(1) 美國Hughes Aircraft Company v. United States案[23]

1983年美國聯邦巡迴上訴法院於Hughes Aircraft Company v. United States案有關同步通訊衛星專利之侵權訴訟中採取整體比對方式進行均等侵權分析。

為維持衛星在地球表面一定高度並與地球同步自轉，控制並維持衛星的

---

[22] 經濟部智慧財產局，專利侵害鑑定要點（草案），2004年10月4日發布，頁41。

[23] Hughes Aircraft Company v. United States, 140 F.3e 1470, at 1473 (Fed. Cir. 1998).

方位相當重要，必須將衛星上的太陽能面板準確指向太陽以取得衛星動力，並將天線準確指向地球以傳送太陽表面資訊。爲控制並維持衛星的方位，利用瞬間自旋角（instantaneous spin angle; ISA）計算進動量（precession）之改變成爲關鍵，但1950年代末期至1960年代初期，美國太空總署仍無法解決控制衛星方位的問題。系爭專利之發明係將太陽脈衝訊號傳送到地球，讓地面控制站模擬衛星的轉動，並計算衛星的自轉速率、太陽的角度及瞬間自旋角ISA，而以ISA作爲計算衛星方位改變量之基礎。被控侵權對象爲S/E太空船（store and execute），其亦傳送太陽脈衝之資訊，但與專利不同之處爲S/E太空船是將訊號傳送到太空船上的電腦，利用電腦計算衛星與太陽的角度，再調整衛星之方位，而非傳送到專利所指之地面控制站，故地面控制站不須知道太空船的ISA角度。

由於請求項中所載之技術特徵－地面控制站限於「外部位置」（external location），顯然S/E太空船不構成文義侵權。美國聯邦巡迴上訴法院舉出系爭專利權與被控侵權對象7項相近之處，認爲被控侵權對象之發明構想主要源於系爭專利之發明，差異點在於被控侵權對象係利用當代發達的電腦技術，將ISA位置指示訊號處理地點從地面控制站轉移到太空船上之電腦，該技術的改變並不能迴避侵權，而以整體比對方式認定二者之功能（自外部位置收到及回應命令訊號以完成差動）、方式（與ISA位置噴射同步，較慢連接至內部）及效果（以一預定方向控制旋轉軸的差動至一盤旋衛星方向）均屬實質相同，認定S/E太空船構成均等侵權。

(2) 美國Corning Glass Works v. Sumitomo Electric USA案[24]

雖然1987年美國聯邦巡迴上訴法院於前述Pennwalt Corp. v. Durand-Wayland, Inc.,案召開全院聯席聽證採用逐一比對方式，嗣後1989年美國聯邦巡迴上訴法院於Corning Glass Works v. Sumitomo Electric USA有關光纖傳遞訊號之光波導管專利之侵權案件中仍採取整體比對方式進行均等侵權分析。

光纖，係於純矽中摻雜金屬元素，經過熔融、抽絲成纖維狀，再將純矽被覆於外表面，成爲俗稱之光纖。光纖可以傳遞光，但1970年之前其實際用途僅能用於短矩離，且因無高度細化之光纖，僅能用於照明影像系統，無法用於光通訊產業。

---

[24] Corning Glass Works v. Sumitomo Electric USA, Inc., 868 F.2d 1251 (Fed. Cir. 1989).

　　光可經由透明媒介物予以傳輸，為克服光通訊傳輸的衰竭問題，使光通訊能到達遠方，光纖外層的光折射率必須低於軸心層，使光在纖維中循光折射率較高之軸心層可以全反射的方式傳輸。系爭專利為「熔融石英光波導管」US 3,659,915，其發明係以熔融石英作為核心，以熔融矽作為包覆層，核心的折射率高於包覆層。換句話說，系爭專利係以純矽或矽中摻雜微量金屬元素作為被覆層，而軸心層之矽摻雜含量較高之微量金屬元素，利用二者光折射率之高低差，限制光折射角度，藉以達成遠距通訊之目的。系爭專利請求項1：「一種光波導體，包含：(a)一包覆層，由一種選自純熔融矽所組成之群組及至少加入一種摻雜物作為基礎所形成；及(b)一核心，由熔融矽及至少加入一種摻雜物作為基礎所形成，該摻雜物加入的程度超過該包覆層使其折射率高於該包覆層，該核心由至少85%重量的熔融矽及有效量達15%之該摻雜物所形成。」

　　系爭專利之發明屬於正向摻雜（positive doping）技術；被控侵權對象係利用負向摻雜（negative doping）技術，將氟元素摻雜在光纖被覆層，降低光折射率，而軸心層未摻雜。

　　地方法院採用三部檢測法，認為被控侵權對象與系爭專利二者具有實質相同的功能，且係以實質相同的方式獲得實質相同的結果，而認定均等侵權成立。被告提起上訴，主張被控侵權對象的核心並無摻雜物可提高核心折射率之功能，亦即不具有核心之摻雜物，依全要件原則，不構成侵權。原告主張本件是否構成均等，取決於包覆層的負向摻雜物之取代是否均等於核心的正向摻雜物。

　　美國聯邦巡迴上訴法院判決：請求項的構件，並不一定指某一元件，可能是請求項中所載之某一限定條件，也可能是一系列限定條件而成為請求之發明的一部分。「全要件原則」中的「要件」，是指請求項的限定條件（即技術特徵）。請求項所載之技術特徵係在軸心層摻雜微量元素，而被控侵權對象之軸心層為純矽，顯然不構成文義侵權。若以三部檢測法，焦點在於二者所採取之方式是否實質相同。就技術特徵逐一比對，請求項所載之技術特徵係在軸心層摻雜微量元素，而被控侵權對象之軸心層為純矽，未摻雜任何元素；請求項之被覆層係純矽或正向摻雜，而被控侵權對象之被覆層係負向摻雜，二者之方式是否相同？被告誤以為全要件的比對是成分的均等，惟「依全要件原則，必須在被控侵權對象中找到申請專利範圍每一個技術特徵

或均等之技術內容，但不必如一般情況那樣一一對應。[25]」被控侵權對象係用氟作為包覆層的負向摻雜物，其與核心的正向摻雜具實質相同的功能，以實質相同的方法達成實質相同的結果。總而言之，法院係以整體比對方式，判決二者之方式實質相同，構成均等侵權。

(三) 全要件原則並非判斷步驟

依前述美國法院判決，全要件原則係文義侵權及均等侵權之限制（或稱前提條件），只要被控侵權人能提出證據證明申請專利範圍中有一個以上之技術特徵無法從被控侵權對象找到（即欠缺要件missing element），即得以不符合全要件原則，主張不構成侵權。

然而，全要件原則並非「文義讀取」或「均等論」專利侵權分析之前置步驟，亦即並非先判斷是否符合全要件原則，再判斷是否符合文義讀取。因為全要件原則不限於每一個技術特徵必須一對一的對應表現，被控侵權對象中多個元件、成分或步驟達成申請專利範圍中單一技術特徵之功能，或以被控侵權對象中單一元件、成分或步驟達成申請專利範圍中多個技術特徵組合之功能，均得稱該技術特徵係對應表現在被控侵權對象[26]，而未違反全要件原則。因此，實務操作過程中，無論是文義侵權或均等侵權之分析，均應注意申請專利範圍之解析是否妥適，並非申請專利範圍中之技術特徵與被控侵權對象中之實體元件無法一一對應，即可認定無侵權之可能；亦非被控侵權對象中對應之實體元件少於申請專利範圍中之技術特徵，即可認定因欠缺要件不符合全要件原則，而無侵權之可能。總之，在判斷流程中全要件原則是文義侵權及均等侵權之限制，而非文義侵權分析前的一個步驟，亦即不必囿於專利權範圍中有幾個技術特徵或被控侵權對象中有幾個對應之實體元件，進而計算前者與後者之個數孰多孰少。

在Eagle Comtronics, Inc. v. Arrow Communication Laboratories, Inc.[27]案，對

---

[25] Corning Glass Works v. Sumitomo Electric USA, Inc., 868 F.2d 1259 (Fed. Cir. 1989) (An equivalent must be found for every limitation of the claim somewhere in an accused device, but not necessarily in a corresponding component, although that is generally the case.)

[26] 經濟部智慧財產局，專利侵害鑑定要點（草案），2004年10月4日發布，頁36。

[27] Eagle Comtronics, Inc. v. Arrow Communication Laboratories, Inc. 305 F.3d 1303, 64 USPQ2d 1481 (Fed. Cir. 2002).

於專利侵權成立與否之認定,美國聯邦巡迴上訴法院判決:「申請專利範圍中所載之技術特徵不得從被控侵權對象消失,但其限定是否被破壞,必須檢視被控侵權對象中二個元件是否實現專利權的一個功能,或專利權中二個技術特徵之組合是否為被控侵權對象的一個元件所實現。若其差異屬非實質性,申請專利範圍中所載之技術特徵並未被破壞,則無礙均等論之適用。因此,原告所稱技術特徵不必一一對應之主張並無錯誤,全要件原則並未阻卻本案適用均等論之認定。」

中國北京高級法院的「專利侵權判定指南」第50條:「等同特徵,可以是權利要求中的若干技術特徵對應於被訴侵權技術方案中的一個技術特徵,也可以是權利要求中的一個技術特徵對應於被訴侵權技術方案中的若干技術特徵的組合。」中國最高法院的「關於專利權糾紛案件的解釋」第7條:「(第1項)人民法院判定被訴侵權技術方案是否落入專利權的保護範圍,應當審查權利人主張的權利要求所記載的全部技術特徵。(第2項)被訴侵權技術方案包含與權利要求記載的全部技術特徵相同或者等同的技術特徵的,人民法院應當認定其落入專利權的保護範圍;被訴侵權技術方案的技術特徵與權利要求記載的全部技術特徵相比,缺少權利要求記載的一個以上的技術特徵,或者有一個以上技術特徵不相同也不等同的,人民法院應當認定其沒有落入專利權的保護範圍。」顯示中國的專利侵權訴訟程序中亦有全要件原則之適用,適用於文義侵權及均等侵權二個判斷步驟,且已拋棄過往的「多餘限定原則」。

(四)實務操作三原則

依全要件原則,判斷是否構成文義侵權或均等侵權之三原則如後述[28, 29]。檢視後述三原則時,若被控侵權對象之技術內容落入請求項中以上位概念撰寫之技術特徵所涵蓋的範圍,則應判斷構成侵權。

1. 精確原則(Rule of Exactness),被控侵權對象與請求項中所有技術特徵均相同而未附加或刪減任何技術特徵,或某些技術特徵雖然不相同但為均等者,應判斷構成侵權。

---

[28] 洪瑞章,專利侵害鑑定,1996年5月16日,頁8。
[29] 中國北京高級人民法院審判委員會,關於審理專利侵權糾紛案件若干問題的規定,第15條,2003.10.27-29。

2. 附加原則（Rule of Addition），基本上，若被控侵權對象包含請求項中所有技術特徵或為均等，並附加某些技術特徵，不論附加的技術特徵本身或與其他技術特徵結合是否產生功能、效果，均應判斷構成侵權。

惟若系爭專利為組合物請求項，應依下列方式判斷[30]：

(1) 開放式連接詞，例如請求項中之技術特徵「包括A、B、C」，被控侵權對象為「A、B、C、D」，應判斷構成侵權。

(2) 封閉式連接詞，例如請求項中之技術特徵「由A、B、C組成」，被控侵權對象為「A、B、C、D」，應判斷不構成侵權。

(3) 半開放式連接詞，例如請求項中之技術特徵「主要由A、B、C組成」，被控侵權對象為「A、B、C、D」，得分為以下二種情況：

(a) D為實質上不會影響申請標的之基本及新穎特性的元件、成分或步驟或其結合關係者，應判斷構成侵權；

(b) D為實質上會影響申請標的之基本及新穎特性的元件、成分或步驟或其結合關係者，應判斷不構成侵權。

(4) 其他方式表達之連接詞，則應參照說明書內容，依個案認定其係屬開放式、封閉式或半開放式，再依前述方式判斷是否構成侵權。

3. 刪減原則（Rule of Omission），被控侵權對象欠缺請求項中一個以上之技術特徵，或與請求項中一個以上之技術特徵不相同且不均等者，應判斷不構成侵權。

中國北京高級法院的「專利侵權判定指南」第115條規定前述刪減原則：「被訴侵權技術方案的技術特徵與權利要求記載的全部技術特徵相比，缺少權利要求中記載的一項或一項以上技術特徵的，不構成侵犯專利權。」

全要件原則，係指請求項中每一個技術特徵均對應表現在被控侵權對象中；但並不限於每一個技術特徵必須一對一的對應表現，只要不忽略請求項中所載之任一個技術特徵，一對多、多對一或多對多，均得稱技術特徵係對應表現在被控侵權對象，而未違反全要件原則。解析申請專利範圍，應以獨立功能為準；經解析而得之技術特徵必須具備獨立性及價值性。然而，無論是「功能」、「獨立性」或「價值性」，均相當抽象而不具體，以致個案是否適用全要件原則常有爭執。筆者以為若回歸「解析申請專利範圍」之前的

---

[30] 經濟部智慧財產局，專利侵害鑑定要點（草案），2004年10月4日發布，頁38。

狀態，亦即就請求項整體，檢視被控侵權對象是否具備請求項中所載之全部功能，只要被控侵權對象欠缺其中之一功能，即可認定不符合全要件原則，侵權應不成立。從這個角度觀之，全要件原則得視為「全功能原則」。於專利侵權分析之實務操作，進行「文義讀取」分析及「均等論」分析之前即可判斷是否有「刪減原則」（missing element）之適用，不致於延宕程序，而在前述二分析步驟之後始確定是否符合全要件原則。

＃案例－智慧財產法院98年度民專訴字第5號判決

系爭專利：

　　請求項1：「一種屏風式光明燈，係數根燈本體，由依設定高度之數個燈環、及配合上定板、底座板、組合桿所鎖合一體構成；其主要特徵在於：……，檯座底部設有滾輪，而可供移動至所需放置之位置，檯座內設有對應之軸承座……從動輪，……連動輪，……馬達……上飾體……。」

原告：

　　系爭專利檯座底部設滾輪，只是供檯座可方便移動至所需位置，無關主要構件、構造之主題，且不影響檯座內及檯座上之傳動元件、結合關係。

法院：

　　原告於本件侵權訴訟中，將系爭專利之「滾輪」解釋為非必要元件，即屬有誤，不足採信。按所謂「全要件原則」，係指請求項中每一個技術特徵完全對應表現在待鑑定對象中，包括文義的表現及均等的表現。系爭專利申請專利範圍既然記載了滾輪，若系爭產品欠缺該滾輪或其他任何一元件，而無該滾輪或元件之功能，就無落入系爭專利權範圍之可能。

＃案例－智慧財產法院100年度民專訴字第77號判決

系爭專利：

　　新型專利請求項1：「一種碎石排水袋，係包含有本體，讓本體設導水管，及導水管後方設壁面，且於該壁面固設有網面，此網面位於導水管之入口處；又設有<u>袋體</u>，及袋體設<u>網狀面</u>；另面設<u>塑膠布面</u>，如此以使水份經網狀面進入袋體中，再於袋體內填設有碎石，可利用碎石防止土石堵塞導水管之入口處，並提供擋土牆良好之排水效果。」

原告：

　　系爭排水袋皆設相同之「袋體」、袋體設「網狀面」、袋體另面設「塑膠布面」、袋體之封口亦設有封口用之「公／母粘扣帶」於將來運用時須於袋體內填入碎石，作為擋土牆之過濾砂石之用。因此，得證系爭專利與系爭排水袋二者之「袋體」、「網狀面」、「塑膠布面」、「袋體可被填入碎石」之文義讀取均相同。

法院：

　　系爭專利申請專利範圍第1項編號1E所示之技術特徵為「如此以使水分經網狀面進入袋體中，再於袋體內填設有碎石，可利用碎石防止土石堵塞導水管之入口處，並提供擋土牆良好之排水效果」；其中「如此以使水分經網狀面進入袋體中」，以及「可利用碎石防止土石堵塞導水管之入口處，並提供擋土牆良好之排水效果」等文句，均屬物品原有之物理特性與功能之描述，並對於裝置或結構所附加之限制條件，非屬物品之實質技術特徵，無庸作為比對之構成要件；至於「再於袋體內填設有碎石」，則為整個碎石排水袋之重要構成要件，蓋系爭專利所界定之本體與袋體均為習知技術，而結合本體與袋體作為擋土牆洩水管結構而未於袋體內填設碎石，則無法發揮系爭發明所欲達成「利用碎石防止土石堵塞導水管入口處」之發明目的。則系爭專利申請專利範圍第1項之完整結構即如系爭專利發明說明書第6圖所示，必須包含導水管、壁面、網面、塑膠布面、網狀面、碎石各構成要件，則被控侵權物品既未將碎石填設於袋體內，自不具有利用「碎石」防止土石堵塞導水管入口處之功能，同時亦欠缺系爭專利申請專利範圍第1項如附表一編號1E所示之技

術特徵。綜上所述，被控侵權物品欠缺系爭專利申請專利範圍第1項所界定「於袋體內填設有碎石」之技術特徵，不符合全要件原則。

系爭專利申請專利範圍第1項碎石排水袋係包含有本體與袋體，即本體與袋體係結合為一體，而非分開之兩個裝置，此觀諸系爭專利發明說明五創作說明所記載「利用加工方式令本體與袋體結合為一體」。而被控侵權物品則係本體與袋體兩者分離，並未結合成為一體，則被控侵權物品亦欠缺系爭專利申請專利範圍第1項結合本體與袋體之技術特徵。

四、文義侵權

文義讀取（read on），係確認解釋後申請專利範圍中之技術特徵的文字意義是否完全對應表現在被控侵權對象[31]；符合文義讀取者，構成文義侵權（literal infringement）。概念上，被控侵權對象落入經解釋之申請專利範圍中，即應認定構成文義侵權。實務操作時，若從被控侵權對象中可以找到與請求項中每一個技術特徵相同的對應特徵，應判斷請求項中每一個技術特徵之文義均可以從被控侵權對象讀取。

中國北京高級法院的「專利侵權判定指南」第35條：「相同侵權，即文字含義上的侵權，是指被訴侵權技術方案包含了與權利要求記載的全部技術特徵相同的對應技術特徵。」第116條：「（第1項）被訴侵權技術方案的技術特徵與權利要求中對應技術特徵相比，有一項或者一項以上的技術特徵既不相同也不等同的，不構成侵犯專利權。（第2項）本條第一款所稱技術特徵不相同不等同是指：(1)該技術特徵使被訴侵權技術方案構成了一項新的技術方案；(2)該技術特徵在功能、效果上明顯優於權利要求中對應的技術特徵，並且所屬技術領域的普通技術人員認為這種變化具有實質性的改進，而不是顯而易見的。」

對應前述全要件原則之操作三原則，中國北京高級法院的「專利侵權判定指南」有相應之規定，見下列(一)至(四)：

(一)上位概念技術特徵之判斷

申請專利範圍中所載之技術特徵係上位概念總括用語，而被控侵權對象中對應之技術內容係相應的下位概念時，應判斷被控侵權對象符合文義讀取[32]。

中國北京高級法院的「專利侵權判定指南」第36條：「當權利要求中記載的技術特徵採用上位概念特徵，而被訴侵權技術方案的相應技術特徵採用的是相應的下位概念特徵時，則被訴侵權技術方案落入專利權保護範圍。」

(二)附加原則之判斷

被控侵權對象包括解析後申請專利範圍之所有技術特徵，並另外增加其他技術特徵者，其是否符合「文義讀取」，應由申請專利範圍中所記載連接詞之表達方式決定，見前述三之(四)2.「附加原則」之內容。

中國北京高級法院的「專利侵權判定指南」第37條：「（第1項）被訴侵權技術方案在包含了權利要求中的全部技術特徵的基礎上，又增加了新的技術特徵的，仍然落入專利權保護範圍。（第2項）但是，如果權利要求中的文字表述已將增加的新的技術特徵排除在外，則不應當認爲被訴侵權技術方案落入該權利要求的保護範圍。」前述第2項但書前半段所指者，例如請求項以除外形式（disclaimer）將額外的技術特徵排除在外的情況。

對於組合物請求項，以封閉式或半開放式連接詞將額外的技術特徵排除在外時，亦會限制請求項之文義範圍。中國北京高級法院的「專利侵權判定指南」第38條：「對於組合物的封閉式權利要求，被訴侵權技術方案在包含權利要求中的全部技術特徵的基礎上，又增加了新的技術特徵的，則不落入專利權保護範圍。但是，被訴侵權技術方案中新增加的技術特徵對組合物的性質和技術效果未產生實質性影響或該特徵屬於不可避免的常規數量雜質的情況除外。」

(三)手段請求項之判斷

我國專利法施行細則第18條第8項導入以手段功能用語界定申請專利範圍（functional claims）之特殊記載形式，等同於現行專利法施行細則第19條第4項：「複數技術特徵組合之發明，其請求項之技術特徵，得以手段功能

---

[32] 經濟部智慧財產局，專利侵害鑑定要點（草案），2004年10月4日發布，頁39。

用語或步驟功能用語表示。於解釋請求項時，應包含說明書中所敘述對應於該功能之結構、材料或動作及其均等範圍。」本規定主要係參考美國專利法第112條第6項[33]，SPLT Rule 13 (4)(a)亦有類似之規定[34]。

依前述細則之規定，請求項得以達成特定功能之手段（means for……或step for……）的形式記載申請專利範圍，不須記載結構、材料或動作，例如振盪手段、電驅動手段、放大電氣訊號手段等。若申請專利範圍中使用手段片語（means for……）並記載特定功能者，法院應推定專利權人係使用手段請求項，適用前述細則之規定，見第三章之六之(二)之1.「是否為手段請求項之判斷」。惟若請求項中有詳細結構、材料或步驟之敘述，而足以達成該功能者，該技術特徵應被認為屬於結構性敘述，不適用前述細則之規定[35]；但僅有部分結構、材料或步驟之敘述時，並不當然就不適用[36]。

於手段請求項之文義侵權分析，若被控侵權對象之技術內容所產生之功能與請求項中所載之功能相同，而且該技術內容與說明書中所敘述對應於該功能之結構、材料或動作相同或均等者，則構成文義侵權。反之，只要功能不同，或對應功能之結構、材料或動作不同且不均等，則不構成文義侵權。前述之「均等」分析，仍以實質相同為標準，見本章五之(二)之5.「手段請求項之均等分析」。

雖然中國專利審查基準並無手段請求項之規定，但中國北京高級法院的「專利侵權判定指南」第39條針對手段請求項之文義侵權分析的規定與前述

---

[33] 35 U.S.C. 112(6), (An element in a claim for a combination may be expressed as a means or step for performing a specific function without the recital of structure, material, or acts in support thereof, and such claim shall be constructed to cover the corresponding structure, material or acts described in the specification and equivalents thereof.)

[34] Substantive Patent Law Treaty (10 Session), Rule 13(4)(a), (Where a claim defines a means or a step in terms of its function or characteristics without specifying the structure or material or act in support thereof, that claim shall be construed as defining any structure or material or act which is capable of performing the same function or which has the same characteristics.)為協調各國之專利制度，世界智慧財產權組織召開多屆實質專利法條約（Substantive Patent Law Treaty，以下簡稱SPLT）會議，2004年為第10屆，雖然該條約迄今尚未正式生效施行，惟從其草約內容仍得一窺各國協調之趨勢與方向。

[35] Cole v. Kimberly-Clark Corp., 102 F.3d 524, 531 (Fed. Cir. 1996) (To invoke [section 112(6)], the alleged means-plus-function claim element must not recite a definite structure which performs the described function.)

[36] Laitram Corporation v. Rexnord, Inc., 939 F.2d 1533 (Fed. Cir. 1991).

說明類似:「對於包含功能性特徵的權利要求,如果被訴侵權技術方案不但實現了與該特徵相同的功能,而且實現該功能的結構、步驟與專利說明書中記載的具體實施方式所確定的結構、步驟相同的,則被訴侵權技術方案落入專利權保護範圍。」

#案例－Mas-Hamilton Group v. LaGard, Inc.[37]

系爭專利:

一種電子撥號組合鎖。

請求項1:「……<u>控制桿操作手段</u>,用於在該組合被輸入後,<u>向該凸輪驅動該控制桿</u>,以回應連續撥號……。」

請求項3:「一種基本上無彈性之<u>控制桿活動元件</u>,用於將控制桿從其位置脫離,並移動到將控制桿之凸出部分與凸輪的輪面接觸而使凸輪轉動,導致在預定方向上將鎖的機構從閉鎖位置改變為開鎖位置……。」

爭執點:

請求項1中所載之「控制桿操作手段」(lever operating means)之意義及請求項3是否為手段請求項。

地方法院:

雖然請求項3未記載「means」用語,但其為手段請求項。

專利權人上訴:

請求項3未記載「means」用語,應推定其非手段請求項。

聯邦巡迴上訴法院:

因請求項1係以手段功能用語予以限定,依說明書確定達成「向該凸輪驅動該控制桿」(driving said lever toward said cam)功能之結構時,注意到「控制桿操作手段」包括螺線管,其係以電能驅動絕緣導線線圈,在線圈內產生磁場而提供動力,故認定該螺線管是「控制桿操作手段」結構的必要部分。

---

[37] Mas-Hamilton Group v. LaGard, Inc., 156 F.3d 1206, 48 USPQ2d 1010 (Fed. Cir. 1998).

被控侵權對象：A.使用「步進馬達」（stepper motor），其係以電流脈衝所驅動，基本上保持不需動力之固定狀態，並以手工回復原位；B.「步進馬達」的動力轉換為旋轉運動；C.每次旋轉運動之角度僅一格。系爭專利：a.使用螺線管；b.螺線管的動力轉換為線性運動；c.旋轉運動為連續性。基於以上三點差異，認定兩者非均等物，故被控侵權對象未構成文義侵權。兩者以實質上不相同之手段提供控制桿動力來操作鎖，故被控侵權對象未構成均等侵權。

使用「……手段」用語，不一定使該技術特徵成為功能性技術特徵；反之，未使用「……手段」用語，亦不能排除該技術特徵為功能性技術特徵。

未記載「……手段」用語，應推定其非手段請求項，但該推定並非最後的結果。請求項3中僅限定功能，但未定義足夠的結構，且「控制桿活動元件（lever moving element）」並非相關技術領域中習知的含義，故請求項3應為手段請求項，「控制桿活動元件」應被限制在說明書中所揭露之結構及達成相同功能之均等物。

由於「控制桿活動元件」應被限制在說明書中所揭露之螺線管，被控侵權對象之「步進馬達」未構成文義侵權；且兩者以實質上不相同之手段提供控制桿動力來操作鎖，故被控侵權對象未構成均等侵權。

#案例－Unidynamics Corp. v. Automatic Prod. Int'l, Ltd.[38]

系爭專利：

自動販賣機，US 4,730,750。

請求項1：

「一種用於冷藏及非冷藏食品的自動販賣機，包括……；其他空間手段，具有一開口，讓冷藏食品進入到冷藏區及分配區，及一門，蓋住

---

[38] Unidynamics Corp. v. Automatic Prod. Int'l, Ltd., 157 F.3d 1311, 48 USPQ2d 1099 (Fed. Cir. 1998).

該開口；及彈簧手段，有助於保持門關閉（spring means tending to keep the door closed）。」

爭執點：

請求項中所載「彈簧手段，有助於保持門關閉」的意義。

被控侵權對象：

有兩種機型，一種機型的門是由磁鐵保持關閉；一種機型的門是由緩衝托架保持關閉。

地方法院：

「彈簧手段，有助於保持門關閉」之意義為將門關閉並保持關閉之彈簧，雖然「有助於保持門關閉」是功能，但「spring means」係以結構用語「spring」修飾「means」，故已非手段功能用語。依請求項之限定，「spring means」必須有一彈簧且該彈簧有「保持門關閉」及「關門」的作用。雖然被控侵權對象兩種機型均能保持門關閉，但均不具有關門的作用，不符合「彈簧手段，有助於保持門關閉」之功能，故被控侵權對象未構成文義侵權及均等侵權。

專利權人上訴：

專利文獻、產品介紹及專家證詞等已證明彈簧、磁鐵及緩衝托架均可以保持門的關閉，三者之間具可置換性。

被控侵權人：

被控侵權對象係藉自然界之重力關門，磁鐵或緩衝托架始保持門關閉，而無「彈簧手段，有助於保持門之關閉」的結構特徵，故不符合全要件原則，而未構成侵權。

聯邦巡迴上訴法院：

使用「means」用語之技術特徵即推定為適用手段功能用語。系爭專利使用「means」且有功能，而無完整結構之限定，顯然為手段功能用語。對於彈簧手段，請求項中並未記載完整結構，雖然請求項中之「spring」用語係屬結構特徵，但僅是進一步界定該手段之功能，不能僅因請求項中有結構特徵，就排除其適用手段功能用語之解釋方法。

　　說明書中對應「有助於保持門關閉」功能的結構為：如較佳實施方式所示，門附在通常為矩形的外殼，以封閉儲存室及分配室。門固定在有彈簧之條狀鉸鍊，彈簧有助於保持門在垂直或關閉位置。彈簧為彈簧手段之例，而有助於保持門關閉……，門藉由彈簧有助於壓在墊片上以密封儲存及分配區。因此，對應「彈簧手段，有助於保持門關閉」的結構是彈簧，但其不必在條狀鉸鍊上。

　　「彈簧手段，有助於保持門關閉」為手段功能用語，其意義為關門及嗣後保持門關閉；再依35 U.S.C.第112條第6項之解釋方法，其所涵蓋之範圍限於說明書中所載之結構及其均等物。被控侵權對象必須有彈簧或其均等物，但不必是在條狀鉸鍊上，藉以完成「關門動作及嗣後保持門關閉」的功能，侵權始成立（Section 112, ph.6 requires that the LCM4 vending machines have a spring, or equivalent structure, to carry out the identical function of tending to keep the door closed, but it need not be in a strip hinge.）。被控侵權對象兩種機型均係利用重力將門關閉（而非利用彈簧），故磁鐵及緩衝托架並無「有助於保持門關閉」之功能，而未構成文義侵權。

　　系爭專利係「有助於保持門關閉」，而被控侵權對象之磁鐵及緩衝托架無此功能，故被控侵權對象未構成均等侵權。

　　筆者：若「means」有修飾詞，而該修飾詞為結構用語，則其是否為手段功能用語，判斷上有其困難度。然而，無論本件「彈簧手段」是手段功能用語或結構，最後都認定為「彈簧」，並未影響其判斷結果。被控侵權對象無「有助於保持門關閉」之功能，不符合全要件原則，當然不構成文義侵權，亦不構成均等侵權。

(四) 從屬專利之判斷

　　從屬專利（dependent patent），指利用他人專利技術之專利。從屬專利權人實施其專利，將不可避免侵害他人之原專利權，未經原專利權人同意不得實施其從屬專利。中國北京高級法院的「專利侵權判定指南」第40條針對從屬專利之文義侵權分析有詳細規定：「（第1項）在後獲得專利權的發明或實用新型是對在先發明或實用新型專利的改進，在後專利的某項權利要求

記載了在先專利某項權利要求中記載的全部技術特徵，又增加了另外的技術特徵的，在後專利屬於從屬專利。實施從屬專利落入在先專利的保護範圍。（第2項）下列情形屬於從屬專利：(1)在後產品專利權利要求在包含了在先產品專利權利要求的全部技術特徵的基礎上，增加了新的技術特徵；(2)在原有產品專利權利要求的基礎上，發現了原來未曾發現的新的用途；(3)在原有方法專利權利要求的基礎上，增加了新的技術特徵。」

(五)文義侵權分析與新穎性審查

專利侵權分析與專利要件審查在性質上及法理上並不相同，筆者並不認為文義侵權等於新穎性判斷，僅指出二者之間的對應關係。

文義侵權分析，係專利侵權訴訟過程中，基於全要件原則，比對判斷請求項所載之文義與被控侵權對象是否相同；新穎性判斷，係專利審查過程中，比對判斷請求項所載申請專利之發明與先前技術是否相同，其判斷標準有三：形式相同、實質相同及下位概念對上位概念[39]。文義侵權分析與新穎性審查基準雖然不完全一致，但其結果有相當程度的對應關係，列表比較如下：

文義侵權分析				新穎性判斷
請求項	被控侵權對象	說明	判斷結果	審查結果
A,B,C	A,B,C	精確原則	文義讀取	不具新穎性
A,B,C,D	A,B,C	刪減原則，二者功效相同	文義不讀取	具新穎性
A,B,C（開放式）	A,B,C,D	附加原則，僅外加D功效	文義讀取	不具新穎性
A,B,C（封閉式）	A,B,C,D	附加原則，二者手段不同	文義不讀取	具新穎性
A,B,C（半開放式）	A,B,C,D	附加原則，D無實質影響	文義讀取	不具新穎性
A,B,C（半開放式）	A,B,C,D	附加原則，D有實質影響	文義不讀取	具新穎性
A,B,C,D	a,b,c,d	A,B,C,D為上位概念	文義讀取	不具新穎性
a,b,c,d	A,B,C,D	a,b,c,d為下位概念	不會發生	通常具新穎性
註：新穎性判斷，將請求項作為申請專利之發明，被控侵權對象作為先前技術 　　除最後一列外，文義讀取判斷與新穎性判斷有相同的結果				

---

[39] 經濟部智慧財產局，第二篇發明專利實體審查基準，2013年，頁2-3-8。

　　文義侵權，指被控侵權對象落入經解釋之申請專利範圍。解釋申請專利範圍的基準時點為申請時（均等侵權為侵權時），故可理解為被控侵權對象落入專利權人先占之範圍，則構成文義侵權。相對地，新穎性審查，先前技術作為引證文件，係以引證文件形式上明確記載的內容及引證文件「公開時」之通常知識（進步性審查係參酌「申請時」之通常知識）所能直接且無歧異得知的內容[40]。就前述說明，文義侵權對照均等侵權，新穎性對照進步性，雙雙兩相對照其異同關係，可見文義侵權及新穎性之分析與先占之法理不無關係，也反映出以先占之法理分析文義侵權及新穎性的邏輯性及優越性。

＃案例－智慧財產法院98年度民專訴字第136號判決

系爭專利：

　　請求項1：「一種寵物籠鎖扣接合裝置，寵物籠係由上、下籠體組合，並藉由數鎖扣加以扣結。其特徵在於上籠體之底端周側適當處突伸設以數上組接塊，各上組接塊具有二開口朝上之開槽；下籠體之頂端周側對應上籠體之上組接塊乃設以下組接塊，各下組接塊係分別具有二開口朝下之開槽；數鎖扣，於其底部內側面樞接扣勾，據以卡設組入下組接塊二開槽內，而鎖扣內側壁則突伸有卡勾，以使卡勾嵌組於上組接塊二開槽內者。」

法院：

　　解析系爭專利申請專利範圍請求項1之內容，可得其技術特徵要件有五：第1要件「一種寵物籠鎖扣接合裝置」、第2要件「寵物籠係由上、下籠體組合，並藉由數鎖扣加以扣結」、第3要件「上籠體之底端周側適當處突伸設以數上組接塊，各上組接塊具有二開口朝上之開槽」、第4要件「下籠體之頂端周側對應上籠體之上組接塊乃設以下組接塊，各

---

[40] 經濟部智慧財產局，第二篇發明專利實體審查基準，2013年版，頁2-3-2，「申請專利之發明未構成先前技術的一部分時，稱該發明具新穎性。專利法所稱之先前技術，係指申請前已見於刊物、已公開實施或已為公眾所知悉之技術。」

下組接塊係分別具有二開口朝下之開槽」及第5要件「數鎖扣，於其底部內側面樞接扣勾，據以卡設組入下組接塊二開槽內，而鎖扣內側壁則突伸有卡勾，以使卡勾嵌組於上組接塊二開槽內者」。

　　經逐項比對分析系爭專利與系爭產品解析之相對應要件，其結果：1.符合讀取原則：系爭產品第1要件至第4要件落入文義範圍。2.不符讀取原則：因系爭產品為二卡扣之設置，且下組接塊為二夾置空間，非二開槽之型式，故系爭產品第5要件技術內容未為系爭專利第5要件技術特徵文義所讀取。準此，系爭產品之第5要件未為系爭專利申請專利範圍第1項文義讀取，故系爭產品未落入系爭專利申請專利範圍第1項之文義範圍。

案例－智慧財產法院98年度民專訴字第41號判決

系爭專利：

　　請求項1：「一種具有換氣系統之鞋子的氣閥結構，其主要包含有於鞋底空氣室之側壁及隔離部區域設有單向形態之進氣閥及出氣閥，其結構特徵具備有：上述出氣閥結構是於隔離部之肉厚處設有一貫通孔，該貫通孔是由空氣室之底部向空氣道之上部方向形成傾斜狀態；及於該貫通孔中形成有錐狀擴大部；及於該擴大部中放置有一遮著貫通孔之膜片；上述進氣閥包含有：於鞋底空氣室之側壁設有一橫向組合孔，及設有一為分離元件之組合部；上述組合部包含有一可嵌合於上述組合孔中之嵌合管，及於該嵌合管之端部設有一平板狀之本體，及於該本體之前側設有與上述本體共同形成U形狀之支持部，及該支持部與本體間插設有一膜片。」

法院：

　　經解析系爭專利請求項第1項範圍，其技術特徵可解析為4個要件，分別為編號1要件「一種具有換氣系統之鞋子的氣閥結構」；編號2要件「其主要包含有於鞋底空氣室之側壁及隔離部區域設有單向形態之進氣閥及出氣閥」；編號3要件「上述出氣閥結構是於隔離部之肉厚處設有

一貫通孔，該貫通孔是由空氣室之底部向空氣道之上部方向形成傾斜狀態；及於該貫通孔中形成有錐狀擴大部；及於該擴大部中放置有一遮著貫通孔之膜片」；編號4要件「上述進氣閥包含有：於鞋底空氣室之側壁設有一橫向組合孔，及設有一為分離元件之組合部；上述組合部包含有一可嵌合於上述組合孔中之嵌合管，及於該嵌合管之端部設有一平板狀之本體，及於該本體之前側設有與上述本體共同形成U形狀之支持部，及該支持部與本體間插設有一膜片。」系爭產品就編號要件1至3部分與系爭專利之編號1至3要件部分符合文義讀取。

案例－智慧財產法院101年度民專訴字第40號判決

系爭專利：

　　請求項1：「一種具有清潔部件及框體之清潔用品，其中該框體具有多數個穿孔，該穿孔係由大內徑以及小內徑構成，以將已纏繞成捆的清潔部件之折點自小內徑塞入而至大內徑，<u>再回拉該清潔部件</u>，以固定該框體於該清潔用品上。」

原告：

　　「再回拉該清潔部件」一詞應解釋為「包含直接回拉與間接回拉」。從系爭產品布條整齊即可得知有回拉技術。系爭產品之抵頂物件回縮時清潔部件將因摩擦力而不可避免的被回拉，即為系爭專利之文義所讀取。

被告：

　　應限於直接回拉，不包含頂底物件取出時所造成清潔部件因摩擦力回縮之動作。系爭拖把組之清潔部件是用機器推的，推進去以後棉線膨脹就會與穿孔咬合固定在圓盤上，不必再有回拉的動作。

法院：

　　系爭專利說明書第5頁記載「圖3C係接續圖3B將超過框體10之表面的清潔部件30所膨脹部位回拉，以固定該清潔部件30於該框體10上。由於

該清潔部件30之該撓性，在回拉之後，該清潔部件30將與該框體10緊密接合」，足見回拉之目的在固定清潔部件於框體上，是以「再回拉該清潔部件」應解釋爲「再次藉由拉力將清潔部件拉回，而能固定於框體上」。

系爭產品外觀雖顯示清潔部件係穿設於框體橢圓穿孔內與表面設有鋸齒狀肋凸緊密接合，然並不必然可推得該清潔部件即是採系爭專利「再回拉該清潔部件」之技術手段將其固定於框體穿孔內，是尚不足以認定系爭專利之「再回拉該清潔部件」技術特徵有對應表現於系爭產品。

縱系爭產品於抵頂部件回縮時因摩擦力而使清潔部件一同被拉回，然其係因摩擦力所致而非因拉力所致，且該摩擦力之力道尚不足以使清潔部件能固定於框體上，自難認此情形爲系爭專利「回拉」之文義所讀取。

系爭產品利用「推清潔部件由表面設有鋸齒狀肋凸之小橢圓內徑至大橢圓內徑內」技術手段與系爭專利之「塞清潔部件由小內徑至大內徑，並將之膨脹部位回拉至穿孔之大內徑內」技術手段實質不相同；系爭產品「藉推清潔部件進入穿孔，使清潔部件受小橢圓表面設有鋸齒狀肋凸壓縮與框體穿孔緊密接合」之功能，與系爭專利「藉回拉清潔部件，使清潔部件之膨脹部位，與框體穿孔緊密接合」之功能實質不相同；系爭產品「固定清潔部件於框體上」之結果，與系爭專利「固定清潔部件於框體上」之結果實質相同。準此，系爭產品要件標號e與系爭專利要件標號E均等論之判斷，兩者之結果雖實質相同，然兩者之技術手段及功能實質不相同，故系爭產品要件標號e不落入系爭專利要件標號E之均等範圍。

筆者：法院稱「尚不足以認定系爭專利之『再回拉該清潔部件』技術特徵有對應表現於系爭產品」，事實上已認定不符合全要件原則，邏輯上應不必再審理「文義讀取」及「均等論」。本案爲新型專利，要件E爲操作特徵，若依法院若干判決及現行專利審查基準，該操作特徵不具限定作用，則侵權分析結果可能不同。

五、均等侵權

被控侵權對象不符合文義讀取，應再比對被控侵權對象是否適用均等論[41]。然而，我國與美國之見解不同：

在美國，若被控侵權對象與經解析之申請專利範圍比對，若被控侵權對象未構成文義侵權，基於衡平，法院應進一步分析被控侵權對象與申請專利範圍是否實質相同而構成均等侵權[42]。法院進行均等侵權分析，不以專利權人提出主張為條件，惟專利權人應舉證說明被控侵權對象與申請專利範圍是否實質相同[43]。

我國法院認為：有關申請專利範圍之解釋，涉及專利權範圍之界定，係屬法律適用之問題，倘若兩造對之有所爭執時，法院應依職權認定；而比對解釋後之系爭專利申請專利範圍與被控侵權對象，判斷被控侵權對象是否落入系爭專利權範圍，則屬事實認定之問題。因此，於判斷被控侵權對象是否適用「均等論」，係屬二種不同層次之概念，且均等論本屬申請專利範圍字義之擴張，專利權人如欲在專利權之文義範圍外，進一步主張被控侵權對象實質上符合系爭專利之均等範圍，本於辯論主義，即應為訴訟上為具體之適用均等論的主張，並分別就被控侵權對象與系爭專利之技術手段、功能及效果為陳述，且經行為人就此為攻防後，法院始得據以認定被控侵權對象與系爭專利是否實質相同而應否適用均等論[44]。

中國北京高級法院的「專利侵權判定指南」第116條：「（第1項）被訴侵權技術方案的技術特徵與權利要求中對應技術特徵相比，有一項或者一項以上的技術特徵既不相同也不等同的，不構成侵犯專利權。（第2項）本條第一款所稱技術特徵不相同不等同是指：(1)該技術特徵使被訴侵權技術方案構成了一項新的技術方案；(2)該技術特徵在功能、效果上明顯優於權利要求中對應的技術特徵，並且所屬技術領域的普通技術人員認為這種變化具

[41] 經濟部智慧財產局，專利侵害鑑定要點（草案），2004年10月4日發布，頁27～28。
[42] Graver Tank & Mfg. Co., Inc. v. Linde Air Products Co., 339 U.S. (1950) 605, 70 S.Ct. 854, 94 (L. Ed 1097), at 858.美國聯邦最高法院認為被告的主觀意圖無關均等論之適用，不構成文義侵權之後應進行均等判斷，並無先決條件。
[43] Dolly, Inc. v. Spalding & Evenflo Cos., 16 F.3d 394 (Fed. Cir. 1994).
[44] 蔡惠如，均等論及禁反言原則於專利民事訴訟上之適用與主張，2012/8/6，頁3/6，https://www.tipa.org.tw/p3_1-1 print.asp?nno=150。

有實質性的改進，而不是顯而易見的。」第41條規定法院應逕行均等侵權分析不待專利權人主張：「在專利侵權判定中，在相同侵權不成立的情況下，應當判斷是否構成等同侵權。」

專利權的保護範圍包含文義範圍及均等範圍（事實上尚須經禁反言等原則限縮之）；相對於文義範圍，均等範圍有延伸文義範圍之結果，但在概念上二者皆爲專利權的保護範圍，故均等範圍並非專利權保護範圍的擴張。對於法院是否於文義侵權不成立之後逕行均等侵權分析，前述概念似有相當影響。從中國最高法院的「關於專利權糾紛案件的解釋」第7條第2項：「被訴侵權技術方案包含與權利要求記載的全部技術特徵相同或者等同的技術特徵的，人民法院應當認定其落入專利權的保護範圍；……。」及前述第116條「有一項或者一項以上的技術特徵既不相同也不等同的，不構成侵犯專利權」，顯示中國法院認爲專利權的保護範圍包含文義範圍及均等範圍，均等範圍並非專利權保護範圍的擴張。因此，中國法院與我國法院的前述見解「……被控侵權對象是否適用『均等論』，係屬二種不同層次之概念，且均等論本屬申請專利範圍字義之擴張……」不合。

＃案例－智慧財產法院99年度民專上字第81號判決

原告（專利權人）：

　　於第一審程序，僅主張系爭產品落入系爭專利權之文義範圍。

一審法院：

　　以系爭產品落入系爭專利權之文義範圍，判決原告勝訴。

二審法院：

　　於準備程序曉諭原告「假設系爭產品不構成文義侵權，有何意見？」、「本件除文義是否落入外，有無均等論、逆均等論、禁反言、先前技術之適用等？」及「系爭產品的技術內容……無法完全讀取，而不符文義侵權……」命原告確認是否進一步爲均等論之主張，並命被告確認是否進一步爲禁反言、先前技術阻卻之主張。

原告（專利權人）：

　　經二審法院公開初步心證並行使闡明權後，仍未提出均等侵權之主

張及事實。

二審法院：

　　本於處分權主義及辯論主義，不得就原告未主張之均等事實逕為認定並採為判決基礎，故在原告所陳述之文義讀取的範圍內，經由兩造為辯論後，判決系爭產品未落入系爭專利權範圍，毋庸探討有無均等論之適用，進而廢棄一審判決，並駁回原告於第一審之訴及其假執行之聲請。

　　專利侵權案件，問題最多、爭議最激烈者當屬均等侵權。均等論係由美國法院所創設，對於世界各國專利侵權訴訟實務影響深遠。由於美國的專利制度悠久，豐富的司法判決值得參考，以下內容搭配美國近代重要判決，供讀者深入瞭解。

（一）均等論之意義

　　均等論（doctrine of equivalents），指專利權保護範圍不限於申請專利範圍之文義範圍，尚涵蓋可以實質相同之方式（way，「專利侵害鑑定要點」稱技術手段），產生實質相同之功能（function），達成實質相同之結果（result，亦稱效果）的均等範圍。美國聯邦巡迴上訴法院判決均等論之適用為事實問題，是否構成均等侵權由陪審團決定。

　　由於以文字精確、完整描述發明的範圍，實有其先天上無法克服的困難[45]，若將專利權範圍限於申請專利範圍之文義，對專利權人並不公平，且讓仿冒者有可乘之機。為保障專利權，防止他人抄襲發明成果僅稍加非實質的微小改變就輕易迴避專利權範圍而規避侵權責任[46]，美國聯邦最高

---

[45] Festo Corporation v. Shoketsu Kinzoku Kogyo Kabushiki Co., Ltd., et al., 122 S.Ct. 1831, 1837 (2002) (The language in the patent claims may not capture every nuance of the invention or describe with complete precision the range of its novelty.)

[46] Graver Tank & Manufacturing Co., v. Linde Air Products Co. (1950), 339 U.S. 605, 70 S.Ct 854, 94 (L.Ed 1097), at 858.法院解釋均等論的基本原理：若將專利侷限於申請專利範圍的文義，會導致專利權人於文義的限制下從事救濟，而使發明之實質屈就於形式之下。此限制會鼓勵侵權人僅對專利標的作非實質的微小改變及置換，而迴避專利法的保護。

法院於1853年Winans v. Denmead案[47]創設均等論概念。美國聯邦最高法院基於衡平（equity）推衍出均等論，並指出被控侵權對象之技術內容相對於請求項中之技術特徵無實質差異（insubstantial difference）者，構成均等侵權（infringement under doctrine of equivalents）。換句話說，專利權的保護範圍包含文義範圍及均等範圍（事實上尚須經禁反言等原則限縮之）；相對於文義範圍，均等範圍係延伸文義範圍，而非擴張專利權的保護範圍。

　　均等論之法理基礎在於公平正義原則及利益平衡的原理。表面上，均等論是保障專利權人的利益，因為均等論的適用是將專利權文義範圍延伸到手段、功能及結果實質相同的均等範圍，防止他人非實質性的改變或置換申請專利範圍中所載之技術特徵的侵權行為而迴避專利權。然而，專利權保護及於均等範圍，是在不妨礙社會大眾自由、合理利用技術的前提下，適當劃分專利權人專有權利與社會大眾可自由利用的公有領域，藉由專利權人之私益與社會利用之公益的平衡，促使人們以正當手段研發技術，間接促進產業發展，進而實現法律的公平正義精神。[48]

　　雖然我國專利法並未規定專利權範圍及於均等範圍，惟基於公平正義及利益平衡，專利侵害鑑定要點規定：基於保障專利權人利益的立場，避免他人僅就其申請專利範圍之技術特徵稍作非實質之改變或替換，而規避專利侵權的責任，專利權範圍及於申請專利範圍之技術特徵的均等範圍，不應僅侷限於申請專利範圍之文義範圍[49]。

　　總之，專利權範圍不限於申請專利範圍之文義範圍，應包含所有與其所申請之技術特徵均等之範圍[50]。SPLT Article 11(4)(b)規定：「為決定專利所賦予之保護範圍，應合理考量與申請專利範圍所載之技術特徵均等的技術特徵。[51]」Rule 13(5)復規定：「對於第11(4)(b)條，均等特徵通常應被認為係

---

[47] Ross Winans v. Adam, Edward, and Talbot Denmead, 56 U.S. 330, 343, (1853) (The exclusive right to the thing patented is not secured, if the public are at liberty to make substantial copies of it, varying its form or proportions.)

[48] 馮曉青，專利侵權界定之等同原則－理論分析與實證研究，專利師，第六期，2011年7月，頁110～111。

[49] 經濟部智慧財產局，專利侵害鑑定要點（草案），2004年10月4日發布，頁40。

[50] Warner-Jenkinson Co., Inc. v. Hilton Davis Chemical Co., 520 U.S 17 (1997) (The scope of a patent is not limited to its literal terms but instead embraces all equivalents to the claims described")

[51] Substantive Patent Law Treaty (10 Session), Article 11 (4)(b), (For the purpose of

被控侵權時均等於申請專利範圍中所載之技術特徵：(i)若所載之技術特徵與均等特徵之間無實質差異，且均等特徵產生與所載之技術特徵實質相同的結果；及(ii)具有通常知識者沒有理由假設該均等特徵已被排除於申請專利之發明之外者。[52]」

1950年美國聯邦最高法院於Graver Tank & Manufacturing Co. v. Linde Air Products Co.案重申均等論的保護係為防止專利權之空洞化，避免不道德的仿冒者藉不重要而非實質的改變及置換規避專利侵權責任[53]。最高法院判決：在確定被控侵權對象是否侵害專利權時，首先應依申請專利範圍之文義進行判斷。若被控侵權對象落入專利權的文義範圍，則構成侵權。但因為一模一樣的抄襲十分少見，若允許他人稍加變動就能利用專利發明，專利權之保護就空洞無用。若專利權人在任何情況下均受限於申請專利範圍之文字內容，則專利權人的利益就無法得到合理的保護，專利制度鼓勵公開發明的目的就會落空。均等論係順應此需要而提出者，其核心在於防止他人盜用專利發明的成果。均等論不僅適用於開創性發明，亦適用於改良發明。

然而，由於均等範圍不可預測，具有高度不確定性，若依均等論將申請專利範圍相當明確的文義範圍向外延伸至均等範圍，會使專利權範圍之界限模糊，而且過度延伸均等範圍亦有違專利制度中以公示方式明確揭示專利權範圍之基本宗旨[54]。近年來，為求取平衡，美國法院一方面藉均等論延伸專利權保護範圍，另一方面又創設若干法則限制均等論的適用，以兼顧衡平、

---

determining the scope of protection conferred by the patent, due account shall be taken[, in accordance with the Regulations,] of elements which are equivalent to the elements expressed in the claims.)

[52] Substantive Patent Law Treaty (10 Session), Article 13 (5), (For the purposes of Article 11(4)(b), an element ["the equivalent element"] shall generally be considered as being equivalent to an element as expressed in a claim ["the claimed element"] if, at the time of an alleged infringement:…)

[53] Graver Tank & Manufacturing Co. v. Linde Air Products Co., 339 U.S. 608, (1950) (But courts have also recognized that to permit limitation of a patented invention which does not copy every literal detail would be to convert the protection of the patent grant into a hollow and useless thing. Such a limitation would leave room for-indeed encourage-the unscrupulous copyist to make unimportant and insubstantial changes and substitutions in the patent …, and hence outside the reach of law.)

[54] Winans v. Denmead, 56 U.S. 15 How. 330, 14 L.Ed. 717 (1853), 法院認為均等論之適用會產生各種可能的解釋，故其帶來不確定性是必然的結果。

正義及專利制度的基本精神。

　　中國北京高級法院的「專利侵權判定指南」第1條第1項明定專利權的保護範圍涵蓋均等範圍：「審理侵犯發明或者實用新型專利權糾紛案件，應當首先確定專利權保護範圍。發明或者實用新型專利權保護範圍應當以權利要求書記載的技術特徵所確定的內容為准，也包括與所記載的技術特徵相等同的技術特徵所確定的內容。」第41條：「在專利侵權判定中，在相同侵權不成立的情況下，應當判斷是否構成等同侵權。」對於均等之判斷，中國最高法院的「關於專利權糾紛案件的解釋」第7條第2項規定：「被訴侵權技術方案包含與權利要求記載的全部技術特徵相同或者等同的技術特徵的，人民法院應當認定其落入專利權的保護範圍；被訴侵權技術方案的技術特徵與權利要求記載的全部技術特徵相比，缺少權利要求記載的一個以上的技術特徵，或者有一個以上技術特徵不相同也不等同的，人民法院應當認定其沒有落入專利權的保護範圍。」中國北京高級法院的「專利侵權判定指南」第42條亦明定均等侵權之意義：「等同侵權，是指被訴侵權技術方案有一個或者一個以上技術特徵與權利要求中的相應技術特徵從字面上看不相同，但是屬於等同特徵，應當認定被訴侵權技術方案落入專利權保護範圍。」

＃案例－智慧財產法院99年度民專上更（一）字第13號判決

法院：

　　而在比對被控侵權物品是否侵害申請專利範圍所欲保護之技術思想時，首先必須就申請專利範圍所記載之技術特徵分析其要件，並解析被控侵權物品之技術特徵要件，如申請專利範圍中每一個技術特徵或與其在實質上相當之結構或步驟均可表現於被控侵權物時，即符合全要件原則。而關於專利侵權之判斷，即應先符合全要件原則，始進而判斷有無文義讀取或均等論之適用。倘不符合全要件原則，即無須再論究被控侵權物品是否符合文義讀取或適用均等論。換言之，被控侵權物必須具備與申請專利範圍相當之技術特徵，在此全要件均具備之原則下，再判斷各該技術特徵是否為申請專利範圍之文字意義所涵蓋，即所謂文義侵權。

> 由於以文字表達技術思想本即不易，且技術思想的核心亦有可能於專利公開之後，甚至因有些微差異之結構被控侵權時，抑或是該領域之相關技術成熟後，該技術思想之精神始能清楚浮現。因此，為顧及文字描述技術思想之不足，且為保護發明人之創作精神，並為避免他人輕易置換專利內容而規避專利侵權責任，在判斷有無侵害專利時，均等論成為相當重要之原則，其得以補充文義侵權原則之不足，以專利之實質價值為基礎，確保對專利權人之公平保障，並維持公眾對社會正義之期待。然無論是文義侵權或均等侵權，均必須以全要件原則為前提條件。被控侵權物品如未完全具備與申請專利範圍相當之技術特徵，即無判斷文義侵權或均等侵權之必要。

(二)均等侵權分析

均等侵權分析，係將被控侵權對象與申請專利範圍中所載之技術特徵進行比對，該發明所屬技術領域中具有通常知識者依據其閱讀說明書及圖式後之理解，就能輕易聯想到技術手段、功能及結果相同或實質相同的替代方式，實現系爭專利權所欲解決之問題並達成功效者，則應認定被控侵權對象落入系爭專利權之均等範圍。換句話說，當被控侵權對象技術內容的改變相對於申請專利範圍之技術特徵，無實質差異（insubstantial difference）者，即被控侵權對象與申請專利範圍實質相同者，則構成均等侵權。以下簡介美國法院進行均等侵權分析時，所運用之若干法則。

1. 判斷之主體及時點

美國聯邦最高法院於1997年Warner-Jenkinson案肯認均等論存在之價值，並再次確認均等論之適用應以侵權行為時為判斷時點[55]；我國「專利侵害鑑定要點」的規定相同[56]。中國北京高級法院的「專利侵權判定指南」第52條：「判定被訴侵權技術方案的技術特徵與權利要求的技術特徵是否等同的時間點，應當以被訴侵權行為發生日為界限。」

有關均等論之判斷時點，各國的規定並不完全相同。均等論判斷時點的

---

[55]　Warner-Jenkinson Company v. Hilton Davis Chemical Co., 520 U.s. 17, at 21023 (1997).
[56]　經濟部智慧財產局，專利侵害鑑定要點（草案），2004年10月4日發布，頁41。

抉擇，充分表現各國對於專利保護的價值取向不同，而且對於新興技術（申請後始開發之技術after-arising technology）的利益歸屬亦不同。[57]

(1) 以申請日或優先權日為準：德國、加拿大、韓國為代表。以申請日或優先權日為準判斷均等論，於該基準日之後所生之新興技術並非專利權人之創作亦非其所能想像，應認定未落入專利權之均等範圍，故有利於社會大眾。

(2) 以侵權日為準：美國、法國、日本、中國、專利合作條約第21條為代表，我國亦採此基準。此基準有利於專利權人，依支持者的見解，因專利權經授予至專利侵權可能歷經相當時日，該專利技術有被其間所生之新興技術所取代，故以此基準有其合理性；而且侵權日距審理期間較近，故較容易判斷其均等範圍，而具可操作性。然而，依美國之專利訴訟實務，均等範圍涵蓋該發明所屬技術領域中具有通常知識者於侵權日所能輕易完成或思及者，而將新興技術之利益歸屬於專利權人，顯然有利於專利權人（亦有利於先進國家），但違反公平正義之精神，亦不符先占之法理。

(3) 以公開日為準：英國為代表。此基準兼顧專利權人與社會大眾之利益，依支持者之見解，由於系爭專利為專利權人所創作，申請日至公開日之間所生之新興技術係其創作人獨立完成之作，但系爭專利公開後，社會大眾可以知悉該專利的技術內容，公開日之後所生之新興技術可以是參考系爭專利的技術而完成，而有系爭專利權人的貢獻，在這種情況下，就不是其創作人獨立完成之作，故以公開日為標準更具合理性，可以平衡專利權人與社會大眾之利益，確切實現前述所稱均等論是「適當劃分專利權人專有權利與公眾可自由利用的公有領域」。

　　基於先占之法理，筆者支持前述見解(1)，理由如下：

A. 由於技術的進展，以申請專利當時的技術觀點所解釋的申請專利範圍，通常會小於以侵害專利權當時的技術觀點所解釋的申請專利範圍，前述見解(2)讓專利權人取得更大的專利權範圍。基於先占之法理，專利申請後始研發的新興技術並非申請人所能得知者，新興技術當然不屬於系爭

---

[57] 馮曉青，專利侵權界定之等同原則－理論分析與實證研究，專利師，第六期，2011年7月，頁114～115。

專利的文義範圍。

B. 新興技術是否屬於系爭專利的均等範圍，必須基於先占之法理檢視之：若新興技術係改良系爭專利取得專利權的新穎特徵，其並未落入系爭專利的均等範圍；惟若該新興技術改良的部分與系爭專利的新穎特徵無關，而與其他特徵可以置換或容易置換，其仍可能落入系爭專利的均等範圍[58]。

C. 前述見解(2)不符合公平正義及利益平衡。美國於1990年代之後有關均等論之限制法則風起雲湧，尤其請求項破壞原則之出現，與此不無關係。其實，日本於均等論之判斷中所稱「本質特徵」相當於美國請求項破壞原則中「重要限定條件規則」，二者之理論、思路頗為類似。見後述五之(二)之8之(1)「本質特徵」及五之(三)之5之(1)「請求項破壞原則」。

D. 以侵權日為準，實務上可能遭遇問題。由於侵權日會因個案而有不同，若同一訴訟分別主張二個侵權行為而有二個侵權日，其均等範圍是否不同？換句話說，相同的被控侵權對象是否可能因侵權日之差異，從而判斷一個落入均等範圍，另一個未落入均等範圍，而有不同的判斷結果？

2. 無實質差異

現階段世界各國於專利侵權訴訟中所採行的均等論（the doctrine of equivalents, DOE），係美國聯邦最高法院於1853年Winans v. Denmead案[59]所創設，法院認為雖然被控侵權對象之技術內容未落入專利權之文義範圍，但被控侵權對象與申請專利範圍之間的差異微小而無實質差異（minimum and insubstantial difference）者，仍構成均等侵權。相對於申請專利範圍之技術特徵，被控侵權對象之元件、成分、步驟或其結合關係的改變或替換未產生實質差異（substantial difference）時，則適用「均等論」；適用「均等論」須先符合「全要件原則」，始有成立可能[60]。

Winans v. Denmead案係有關運送煤塊等重物之車廂，請求項記載：「一

---

[58] 參見本書第五章五之8之(1)「本質上的技術等徵」，日本最高法院所列構成均等侵害第1項要件，只有非本質特徵始有均等範圍，本質特徵無均等範圍。

[59] Ross Winans v. Adam, Edward, and Talbot Denmead, 56 U.S. 330, 343, (1853) (The exclusive right to the thing patented is not secured, if the public are at liberty to make substantial copies of it , varying its form or proportions.)

[60] 經濟部智慧財產局，專利侵害鑑定要點（草案），2004年10月4日發布，頁40～41。

種車體，用於運煤等貨物，以圓錐體截頭形，實質如前述，藉以將負載重量所生之力均勻施於所有方向而不會改變其形體，每一部分平均承受負載，且較低部位可下降並穿過車架，以降低負載的重心高度，而不降低車體負載容量。」其技術手段僅在於車廂為圓錐體及其較低部位穿過車架之結構限定；其目的在於使重物平均施加壓力於車體內壁，而不會使車廂變形，及以面積較小的底部穿過車架並延伸到較低位置，以降低重心高度。被控侵權對象為倒八角錐體車廂結構而與專利之圓錐體不同，未構成文義侵權。專利權人主張八角錐體近似於無限多邊的圓錐體，被控侵權對象係以相同原理達成實質相同之結果。

美國聯邦最高法院9位大法官以5：4認定侵權成立。多數意見認為在決定專利權範圍時應考量：(1)專利權人描述什麼結構或裝置以具體化其發明；(2)該結構或裝置所運用或導入的操作模式（mode of operation）為何；(3)利用該操作模式達成什麼結果（result）；及(4)申請專利範圍的記載內容是否涵蓋前述所描述達成結果的操作模式。針對請求項中所載之操作模式及所達成之結果，本件專利是利用圓錐形車體將負載壓力均勻分布，以提升負載容量，且車體底部可以連接移動部件，以降低負載重心，而使卸載更容易。判決指出：「當專利權人描述一機器，而將該描述作為權利範圍，依法，其權利範圍不僅涵蓋其所描述的精確形狀，也包含所有其他將其發明具體化的形狀；一如所知者，複製所描述的原理或操作是侵權，雖然此類複製可能不像原始形狀或操作。」、「事實上，總會偏離真正的圓形。運煤車必須多接近真正的圓形才構成侵權？橢圓形？或脫離真正的圓形？若然，脫離多遠？」、「必須足夠接近圓形，而能將專利權人的操作模式具體化，進而獲得相同結果。」換句話說，侵權結構或裝置必須是實質相同的操作模式及結果，並不限於絕對的圓錐體，因為無論是專利權人或該領域中之技術人員均不會認為運煤車車廂必須是絕對的圓錐體。藉由申請專利範圍的合理解釋，系爭車廂的形體與圓錐體相近，且其功能及結果與專利發明實質相同，故接受專利權人的主張，判決侵害專利權。

中國北京高級法院的「專利侵權判定指南」第55條：「（第1項）對於包含有數值範圍的專利技術方案，如果被訴侵權技術方案所使用的數值與權利要求記載的相應數值不同的，不應認定構成等同。（第2項）但專利權人能夠證明被訴侵權技術方案所使用的數值，在技術效果上與權利要求中記載

的數值無實質差異的，應當認定構成等同。」對於均等判斷，中國仍以「無實質差異」為標準。

3. 三部檢測

1853年美國聯邦最高法院創設均等理論，但未詳述均等侵權之分析方法。約一百年後，美國聯邦最高法院於1950年Graver Tank & Manufacturing Co. v. Linde Air Products Co.案始確立以功能、方式、結果三部檢測（function-way-result tripartite test）作為是否構成均等侵權的分析方法。若被控侵權對象與系爭專利之申請專利範圍比對，係以實質相同的方式（way），產生實質相同的功能（function），而達成實質相同的結果（result）時，應判斷為無實質差異，構成均等侵權[61]。事實上，三部檢測係於1817年由Bushrod Washington法官在Gray v. James[62]案所建立，嗣後有多項判決係依該法則。美國法院認為三部檢測法則係屬法律問題，當事人得上訴至聯邦巡迴上訴法院。最後，最高法院係以另一個重要的判斷法則，即該發明所屬技術領域中具有通常知識者已經知道申請專利範圍中所載之材料與被控侵權對象中之材料之間具有可置換性，判決構成均等侵權，見本章五之(二)之4.「可置換性」。

功能、方式、結果三部檢測（function-way-result tripartite test），係考慮申請專利範圍之技術特徵與被控侵權對象中對應之技術內容的相似性。例如申請專利範圍之技術特徵為A、B、C，被控侵權對象中對應之技術內容為A、B、D。在文義侵權步驟中判斷C與D不相同，若專利權人主張C與D均等，應再判斷D是否係以與C實質相同的方式，達成與C實質相同的功能，產生與C實質相同的結果。若二者之方式、功能、結果均相同或實質相同，應判斷C與D無實質差異，被控侵權對象構成均等侵權。但若其中有一項實

---

[61] Graver Tank & Manufacturing Co. v. Linde Air Products Co., 339 U.S. 608, (1950) ("To temper unsparing logic and prevent an infringer from stealing the benefit of the invention" a patentee may invoke this doctrine to proceed against the producer of a device "if it performs substantially the same function in substantially the same way to obtain the same result." Sanitary Refrigerator Co. v. Winters, 280 U.S. 30, 42. The theory on which it is founded is that "if two devices do the same work in substantially the same way, and accomplish substantially the same result, they are the same, even though they differ in name, form, and shape." Union Paper-Bag Machine Co. v. Murphy, 97 U.S. 120, 125.)

[62] Gray v. James, 10 F.Cas. 1015.

質不相同，應判斷C與D有實質差異，被控侵權對象不構成均等侵權。實質相同，指二者之間的差異為該發明所屬技術領域中具有通常知識者參酌侵權時之通常知識，顯而易知者。若被控侵權對象欠缺解析後申請專利範圍之任一個技術特徵，而不符合全要件原則，則不適用「均等論」，應判斷被控侵權對象未落入專利權範圍。[63]

經濟部智慧財產局發布的「專利侵害鑑定要點」亦規定均等論之判斷適用三部檢測：若被控侵權對象之對應元件、成分、步驟或其結合關係與申請專利範圍中所載之技術特徵係以實質相同的技術手段（way），達成實質相同的功能（function），而產生實質相同的結果（result）時，應判斷被控侵權對象之對應元件、成分、步驟或其結合關係與申請專利範圍之技術特徵無實質差異，適用「均等論」。若被控侵權對象與申請專利範圍之對應技術特徵的「技術手段」、「功能」、「結果」其中之一有實質不同，則不適用「均等論」，應判斷被控侵權對象未落入專利權均等範圍。[64]

前述要點內容將「way」譯為「技術手段」，易產生混淆及誤解。按「技術手段」見於專利法施行細則第17條第1項第4款「……解決問題之技術手段……」；審查基準稱技術手段係技術特徵之組合。均等論分析，係在被控侵權對象不符合文義讀取之前提下，始進行之分析步驟，既然從被控侵權對象無法讀取申請專利範圍中所載之技術特徵，依審查基準之規定，則二者之技術手段當然不同。若後續之三部檢測分析，又稱其中之技術手段相同或實質相同，會有衝突矛盾，而難以理解。依前述說明，三部檢測中之way並非技術特徵所組成之技術手段，將其理解為達成功能、產生結果所採取之技術方式、技術途徑或技術構思較為妥適。功能，指技術特徵的特性，而為技術與結果之間的因果演變過程，通常功能係一種客觀的物理作用或化學反應，得以人類所發現的自然現象或法則描述之，而為科技性之描述。結果，是功能在整體技術手段中所產生的效果，得以人類期待技術手段所具有的優點描述之，而為社會性、經濟性等之描述。以「一種活魚展示之綁束方法」為例，該方法係以一繩索一端綁著活魚嘴部一端綁著活魚尾部之方法，使魚身呈彎曲狀並固定魚體形態，以防止活魚相互碰撞進而有效延長活魚生命，

---

[63] 經濟部智慧財產局，專利侵害鑑定要點（草案），2004年10月4日發布，頁41。

[64] 經濟部智慧財產局，專利侵害鑑定要點（草案），2004年10月4日發布，頁41～42。

便於展示活魚並延長展示時間。其中，綁著活魚二端使魚呈彎曲狀為「技術方式」（way），其所發揮之「功能」（function）為「固定魚體形態」，所達成之「結果」（result）為「便於展示活魚並延長展示時間」，整體發明之目的為「防止碰撞進而有效延長活魚生命」。

對於三部檢測中之「功能」及「結果」，實務上，通常會造成困惑，而難以區分。再以金屬之「光滑面」或「粗糙面」結構為例：

(1) 光滑面之功能：可以是機械方面的磨擦係數低或熱傳導效率高，可以是電子方面的電流傳導率高，可以是化學方面的塗佈層牢固性差，可以是光學方面的反射率高。

　　光滑面之結果：因磨擦係數低，旋轉順暢；因熱傳導效率高，散熱效果佳；因電流傳導率高，插頭不會過熱；因塗佈層牢固性差，容易將塗佈層剝離；因光可鑑人，可提高探照燈反射效果或製作銅鏡。

(2) 粗糙面之功能：可以是機械方面的磨擦係數高，可以是電子方面的焊接強度佳，可以是化學方面的吸熱率高，可以是光學方面的反射率低。

　　粗糙面之結果：因磨擦係數高，鎖合牢固；因焊接強度佳，電線不易脫落；因吸熱率高，加熱時間短；因光的反射率低，不會刺激眼睛。

對於均等判斷之三部檢測，中國北京高級法院的「專利侵權判定指南」第43條規定：「等同特徵，是指與權利要求所記載的技術特徵以基本相同的手段，實現基本相同的功能，達到基本相同的效果，並且所屬技術領域的普通技術人員無需經過創造性勞動就能夠想到的技術特徵。」對於基本相同的手段（對於我國所稱之「技術手段」，中國稱「技術方案」）、功能、效果，詳細規定於第44條第1項：「基本相同的手段，一般是指在被訴侵權行為發生日前專利所屬技術領域慣常替換的技術特徵以及工作原理基本相同的技術特徵。」第45條：「基本相同的功能，是指被訴侵權技術方案中的替換手段所起的作用與權利要求對應技術特徵在專利技術方案中所起的作用基本上是相同的。」第46條第1項：「基本相同的效果，一般是指被訴侵權技術方案中的替換手段所達到的效果與權利要求對應技術特徵的技術效果無實質性差異。」第48條：「對手段、功能、效果以及是否需要創造性勞動應當依次進行判斷。」

對於三部檢測中之「實質相同」，我國「專利侵害鑑定要點」指二者之間的差異為該發明所屬技術領域中具有通常知識者參酌侵權時之通常知識，

顯而易知者；中國北京高級法院的「專利侵權判定指南」第47條規定：「無需經過創造性勞動就能夠想到，即對所屬技術領域的普通技術人員而言，被訴侵權技術方案中替換手段與權利要求對應技術特徵相互替換是顯而易見的。」二規定異曲同工。

#案例－智慧財產法院100年度民專上字第38號判決

系爭專利：

　　請求項2：「一種鏡頭組，其包括一鏡頭座，鏡頭座之頂部設有一鏡片，且鏡頭座中央部位具有一中空之容置部，而鏡頭座之周緣並繞設有一電磁線圈組；一鏡片座設置於鏡頭座之容置部中，且可於容置部中滑移，鏡片座由導磁材質製成,俾於電磁線圈組通電後可產生磁力來推動導該鏡片座位移，且鏡片座嵌設有一透鏡，而鏡片座與該鏡頭座間設有一彈性件，俾藉由彈性件之彈力將受電磁線圈組之磁力所推動位移之鏡片座推移復位，其中鏡片座之斷面係為非圓形者，而鏡頭座之容置部之形狀則與之互補，俾使鏡片座於該容置部中滑移時不會轉動。」

法院：

　　所謂均等論者，係指被控侵權物品或方法雖未落入申請專利範圍之字面意義內，倘其差異或改變，對其所屬技術領域中具有通常知識者而言，有置換可能性或置換容易性時，則被控侵權之物品或方法與申請專利範圍所載之技術內容間，兩者成立均等要件。準此，為保障專利權人，防止他人抄襲發明或創作之成果，對於僅為非實質之微小改變，藉以輕易迴避專利權範圍而規避侵權責任者，應認定成立均等侵權。

　　被訴侵權物品或方法物雖未成立字義侵權，然被訴侵權物品或方法係實質上利用相同技術手段或方法，實施實質上相同功能或作用，而產生專利物品或方法上相同之實質結果者，自應成立專利侵權，此稱三部測試法。應用三部測試法檢測時，係以構成要件逐一比對之方式，倘被訴侵權物品或方法就每一構成要件判斷，均有實質上相同之方式實施實質上相同之功能，而達成實質上相同之結果，即可認定專利侵權之成立。

　　系爭產品之鏡頭組B要件未落入系爭專利均等範圍：系爭產品之鏡頭組，其鏡頭座未設置一鏡片，而透明平板係嵌設手機背面之「機

殼」，作為保護手機內部印刷電路板及其相關零件，其包括鏡頭組。故系爭產品鏡頭座頂部之透明平板為手機背面機殼，而非直接裝設在鏡頭座之頂部，且透明平板並未具有可與鏡片座內之多片透鏡達成調整焦距功效，故相較於系爭專利請求項2「設有一鏡片一固設在該鏡頭座之頂部」為技術手段，可具有「藉由調整鏡片座，改變鏡片與透鏡之距離」功能，使「達到調整鏡頭組之焦距」結果，系爭產品係以手機背面機殼上嵌設「透明平板」技術手段，具有「防水、防塵及保護手機機殼內部印刷電路板及其相關零件」功能，達成「避免手機機殼內部零件受外力致損害」結果，兩者使用技術手段、功能及結果，均實質不相同。

　　系爭產品之鏡頭組D、F要件落入系爭專利均等範圍：系爭產品之鏡頭組，係在鏡頭座周圍設磁性金屬環，可使磁性金屬環對鏡片座繞設電磁線圈組通電後產生吸引力，調整鏡頭組之焦距，故相較於系爭專利請求項2「鏡頭座之周緣，並繞設有一電磁線圈組，配合該鏡片座本身為導磁材料所製成」為技術手段，可具有「藉由電磁線圈組通電以產生磁力」功能，使「電磁線圈組對鏡片座產生吸引力，調整鏡頭組之焦距」結果，系爭產品係在鏡頭座周圍設磁性金屬環及在鏡片座繞設電磁線圈之技術手段，使得鏡頭座與鏡片座兩者在通電後產生「吸引力」之功能，使之達到「調整鏡頭組之焦距」結果，兩者使用技術手段、功能及結果，均屬相同。

　　系爭產品之鏡頭組J要件未落入系爭專利均等範圍：系爭產品之鏡頭組，鏡頭座之容置部之形狀則與鏡片座斷面形狀為互補，鏡片座與鏡頭座間並無接觸，藉由磁性元件產生互斥磁力，鏡片座於容置部中滑移時會有左右晃動情況，故相較於系爭專利請求項2「鏡頭座之容置部之形狀則與鏡片座斷面形狀為互補」為技術手段，使其具有「使鏡頭座與鏡片座接合」功能，「使鏡片座於容置部中滑移時不會轉動」結果，系爭產品在該鏡片座與鏡頭座間並無接觸，係藉由磁性元件產生互斥磁力，鏡片座於容置部中滑移時會有左右晃動情況之結果，並非如請求項2之鏡頭座與鏡片座接合為緊密結合，始能達成鏡片座於容置部中滑移時不會轉動，故兩者使用技術手段及功能雖均相同，惟所達成結果不相同。

　　系爭產品之鏡頭組雖可讀取系爭專利請求項2之A、C、E、G、H、

I等要件文義，然B、J要件未符合文義讀取，亦未落入均等範圍，故被上訴人不成立侵害系爭專利之行為。

案例－智慧財產法院98年度民專訴字第136號判決

系爭專利：

　　請求項1：「一種寵物籠鎖扣接合裝置，寵物籠係由上、下籠體組合，並藉由數鎖扣加以扣結。其特徵在於上籠體之底端周側適當處突伸設以數上組接塊，各上組接塊具有二開口朝上之開槽；下籠體之頂端周側對應上籠體之上組接塊乃設以下組接塊，各下組接塊係分別具有二開口朝下之開槽；數鎖扣，於其底部內側面樞接扣勾，據以卡設組入下組接塊二開槽內，而鎖扣內側壁則突伸有卡勾，以使卡勾嵌組於上組接塊二開槽內者。」

法院：

　　解析系爭專利申請專利範圍請求項1之內容，可得其技術特徵要件有五：第1要件「一種寵物籠鎖扣接合裝置」、第2要件「寵物籠係由上、下籠體組合，並藉由數鎖扣加以扣結」、第3要件「上籠體之底端周側適當處突伸設以數上組接塊，各上組接塊具有二開口朝上之開槽」、第4要件「下籠體之頂端周側對應上籠體之上組接塊乃設以下組接塊，各下組接塊係分別具有二開口朝下之開槽」及第5要件「數鎖扣，於其底部內側面樞接扣勾，據以卡設組入下組接塊二開槽內，而鎖扣內側壁則突伸有卡勾，以使卡勾嵌組於上組接塊二開槽內者」。

　　經逐項比對分析系爭專利與系爭產品解析之相對應要件，其結果：1.符合讀取原則：系爭產品第1至第4要件落入文義範圍。2.不符讀取原則：因系爭產品為二卡扣之設置，且下組接塊為二夾置空間，非二開槽之型式，故系爭產品第5要件技術內容未為系爭專利第5要件技術特徵文義所讀取。準此，系爭產品之第5要件未為系爭專利申請專利範圍第1項文義讀取，故系爭產品未落入系爭專利申請專利範圍第1項之文義範圍。

　　系爭產品之第5要件未爲系爭專利申請專利範圍第1項文義讀取，故系爭產品未落入系爭專利申請專利範圍第1項之文義範圍。適用均等論原則：被控侵權物品雖未構成字義侵權之情事，倘被控侵權物品或方法係實質上用同一技術手段或方法，實施實質上同一功能或作用，而產生專利物品或專利方法上相同之實質結果者，以均等論原則觀之，其成立專利侵權。故運用均等論在具體侵權事件時，可運用三部測試法，是以技術手段（way）—功能（function）—結果（result）三部分析法依序比對未爲文義讀取之要件。經三部測試法之結果，系爭產品第5要件與系爭專利申請專利範圍第1項第5要件相較，係以相同之技術手段，達成相同之功能，而產生相同之結果，兩者爲均等物：技術手段相同：系爭專利利用鎖扣內側壁之卡勾由上往下嵌掣入上籠體卡槽內卡扣方式系；爭產品利用鎖扣內側壁之二卡勾由上往下嵌掣入上籠體卡槽內卡扣方式相同。兩者有實質相同方法。功能相同：系爭專利利用鎖扣之卡勾嵌掣入卡槽內具有勾設卡止定位之功能；系爭產品利用鎖扣之二卡勾嵌掣入卡槽內具有勾設卡止定位之功能。兩者有實質相同之功能。結果相同：系爭專利利用卡勾嵌掣入卡槽內具有之功能，致上籠體、下籠體扣合鎖固之結果；系爭產品利用二卡勾嵌掣入卡槽內具有之功能，達到讓上籠體、下籠體扣合鎖固。兩者有實質相同結果。

　　無需應用禁反言原則：禁反言原則之作用，係防止專利權人藉均等論，再主張維護專利權之任何階段或任何文件中已被限定或已被排除之事項，以限制申請專利範圍之擴張解釋，故應至適用均等論原則後，再加以討論與檢驗。因禁反言原則不容許專利權人藉均等論重爲主張其原先已限定或排除之事項，是禁反言原則得爲均等論之阻卻事由。系爭產品第1至4要件爲系爭專利申請專利範圍第1項文義讀取，而第5要件之鎖扣組件，其與系爭專利物品爲均等物，基於全要件原則分析，系爭產品已落入系爭專利申請專利範圍第1項之均等範圍，因主張禁反言有利於被告，應由其負舉證責任，而被告未主張禁反言，本院無庸向智慧財產局調閱申請歷史檔案，自無需進行禁反言之分析。

　　無先前技術阻卻之事由：所謂先前技術者，係指涵蓋系爭專利申請日或優先權日之前，所有能爲公眾得知之資訊，不限於世界上任何地

方、任何語言或任何形式。被告所提出之義大利專利，其申請日爲1998年5月13日，非公開日或公告日，且其專利家族中最早之公開日爲1999年11月15日晚於系爭專利申請日87年6月11日。準此，適格之先前技術必須於系爭專利申請日之前已爲公眾所知悉者。因被告所主張之義大利專利，在系爭專利申請日前仍未爲公開或公告，其尚屬於申請階段而未爲公眾所能得知之狀態，故義大利專利相對於系爭專利非爲適格之先前技術，無法據此主張先前技術阻卻。職是，系爭產品無法適用先前技術阻卻，故系爭產品落入系爭專利申請專利範圍第1項之專利權範圍，成立專利侵權。

＃案例－智慧財產法院98年度民專訴字第41號判決

系爭專利：

　　請求項1：「一種具有換氣系統之鞋子的氣閥結構，其主要包含有於鞋底空氣室之側壁及隔離部區域設有單向形態之進氣閥及出氣閥，其結構特徵具備有：上述出氣閥結構是於隔離部之肉厚處設有一貫通孔，該貫通孔是由空氣室之底部向空氣道之上部方向形成傾斜狀態；及於該貫通孔中形成有錐狀擴大部；及於該擴大部中放置有一遮著貫通孔之膜片；上述進氣閥包含有：於鞋底空氣室之側壁設有一橫向組合孔，及設有一爲分離元件之組合部；上述組合部包含有一可嵌合於上述組合孔中之嵌合管，及於該嵌合管之端部設有一平板狀之本體，及於該本體之前側設有與上述本體共同形成U形狀之支持部，及該支持部與本體間插設有一膜片。」

法院：

　　經解析系爭專利請求項第1項範圍，其技術特徵可解析爲4個要件，分別爲編號1要件「一種具有換氣系統之鞋子的氣閥結構」；編號2要件「其主要包含有於鞋底空氣室之側壁及隔離部區域設有單向形態之進氣閥及出氣閥」；編號3要件「上述出氣閥結構是於隔離部之肉厚處設有一

貫通孔,該貫通孔是由空氣室之底部向空氣道之上部方向形成傾斜狀態;及於該貫通孔中形成有錐狀擴大部;及於該擴大部中放置有一遮著貫通孔之膜片」;編號4要件「上述進氣閥包含有:於鞋底空氣室之側壁設有一橫向組合孔,及設有一為分離元件之組合部;上述組合部包含有一可嵌合於上述組合孔中之嵌合管,及於該嵌合管之端部設有一平板狀之本體,及於該本體之前側設有與上述本體共同形成U形狀之支持部,及該支持部與本體間插設有一膜片。」

系爭產品就編號要件1至3部分與系爭專利之編號1至3要件部分符合文義讀取。就編號要件4部分與系爭專利之編號4要件部分不符合文義讀取部分,經均等論分析,由於系爭專利申請專利範圍第1項雖係以可組合之組件構成一進氣閥,而系爭產品則是以一體成型的方式形成。惟兩者技術之手段皆係「利用進氣孔及卡槽上插一膜片形成一進氣閥」,而該技術之功能皆係「使氣體僅成由外向內單向通氣」,而該技術之效果則皆係「單壓縮放鬆後,鞋底空氣室成負壓狀態,使外部空氣得單向進入鞋底空氣室」,故兩者乃係以相同之技術手段,達成相同之技術功能,並產生相同之技術效果,故二者應視為均等。

#案例－智慧財產法院99年度民專訴字第187號判決

系爭專利:

請求項1:「一種檢測頭設置有光電轉換器之光棒檢測機台,係供檢測待測光棒,檢測機台包含一個可供致能該待測光棒之置放載台之基座;一組可相對基座移動之檢測頭;一組設置於該檢測頭之光學影像擷取裝置,包括一光纖;一個將待測光棒所發光聚焦進入光纖之集光器;一個將來自光纖之光訊號轉換為電訊號,且與集光器及光纖保持固定相對位置之光電轉換器;一組設置於基座,供接收來自光電轉換器電訊號之處理裝置。」

被告:

系爭專利採用集光器作為採光設備,系爭產品則採用積分球作為

採光設備，兩者不相同。系爭產品之積分球無將光線匯聚到一處過程，不符合系爭專利中之「聚焦」定義。系爭產品之積分球前方之光罩筒係用於排除外部光，其並無設備用於控制一束光或粒子流，使其匯聚於一點，光罩亦無聚焦之動作，是系爭產品未落入系爭專利之申請專利範圍。

法院：

　　所謂均等論者，係指被訴侵權物品或方法雖未落入申請專利範圍之文義內，倘其差異或改變，對其所屬技術領域中具有通常知識之人而言，有置換可能性或置換容易性，則被訴侵權之物品或方法與申請專利範圍所載之技術內容間，兩者成立均等要件。查系爭產品之「光強度量測套筒及積分球之組合」，其與系爭專利申請專利範圍第1項之「一個將待測光棒所發光聚焦進入該光纖之集光器」之技術手段，兩者不相同，系爭產品之「光強度量測套筒及積分球之組合」，乃將由光源所產生的光導入後，在積分球之空腔內經過多重反射，使導入之光線在積分球內部產生均勻分佈。繼而自積分球之某表面上採取部分光線進入光纖中，經由光纖將此部分之光線傳導至光電轉換器。而系爭專利申請專利範圍第1項之「一個將待測光棒所發光聚焦進入光纖之集光器」，係將待測光棒所發出之光聚焦後而導入光纖。職是，系爭產品與系爭專利申請專利範圍第1項之D要件特徵間，不適用均等論，故系爭產品未落入系爭專利申請專利範圍第1項之專利權範圍。

#案例－智慧財產法院101年度民專上字第14號判決

系爭專利：

　　請求項1：「一種具有端子保護功能之卡片連接器，包含有：一殼體，前端具有一開口，至少二組端子設於該殼體且伸入至該殼體內，該等端子中之第一組端子位於該殼體內之後端，第二組端子則位於該殼體內底部且較該第一組端子更為前方，且該第二組端子之身部係向上彈性翹起，並於末端形成一接觸部，該殼體對應該第二組端子之接觸部下方

係鏤空形成大致呈矩形之一容置部，該殼體於該容置部之至少一對相對側緣之底面設有一擋止肩面；以及一壓板，大致呈矩形，可上下位移地位於該容置部內，該壓板之至少一對相對側緣具有一頂抵肩面，對應於該二擋止肩面；該壓板具有複數穿孔形成於其板身，該第二組端子之身部向上頂抵於該壓板底面，且該等接觸部係由下向上穿過該等穿孔而露出於該壓板上方。」

法院：

　　系爭專利說明書第4頁〔先前技術〕段第1至9行：「按，習知之具有端子保護功能之卡片連接器，例如本案申請人之前所申請的公告第M277143號『具有端子保護功能之卡片連接器』，即提出了對於卡片連接器內的端子提供保護的一種技術，……。」系爭專利之新型說明中所載先前技術的技術特徵在於殼體兩側壁之導軌的「上止點」與壓板兩側之導引部的「頂點」彼此間以「點對點」相互擋止頂抵的結構，所謂「點」係指擋止頂抵的結構均為殼體及壓板兩相對前後及／或左右側緣的部分位置，即先前技術之「上止點」及「導引部頂點」均為殼體及壓板之左右相對側緣的部分位置。因此，於解釋系爭專利申請專利範圍第1項之「擋止肩面」及「頂抵肩面」等用語的文義範圍時，其文義範圍必須排除「擋止肩面」及「頂抵肩面」彼此間以「點對點」相互擋止頂抵的結構，即排除「擋止肩面」及「頂抵肩面」均分別為「殼體」及「壓板」之兩相對前後及／或左右相對側緣的部分位置，該「擋止肩面」及「頂抵肩面」其中至少一個必須分別為「殼體」及「壓板」之兩相對前後及／或左右相對側緣的全部位置，也就是「殼體」之兩相對前後及／或左右相對側緣的整側緣均必須為「擋止肩面」，或者是「壓板」之兩相對前後及／或左右相對側緣的整側緣均必須為「頂抵肩面」，否則將會導致其文義範圍包括到系爭專利之新型說明所載先前技術的技術內容，即「上止點」與「導引部頂點」間的「點對點」擋止頂抵結構，而使系爭專利有專利無效之情事。

　　就系爭專利申請專利範圍第1項之要件E及G特徵而言，其係以「擋止肩面」與「頂抵肩面」彼此間利用「面對面」相互擋止頂抵結構的技術

手段，產生「擋止肩面」與「頂抵肩面」彼此間相互擋止頂抵的功能，達到使壓板經第二組端子支撐而上昇到固定位置（即壓板上昇之止點）的結果。就系爭產品而言，其係以「擋止點」與「頂抵點」彼此間利用「點對點」相互擋止頂抵結構的技術手段，產生「擋止點」與「頂抵點」彼此間相互擋止頂抵的功能，達到使壓板經第二組端子支撐而上昇到固定位置（即壓板上昇之止點）的結果。雖系爭專利申請專利範圍第1項之要件E及G特徵與系爭產品二者間，均為產生相同的功能以及達到相同的結果，然「點對點」相互擋止頂抵結構的技術手段於殼體或壓板部分側緣的「擋止點」或「頂抵點」設置位置，均必須受限於相對應的另一「頂抵點」或「擋止點」設置位置，反觀「面對面」相互擋止頂抵結構的技術手段只要於殼體或壓板的全部側緣設置「擋止肩面」或「頂抵肩面」，其相對應的另一「頂抵肩面」或「擋止肩面」即可設置於壓板或殼體的全部側緣或部分側緣，並不會受限於「擋止肩面」或「頂抵肩面」的設置位置，此二種不同相互擋止頂抵結構的技術手段彼此間存有不同設置位置的因果關係。因此，系爭專利申請專利範圍第1項之要件E及G特徵與系爭產品二者間為實質不相同的技術手段，故系爭專利申請專利範圍第1項之要件E及G特徵與系爭產品間無法適用均等論。

筆者：本件判決認定系爭產品之「殼體」與「壓板」彼此間以「點對點」相互擋止抵頂的結構，系爭專利請求項1之「殼體」與「壓板」彼此間以「面對面」相互擋止抵頂的結構，故二者為實質不相同之技術手段，故不適用均等論。

4. 可置換性

可置換性（interchangeability），或稱置換容易性，指該發明所屬技術領域中具有通常知識者參酌侵權時之通常知識，就知悉可以將請求項中之技術特徵置換為被控侵權對象中之元件、成分或步驟，而不會影響其結果[65]。若

---

[65] Graver Tank & Mfg. Co., Inc. v. Linde Air Products Co., 339 U.S. 605, 609 (1950) (What constitutes equivalency must be determined against the context of the patent, the prior art,

二者之間具可置換性，則為非實質的改變，被控侵權對象構成均等侵權。

　　1950年Graver Tank & Manufacturing Co. v. Linde Air Products Co.案係由鹼土族矽酸鹽與氟化鈣所組成之電焊劑專利，可在焊接時形成保護氣體以避免氧化，其請求項18：「一種用於電焊的組成物，包含主要成分鹼土族矽酸鹽，實質上未攙雜分離的氧化鐵，且未攙雜在焊接狀態下可形成氣體之物質。[66]」美國聯邦最高法院認為被控侵權物為鈣與錳的矽酸鹽，錳非屬鹼土族，故從被控侵權物無法讀取請求項中所載之文義。

　　聯邦最高法院重申均等論的適用，指出均等論通常適用於裝置專利機械元件的均等，然而，相同的原理亦適用於合成物化學成分的均等。雖然均等侵權主要係以三部檢測判斷，但在實務上，化合物之成分及組成與機械或電機之技術特徵不同，化合物之功效是功能、方式及結果之混合，無法全然明瞭替代物之操作方式，故除三部檢測外尚須其他判斷法則。

　　Graver Tank & Manufacturing Co. v. Linde Air Products Co.案中，雖然確立三部檢測為分析均等侵權之重要法則，但也認為以三部檢測進行均等侵權分析並不容易，判決指出：在確定二個技術特徵是否均等時，應考慮專利文件之內容、先前技術及每一個案的特殊環境等因素。均等的概念不能拘泥於僵化的模式，也不能脫離具體案情憑空論述。均等並非指二技術特徵在各方面均相同。A與B均等，B與C均等，不等於A與C均等。在絕大多數的情況下，被認為不均等的二個技術特徵在某種特定條件下有可能被認為均等。均等分析的一個重要因素是該發明所屬技術領域中具有通常知識者認為二個技術特徵是否可以置換。均等判斷屬於事實的認定，雙方當事人均得提出專家證詞、有關文件及先前技術文件等作為證據，由陪審團衡量證據之可信度、

---

and the particular circumstances of the case. …Consideration must be given to the purpose for which an ingredient is used in a patent, the qualities it has when combined with the other ingredients, and the function which it is intended to perform. An important factor is whether persons reasonably skilled in the art would have known of the interchangeability of substitutes for an element of a patent is one of the express objective factors noted by Graver Tank as bearing upon Whether the accuse device is substantially the same as the patented invention.)

[66] Graver Tank & Manufacturing Co. v. Linde Air Products Co., 339 U.S. 608, (1950) (A composition for electric welding containing a major proportion of alkaline earth metal silicate. and being substantially free from uncombined iron oxide and from substances capable of evolving gases under welding conditions.)

說服力及分量。

　　Graver Tank & Manufacturing Co. v. Linde Air Products Co.案係由鹼土族矽酸鹽與氟化鈣所組成之電焊劑專利，被控侵權對象係鈣與錳之矽酸鹽，錳非鹼土族元素，顯然不構成文義侵權。但二者在其他方面並無不同，例如製造方法相同，焊接操作相同，產生相同的品質。專家證詞顯示鹼土族元素經常出現在錳礦，二者在電焊材料中扮演同樣的功能，且已公告之美國專利US1,754,56顯示錳的矽酸鹽得為電焊材料，此外，沒有證據顯示被控侵權物是被告自己研發。最高法院指出，依據前述專家證詞及先前技術，在所有實用目的中，焊接合成物中錳的矽酸鹽可以有效地取代鈣及鎂的矽酸鹽。由於該發明所屬技術領域中具有通常知識者已經知道可以將申請專利範圍中之鎂置換為錳，而不會影響其功能或結果，故被控侵權對象構成均等侵權。

　　美國法院判斷均等侵權時最常依據的法則係三部檢測，但由於科技的進步及發展，使物及方法的複雜性大增，僅以三部檢測不足以判斷實質上之差異。實務上，專利權人主張均等侵權時，對於實質相同的功能與實質相同的結果舉證較易，而方式是否實質相同，在運用三部檢測的過程中最具關鍵性地位[67]。因此，法院亦經常採用可置換性[68]，判斷被控侵權對象是否構成均等侵權。

　　值得一提者，在Graver Tank案中有二位法官提出不同意見書，認為說明書中已揭露錳是適當的替代物，但未將錳載入申請專利範圍，基於公示原則，不得利用說明書中已記載之內容改寫申請專利範圍，故說明書已揭露但未載入申請專利範圍的錳應被視為貢獻給社會大眾，不得於均等侵權分析時再主張錳屬於均等範圍。雖然貢獻原則早於1926年已由美國聯邦最高法院創設，見本章五之(三)之4.「貢獻原則」，惟在1950年似乎仍未成為主流思想，以致Graver Tank案並未以貢獻原則排除被控侵權對象適用均等論。

　　對於可置換性，中國北京高級法院的「專利侵權判定指南」第44條第2項有類似規定：「申請日後出現的、工作原理與專利技術特徵不同的技術特

---

[67]　Dolly, Inc. v. Spalding & Evenflo Cos., 16 F.3d 394 (Fed. Cir. 1994).

[68]　Warner-Jenkinson Co., Inc., v. Hilton Davis Chemical Co., 520 U.S. 17 (1997) (The known interchangeability of substitutes for an element of a patent is one of the express objective factors noted by Graver Tank as bearing upon whether the accused device is substantially the same as the patented invention.)

徵，屬於被訴侵權行為發生日所屬技術領域普通技術人員容易想到的替換特徵，可以認定為基本相同的手段。」第51條：「等同特徵替換，既包括對權利要求中區別技術特徵的替換，也包括對權利要求前序部分中的技術特徵的替換。」

5. 手段請求項之均等分析

對於以手段功能用語記載之功能特徵所界定之手段請求項，被控侵權對象之技術內容所產生之功能必須與請求項中所載之功能「相同」（不可以只是「均等」），且該技術內容與說明書中所敘述對應於該功能之結構、材料或動作「相同」或「均等」，始構成文義侵權。若前述之功能不相同，結構、材料或動作不相同亦不均等，則不構成文義侵權。至於後續的均等侵權分析，若二者之功能特徵相同，但結構、材料或動作不相同且不均等，由於功能特徵已為相同，是否須要針對功能進行均等侵權分析？若二者之功能特徵已不相同，而無法通過三部檢測，法院是否須要進行均等侵權分析？這二點是外界常常會產生疑惑的問題。

對應於申請專利範圍中之功能特徵，說明書中所載結構、材料或動作的均等範圍與專利侵權的均等論，二者皆以無實質差異為判斷標準，惟前者之判斷時點為申請時，後者為侵權時。因判斷時點不同，當被控侵權對象與系爭專利之功能特徵相同，但結構、材料或動作不相同且不均等時，仍須判斷被控侵權對象中是否有均等之新興技術（申請後始開發之技術after-arising technology）構成均等侵權[69]。惟若二者之功能特徵不相同（包括實質不相同）時，鑑於均等論必須是功能、方式及結果三者皆相同或實質相同，經判斷不構成文義侵權者，既然功能已不相同，則無須再進行均等侵權分析。

在Unidynamics Corp. v. Automatic Prod. Int'l, Ltd.[70]案，系爭專利係一種冷凍及未冷凍食品的零售機器。請求項為：「一種用於冷藏及非冷藏食品的自動販賣機，包括……；其他空間手段，具有一開口，讓冷藏食品進入到冷藏

---

[69] Texas Instruments v. United States International Trade Commission, 805 F.2d 1558 (Fed. Cir. 1986) (Texas Instrument I) 法院強調均等範圍不以申請時已知或應知有均等置換之技術特徵為限。但Valmont Industries, Inc. v. Reinke Manufacturing Co., Inc.案，法院將均等範圍侷限於非實質性之改變。

[70] Unidynamics Corp. v. Automatic Prod. Int'l, Ltd., 157 F.3d 1311, 48 USPQ2d 1099 (Fed. Cir. 1998).

區及分配區,及一門,蓋住該開口;及彈簧手段,有助於保持門關閉。」
爭執點在於請求項中所載「彈簧手段,有助於保持門關閉」(spring means
tending to keep the door closed)之意義。被控侵權對象有二種機型:一種機型
的門是由磁鐵保持門關閉;一種機型的門是由緩衝托架保持門關閉。地方法
院判決:「彈簧手段,有助於保持門關閉」並非手段功能用語,其技術意義
為具有「關門」並「保持門關閉」之彈簧。雖然被控侵權對象的二種機型均
能保持門關閉,但均不具有關門的作用,故不符合「彈簧手段,有助於保持
門關閉」。因此,被控侵權對象未構成文義侵權。

專利權人上訴主張專利文獻、產品介紹及專家證詞等已證明彈簧、磁鐵
及緩衝托架均可以保持門關閉,三者之間具可置換性。被控侵權人抗辯被控
侵權對象並無「有助於保持門關閉」之結構特徵,其唯一有助於保持門關閉
之力為自然界之重力,故不符合全要件原則,而未構成侵權。基於系爭專利
說明書之記載:「門固定在有彈簧之條狀鉸鍊,彈簧有助於保持門在垂直或
關閉位置。彈簧為彈簧手段之例,而有助於保持門關閉……,門藉由彈簧有
助於壓在墊片上以密封儲存及分配區。」美國聯邦巡迴上訴法院判決:

(1) 請求項中使用「means」用語之技術特徵應推定為適用手段功能用語。雖
然「彈簧」(spring)用語係屬結構特徵,但不能僅因請求項中包含結構
特徵就排除其適用手段功能用語之解釋方法,請求項中之「彈簧」僅是
進一步界定該手段之功能。由於請求項並未記載達成「有助於保持門關
閉」之完整結構,且說明書有對應之結構,故該請求項適用手段功能用
語之解釋方法。

(2) 「彈簧手段,有助於保持門關閉」為手段功能用語,其意義為關門及嗣
後保持門關閉;其所涵蓋之範圍限於說明書中所載之結構及其均等物;
該結構是彈簧,但其不必在條狀鉸鍊上。被控侵權對象二種機型均係利
用重力將門關閉,並無結構達成「有助於保持門關閉」之功能特徵,故
未構成文義侵權。

(3) 系爭專利的「彈簧手段,有助於保持門關閉」是將門關閉及保持門關
閉,而二個被控侵權對象的結構係保持門關閉,二者並非實質相同之功
能,故被控侵權對象未構成均等侵權。

1986年美國聯邦巡迴上訴法院於Texas Instruments v. United States

International Trade Commission案[71]解釋以功能特徵界定之申請專利範圍時，強調均等範圍不以該發明所屬技術領域中具有通常知識者於申請時已知或應知可以均等置換之技術特徵為限。系爭專利係微型電子計算機，每一個技術特徵均為功能特徵。請求項為一種以電池驅動的微型電子計算機，由四個部分組成：(1)鍵盤輸入裝置，(2)電子裝置，包括記憶裝置、運算裝置及訊號傳送裝置，(3)顯示裝置，(4)殼體，其內安裝前述三項裝置及電池。

系爭專利請求項之文義範圍相當寬廣，即使被控侵權對象係申請後17年才出現，在這一段時間內，申請專利範圍中每一個技術特徵的產業技術均經歷相當大的變化，但幾乎所有微型電子計算機仍然落入該範圍。美國貿易委員會的行政法官（administrative law judge）認為被控侵權對象具有請求項中所有技術特徵之功能，但產生該功能之裝置與說明書中所載之裝置不相同且不均等，而不構成侵權。惟美國聯邦巡迴上訴法院認為若申請專利範圍中每一個技術特徵均由新興技術取代，將均等侵權分析範圍限定在單一技術特徵，無視其他技術特徵的改變，而認定單一技術特徵的改變係整體發明唯一的改變，這種分析並不妥當。被控侵權對象使用系爭專利所有技術特徵，但由於技術的進步，使申請專利範圍中之技術特徵喪失可辨識性（readability）時，應採取整體比對方式，判斷是否構成均等侵權。就本案而言，以技術特徵逐一比對方式分析，並無證據證明不侵權，但若以整體比對方式分析，因差異累積的結果（cumulative effect），被控侵權對象已超出合理的均等範圍，而不構成均等侵權。

整體比對方式對專利保護範圍之認定較為寬鬆，通常有利於專利權人。法院這項判決雖然是以逐一比對方式判斷是否構成均等侵權，卻又將比對結果的差異累積，認定不構成均等侵權。法院在判決中即表明該法院傾向於限縮解釋以功能特徵界定之申請專利範圍。此外，法院又針對訴訟中提及之逆均等論特別予以回應[72]，事實上，前述判決亦得視為適用逆均等論之例。若新興技術落入專利權之文義範圍，但其係運用不同原理、不同方式達成實質相同之結果者，則可以主張逆均等之適用，見本章六「逆均等論」。

---

[71] Texas Instruments v. United States International Trade Commission, 805 F.2d 1558 (Fed. Cir. 1986), (Texas Instruments I).

[72] Texas Instruments v. United States International Trade Commission, 846 F.2d 1369 (Fed. Cir. 1988), (Texas Instruments II).

中國北京高級法院的「專利侵權判定指南」第54條：「（第1項）對於包含功能性特徵的權利要求，如果被訴侵權技術方案相應技術特徵不但實現了相同的功能，而且實現該功能的結構、步驟與專利說明書中記載的具體實施方式所確定的結構、步驟等同的，應當認定構成等同特徵。（第2項）上述等同的判斷時間點應當爲專利申請日。」

#案例－Cybor Corp. v. FAS Technologies Inc.,[73]

系爭專利：

　　一種精確分配小量液體之裝置及方法，US 5,167,837。系爭專利係一種微電子產業中用於化學液之過濾及配送系統，在微小基質上配置更高數量電路已爲趨勢，爲因應該趨勢之先進製程，無塵室中所使用的化學液相當昂貴，系爭專利就是用於這種化學液。

　　請求項1：「一種以精確控制之方式過濾及分配液體之裝置，其包括：第一泵手段；第二泵手段（second pumping means），其與該第一泵手段液體連通……；包含手段，使得（means enable）該第二泵手段蒐集及／或配送該流體，或該泵手段二者，以該第一泵手段之操作速率或操作期間，或以該第一泵手段之操作速率及操作期間，前述蒐集及配送之操作速率或操作期間各自獨立於該第一泵手段，或二者均獨立於該第一泵手段。」

　　說明書記載：一種流體來自貯槽，經由管路進入系統，經由閥手段到第一泵手段，返回經由閥手段到過濾手段，經由第二泵手段，經由管予以配送。

被告：

　　在審查程序中專利權人曾申復發明與引證文件「外部泵」的區別，從而克服先前技術之核駁。依申請歷史檔案，專利權人不得將請求項中所載「第二泵手段」（second pumping means）解釋爲專利權涵蓋外部貯槽，亦即專利權人不得依35 U.S.C.第112條第6項主張具有外部貯槽之泵裝置（如被控侵權對象）爲「第二泵手段」之均等物。

---

[73]　Cybor Corp. v. FAS Technologies Inc., 138 F.3d 1448 (Fed. Cir. 1998) (en banc).

地方法院：

「手段，使得該第二泵手段蒐集及／或配送該流體，或該泵手段二者」之功能的對應結構包含外部貯槽，不同意以申請歷史檔案限縮申請專利範圍，判決請求項11、12及16均等侵權成立，其餘請求項文義侵權成立。

聯邦巡迴上訴法院：

雖然被控侵權對象的結構與系爭專利之手段請求項不同，但具有相同功能及均等結構者，則文義侵權應成立。

經檢視系爭專利審查過程，申請人對於核駁理由之回應，僅排除物理上具有獨立功能的貯槽，但不能被解釋為排除所有形式的外部貯槽，亦即並未排除物理上連接至泵而只藉該泵蒐集及配送流體之貯槽。因此，外部貯槽是請求項「第二泵手段」的一部分，但非一分離構件。

協同意見：

解釋申請專利範圍階段，確定對應請求項中所載之功能特徵適用於35 U.S.C.第112條第6項的均等範圍，係屬事實問題，法官必須藉事實發現者的專門知識予以解釋。

基於不同起源、目的及應用，決定35 U.S.C.第112條第6項的均等範圍與決定均等論二者不同。前者，是關注被控侵權對象完成請求項之功能，並與說明書中所載之對應結構相同或均等；後者，是被控侵權對象與請求項是否有實質差異。

法官解釋手段請求項在說明書中所對應之結構，及藉由事實發現者所決定的均等範圍，再將申請專利範圍的解釋結果交給事實發現者（陪審團），決定文義侵權是否成立。

#案例－Endress + Hauser, Inc. v. Hawk Measurement Sys. Pty. Ltd.[74]

系爭專利：

　　一種監測貯藏箱中材料水平面之控制系統。

　　請求項43：「一種用於監測貯藏箱中材料水平面之控制系統……特徵在於：其中該控制電路包括……<u>水平面指示手段反應轉換手段</u>，依該數位反應脈衝之相對數值，用來提供材料水平面之指示信號。」

聯邦巡迴上訴法院：

　　請求項43中所載「水平面指示手段」（level indicating means）適用手段功能用語，本請求項爲手段請求項，其均等範圍與均等論是兩種不同概念，惟兩者之分析均必須就各技術特徵逐一（limitation-by- limitation）爲之。

6. 改劣發明之均等分析

　　改劣發明，指功能、結果不如專利發明。美國法院認爲改劣發明的功能、結果雖然不如專利發明，仍必須依正常程序判斷其是否構成均等侵權。例如以鏈環組成之傳送帶專利，請求項限定每一個鏈環之間的距離與鏈環寬度比例爲1.06：1，而被控侵權對象的距離與鏈環寬度比例爲1.35：1。雖然被告主張1.35與1.06之差異很大，不構成均等侵權，但美國聯邦巡迴上訴法院認爲說明書已敘明鏈環間距之設計係爲了使傳送帶減少彎度及增加抗剪強度，而被控侵權對象亦具備此特性，只是結果較差而已，故仍判決構成均等侵權[75]。

　　中國北京高級法院的「專利侵權判定指南」第46條第2項認定改劣發明亦有均等的可能：「被訴侵權技術方案中的替換手段相對於權利要求對應技術特徵在技術效果上不屬於明顯提高或者降低的，應當認爲屬於無實質性差異。」第117條：「被訴侵權技術方案省略權利要求中個別技術特徵或者以

---

[74] Endress + Hauser, Inc. v. Hawk Measurement Sys. Pty. Ltd., 122 F.3d 1040, 43 USPQ2d 1849 (Fed. Cir. 1997).

[75] 程永順、羅李華，專利侵權判定－中美法條與案例比較研究，專利文獻出版社，1998年3月，頁200～201。

簡單或低級的技術特徵替換權利要求中相應技術特徵，捨棄或顯著降低權利要求中與該技術特徵對應的性能和效果從而形成變劣技術方案的，不構成侵犯專利權。」

7. 美國Warner-Jenkinson v. Hilton Davis案[76]

　　美國政府於1982年成立聯邦巡迴上訴法院，授予專利侵權訴訟案件之專屬管轄權，以統一專利法之法律見解。該法院被認為對專利權人與專利制度較友好，對於均等論之適用有較寬鬆的傾向，均等論的廣泛適用，弱化了申請專利範圍作為界定專利權範圍的角色，導致1997年美國聯邦最高法院於Warner-Jenkinson v. Hilton Davis案中對於均等論之適用採取嚴格的態度。最高法院在本案中肯認：A. 1952年專利法修正後仍有適用均等論之必要；B.認定不構成文義侵權之後應進一步分析是否構成均等侵權；C.確立有關均等論的分析方法；D.確認禁反言得構成均等論之阻卻等。

　　Warner-Jenkinson v. Hilton Davis案涉及「染料純化方法」專利，US 4,560,746，係有關食品、藥品及化妝品用染料之製造方法專利。染料在製備過程中通常會產生雜質，為符合政府對於食品及藥品染料純度之規定，製造廠必須消除這些雜質。本案之專利發明係以超濾（ultrafiltration）方式純化染料的方法，取代原本的加壓分離方法。請求項的重點特徵在於：係在每平方英寸約200至400磅的液體壓力及pH值為6.0至9.0之間的條件下，先將染料溶液透過網孔直徑約為5-15埃的薄膜過濾雜質，再蒸餾留有染料的濃縮液，從而製得純度達90%以上之染料。

　　申請歷程中，審查人員引用之先前技術為類似系爭專利的純化方法，其pH值為9.0以上，最佳者為11.0～13.0。為迴避該先前技術，申請人修正請求項，加入技術特徵pH值6.0～9.0。

　　被控侵權對象純化方法之操作條件為每平方英寸約200至500磅的液體壓力及pH值為5.0，將染料溶液透過直徑約為5-15埃的薄膜細孔過濾雜質。因此，本案之爭點在於pH值5.0是否均等於pH值6.0。

　　地方法院認定均等侵權成立；美國聯邦巡迴上訴法院召開全院聯席聽證，維持地方法院判決；被告提起上訴。

[76]　Warner- Jenkinson Co., v. Hilton Davis Chemical Co., 520 U.S. 17 (1997).

上訴人在訴訟中提出三項主張：

(1) 1952年修正增加35 U.S.C.第112條第6項，該項所規定之「均等」適用於申請專利範圍中之功能特徵，顯示美國國會已拒絕適用均等論；再者，專利政策與實務顯示申請專利範圍記載已由中心界定轉變爲周邊界定，故應廢除均等侵權分析。

(2) 爲發揮申請專利範圍之公示功能，均等論應僅限於申請時說明書中所載之結構、材料或動作的均等。

(3) 不論當初放棄的理由爲何，對於專利權人在申請、維護專利的過程中所放棄的內容，均應排除於專利權範圍之外，不得據以主張均等侵權。

對於上訴人第(1)項主張，美國聯邦最高法院指出1952年修正之專利法並未改變有關請求項、再發證之規定，而35 U.S.C.第112條第6項係針對該法院於1946年Halliburton案[77]不同意專利權人採用功能特徵記載申請專利範圍之判決而制定。該項規定限縮功能特徵之範圍，僅及於說明書所載之結構、材料或動作及其均等範圍，係均等論之限縮運用，藉以將請求項中所載之技術特徵所涵蓋較寬廣的文義範圍予以窄化，但並未排除均等論之適用，尤其，Graver Tank案之判決已指出均等論主要係延伸專利權保護範圍。

雖然均等論有其必要性，但聯邦巡迴上訴法院少數意見認爲均等論之適用未受到制約，透過均等論擴張保護範圍，會違背最高法院一再強調的基本原則，即請求項之作用係界定發明，據以向社會大眾指明專利權的邊界。最高法院認同美國聯邦巡迴上訴法院Niles法官的不同意見：若將均等論適用於請求項中每一個技術特徵，而非適用於請求項中所載之發明的整體，則可以調和前述之矛盾。換句話說，最高法院確認均等侵權分析應遵照逐一比對原則，就請求項中各個技術特徵予以比對。最高法院判決：對於專利權保護範圍之確定，獨立項中每一個技術特徵均屬重要（deemed material），故均等論應針對請求項中各個技術特徵，而非針對發明整體。在適用均等論時，即使對單一技術特徵，亦不得將保護範圍延伸到實質上忽略請求項中所載之技術特徵的程度。只要均等論之適用不超過前述之限度，我們有信心均等論不致於損及申請專利範圍在專利保護體系中之核心作用。[78]

[77] Halliburton Oil Well Cement Co. v. Walker, 329 U.S. 1-8 (1946).
[78] Warner-Jenkinson Company v. Hilton Davis Chemical Co., 520 U.s. 17, at 21023 (1997)

對於第(2)項主張，聯邦巡迴上訴法院少數意見主張均等論應限於授予專利權時所屬領域中的技術人員能預見的均等物，而非發生侵權糾紛時的均等物。最高法院不同意，認為申請專利範圍中所載之技術特徵與被控侵權對象中之技術內容是否能互相置換係事實判斷，均等侵權分析之時點係以發生侵權行為時點為準。最高法院亦不同意被置換之技術特徵是否構成均等，必須在授予專利權時為已知，且必須實際記載於說明書。

對於第(3)項有關禁反言之主張，最高法院認為禁反言之適用僅限於專利權人所為有關可專利性之修正，適用時，應瞭解申請、維護專利之程序中修正說明書等文件之原因。就系爭專利而言，由於申請過程中審查官曾引用pH值大於9.0之純化染料先前技術核駁，申請人修正申請專利範圍加入pH值6.0至9.0之限制。其中，pH值9.0顯然係為克服先前技術所為之修正，而有禁反言之適用，但pH值限於6.0之原因不明。判決指出：因特定理由修正請求項可能避免禁反言之適用，但並不意謂缺乏理由之修正也可以避免禁反言之適用。申請專利範圍具有公示及界定發明之雙重作用，專利權人有責任說明申請、維護專利之程序中之修正理由，而由法院判斷該理由是否足以適用禁反言，而阻卻均等論。若從申請歷史檔案無法判斷修正理由，應推定請求項之修正理由係有關可專利性，則該技術特徵受禁反言之阻卻，不得適用均等論，但專利權人得提出反證予以推翻。這種適用禁反言之立場能合理阻卻均等論之適用，並強化申請專利範圍公示及界定發明之功能。

除前述上訴人之主張，美國聯邦巡迴上訴法院在審理過程中亦提出三個有關均等論之問題：
(1) 均等侵權分析係法律問題或事實問題？
(2) 不構成文義侵權之後，是否必須進行均等侵權分析？
(3) 除三部檢測外，是否尚有其他分析方法得判斷均等侵權？

(Each element contained in a patent claim is deemed material to defining the scope of the patented invention, and thus the doctrine of equivalents must be applied to individual elements of the claim, not to the invention as a whole. It is important to ensure that the application of the doctrine, even as to an individual element, is not allowed such broad play as to effectively eliminate that element in its entirety. So long as the doctrine of equivalents does not encroach beyond the limits just described, or beyond related limits to be discussed infra, at 11-15, 20, n. 8, and 21-22, we are confident that the doctrine will not vitiate the central functions of the patent claims themselves.)

　　對於第(1)項問題，美國聯邦巡迴上訴法院判決均等侵權分析係屬事實問題，應由陪審團判斷。由於上訴人並未提出主張，最高法院亦未就此問題表態。

　　對於第(2)項問題，上訴人主張依Graver Tank案之判決，均等論之目的在於防止「不道德的仿冒」及「剽竊」，為實現衡平，例如防止剽竊，始須適用均等論。美國聯邦巡迴上訴法院認為可以依據被告行為之類型究竟係屬仿冒、迴避設計或獨立研發，藉以佐證申請專利範圍與被控侵權對象之間是否無實質差異。若被告行為係仿冒者，則有助於推論其無實質差異；但若被告行為係迴避設計，則有助於推論其有實質差異。最高法院指出Graver Tank案確曾判決均等論具有防止仿冒及剽竊之作用，但並不意謂均等論僅能適用於該作用，均等侵權與文義侵權均不以被告的主觀意圖為構成要件，故不構成文義侵權之後尚須進一步分析是否構成均等侵權。為求客觀，判斷均等侵權無需任何前提條件。

　　對於第(3)項問題，均等論的分析方法究竟是最高法院的三部檢測或是聯邦巡迴上訴法院的「無實質差異」較為適合？最高法院認為Graver Tank案中所採用的三部檢測較適合判斷機械裝置是否構成均等侵權，對於其他領域較不適合，而無實質差異之判斷亦非萬靈丹，應依具體個案採用適當的分析方法。判決指出：均等侵權分析所採用的方法並非重點，重點在於被控侵權對象是否包含了申請專利範圍中所載之所有技術特徵或均等之技術特徵。若將分析焦點集中於每一個技術特徵，避免實質上忽略任何技術特徵，則可以降低分析方法的重要性。分析時，應就每一個技術特徵在發明中所擔負之作用進行分析，自然而然就會引導人們判斷被置換的技術特徵與被控侵權對象之技術內容的功能、方式及結果是否相符。

　　綜合以上說明，美國聯邦最高法院在Warner-Jenkinson v. Hilton Davis案中確認了下列七項：

(1) 為防止抄襲者規避法律責任，均等侵權有存在的必要。

(2) 均等論已被過分延伸，進而影響以公示方式確定當事人權益的專利制度。

(3) 為平衡當事人之利益並兼顧專利制度，均等侵權應就請求項中每一個技術特徵，而非就發明之整體予以判斷。

(4) 應視個案情形，採用適當的均等侵權分析方法。

(5) 均等侵權分析應以侵權發生之時點為準。

(6) 均等論係由衡平衍生而來的法則，禁反言得阻卻均等論之適用，亦即不得主張申請專利範圍中經修正之部分適用均等論。

(7) 申請、維護專利之程序中所為有關可專利性之修正始適用禁反言。原告必須說明修正理由，若無法確知修正理由，推定係為克服先前技術之核駁，但原告得提出反證予以推翻。

8. 日本Tsubakimoto Seiko Co. Ltd. v. THK K.K.案[79, 80]

於日本專利侵權訴訟實務，除非申請專利範圍撰寫不當，導致保護範圍過窄，否則法院過去通常係以避免法律不確定性為由，拒絕進行均等分析。

1998年日本最高法院就Tsubakimoto Seiko Co. Ltd. v. THK K.K.案「具有滾珠槽之軸承」專利侵權訴訟作出判決，確認專利侵權訴訟得適用均等論，理由在於：

(1) 專利權人申請專利時難以預見未來可能發生的侵權方式。

(2) 若允許他人以已知之組件或手段（means）置換，就能迴避專利權範圍，不啻鼓勵抄襲、仿冒，不符合公平原則，亦有違專利法之立法宗旨。

日本最高法院在判決中詳細闡述均等侵權分析，被控侵權對象未落入專利權之文義範圍，尚須判斷是否符合下列五項要件，五項要件均具備者，始構成均等侵權：

A. 被控侵權對象與申請專利範圍之間有差異之技術特徵並非發明的本質特徵者。

B. 被控侵權對象與申請專利範圍之間有差異之技術特徵互相置換，能以相同方式獲得相同結果，而實現相同發明目的者（即美國的置換可能性）。

C. 上述技術特徵之互相置換，對於該發明所屬技術領域中具有通常知識者而言，係在製造被控侵權對象之時間點（即侵權時）容易思及者（即美國的置換容易性）。

D. 被控侵權對象與系爭專利申請前的先前技術不相同，亦非該發明所屬技

79　尹新天，專利權的保護，專利文獻出版社，1998年11月，頁334。

80　劉立平，等同原則—「環形滑動珠花鍵軸承」三審判案及「等同侵權五要件」，專利侵權判定實務，法律出版社，2001年11月，頁101～124。

術領域中具有通常知識者基於申請日之前的先前技術能輕易完成者（即美國的先前技術阻卻）。

E. 專利權人在申請、維護專利之程序中無意將被控侵權對象排除於專利權範圍之外者（即美國的申請歷史禁反言）。

(1) 本質特徵

日本最高法院所列構成均等侵權第1項要件「本質特徵」：被控侵權對象與申請專利範圍之間有差異之技術特徵非屬發明的本質特徵者。換句話說，只有非本質特徵有均等範圍，本質特徵必須相同，始有構成均等侵權之可能。

A. 定義

日本最高法院在Tsubakimoto Seiko案之侵權訴訟中並未明確解釋「本質特徵」。事實上，在該案之前，大阪地方法院業於1976年「活動鉛筆」專利之侵權訴訟案件中明確將請求項所載之技術特徵分為本質部分及非本質部分。在前述「具有滾珠槽之軸承」之專利侵權訴訟判決後，東京地方法院及大阪地方法院就曾判決：本質特徵，指專利發明中能解決問題之技術特徵，即對先前技術有貢獻具有新穎性、進步性之技術特徵。若將該技術特徵置換為其他技術特徵，會使該發明之整體變成不同技術構思之發明。判斷時不得僅在形式上截取請求項所載之部分技術特徵，而應比對專利發明與先前技術，確定解決問題之手段中的特徵性原理，客觀認定該發明之實質價值，再判斷被控侵權對象解決問題之手段所採之原理是否與該發明實質相同。

日本所稱本質特徵即為發明單一性中所稱「特別技術特徵」、我國發明專利基準或設計專利基準中所稱「新穎特徵」或美國請求項破壞原則中「重要限定條件規則」之對象。重要限定條件規則（Significant Limitation Rule），指請求項破壞原則適用於系爭專利之文義與被控侵權對象不同之處為請求項中所載之重要限定條件的情況[81]，見本章五之(三)之5.之(1)「請求項破壞原則」。美國法院於Nova Biomedical案闡述重要限定條件規則之

---

[81] Blake B. Greene, Bicon, Inc.v. Straumann Co.: the Federal Circuit Specifically Excluded Claim Vitiation to Illustrate a New Limiting Principle on the Doctrine of Equivalents, Berkeley Technology Law Journal, 167 (2007), (Finally, under the Significant Limitation Rule, claim vitiation occurs where an accused product contains changes from the literal scope of a significant claim limitation.)

意義，指出唯有重要的限定條件被破壞時始不適用均等論（only significant limitations will be vitiated by applying the DOE）。換句話說，適用均等論時不得破壞重要限定條件，若將重要限定條件規則嚴格解釋為重要限定條件本身無均等論之適用，則與日本最高法院之判決有類似見解。

＃案例－智慧財產法院100年度民專訴字第23號判決

系爭專利：

請求項2：「一種手提動力工具之懸浮減震機構，係包括：一殼體，軸向開設一膛孔，其一端連接或連通一進氣接頭以引進壓縮空氣源；一動作模組其內含有氣缸、切換閥、活塞、及工具，俾藉壓按一作動裝置啓開該切換閥，驅動該氣缸內之活塞以操作該工具進行往復動作者；一懸浮式滑套，與該動作模組組裝成一獨立單元且懸浮滑動於該殼體膛孔之中；一前緩衝器，彈性撐頂於該滑套與該動作模組組合之前端與該殼體膛孔前端之間；以及一後緩衝器，彈性撐頂於該滑套與一導氣承座之間，該導氣承座係固接於該殼體膛孔之後端且與該滑套底端之接氣底座軸向滑動配合者；<u>其中該懸浮式滑套，係包括：一套管與動作模組組裝成一獨立單元者，該套管底部設一接氣底座藉該後緩衝器彈性頂接該導氣承座者，以及一管孔軸向開設於該底座之中心與進氣接頭之進（空）氣源相連通以非固接滑動方式導入壓縮空氣以驅動工具者。</u>」

法院：

按均等論係為防止不道德之仿冒者以無實質變化之方式迴避他人專利之文義範圍而創設，然如均等論之適用會破壞申請專利範圍中對於至少一特定限制條件，使該限制條件構成之技術內容於申請專利範圍中完全喪失功能，勢將造成請求項破壞之結果；又專利權人既可預見該限定條件在申請專利過程具有特定之意義，惟仍將該限制條件列為申請專利範圍之構成要件，自應認為係有意識就申請專利範圍所附加之限制條件，如仍准許專利權人將申請專利範圍擴大解釋為不含該限制條件，則有違社會大眾對於申請專利範圍之信賴保護原則，顯非法之所許，難認有均等論之適用，是謂禁止請求項破壞原則。

　　經查被控侵權物品與系爭專利更正後申請專利範圍第2項之最大差異，在於被控侵權物品係使用兩支內六角螺絲將後端盤件與動作模組組裝成一獨立單元；而系爭專利則無後端盤件，而係以一套管與動作模組組合而成一獨立單元。次查美國1999年12月28日公告之第6006435號專利案，係以螺絲230將末端單元（end block unit）23螺合於作動單元（actuating unit）21，可見以螺絲螺合末端單元與動作單元組合而成一獨立單元，爲手動充氣動力工具之習用技術。系爭專利更正後申請專利範圍第2項界定採用套管之技術特徵去組合動作模組，係屬異於習知技術之組合方式，且原告並於申請專利範圍中使用「其中該懸浮式滑套，係包括：一套管與動作模組組裝成一獨立單元者，該套管底部設一接氣底座藉該後緩衝器彈性頂接該導氣承座者」共55字描述該滑套之技術特徵，顯見原告係有意識地將滑套技術特徵列爲限制條件，且將滑套之技術特徵列爲系爭專利之限制條件後，前開美國第6006435號專利案即不能認爲已揭露系爭專利關於滑套之技術特徵，而此一結果又爲原告申請專利時所能預見，則將滑套列爲系爭專利之限制條件，於判斷系爭專利是否具有新穎性上具有重要意義，而爲系爭專利發明之本質部分。如將以二支內六角螺絲組裝之手段視爲滑套或套管之均等範圍，則原告原來之主觀意識之限定即無意義。且原告亦自認先前技術之動作模組與後端元件組成之獨立單元並無兩個斷點，則系爭專利更正後申請專利範圍第2項利用緩衝器之技術特徵達成減震之功能，僅須利用後端盤件底部之接氣底座之管孔軸向頂接於導氣承座，即爲已足，無需再界定後端元件之前端與動作模組如何組合。惟系爭專利更正後申請專利範圍第2項又附加以滑套或套管之技術特徵組合動作模組，則該項限制條件即爲該請求項之重要結構，如予以省略不論，則請求項之結構即會遭破壞。是依據禁止請求項破壞原則，自不容原告將滑套之技術特徵擴張及於被控侵權物品以二支內六角螺絲組裝之技術內容。

　　被控侵權物品落入申請專利之均等範圍，必須符合：(1)被控侵權物品與申請專利範圍之差異部分，非專利發明之本質部分，(2)被控侵權物品經換置之差異部分，仍可達成專利發明之目的，並可產生同一之作用效果，(3)被控侵權物品之差異部分於製造之時點所能容易思及，(4)被

控侵權物品之差異部分不可與專利發明申請時之公知技術同一，或爲公知技術所能輕易推想，(5)被控侵權物品於專利發明申請程序中並無遭有意識地自申請專利範圍中排除之特別情事存在。如被控侵權物品無法符合上開5個要件其中之一，即不能認爲被控侵權物品落入申請專利之均等範圍。至於專利發明之本質部分，則應以專利發明與先前技術作比對，確定專利發明就所欲解決課題所採用技術手段之特徵與原理，再確認被控侵權物品就所欲解決課題所採用之技術手段，與專利發明所採用技術手段之原理在實質上是否係屬同一原理，作爲判斷基準。

先前技術組合末端單元與動作單元之方式係螺合，而系爭專利採用以滑套之套管方式組合作動單元，顯係採與先前技術不同之技術手段，在已有螺合之技術手段前提下，原告特地選用以滑套之套管套合方式，該螺合之習知技術應認係經原告有意識地排除。又螺合之技術手段既屬以滑套之套管套合方式之先前技術，亦不得再將滑套之技術特徵擴張解釋爲包括螺合在內。再者，系爭專利所界定滑套之技術特徵與先前技術相較，既爲系爭專利是否具有新穎性與進步性之重要特徵，自屬發明之本質部分，苟認螺合之技術內容係所屬技術領域具有通常知識者所能輕易思及，則專利申請人就該發明本質部分自負有於申請專利範圍中一併揭露之義務，以利公眾使用而換取國家給予之排他獨占專利權能，否則，即屬欠缺以均等擴張保護之必要，自無均等論之適用。則系爭專利之滑套技術特徵既屬發明之本質部分，且螺合技術手段又屬先前技術，並應認原告有意識之排除，顯無法符合前揭均等論之(1)、(4)、(5)要件，而不得主張均等論。

筆者：美國請求項破壞原則中「重要限定條件規則」與日本均等論五要件中「本質特徵」異曲同工，欣見我國法院融合二國之見解，並有完整的論述。

B. 美國設計專利Litton System, Inc. v. Whirlpool Corp.案

依前述美國有關均等侵權之分析方法，無論是三部檢測或可置換性均無須區別本質或非本質特徵，僅須以申請專利範圍中所載之各個技術特徵爲基礎，逐一分析是否構成均等侵權。事實上，美國最高法院在Warner-Jenkinson

案即表示：「獨立項中之每一個技術特徵對於確定專利權範圍都很重要（deemed material），故均等論應針對請求項中各個技術特徵，而非針對發明整體。[82]」

　　然而，美國聯邦巡迴上訴法院於1984年Litton System, Inc. v. Whirlpool Corp.[83]設計專利侵權案創設新穎特徵（point of novelty）檢測，確立「被告設計必須竊用設計專利之新穎特徵」始構成侵權。這項「新穎特徵檢測」適度限縮以「普通觀察者檢測」[84]所建構的專利權近似範圍。判決指：新穎特徵，係設計專利與先前技藝不同的裝飾性特徵[85]。新穎特徵，必須是對於先前技藝有貢獻之裝飾性特徵，而非功能性特徵。

　　若依日本Tsubakimoto案之判決及美國Litton案之判決，前者所指「本質特徵」與後者所指「新穎特徵」均為對於先前技術（藝）有貢獻之特徵，二者之立論、定義、限縮申請專利範圍之目的相似。二個國家的司法機關對於二種不同種類之專利權有類似之判決，這是一個相當有趣值得持續觀察的問題。

C. 與美國均等侵權分析方法之比較

　　對於Litton案所建立的「新穎特徵檢測」，美國聯邦巡迴上訴法院於2008年9月Egyptian Goddess[86]案召開全院聯席聽證，將「普通觀察者檢測」與「新穎特徵檢測」合併為一個分析方法「新的普通觀察者檢測」，係以系爭專利、被控侵權對象及先前技藝進行三方檢測，仍保留「新穎特徵」之概念[87, 88]。

---

[82] Warner-Jenkinson Company v. Hilton Davis Chemical Co., 520 U.s. 17, at 21023 (1997) (Each element contained in a patent claim is deemed material to defining the scope of the patented invention, and thus the doctrine of equivalents must be applied to individual elements of the claim, not to the invention as a whole.)

[83] Litton System, Inc. v. Whirlpool Corp., U.S. Ct. of App., Fed. Cir. 728 F.2d 1423 (1984).

[84] Gorham Mfg. Co. v. White, 81 U.S. (14 Wall.) 511, 512, 20L Ed.731 (1871), 進行設計專利侵害判斷時，應以一般觀察者之觀點，對於二項設計施予一般注意力，若二項設計近似之處使其產生誤認，而誘導其購買不具專利之設計者，應認為二項設計實質相同。

[85] Sears, Roebuck & Co. v. Talge, 140 F2d 395, 396 (8th Cir. 1983).

[86] Egyptian Goddess, Inc. et al. v. Swisa, Inc. et al., Case No. 2006-1562 (Fed. Cir., September 22, 2008) (Bryson, J.) (en banc).

[87] 顏吉承，評析美國Egyptian Goddess設計專利侵權訴訟案（上），專利師，第4期，2011年1月，頁101～114。

[88] 顏吉承，評析美國Egyptian Goddess設計專利侵權訴訟案（下），專利師，第5期，2011年4月頁52～65。

　　美國聯邦巡迴上訴法院認為「新的普通觀察者檢測」應為認定設計專利是否被侵權之唯一分析方法，任何新穎特徵之審理，應作為普通觀察者檢測之一部分，而非作為獨立之分析方法，以免於訴訟過程中僅著重於新穎特徵的攻防。新的普通觀察者檢測，先比對系爭專利與先前技藝，再比對系爭專利與被控侵權對象，若前者之差異小於後者，則限縮專利權近似範圍，進而認定不侵權；若前者之差異大於後者，則認定侵權。嗣後美國法院已針對「新穎特徵檢測」之缺失，全面修正為「新的普通觀察者檢測」，筆者支持Egyptian Goddess案判決的見解。

　　日本的「本質特徵」類似前述「新穎特徵檢測」，在Egyptian Goddess案判決前，筆者於2007年11月曾著書比較日本的「本質特徵」與美國均等侵權分析理論如後述[89]。

a. 開創性發明保護力度不及改良發明

　　美國專利侵權訴訟實務曾將發明區分為開創性發明及改良發明二種，但近十餘年已罕見，因法院無可行的準則予以區分。開創性發明的大部分或全部技術特徵作為解決問題的技術手段係屬新穎者，其本質特徵多於非本質特徵，相對於改良發明，開創性發明享有較大的的均等範圍[90]。惟若依日本Tsubakimoto案之判決，非本質特徵始得主張均等範圍，將導致開創性發明大部分或全部技術特徵不具有均等範圍的結果，其專利權保護力度反而不及改良發明，不利於開創性發明之研發。

b. 均等範圍不及於新興技術

　　本質特徵作為申請專利範圍之核心，係對照先前技術有貢獻而具有新穎性、進步性之技術特徵，且係決定該專利之價值的新穎特徵。新興技術是均等論衡平考量的重點之一，由於本質特徵不具有均等範圍，以致專利權保護範圍不及於新興技術，結果勢必影響專利之價值，變相鼓勵他人仿冒抄襲。這項要件所造成之結果與日本最高法院將均等侵權之判斷時點改採侵權時之理由相衝突，見本章五之(二)之8.之(3)「置換容易性」。

c. 幾乎沒有適用先前技術阻卻之可能

　　由於本質特徵不具有均等範圍，在專利侵權訴訟程序中，無論被控侵權

---

[89] 顏吉承，專利說明書撰寫實務，五南出版社，2007年11月，頁477～479。
[90] Perkin-Elmer Corp. v. Westinghouse Electric Corp., Inc., 822 F.2d 1528 (Fed.Cir. 1987).

對象對照系爭專利係屬文義侵權或均等侵權，對應系爭專利的本質特徵，被控侵權對象應具備相同之技術內容（即被控侵權對象＝系爭專利），但因爲該特徵是對先前技術有貢獻而具有新穎性、進步性之技術特徵（即系爭專利≠先前技術），在法院認定構成均等侵權之後，被控侵權人幾乎沒有適用先前技術阻卻之可能（因被控侵權對象≠先前技術）。

d. 並非限縮專利權之文義範圍

從限縮專利權之均等範圍的角度，第1項要件中「本質特徵」不具有均等範圍，可謂具有限縮請求項整體均等範圍之作用。相對於逆均等論限縮專利權之文義範圍，本質特徵是保持其原本之文義範圍，既不限縮文義範圍亦無均等範圍。

e. 不可預見之技術特徵不具有均等範圍

美國最高法院於Festo案中指出：若申請專利範圍中未記載申請時可預見之技術特徵，於專利侵權訴訟，不得主張該可預見而未預見之技術特徵爲其均等範圍。日本Tsubakimoto案中非本質特徵（即已知的技術特徵）係申請時可預見者，依美國法院之見解，當可合理期待專利權人將申請時可預見之技術特徵載入申請專利範圍。然而，日本最高法院卻認爲非本質特徵得主張均等範圍、本質特徵不得主張均等範圍，足證Tsubakimoto案之本質特徵與Festo案之可預見性的立論及結果完全不同。

固然日本的「本質特徵」尚有前述五點須加強說明之處，然而，畢竟其只是論理說明尚待精緻化的層次而已。按請求項中所載之本質特徵係解決問題、對照先前技術有貢獻而具有新穎性、進步性之技術特徵，亦即係該發明所屬技術領域中具有通常知識者於申請時未知的技術特徵，故申請人應將其所完成之發明及可預見之各個實施方式均記載於說明書及申請專利範圍。畢竟大發明大保護、小發明小保護、沒發明沒保護，未曾預見之發明構思並未先占任何技術範圍，原本就沒有技術貢獻，利用均等論擴及未先占之範圍，難謂無損於社會大眾之利益。

筆者以爲日本的「本質特徵」及美國的「可預見性」及「請求項破壞原則」概符合本書一直強調的先占法理，若申請人於申請時以上位概念用語描述請求項中的本質特徵，以更多實施方式描述可預見之技術特徵，涵蓋更寬更廣的發明構思，即使本質特徵沒有均等範圍，其文義範圍仍然相當寬廣，

無損於專利權人之利益。

(2) 置換可能性

　　日本最高法院所列構成均等侵權第2項要件「置換可能性」，指被控侵權對象與申請專利範圍之間有差異之技術特徵互相置換，能以相同方式獲得相同結果，而實現相同發明目的者，類似於美國的三部檢測。

　　在日本，考量結果是否相同時，應結合專利發明的類型及所欲解決之問題，不同的發明類型或問題所產生之結果亦不同。此外，所指之結果得分為質與量二方面，開創性發明的技術特徵大多表現在質的結果，改良發明的技術特徵大多表現在量的結果。

(3) 置換容易性

　　日本最高法院所列構成均等侵權第3項要件「置換容易性」，指被控侵權對象與申請專利範圍之間有差異之技術特徵互相置換，對於具有通常知識者而言，係在製造被控侵權對象之時間點（即侵權時）容易思及者。

　　日本最高法院主張置換容易性的判斷係以侵權時為準，理由如下：

A. 申請人在申請專利時難以預期新興技術之發展，若以申請之時間點為準，相對的會降低對於開創性發明的保護。

B. 若以新興技術置換申請專利範圍中之技術特徵，即能輕易的迴避系爭專利，有違專利法之立法宗旨，會降低發明之動力。

C. 專利發明的實質內容應包含他人從申請專利範圍中所載之技術特徵容易思及之技術。

　　隨時間的推移，適用置換容易性之範圍無疑將日益擴張，導致專利權範圍更加不可預期。為避免置換容易性之不可預期，日本學界認為判斷是否構成均等侵權時，應遵守第1項要件，不得將申請專利範圍中之本質特徵的文義範圍擴張至申請人於申請時未思及、未記載者，亦即應將專利權之均等範圍予以限縮，不及於與專利發明不同技術手段的範圍。

　　Tsubakimoto案之置換容易性，與美國Warner-Jenkinson案中所指具有通常知識者參酌侵權時之通常知識，即知悉得將請求項中之技術特徵置換為被控侵權對象中之元件、成分或步驟，而不會影響其結果之可置換性（interchangeability），二者基本概念相同。

　　日本與美國均有置換可能性，但美國並不特別強調置換容易性，只是將其視為均等論之檢測方式之一，咸認置換容易性係源自於德國。德國最高

法院在Formstein案中認爲均等侵權分析，應爲該發明所屬技術領域中具有通常知識者於申請專利範圍中所載之技術手段的基礎上，結合說明書及圖式內容，判斷申請專利範圍中之技術特徵置換爲被控侵權對象中對應的技術內容是否顯而易知，若爲顯而易知者，則構成均等侵權。

(4) 先前技術阻卻

日本最高法院所列構成均等侵權第4項要件「先前技術阻卻」：被控侵權對象與系爭專利申請前的先前技術不相同，亦非該發明所屬技術領域中具有通常知識者基於申請日之前的先前技術所能輕易完成者。若被控侵權對象與申請專利之前的先前技術相同，或該發明所屬技術領域中具有通常知識者基於申請日之前的先前技術能輕易完成者，適用先前技術阻卻。日本最高法院的理由如下：

A. 無專利權之先前技術係公共財產，任何人均得自由利用。若被控侵權對象與先前技術相同或依據先前技術能輕易完成，而仍構成均等侵權，則明顯侵犯公共利益，不符合公平原則。

B. 若系爭專利涵蓋先前技術或依據先前技術能輕易完成，則不應取得專利權。若判斷被控侵權對象構成均等侵權，有違專利法之立法目的，並侵犯公共利益。

日本最高法院認爲先前技術阻卻適用於文義侵權及均等侵權（中國大陸亦採此觀點[91]）；美國的先前技術阻卻僅適用於均等侵權。各國所採之觀點不同，關鍵在於美國聯邦巡迴上訴法院認爲專利權範圍應以申請專利範圍爲準，申請專利範圍的作用之一爲界定專利權範圍，而先前技術阻卻係基於衡平衍生而來，主張先前技術阻卻僅能限縮專利權之均等範圍，不得據以重新改寫申請專利範圍而限縮專利權之文義範圍。依美國專利法第282條第2項，被告抗辯專利無效必須提出清楚且明確之證據（clear and convincing evidence），而主張先前技術阻卻，僅須提出優勢證據（preponderance of the evidence）。若被控侵權對象構成系爭專利之文義侵權，而仍允許被告主張先前技術阻卻，無異變相鼓勵被告逃避專利無效訴訟較重的舉證責任[92]。

---

[91] 中國北京高級人民法院審判委員會，關於審理專利侵權糾紛案件若干問題的規定，2003.10.27-29，第40條。

[92] 陳佳麟，習知技術元件組合專利之均等論主張與習知技術抗辯適用之研究，2003年全國科技法律研討會，頁256。

　　日本學者中山信弘認為先前技術阻卻不須討論專利之有效性或專利權之技術範圍，故不會涉及法院與特許廳之間權限分配的問題。主張先前技術阻卻的主要目的係希望在單一訴訟中解決糾紛，故先前技術阻卻適用的範圍應僅限於被控侵權對象與系爭專利相同或相近的情況，因為要求法院判斷被控侵權對象對於先前技術不具進步性等專利要件，而不構成侵權，對於法院負擔過重[93]。前述見解不涉及進步性等專利要件，而與日本最高法院之判決不完全一致，且與美國法院以假設性申請專利範圍分析法判斷是否適用先前技術阻卻之觀點，亦不完全一致。

(5) 禁反言

　　日本最高法院所列構成均等侵權第5項要件「禁反言」：專利權人在申請、維護專利之程序中無意將被控侵權對象排除於專利權範圍之外者。換句話說，若專利權人在申請、維護專利之程序中有意識地將被控侵權對象排除於專利權範圍之外者，適用禁反言原則，專利權人在專利侵權訴訟中不得為相反的主張。

　　日本最高法院認為不論修正的理由為何，一旦申請人在申請、維護專利之程序中有意識的修正申請專利範圍，不論是否為迴避先前技術，均不得重為主張限縮之部分。是否適用禁反言之界線在於申請專利範圍之修正是否為申請人之主觀意願，若為有意識的修正，則經修正之請求項均適用禁反言。日本最高法院對於禁反言限縮均等範圍的觀點與美國所採之彈性阻卻說不同，日本的禁反言比美國的完全阻卻說更大幅限制均等論之適用。

9. 均等侵權與進步性

　　在專利侵權訴訟中，無論是以三部檢測、可置換性或無實質差異進行均等侵權分析，均係分析被控侵權對象與專利權範圍二者實質內容相近之程度。本章四之(五)「文義侵權分析與新穎性審查」中已列表比較專利審查中之新穎性與文義侵權分析結果之對應關係，本節嘗試比較專利審查中之進步性與均等侵權分析之異同，以供讀者從不同角度檢測自己在操作進步性或均等侵權分析尺度之拿捏。

　　依前述均等論之說明及智慧財產局發布之發明專利實體審查基準第三章

專利要件，進步性與均等侵權分析之差異如下：

(1) 均等侵權分析係請求項與被控侵權對象單獨比對；而進步性係請求項與單一或複數項先前技術之組合比對。

(2) 均等侵權分析係就請求項中所載之技術特徵與被控侵權對象中對應之技術內容逐一比對；而進步性係就請求項中所載申請專利之發明與先前技術整體比對。

(3) 均等侵權分析係以侵害專利之時點為準；而進步性係以申請專利之時點為準。

按專利權的文義範圍係記載於請求項中之技術特徵所構成者，而專利權的保護範圍不限於請求項之文義，尚得延伸至能以實質相同之方式，產生實質相同之功能，達成實質相同之結果的均等範圍。基於前述「文義侵權分析與新穎性審查」之分析，請求項之文義範圍或可稱為其新穎性範圍，相對地，請求項之均等範圍是否可對應其進步性範圍？例如，有甲、乙二專利，乙專利對照先前技術甲專利具進步性，若實施乙專利，其是否會均等侵害甲專利？再如，丙申請案對照先前技術甲專利不具進步性，若實施丙，其是否會均等侵害甲專利？

就前述第(1)項差異而言，發明專利實體審查基準指出得以一項先前技術或多項先前技術之組合審查進步性[94]，顯然進步性比對判斷之條件較為寬鬆，均等侵權分析所要求之相近程度高於進步性。換句話說，若A與B均等，A對照C不具進步性，則A、B相對於A、C應更為相近。

美國聯邦巡迴上訴法院於1987年Corning Glass Works v. Sumitomo Electric USA案，以請求項之技術特徵整體比對方式，判決二者實質相同，構成均等侵權。惟若就請求項中所載之技術特徵「純矽」或「正向摻雜之被覆層」與被控侵權對象「負向摻雜之被覆層」比對，並不構成均等侵權。美國聯邦最高法院於1997年Warner-Jenkinson v. Hilton Davis案確認均等侵權應就請求項中每一個技術特徵逐一比對分析，而非就發明之整體為之，以免擴張到不合理的程度，判決：「在適用均等論時，即使對單一技術特徵，亦不得將保護範圍延伸到實質上忽略請求項中所載之技術特徵的程度。只要均等論之適用不超過前述之限度，我們有信心均等論不致於損及申請專利範圍在專利保

---

[94] 經濟部智慧財產局，專利審查基準，2013年版，頁2-3-16。

護體系中之核心作用。」見本章五之(二)之7.「美國Warner-Jenkinson v. Hilton Davis案」。因此，就第(2)項差異而言，如同第(1)項差異，均等侵權分析所要求之相近程度高於進步性。

依前述二項差異分析，均等侵權分析所要求之相近程度高於進步性。基於舉重明輕之法理，乙專利對照先前技術甲專利具進步性，若實施乙專利，並無均等侵害甲專利之可能；然而，丙申請案對照先前技術甲專利不具進步性，若實施丙，有可能但非必然會均等侵害甲專利。

就第(3)項差異而言，均等侵權分析係以侵害專利之時點為準，則申請日之後的新興技術有構成均等侵權之可能；而進步性係以申請之時點為準，申請日之後公開的技術不得作為進步性判斷之基礎。因此，第(3)項差異僅能顯示均等侵權分析涵括之時間範圍較廣，涵蓋較多的新興技術，但與相近程度並無直接關係。

接續前述第(2)項差異之分析。進步性要件係判斷申請專利之發明基於先前技術是否顯而易知，不論是否增進功效，但專利侵權分析限於專利發明與被控侵權對象之手段、功能及結果必須實質相同始構成均等侵權。從二者之判斷原則論之，若發明A基於申請日之前的先前技術（包括系爭專利B）為非顯而易知但未增進功效而取得專利，隨著新興技術之出現，因判斷時點之差異，嗣後發明可能被判斷為與系爭專利B實質相同（依三部檢測，方式、功能及結果三者實質相同，而實質相同指二者之間的差異為該發明所屬技術領域中具有通常知識者參酌侵權時之通常知識顯而易知者），而構成均等侵權。由於發明A業經檢索、審查，認定對照先前技術包括系爭專利B具新穎性、進步性，而取得專利，即使主張先前技術阻卻，實際上適用之可能性微乎其微。準此推論，前述「乙專利對照先前技術甲專利具進步性，若實施乙專利，並無均等侵害甲專利之可能」並不一定成立。

基於前段分析，在專利權之性質為排他權及現行專利侵權分析的遊戲規則下，即使被控侵權對象取得專利，仍有可能構成均等侵權。然而，均等論及後述的「均等論之限制」理論均係基於衡平衍生而來的法則，若被控侵權對象已取得專利權，且非屬利用系爭專利之再發明，即使因新興技術之出現以致二專利構成均等，在訴訟策略上，似乎可以主張在系爭專利申請時被控侵權對象對照系爭專利非屬顯而易知，阻卻系爭專利均等範圍的不當擴張，據以主張被控侵權對象未侵害系爭專利權。準此，前述「乙專利對照先前技

術甲專利具進步性，若實施乙專利，並無均等侵害甲專利之可能」始能成立。

(三)均等論之限制

專利權保護範圍包括均等範圍，是在不妨礙社會大眾自由、合理利用技術的前提下，適當劃分專利權人專有權利與社會大眾可自由利用的公有領域，藉由專利權人之私益與社會利用之公益的平衡，實現公平正義精神。雖然均等論的適用有利於排除他人以均等手段實施專利權人之專利技術，但均等範圍的不當擴張仍然會損及社會大眾合法利用之公益，故美國專利侵權訴訟實務也發展出若干限制均等論之法則，例如禁反言、先前技術阻卻、貢獻原則等，充分反映均等論與其限制法則於平衡公益、私益的角色地位。

1. 全要件原則之逐一比對

在美國Pennwalt Corp. v. Durand-Wayland, Inc.[95]案中進行均等侵權分析時係採用技術特徵逐一（element-by-element test/elemental approach）比對方式，將被控侵權對象之技術內容與請求項中所載對應之技術特徵個別比對，若二者實質相同，則構成均等侵權。美國學者認為「逐一比對」為全要件原則之內涵，因為整體比對容易忽略某些技術特徵，故全要件原則有時係指「逐一比對」的意思。所稱之「要件」，即技術特徵，其必須具有獨立性及價值性，實務操作上必須與「解析申請專利範圍」之步驟相呼應。獨立性，技術特徵本身具獨立功能，不須再與其他技術特徵組合即能發揮其本身的功能。價值性，技術特徵對請求項中所載之整體技術手段具價值，可以在整體技術手段中可以發揮作用、產生功效。見本章二之(一)之2.「解析申請專利範圍之準據」。

美國聯邦最高法院於1997年Warner-Jenkinson案[96]中確認技術特徵逐一比對方式，最高法院判決：對於專利權保護範圍之確定，獨立項中每一個技術特徵均屬重要，故均等論應針對請求項中各個技術特徵，而非針對發明整

---

[95] Pennwalt Corp. v. Durand-Wayland, Inc., 833 F.2d 931 (Fed. Cir. 1987) (en banc).

[96] Warner-Jenkinson Company v. Hilton Davis Chemical Co., 520 U.s. 17, at 21023 (1997) (Each element contained in a patent claim is deemed material to defining the scope of the patented invention, and thus the doctrine of equivalents must be applied to individual elements of the claim, not to the invention as a whole.)

體。在適用均等論時，即使對單一技術特徵，亦不得將保護範圍擴張到實質上忽略請求項中所載之技術特徵的程度（這句話嗣後成為「請求項破壞原則」的指引）。只要均等論之適用不超過前述之限度，我們有信心均等論不致於損及申請專利範圍在專利保護體系中之核心作用。Niles法官指出若將均等論適用於請求項中每一個技術特徵，而非適用於請求項中所載之發明的整體，則可以調和前述之矛盾。

智慧財產法院98年度民專上易第3號判決：關於專利侵權分析，應先符合全要件原則，始判斷文義讀取或均等論之適用。倘不符合全要件原則，即無須再論究涉案產品是否符合文義讀取或適用均等論。另有關均等論之適用，於全要件原則之下，係採「逐一元件（element by element）比對原則」，逐一比對各技術特徵之技術手段、功能及結果是否實質相同，而非就申請專利範圍整體（claim as a whole）為比對。

由前述判決，均等侵權分析應就請求項之技術特徵與被控侵權對象中對應之技術內容逐一比對判斷，且僅就二者之間不相同的技術特徵為之，而非如同進步性，就被控侵權對象與請求項之整體發明比對判斷。相對於整體比對，逐一比對方式對專利權保護範圍之認定較為嚴格，不利於專利權人。

中國北京高級法院的「專利侵權判定指南」第49條：「等同特徵的替換應當是具體的、對應的技術特徵之間的替換，而不是完整技術方案之間的替換。」

＃案例－智慧財產法院98年度民專上易字第6號判決

系爭專利：

請求項1：「一種節省空間增大容量之光明燈結構，……其特徵在於：該組成燈座本體之各燈座環，……：一補強件，……，係設有主轉盤、副轉盤，主轉盤設有對應補強……，主轉盤可依主軸栓而隨補強件同步旋轉，其上之各直形燈座本體亦得同時轉位，各直形燈座本體得獨自依其副轉盤、補強件周邊之軸孔軸承而旋轉，得獨自換面向；……，得隨時換位、換面之功效者。」

上訴人：

系爭產品不過係僅將系爭專利3補強件之組固主轉盤及副轉盤之軸

承，加以解析並分別裝設……，系爭產品亦能同系爭專利3具有各直形燈座本體得同步旋轉及獨自旋轉之功效，而該等功效之達成，不過透過元件位置之轉換，係一般人皆可輕易完成，技術手段並無不同，且無功效上之增減，系爭產品與系爭專利3實質相同。

被上訴人：

上訴人不能忽略被上訴人系爭產品中「底補強件」、「副轉盤」與系爭專利申請專利範圍第1項之「補強件」、「副轉盤」實質並不相同之事實，而逕認因該申請專利範圍中記載「……得隨時換位（主轉盤可旋轉）、換面（副轉盤旋轉）之功效」，故被上訴人系爭產品只要有「旋轉換位（面）之功能」，即落入上訴人系爭專利之申請專利範圍。

法院：

上訴人以專利要件之進步性審查概念直接套用於均等論之判斷。蓋專利進步性之審查，其中功效是否增進係以該請求項整體技術特徵論之，而均等論之分析則以不落入文義讀取相對應之單一構成要件作「技術手段—功能—結果」三部測試，因此上訴人以系爭專利3和系爭產品整體而言，兩者均可達到光明燈自轉和公轉，而認定系爭產品無功效上之增進，且依系爭專利3可輕易完成系爭產品，此與專利侵權中均等論判斷之原則不合，故上訴人前開主張，尚無足採。

均等論之判斷並非以整體技術特徵論之，系爭產品之底軸承座、軸承於空間上連結位置與系爭專利3補強件上方組固主轉盤及副轉盤之軸承完全不同，故細究兩者此一構成要件為達到自轉和公轉所運用之技術手段並不相同，此部分上訴人亦不否認系爭產品各元件位置有所轉換，是以該等元件位置差異即代表兩者技術手段不同，上訴人前開主張，亦非可採。

上訴人諸多主張（如「被上訴人產品縱使沒有軸承，也有頂螺孔與底螺帽，此與軸承之固定功能相同」、「被上訴人產品也是依照其補強件及連結座作為燈座體的轉動來源，原理與系爭專利並無不同」、「系爭專利全部的燈座體可依主轉盤同時一起轉動，各燈座體也可分別依副轉盤個別獨立轉動，被上訴人產品也與系爭專利相同」），均以結構特徵以外之功能為其比對對象，顯有未洽。

2. 禁反言

專利侵權訴訟中，判斷被控侵權對象適用均等論之後，應再判斷禁反言是否能阻卻均等論之適用，若以禁反言能阻卻均等論之適用，被控侵權對象不構成侵權。

自1995年Markman v. Westview Instruments案起即確立解釋申請專利範圍得參酌內部證據及外部證據。內部證據包括提出申請、維護專利之程序中所產生的申請歷史檔案；內部證據以外之證據為外部證據。專利侵權訴訟程序中，申請歷史檔案得作為解釋申請專利範圍之基礎，並得作為主張適用禁反言之基礎，以阻卻均等論之適用。

(1) 何謂禁反言

禁反言，又稱申請歷史禁反言、申請過程禁反言或申請檔案禁反言（prosecution history estoppel/file wrapper estoppel），指申請、維護專利之程序中，因「有關可專利性」就申請專利範圍所為之「說明或修正」，而「限縮申請專利範圍」者，嗣後在專利侵權訴訟中構成專利權範圍之限制，不得藉均等論予以擴張，而將說明或修正所放棄（surrender）之部分重新取回（recapture）[97]。SPLT Rule 13(6)有類似之規定：「在決定專利所賦予之保護範圍時，[應][得]考量申請人或專利權人在專利核准程序或司法之專利無效程序中所為限制申請專利範圍之陳述。[98]」

申請專利範圍為界定專利權範圍之基礎，一旦公告，任何人皆可取得申請至維護過程中每一階段之文件，基於對專利權人在該過程中所為之修正、更正、分割、改請、申復及答辯的信賴，不容專利權人藉均等論重為主張其原先已限定或排除之事項，禁反言得為均等論之阻卻事由[99]。

申請歷史檔案得作為解釋申請專利範圍及主張禁反言之基礎。主張禁反言，並非以申請歷史檔案重新解釋申請專利範圍，限縮專利權之文義範圍，

[97] Texas Instruments, Inc. v. United States International Trade Commission, 988 F.2d 1165 (Fed. Cir. 1993).
[98] Substantive Patent Law Treaty (10 Session), Rule 13 (6), (In determining the scope of protection conferred by the patent, due account [shall][may] be taken of a statement limiting the scope of the claims made by the applicant or the patentee during procedures concerning the grant or the validity of the patent in the jurisdiction for which the statement has been made.)
[99] 經濟部智慧財產局，專利侵害鑑定要點（草案），2004年10月4日發布，頁42。

而係限縮專利權人所主張之均等範圍。尤應注意者，禁反言之適用，係就技術特徵予以限縮，而非就專利發明整體為之。

中國最高法院的「關於專利權糾紛案件的解釋」第6條：「專利申請人、專利權人在專利授權或者無效宣告程式中，通過對權利要求、說明書的修改或者意見陳述而放棄的技術方案，權利人在侵犯專利權糾紛案件中又將其納入專利權保護範圍的，人民法院不予支持。」顯示中國的專利侵權訴訟程序中亦有禁反言阻卻均等論之適用。

(2) 禁反言之類型

美國聯邦最高法院於Warner-Jenkinson v. Hilton Davis案中曾判決禁反言得阻卻均等論之適用，申請專利範圍經修正之部分不得再被主張屬於均等範圍；並判決申請、維護專利之程序中所為有關可專利性之修正，始適用禁反言。原告必須說明修正理由，若無法確知修正理由，推定係基於克服先前技術之核駁，但原告得提出反證予以推翻。依該案之判決，是否可以理解為專利權人就申請專利範圍所為之修正始適用禁反言，而就申請專利範圍之申復不適用禁反言？

在申請、維護專利之程序中，審查人員有核駁意見時，申請人必須提出申復或修正。申請人提出之申復係就申請專利範圍之文義者，固然得作為嗣後解釋申請專利範圍之基礎，但若該申復限制了申請專利範圍之擴張，亦得適用於禁反言，例如對於請求項所載之技術手段A，審查人員引用先前技術A'以不具進步性核駁，申請人申復A與A'所產生之功效不同後取得專利權。若在專利侵權訴訟中，專利權人主張專利A與被控侵權對象A'均等時，被告得依申請歷史檔案，以專利權人曾申復申請專利範圍不及於A'為由，主張適用禁反言，被控侵權對象未構成均等侵權。

事實上，美國法院認為禁反言得分為二種：基於申復之禁反言（argument-based estoppel）及基於修正之禁反言（amendment-based estoppel）。無論是申復或修正之禁反言，只要申請歷史檔案限縮了申請專利範圍，均得主張之[100]。

---

[100] Texas Instruments, Inc. v. United States International Trade Commission, 988 F.2d 1165 (Fed. Cir 1993).

#案例-Heuft Syestemtechnik GmbH v. Industrial Dynamics Co.,[101]

系爭專利：

第1項：「一種檢查可旋轉容器之側壁面的方法，包含：a.……e.於經過該第一區後連續地交替變換方向旋轉複數個該容器，其於運輸方向安排（arranging）二個該可旋轉容器其中之一穩定倚靠該至少二個圍欄的其中之一，另一個該容器穩定倚靠至少二個圍欄中的另一個；……。」

（……rotating the containers alternately in opposite directions by arranging one of two consecutive containeers stable against one of the at least two railings and the other stable against the other of the at least two railings in the direction of conveyance after the first area …….）

第6項：「一種檢查可旋轉容器之側壁面的設備，包含：a.……e.穩定手段（stabilizing means）用以穩定安排使二個該可旋轉容器其中之一倚靠該至少二個圍欄的其中之一，另一該容器倚靠至少二個圍欄中另一個，該穩定手段配置於運輸方向經過該第一區後。」（……stabilizing means for the stable arrangement of one of two consecutive containers at one of the at least two railings and of the other container at the other of the at least two railings the stabilizing means being disposed in the direction of conveyance after the first area ……）

說明書：

系爭專利爲一種於檢查可旋轉容器的方法及裝置，檢查生產線上傳送的瓶子，尤指對稱可旋轉的瓶身，類似玻璃啤酒瓶。

爭執點：

第1項中的「arranging」及第6項中的「stabilizing means」

地方法院：

直接依請求項中所載之文字予以解釋。

---

[101] Heuft Syestemtechnik GmbH v. Industrial Dynamics Co., 282 Fed.Appc 836; 2008 U.S. App. LEXIS 13486 (2008).

被告：

解釋分割案'974時，應考量母案'408。母案'408申請過程中，爲迴避專利商標局對於全部請求項的核駁，申請人曾修正請求項，將實施方式中所載之技術特徵加入請求項，嗣後取得專利權。

母案' 408：對應'974第1項前述劃底線之部分，'408第1項之記載爲：「…… by reducing the distance between said at least two railings at an angle .beta. of the lateral railings to each toher of about 30.degree. to 100.degree. ……」

對應'974第6項前述劃底線之部分，'408第6項之記載爲：「…… said distance between said at least two railings substantially symmetrically reducing at an angle .beta. of said at least two railings to each other of about 30.degree. to 100. degree. ……」

聯邦巡迴上訴法院：

接受被告的主張。判決引用Ormco案，若申請專利之標的相同，專利家族的申請歷史檔案可作爲解釋申請專利範圍的基礎。雖然分割案於申請專利的過程中並未曾修正或因答辯而限縮其範圍，但因母案'408的申請歷史檔案已明確將申請專利範圍中所載「exit angle」（β，beta）限定在30-100度之間，故分割案'974亦排除30-100度以外的角度，不能擴張均等範圍涵蓋已放棄的角度。被告產品的角度爲12-14度，未落入分割案'974的範圍。

#案例－Funai Electric Company, Ltd., v. Daewoo Electronics Corporation[102]

系爭專利：

第1項：「一種於磁帶唱盤防止驅動馬達的噪音及震動傳遞之機構，包含：一唱盤底部，……一馬達裝設於該唱盤底部以驅動……；該馬

---

[102] Funai Electric Company, Ltd., v. Daewoo Electronics Corporation, 616 F.3d 1357 (Fed. Cir. 2010).

達爲一直接驅動馬達，……；該馬達爲電絕緣於該唱盤底部；……；該直接驅動馬達包括……，及一軸承支架……，且該直接驅動馬達透過該軸承支架裝設於該唱盤底部；其中該軸承支架係由<u>絕緣材料</u>（insulating material）所製成。

被控侵權產品：

使用92%樹脂加上8%碳纖維。

原告：

被告的專家證人意見表示，被控侵權產品所使用的材料僅具有輕微導電性，雖然實質上具有電子訊號不易傳導的效果，但並非完全絕緣，故無文義侵權。

地院：

認爲「絕緣材料」的通常意義有絕緣材料或隔熱材料之意，但系爭專利請求項已界定「該馬達爲電絕緣於該唱盤底部」及「軸承支架係由絕緣材料所製成」，依前述內部證據及通常意義，系爭專利請求項1中所載之「絕緣材料」係一種低導電性材料，可抑制直接驅動馬達於脈波寬度調變控制時所生之雜訊。被控侵權產品所使用的碳纖維本身是一種低導電性的化纖材料，故有均等侵權。

上訴人（被告）：

主張地院對於「絕緣材料」之解釋有誤；並援引Festo及Honeywell案主張系爭專利請求項1曾因被核駁而有修正，適用禁反言，故應推定原告已放棄「絕緣材料」之均等範圍。

被上訴人（原告）：

「絕緣材料」部分爲文義侵權。

聯邦巡迴上訴法院：

檢視系爭專利的申請歷史，專利商標局曾以顯而易見爲由核駁，申請人將附屬項2、4併入獨立項1後，取得專利。原附屬項4記載：如請求項1中所載馬達以電絕緣方式裝設於唱盤底部，其係採用「絕緣材料」所製成的「軸承支架」。申請人將附屬項4併入獨立項1，雖然放棄原附屬

項4中所記載之技術特徵的均等範圍，但因「絕緣材料」並未被核駁，屬於Festo案中所稱「(2)修正理由與均等範圍之間的聯繫關係非常薄弱」，故僅「軸承支架」無均等範圍。換句話說，原告不得主張採用「軸承支架」以外的產品落入系爭專利的均等範圍，但仍可主張「絕緣材料」的均等範圍。因此，判決：雖然被控侵權產品並不完全絕緣，而未落入系爭專利的文義範圍，但仍落入其均等範圍。

(3) 禁反言之特性

　　傳統禁反言理論係由誠信原則衍生而來，通常被視為一種抗辯手段，必須由被告主張並負擔舉證責任，證明導致禁反言之事由，始得適用[103]。我國「專利侵害鑑定要點」採此觀點：因主張禁反言有利於被告，故應由被告負舉證責任。判斷是否適用禁反言所需之申請歷史檔案應由被告提供，或由被告向法院聲請調查。若被告未主張禁反言，他人不得主動要求被告或法院提供申請歷史檔案[104]。

　　美國聯邦最高法院在Warner-Jenkinson案之判決中指出：申請利範圍應具有明確界定專利發明及公示的作用……專利商標局應確保所授予之專利權僅涵蓋依法能獲得專利權保護的發明。由這段話可見美國聯邦最高法院係從專利制度本身的需求來看待禁反言，因此，專利侵權訴訟中之禁反言已脫離傳統禁反言理論自成一格，傳統禁反言理論係指相對人信賴行為人之意思表示，行為人須負擔法律上之義務，不得再為相反之主張。在專利侵權訴訟中，由於被告是否信賴專利權人在申請、維護專利之程序中所為關於申請專利範圍之表示，並非主張禁反言之構成要件，被告不須證明專利權人主觀上有意為前述之表示，亦不須證明被告之信賴，只要申請歷史檔案顯示客觀證據，即適用禁反言。

　　在美國，禁反言與均等論均係基於衡平衍生而來的法則，禁反言係於被控侵權對象構成均等侵權，始須進行比對分析，但應由被告提出適用禁反

---

[103] 美國聯邦最高法院在Warner- Jenkinson v. Hilton Davis案中曾判決：均等論的判斷必須是一種客觀判斷，禁反言仍然是對侵權指控的一種抗辯手段。

[104] 經濟部智慧財產局，專利侵害鑑定要點（草案），2004年10月4日發布，頁43。

言之申請歷史檔案，作為客觀證據。美國法院的主流意見認為禁反言係專利侵權分析時解釋申請專利範圍的一種獨立手段，法院不應被動等待當事人主張，而應主動調查是否有足以導致適用禁反言之事實。1968年於Eneral Instrument Cop. v. Huges Aircraft Co.案，美國法院判決：若禁反言僅係一種抗辯，被告在一審程序中未提出，即應認定已放棄該抗辯；然而，禁反言並非僅為一種抗辯，其亦得作為專利權範圍之限制。法院參考說明書解釋申請專利範圍時，尚須審究專利歷史檔案。在申請、維護專利之程序中被刪除或核駁之申請專利範圍不得在專利侵權訴訟中重新取回，此不僅涉及當事人之利益，亦涉及公眾利益。因此，雖然地方法院未論及禁反言，上訴法院不應被動等待當事人提出主張，仍有責任主動進行禁反言之分析[105]。

然而，我國法院多數意見認為：比對解釋後之系爭專利申請專利範圍與被控侵權對象，判斷被控侵權對象是否落入系爭專利權範圍，係屬事實認定之問題，而禁反言原則乃妨礙專利權人請求之事由，本於辯論主義，應由行為人為禁反言之主張，並以相關之申請歷史檔案為判斷依據。專利侵權分析為專利民事訴訟之重要爭點，其中文義讀取、均等論、禁反言、先前技術阻卻等之適用均為兩造攻防之關鍵，於處分權主義與辯論主義之民事訴訟基本原則下，法院尤應審慎行使闡明權，輔以智慧財產法院第8條第2項[106]規定，就事件之法律關係，向當事人曉諭爭點，並適時表明其法律上見解及適度開示心證，期使兩造當事人於專利民事訴訟中，分別就各項原則為陳述、聲明證據，並為適當完全之辯論。[107]

中國北京高級法院的「專利侵權判定指南」第60條與我國法院多數意見相同：「（第1項）禁止反悔的適用以被訴侵權人提出請求為前提，並由被訴侵權人提供專利申請人或專利權人反悔的相應證據。（第2項）在人民法院依法取得記載有專利權人反悔的證據的情況下，可以根據業已查明的事實，通過適用禁止反悔對權利要求的保護範圍予以必要的限制，合理確定專

---

[105] 尹新天，專利權的保護（第2版），知識產權出版社，2005年4月，頁455，引述美國Eneral Instrument Cop. V. Huges Aircraft Co. 226 U.S.P.Q 289 (1968)。

[106] 智慧財產案件審理法第8條：（第1項）法院已知之特殊專業知識，應予當事人有辯論之機會，始得採為裁判之基礎。（第2項）審判長或受命法官就事件之法律關係，應向當事人曉諭爭點，並得適時表明其法律上見解及適度開示心證。

[107] 蔡惠如，均等論及禁反言原則於專利民事訴訟上之適用與主張，2012/8/6，頁4/6，https://www.tipa.org.tw/p3_1-1 print.asp?nno=150。

利權保護範圍。」

#案例－智慧財產法院100年度民專上字第53號判決

原告（專利權人）：

於第一審程序，主張被告侵害其專利權；另針對被告之舉發，向智慧財產局申請更正申請專利範圍，並經准予更正。

被告：

向智慧財產局提起舉發。

一審法院：

依被告之陳述，認定被告已爲禁反言之抗辯，並初步公開心證「電晶體原則上均等範圍是可以擴張至其他電壓開關，但先前技術及禁反言阻卻均等範圍之擴張。」嗣認定被告所爲之禁反言抗辯可採，駁回原告之訴。

原告（專利權人）：

主張被告未曾爲禁反言之抗辯及舉證。

被告：

於二審程序，明確表明爲禁反言之主張。

二審法院：

一審法院所爲核屬行使闡明權、曉諭爭點，並適度開示心證，且被告於二審程序已主張禁反言。另依原告於舉發之答辯內容，認定原告之更正申請係爲克服先前技術，而與可專利性有關，且已限縮申請專利範圍。經判斷系爭產品有部分技術特徵不符合文義讀取且適用均等論，再爲禁反言之判斷，而有禁反言之適用。

#案例－智慧財產法院98年度民專訴字第136號判決

系爭專利：

　　請求項1：「一種寵物籠鎖扣接合裝置，……；數鎖扣，於其底部內側面樞接扣勾，據以卡設組入下組接塊二開槽內，而鎖扣內側壁則突伸有卡勾，以使卡勾嵌組於上組接塊二開槽內者。」

法院：

　　本案無需應用禁反言原則。禁反言原則之作用，係防止專利權人藉均等論，再主張維護專利權之任何階段或任何文件中已被限定或已被排除之事項，以限制申請專利範圍之擴張解釋，故應至適用均等論原則後，再加以討論與檢驗。因禁反言原則不容許專利權人藉均等論重為主張其原先已限定或排除之事項，是禁反言原則得為均等論之阻卻事由。系爭產品第1至4要件為系爭專利申請專利範圍第1項文義讀取，而第5要件之鎖扣組件，其與系爭專利物品為均等物，基於全要件原則分析，系爭產品已落入系爭專利申請專利範圍第1項之均等範圍，因主張禁反言有利於被告，應由其負舉證責任，而被告未主張禁反言，本院無庸向智慧財產局調閱申請歷史檔案，自無需進行禁反言之分析。

(4) 禁反言之判斷

　　被控侵權對象適用均等論，適用部分係專利權人已於申請、維護過程中放棄或排除之事項，則適用禁反言。例如申請專利範圍之技術特徵為A、B、C，被控侵權對象之對應元件、成分、步驟或其結合關係為A、B、D，雖然專利權人於申請時申請專利範圍中記載A、B、D，但於申請過程中已將A、B、D修正為A、B、C，應判斷被控侵權對象適用禁反言。惟若專利權人於申請、維護過程中已註明D與C為相同意義，且其修正或更正與可專利性無關，則被控侵權對象不適用禁反言。[108]

　　被控侵權對象構成均等侵權，被控侵權人主張系爭專利有禁反言之適用，法院須審理之。然而，實務上禁反言之認定，不一定要以有均等論之適

---

[108] 經濟部智慧財產局，專利侵害鑑定要點（草案），2004年10月4日發布，頁43。

用為前提，若法院認為被控侵權對象顯然適用禁反言，則可直接認定被控侵權對象未落入均等範圍，不必先認定適用均等論之後再決定是否適用禁反言。換句話說，禁反言與均等論二者在適用上產生衝突時，禁反言優先適用[109]。

　　若申請專利範圍曾有修正或更正，應探究其是否與可專利性有關。專利權人有義務於修正或更正時說明理由，若理由明確，應依其理由具體判斷是否適用禁反言；若理由不明確，得推定其與可專利性有關，適用禁反言。若專利權人能證明其修正或更正與可專利性無關，則應判斷被控侵權對象不適用禁反言[110]。禁反言之分析步驟及重點[111]：

A. 確認構成均等侵權之技術特徵。

B. 確認該技術特徵是否曾被申復或修正。

C. 考量該技術特徵所屬之請求項是否曾被限縮。

D. 若以上答案皆為肯定，應再確認該申復或修正理由是否有關可專利性。

E. 若申復或修正理由不明，應推定為有關可專利性。

F. 專利權人得舉反證，推翻前述之推定。

　　2004年Honeywell Int'l, Inc. v. Hamilton Sundstrand Corp.案[112]，於申請時已有一獨立項及一附屬項；經審查，美國專利商標局核駁該獨立項但未核駁該附屬項；嗣後申請人刪除獨立項並改寫該附屬項為獨立項，亦即將獨立項及附屬項中所載之全部技術特徵合併為一獨立項。美國聯邦巡迴上訴法院認為附屬項改寫為獨立項，結合了原獨立項之刪除，若附屬項之附屬技術特徵未見於被刪除之獨立項，則構成申請專利範圍之限縮。美國聯邦巡迴上訴法院認為可推定申請人放棄原獨立項較廣的範圍，而有申請歷史禁反言之適用，因為修正內容限縮原申請專利範圍（筆者註：法院係就原先二請求項所記載之「技術內容」的角度予以判決，因限縮原獨立項所記載之技術範圍，而有禁反言之適用）。專利權人爭辯，雖然放棄較寬廣的獨立項範圍，但法規規定附屬項必須改寫為獨立項，故就該附屬項而言未曾被限縮，得有未放棄該

---

[109] 經濟部智慧財產局，專利侵害鑑定要點（草案），2004年10月4日發布，頁43。

[110] 經濟部智慧財產局，專利侵害鑑定要點（草案），2004年10月4日發布，頁43。

[111] Festo Corporation v. Shoketsu Kinzoku Kogyo Kabushiki Co., Ltd., et al., 234 F.3d 558 at 586 (Fed.Cir. 2000).

[112] Honeywell Int'l, Inc. v. Hamilton Sundstrand Corp. 370 F.3d (Fed. Cir. 2004)(en banc).

請求項請求範圍之推定。（筆者註：專利權人係就附屬項之「申請程序」的角度，認為僅將原附屬項還原為獨立項，並未限縮原附屬項範圍，故無禁反言之適用）。但美國聯邦巡迴上訴法院不同意，認為其係依Festo判決，認定修正請求項時限縮了申請專利範圍所請求之申請標的的整個範圍（overall scope）。法院認為，專利權人修正請求項而明顯放棄申請標的某些範圍，推定有阻卻新請求項均等論之適用，因其修正理由係有關可專利性，改寫產生限縮的結果，即放棄原申請標的某些範圍，進而產生禁反言之推定。

美國聯邦巡迴上訴法院在Honeywell案引用Festo案認定禁反言，對於原獨立項未記載之技術特徵IGV，因附屬項記載該技術特徵，法院推定專利權人已放棄IGV技術特徵之均等範圍。前述結果是推定專利權人已放棄原附屬項中所載之技術特徵的均等範圍，雖然該附屬項從未被修正且從未被專利商標局以任何理由核駁。法院認為附屬項中所載可連結到原獨立項之技術特徵適用禁反言，而無均等論之適用，但原獨立項中所載未經修正之技術特徵仍有均等論之適用。

總而言之，美國聯邦巡迴上訴法院判決：原獨立項中所載之技術特徵經修正，或新增技術特徵，有禁反言之適用；原獨立項中所載之技術特徵未經修正，因未放棄其範圍，則無禁反言之適用。換句話說，若申請過程中刪除獨立項，並將其附屬項還原為獨立項，視為一種限縮請求項之修正，應推定為自願限縮申請專利範圍，而有禁反言之適用。專利界咸認此判決不合理，因刪除原獨立項保留附屬項，並非限縮獨立項，將該附屬項改寫為獨立項形式，係遵照專利商標局指示之行為，美國聯邦巡迴上訴法院前述的認定將導致後續申請案儘量不用附屬項。

筆者以為：法院判決並無不當，因為限縮申請專利範圍係依技術內容判斷，而非依請求項之撰寫形式判斷，附屬項範圍小於其所屬之獨立項範圍，將一大一小修正為一小範圍，就技術內容而言，係屬限縮範圍；即使該附屬項原本為獨立項，其結果亦不會改變。禁反言之適用與否，決定於是否曾限縮申請專利範圍所涵蓋的技術範圍，而非記載形式之變動。美國聯邦巡迴上訴法院曾表示：若申請專利範圍以結構用語記載一技術特徵，但因涵蓋範圍過大而無法為說明書所支持而被核駁，或申請專利範圍涵蓋說明書明示放棄之技術，嗣後將該技術特徵改寫為手段功能用語，其字義範圍僅能限於說明書所揭露之結構等及其均等物，仍不能主張均等論重新取回原已放棄之範

圍[113]。這個案件與前述的Honeywell案情固有不同，但美國聯邦巡迴上訴法院秉持的判斷原則不變，仍以申請專利範圍所涵蓋的技術範圍爲準，而非記載形式之變動。

　　Ranbaxy Pharmaceuticals Inc. v. Apotex, Inc.[114]案，申請案原本包含1項獨立項及9項附屬項，附屬項利用獨立項所請求之物質界定特別溶劑。經審查，除附屬項3、5及7外，因不明確及顯而易知而核駁其他請求項。申請人將該三附屬項改寫爲一獨立項，以馬庫西群組包含三種溶劑，而其已被分別記載在原附屬項3、5及7。然而，在新的獨立項中所載之用語已限縮原獨立項中之「高極性溶劑」，亦即進一步限制新的獨立項中以馬庫西群組所界定之溶劑群組。依Honeywell案，新的獨立項中所載之技術特徵與原附屬項3、5及7並無差異。美國聯邦巡迴上訴法院引用Festo案，認爲申請人爲釐清模稜兩可之文字、改進外語之翻譯或將附屬項改寫爲獨立項，不得認爲是放棄申請標的；但若有放棄，則以禁反言限制均等論之適用。因可專利性而修正請求項者，係放棄申請標的之範圍，僅改寫附屬項爲獨立項形式不會實質影響申請專利範圍。因此，推定專利權人已放棄「高極性溶劑」所涵蓋之均等範圍。這個結論比較符合Festo理論－修正過之技術特徵無均等範圍，但對於僅單純將附屬項改寫爲獨立項形式而非修正之情況，則適用禁反言。然而，依最高法院有關彈性阻卻之判決，其僅阻卻技術特徵中有關可專利性而修正之部分，尚不及於無關可專利性而修正之部分，故筆者認爲本件附屬項之附加技術特徵仍有均等範圍，但均等範圍實質相同之判斷標準不得爲「高極性」。因此，依Honeywell案之判決，可以合理推論馬庫西群組中之溶劑有禁反言之適用。

　　中國北京高級法院的「專利侵權判定指南」第57條規定禁反言之適用：「（第1項）對被訴侵權技術方案中的技術特徵與權利要求中的技術特徵是否等同進行判斷時，被訴侵權人可以專利權人對該等同特徵已經放棄、應當禁止其反悔爲由進行抗辯。（第2項）禁止反悔，是指在專利授權或者無效程式中，專利申請人或專利權人通過對權利要求、說明書的修改或者意見陳述的方式，對權利要求的保護範圍作了限制或者部分放棄，從而在侵犯專利

---

[113] J & M Corp. v. Harley-Davidson, Inc., 269 F.3d 1360, 1367-68 (Fed. Cir. 2001).

[114] Ranbaxy Pharmaceuticals, Inc. v. Apotex, Inc., No. 02-1429 (Fed. Cir. Nov. 26, 2003).

權訴訟中，在確定是否構成等同侵權時，禁止專利申請人或專利權人將已放棄的內容重新納入專利權保護範圍。」至於禁反言的細部內容則規定於第58條：「（第1項）專利申請人或專利權人限制或者部分放棄的保護範圍，應當是基於克服缺乏新穎性或創造性、缺少必要技術特徵和權利要求得不到說明書的支持以及說明書未充分公開等不能獲得授權的實質性缺陷的需要。（第2項）專利申請人或專利權人不能說明其修改專利檔原因的，可以推定其修改是為克服獲得授權的實質性缺陷。」第59條：「專利權人對權利要求保護範圍所作的部分放棄必須是明示的，而且已經被記錄在書面陳述、專利審查檔案、生效的法律文書中。」

#案例－智慧財產法院100年度民專上字第53號判決

系爭專利：

　　請求項1：「一種改良型號誌燈，其係設有一中空之管體，該管體內供安裝電池，使電池與管體中所設之金屬片電氣連接，該管體一端設有一透光罩，透光罩中設有一發光體，發光體係由可發出紅光之紅光發光二極體組、可發出綠光之綠光發光二極體組、可發出白光之白光發光二極體組所組成，發光體並設於管體中之一電路板上，電路板上並設有一控制電路，控制電路與發光體相連接，且並與該等金屬片電氣連接，令電池可供電予控制電路及發光體；其特徵在於：該管體外側表面上間隔設有數個可控制發光二極體組之按鈕，該等按鈕分別為控制紅光之紅按鈕、控制綠光之綠按鈕、控制白光之白按鈕，各按鈕分別與控制電路電氣連接；且該控制電路設有一電晶體及一另一電晶體，其中電晶體設於綠光發光二極體組與電池之間；而另一電晶體設於白光發光二極體組與電池之間。」

被告：

　　向智慧財產局提起舉發。

原告（專利權人）：

　　於第一審程序，主張被告侵害其專利權；另針對被告之舉發，向智

慧財產局申請更正申請專利範圍，並經准予更正。

一審法院：

依被告之陳述，認定被告已爲禁反言之抗辯，並初步公開心證「電晶體原則上均等範圍是可以擴張至其他電壓開關，但先前技術及禁反言阻卻均等範圍之擴張。」嗣認定被告所爲之禁反言抗辯可採，駁回原告之訴。

原告（專利權人）：

主張被告未曾爲禁反言之抗辯及舉證。

被告：

於二審程序，明確表明爲禁反言之主張。

二審法院：

一審法院所爲核屬行使闡明權、曉諭爭點，並適度開示心證，且被告於二審程序已主張禁反言。另依原告於舉發之答辯內容，認定原告之更正申請係爲克服先前技術，而與可專利性有關，且已限縮申請專利範圍。經判斷系爭產品有部分技術特徵不符合文義讀取且適用均等論，再爲禁反言之判斷，而有禁反言之適用。

有關申請專利範圍之解釋，涉及專利權範圍之界定，係屬法律適用之問題，倘若兩造對之有所爭執時，法院應依職權認定。而比對解釋後之系爭專利申請專利範圍與系爭產品，判斷系爭產品是否落入系爭專利權範圍，則屬事實認定之問題。有關均等論之適用，涉及申請專利範圍字義之擴張，依辯論主義，應由專利權人爲適用均等論之主張；至禁反言原則係屬妨礙專利權人請求之事由，本於辯論主義，即應由行爲人爲禁反言之主張，並以相關之申請歷史檔案爲判斷依據。

禁反言原則之適用，限於專利權人所爲之修正、更正、申復及答辯等，係與可專利性有關，並限縮其申請專利範圍者。所謂與可專利性有關，包含爲克服先前技術，以及其他與核准專利有關之其他要件（如可據以實施、書面揭露等），其認定係依專利權人當時就修正、更正、申復及答辯等所說明之理由，具體判斷是否與可專利性相關；如其理由說明不明確者，推認其與可專利性相關，惟專利權人證明其與可專利性無

關者,即不適用禁反言原則。另專利權人所爲之修正、更正、申復及答辯等,雖與可專利性有關,倘未限縮申請專利範圍,仍無禁反言原則之適用。此外,禁反言之阻卻範圍僅以專利權人限定或排除之部分爲限,並非對於該項技術特徵未經限定或排除之部分均不得再主張均等論之適用,以求周延保護專利權之均等範圍,避免不合理地判定專利權人放棄之範圍,惟就此經修正但未被排除之均等範圍的有利事實(如於修正、更正、申復及答辯等當時無法預見之均等範圍《如新興技術》;所爲修正、更正、申復及答辯等之理由與均等範圍之關連性甚低;無法合理期待專利權人當時即記載該均等範圍等),應由專利權人負舉證之責。

學理上就禁反言原則之探討,固有「解釋申請專利範圍之禁反言」與「均等論適用之禁反言」之分,前者認爲兼顧當事人利益與公共利益之考量,禁反言原則非僅屬抗辯,亦爲申請專利範圍之限制,法院於解釋申請專利範圍時,得審酌發明說明及圖式,亦須審究申請歷史檔案,不許專利權人於專利侵權訴訟中重行主張其已放棄之部分。後者則認爲禁反言原則源自誠信原則,係限縮專利權人所主張之均等範圍,且就技術特徵予以限縮,並非以申請歷史檔案重新解釋申請專利範圍、進而限縮專利權之文義範圍,是以於不構成文義侵權而進行均等論之判斷時,始進一步基於行爲人之主張判斷適用禁反言原則與否;至於判斷方式,有於認定系爭產品適用均等論時,再判斷禁反言原則之適用,亦有於被控侵權物顯然適用禁反言原則時,直接認定系爭產品未落入均等範圍。本院於本件民事訴訟係採後者之見解,並先判斷系爭產品是否有部分技術特徵不符合文義讀取且適用均等論之後,再爲禁反言原則之判斷。

更正內容係將系爭專利原申請專利範圍第1項之「控制電路」的「第一電壓開關」及「第二電壓開關」等上位概念技術特徵,均限縮爲系爭專利更正後申請專利範圍第1項之「電晶體」下位概念技術特徵,是以上訴人於系爭專利更正過程中,已將「電壓開關」(上位概念)限定爲「電晶體」(下位概念),且排除「電晶體」以外之其他「電壓開關」。

#案例－新北地方法院94年度智(一)字第37號判決

系爭專利：

請求項1：「一種記憶卡之訊號轉接器，包括一板型基座及固定於基座上、下兩面之基板，其特徵在於：……。」

爭執點：

系爭案之申請專利範圍第1項所謂「基板」是否限於「電路板」。

法院：

依系爭專利申請專利範圍第1項文義以觀，並未界定「基板」限於電路板，而就基板之字義觀之，所謂基板即係指「板子」，此觀系爭專利申請專利範圍第2項以下始有關於電路連接組態、導通元件、接點等之記載。而解釋申請專利範圍時，應考慮內部證據及外部證據，如內部證據已足使申請專利範圍清楚時，毋庸考慮外部證據。查系爭專利之說明書中，雖亦提及上、下基板為電路板，惟系爭專利之說明書中明確表示「以上所揭露者僅係本創作所應用範圍中之較佳實施方式而已，自不能用以限定本創作之權利，舉凡依本創作申請專利範圍中所作之均等變更或修飾者，應仍為本創作所涵蓋者」，自不得單以系爭專利之說明即認原告已限定系爭專利所稱之「基板」為電路板。專利權人在申請或維護專利權之過程中，為維護其專利之有效性，而放棄某些部分之專利權效力，基於禁反言之原則，應致專利權人喪失其所放棄部分之專利權效力。原告於被告舉發系爭專利時提出之專利舉發答辯理由書中記載：「系爭案在其上、下兩基板（即電路板）」等語，並稱：「系爭案在其上、下兩基板（即電路板）上均分佈有電路連接組態，……，其製程較單純，整體生產效率更高。引證二之第二實施方式……顯然將使製程更複雜，製造成本較高。此更能突顯出系爭案具備進步性的事實。」原告顯係強調系爭專利於結構單純之基板上設置電路組態及接觸元件（即為電路板）之優點，為系爭專利之進步性所在。足證原告於舉發案中，為達維護系爭專利有效性之目的，而強調其基板為電路板即屬系爭專利進步性所在，是系爭專利申請專利範圍第1項所稱之「基板」，即應限定於「電路板」，要屬無疑。

＃案例－智慧財產法院98年度民專訴字第41號判決

被告：

依系爭專利之專利說明書第5頁『創作之概要』，原告於專利申請時已限定或排除關於「一體成型構成橫向氣孔及縱向切縫」技術特徵之事項，其所採之技術與傳統膜片式一體成型之氣閥結構不同，原告不得重為主張其原先已限定或排除之事項，因而提出禁反言之主張。

原告：

提出財團法人中華工商研究院鑑定報告其結論認：「本案待鑑定物之構件內容、特徵，係為利用本案新型專利公告編號為第453151號「具有換氣系統之鞋子的氣閥結構」專利權之主要技術內容所為之創作改良，故應落入本案新型專利公告編號為第453151號「具有換氣系統之鞋子的氣閥結構」專利權之再發明（再創作）所含括之範圍內，並應適用專利法中有關再發明之實施規定。」

法院：

若待鑑定對象適用「均等論」，而其適用部分係專利權人已於申請至維護過程中放棄或排除之事項，則適用「禁反言」。「禁反言」為「申請歷史禁反言」之簡稱，係防止專利權人藉「均等論」重為主張專利申請至專利權維護過程任何階段或任何文件中已被限定或已被排除之事項。申請專利範圍為界定專利權範圍之依據，一旦公告，任何人皆可取得申請至維護過程中每一階段之文件，基於對專利權人在該過程中所為之修正、更正、申復及答辯的信賴，不容許專利權人藉「均等論」重為主張其原先已限定或排除之事項。因此，「禁反言」得為「均等論」之阻卻事由。

系爭產品就編號要件1至3部分與系爭專利之編號1至3要件部分符合文義讀取。就編號要件4部分與系爭專利之編號4要件部分不符合文義讀取部分，經均等論分析，由於系爭專利申請專利範圍第1項雖係以可組合之組件構成一進氣閥，而系爭產品則是以一體成型的方式形成。惟兩者技術之手段皆係「利用進氣孔及卡槽上插一膜片形成一進氣閥」，而該技術之功能皆係「使氣體僅成由外向內單向通氣」，而該技術之效

果則皆係「單壓縮放鬆後，鞋底空氣室成負壓狀態，使外部空氣得單向進入鞋底空氣室」，故兩者乃係以相同之技術手段，達成相同之技術功能，並產生相同之技術效果，故二者應視為均等。

　　經查，系爭專利說明書第4頁「傳統之技藝」中已敘述：「一般具有換氣系統之鞋子，通常其是於鞋跟之空氣室部位設有單向之進氣閥及出氣閥，例如第……號等專利案所揭示者。藉由上述單向氣閥，當鞋跟之空氣室被壓縮或由壓縮狀態恢復至原狀時，上述空氣室之空氣得經由出氣閥被壓送至鞋內，或外界空氣得經由進氣閥吸入上述空氣室中。上述引證案之氣閥結構，……均是於橫向氣孔側邊之縱向切縫中嵌入一膜片，藉由該膜片使上述氣閥形成單向之形態。唯查，為在鞋底空氣室周緣一體成型構成上述氣閥之橫向氣孔及縱向切縫，則形成該氣孔及切縫之模具出模較為複雜，因此生產成本較高。」此外，系爭專利說明書於第4頁至第5頁之「創作之概要」中亦界定：「有鑑於此，本案創作人從而研發一種換氣系統鞋子的氣閥結構，……，於鞋底上形成上述單向進氣閥及出氣閥之製作或組合較上述引証案更為簡單，可降低生產成本。」等語。由上述系爭專利說明書之敘述及界定，可清楚確定系爭專利之發明特徵主要在於改良習知「在鞋底空氣室周緣一體成型構成上述氣閥之橫向氣孔及縱向切縫」之結構。……，故該一體成型結構之習知技術與系爭專利之技術特徵對於系爭專利申請權人之主觀意識明顯應屬於不同之技術手段，且非屬系爭專利申請權人所欲請求保護之技術特徵，應屬明確。故該一體成型結構之習知技術特徵應視為專利權人於申請至維護過程中放棄或排除之事項，至為明確。而系爭產品要件編號4之技術特徵亦為習知「在鞋底空氣室周緣一體成型構成上述氣閥之橫向氣孔及縱向切縫」之結構，事實上該特徵乃係與原告所放棄或排除之第○○號之進氣閥技術特徵完全相同，故系爭產品適用「禁反言」原則，即系爭產品並未落入系爭專利申請專利範圍第1項之申請專利範圍。

筆者：法院已闡明「禁反言」為「申請歷史禁反言」之簡稱，基於對專利權人在該過程中所為之修正、更正、申復及答辯的信賴，不容許專利權人藉「均等論」重為主張其原先已限定或排除之事項。法院係以被控侵權對象與系爭專利之要件4均等，被控侵權對象為說明書中所載之先前

技術，進而認定請求項1有禁反言之適用。然而，依前述禁反言之判斷重點b及c，該技術特徵必須曾被申復或修正，該技術特徵所屬之請求項必須曾被限縮，始有禁反言之適用。專利權人未曾針對前述要件4進行修正或申復，從而未曾限縮請求項1，故難謂請求項1有禁反言之適用。按內部證據可以作為解釋申請專利範圍之基礎，說明書中所載之先前技術是專利權人有意排除、放棄之技術，故本件適用「辭彙編纂者原則」或「特別排除原則」解釋申請專利範圍，其文義範圍及均等範圍皆不及於該先前技術，始為客觀合理。

案例－智慧財產法院98年度民專上字第53號判決（98民專訴41之第二審）

系爭專利：

　　請求項1：「一種具有換氣系統之鞋子的氣閥結構，……；上述組合部包含有一可嵌合於上述組合孔中之嵌合管，及於該嵌合管之端部設有一平板狀之本體，及於該本體之前側設有與上述本體共同形成U形狀之支持部，及該支持部與本體間插設有一膜片。」

上訴人（原告）：

　　依系爭專利說明書第6、7頁就編號4技術特徵之記載，系爭專利並未排除僅僅使用組合孔的實施方式，而此方式即為傳統技藝中之「在鞋底空氣室周緣一體成形構成上述氣閥之橫向氣孔及縱向切縫」之技術。雖系爭專利說明書於傳統技藝中記載「在鞋底空氣周緣一體成型構成上述氣閥之橫向氣孔及縱向切縫，則形成該氣孔及切縫之模具出模較為複雜，因此生產成本較高」，惟整體觀察系爭專利之說明書記載，則傳統技藝中之「在鞋底空氣室周緣一體成形構成上述氣閥之橫向氣孔及縱向切縫」之技術，僅為實施方式生產成本較高之一部分，不應排除在系爭專利申請專利範圍第1項之申請權利範圍外，不構成禁反言問題。

被上訴人（被告）：

　　系爭產品所使用係進氣閥加膜片加貫通孔。縱使上訴人以均等論認

進氣孔與進氣閥，以及兩者的貫通孔間，並無功能、結果實質上之差異存在，然兩造技術仍有膜片與組合元件之差別。

　　本件有先前技術阻卻之適用：縱認膜片與組合元件未有功能、結構之實質差異，系爭產品採用之膜片技術，亦爲利用先前技術之進氣閥技術特徵「一體成型構成橫向氣孔及縱向切縫，並於該縱向切縫嵌入一膜片」（即新型公告第176259號專利之進氣閥技術），而阻卻侵權。

　　本件有禁反言原則之適用：系爭產品要件編號4之技術特徵爲習知「在鞋底空氣室週緣一體成型構成上述氣閥之橫向氣孔及縱向切縫」之結構，該特徵實乃原告於系爭專利專利說明書第5頁「創作之概要」所放棄或排除之新型公告第176259號「具有換氣裝置之鞋跟與鞋底之組合」專利之進氣閥技術特徵完全相同。故系爭產品適用禁反言原則，而未落入系爭專利申請專利範圍第1項。

法院：

　　系爭專利係以習用之具有換氣系統之鞋子爲改良對象，習用之具有換氣系統之鞋子具有換氣系統之鞋子，通常其是於鞋跟之空氣室部位設有單向之進氣閥及出氣閥。系爭專利之創作目的，在具有換氣系統鞋子之鞋底上設主要包含有進氣閥及出氣閥之氣閥結構；其功效在於上述單向進氣閥及出氣閥之製作或組合更爲簡單，生產成本因此降低。

　　經解析系爭專利請求項第1項範圍，其技術特徵可解析爲4個要件，分別爲編號1要件「一種具有換氣系統之鞋子的氣閥結構」；編號2要件「其主要包含有於鞋底空氣室之側壁及隔離部區域設有單向形態之進氣閥及出氣閥」；編號3要件「上述出氣閥結構是於隔離部之肉厚處設有一貫通孔，該貫通孔是由空氣室之底部向空氣道之上部方向形成傾斜狀態；及於該貫通孔中形成有錐狀擴大部；及於該擴大部中放置有一遮著貫通孔之膜片」；編號4要件「上述進氣閥包含有：於鞋底空氣室之側壁設有一橫向組合孔，及設有一爲分離元件之組合部；上述組合部包含有一可嵌合於上述組合孔中之嵌合管，及於該嵌合管之端部設有一平板狀之本體，及於該本體之前側設有與上述本體共同形成U形狀之支持部，及該支持部與本體間插設有一膜片。」系爭產品的技術內容編號1至3部分均可自系爭專利申請專利範圍第1項中讀取，而編號4部分，……無法

完全讀取，而不符文義侵權，則應進一步為均等論之探討。

　　茲分述編號4部分之技術手段、功能及效果如下：(1)技術手段：系爭專利之氣閥結構係利用組合孔中插設有一具有活動膜片之組合部而形成一進氣閥；而系爭產品之氣閥結構係利用橫向氣孔側邊之縱向切縫中嵌入一膜片而形成一進氣閥。故二者之技術手段並不相同。(2)功能：系爭專利於鞋底空氣室之側壁及隔離部區域設有單向形態之進氣閥及出氣閥，當鞋跟之空氣室中之空氣被壓縮時，其空氣壓力得推動出氣閥之膜片打開，使空氣得以經由貫通孔進入鞋內；當鞋跟之空氣室由壓縮狀態恢復至原狀時，由於空氣室呈負壓狀態，因此上述被打開之膜片再次被反向推動而使貫通孔被遮蔽而關閉，亦即出氣閥被關閉，外界空氣得經由進氣閥被吸入空氣室中。而系爭產品同設有單向氣閥結構（於橫向氣孔側邊之縱向切縫中嵌入一膜片，藉由該膜片使氣閥形成單向之形態），即於鞋跟之空氣室部位設有單向之進氣閥及出氣閥，當鞋跟之空氣室被壓縮或由壓縮狀態恢復至原狀時，空氣室之空氣得經由出氣閥被壓送至鞋內，或外界空氣得經由進氣閥吸入空氣室中。是二者之換氣系統均使氣體形成由外向內單向通氣，其功能係屬相同。(3)效果：系爭專利及系爭產品均為單壓縮放鬆後，鞋底空氣室成負壓狀態，使外部空氣得單向進入鞋底空氣室，故就此部分二者所欲達成之換氣、通氣效果相同。惟系爭產品在鞋底空氣室周緣一體成型構成氣閥之橫向氣孔及縱向切縫，而形成該氣孔及切縫之模具出模較為複雜，其生產成本較高。然系爭專利之氣閥結構包含進氣閥、出氣閥、及一分離元件之組合部，該組合部包含嵌合管、本體、支持部及膜片，藉由上開結構，使於鞋底上形成單向進氣閥及出氣閥之製作或組合更為簡單，而降低生產成本。是以二者有關製造、組合及生產成本之效果並不相同。(4)綜上所述，系爭產品之技術手段及效果，與系爭專利申請專利範圍第1項並非實質相同，此部分即非均等，而不適用均等論，故系爭產品並未落入系爭專利申請專利範圍第1項之權利範圍。而本件既無均等論之適用，即無須再為分析有關禁反言、先前技術阻卻之適用。

　　縱認系爭產品……，落入系爭專利申請專利範圍之均等範圍。而被上訴人抗辯系爭產品係使用公告第176259號專利之先前技術所製作等

語，即應再爲先前技術阻卻之適用與否之侵權分析。經查：1.上訴人於系爭專利說明書已載明公告第176259號之新型專利爲先前技術之一，而爲系爭專利所欲改良之處。公告第176259號之新型專利申請專利範圍，其主要技術特徵即在鞋底空氣室周緣一體成型構成上述氣閥之橫向氣孔及縱向切縫之結構。而系爭產品之氣閥結構係利用橫向氣孔側邊之縱向切縫中嵌入一膜片而形成一進氣閥，藉由該膜片使上述氣閥形成單向之形態，其所採取之技術手段即前揭一體成型結構。觀諸系爭產品之技術內容，乃此新型專利（即系爭專利所指之先前技術）之實施，無由容許系爭專利之均等範圍恣意擴張至先前技術之範疇。是系爭產品有「先前技術阻卻」之適用，可阻卻均等侵權，故系爭產品並未落入系爭專利之權利範圍。

(5) 美國Festo v. Shoketsu Kinzoku Kogyo Kabushiki 案[115]

　　美國聯邦最高法院於Warner-Jenkinson v. Hilton Davis案中肯認禁反言得阻卻均等論之適用，對於申請、維護專利之程序中所爲「有關可專利性」之修正，適用禁反言。惟最高法院並未進一步說明「有關可專利性」是否包括「可據以實施」（enablement）、「書面揭露」（written description）等其他要件，亦未說明是否請求項一經修正即完全阻卻請求項之均等範圍。

　　對於前述問題，美國聯邦最高法院於2002年Festo Corporation v. Shoketsu Kinzoku Kogyo Kabushiki Co., Ltd.[116]案中判決：任何與核准專利有關之要件，例如可據以實施、書面揭露等，均有關可專利性；但禁反言僅能彈性限制均等論，並將是否有適用均等論之空間的證明責任由專利權人負擔。

---

[115] 1988年原告提起專利侵權訴訟，獲地方法院判決勝訴，被告上訴，聯邦巡迴上訴法院合議庭維持原判（Festo II），被告仍不服再上訴，最高法院接受被告之上訴，將原判決廢棄，全案發回更審（Festo III），更審後，聯邦巡迴上訴法院合議庭仍維持地方法院之原判決（Festo IV），嗣後該上訴法院又接受被告之聲請，自行廢棄Festo IV之判決，決定召開全院審判，針對5項具體問題進行辯論及判決（Festo V）Festo Corporation v. Shoketsu Kinzoku Kogyo Kabushiki Co., Ltd., et al., 72 F.3d 857 (Fed.Cir. 1995)(Festo II),vacated and remanded, 520 U.S. 1111, 117 S.Ct. 1240, 137 L.Ed.2d 323 (1997)(Festo III), 187 F.3d 1381 (Fed.Cir. 1999)(Festo IV), 234 F.3d 558 (Fed.Cir. 2000)(Festo V).

[116] Festo Corporation v. Shoketsu Kinzoku Kogyo Kabushiki Co., Ltd., et al., 122 S.Ct. 1831, 1833 (2002).

　　Festo案涉及二項專利，係有關磁化無桿汽缸推動裝置，由汽缸、汽缸內部之活塞及包覆汽缸外部之套筒三者組成，特徵在於此裝置係利用位於汽缸內之磁性活塞帶動汽缸外部之套筒。專利權人Stoll（US 4,354,125）請求項之技術特徵包括外部套筒為可磁化之物質及得將附著於汽缸內壁之雜質移除的密封環，其中技術特徵「可磁化之物質」係申請過程中所增加而限縮申請專利範圍。專利權人Carroll（US 3,779,401）請求項之技術特徵「一對活塞上之密封環」係再審查程序（類似我國的舉發程序）中所增加而限縮申請專利範圍。被控侵權對象具有單一個雙向密封環，且其外部套筒為無法磁化之鋁合金，故對於前述二請求項不構成文義侵權。

　　經過各級法院反復審理，美國聯邦巡迴上訴法院召開全院聯席聽證，針對其所提之五項具體問題進行言詞辯論並做出判斷[117]（Festo V），針對其中問題1、3及4，最高法院亦做出判斷[118]。就該五項問題簡介如下。

A. 可專利性之意義

　　問題1：最高法院於Warner-Jenkinson案中指出，申請、維護專利之程序中因有關可專利性之修正而限縮申請專利範圍者，適用禁反言。惟其是否必須限於為克服先前技術之修正？與核准專利有關之其他要件是否包括在內？

　　美國聯邦巡迴上訴法院多數意見認為：任何與核准專利有關之要件，例如可據以實施、書面揭露等，均有關可專利性，否則無法取得專利，即使取得專利亦可能判決無效。禁反言之作用在於維護申請專利範圍之公示效果，排除專利權人重新取回其已放棄之部分，故任何為符合專利法所規定之要件所為限縮申請專利範圍之修正，均應適用禁反言，沒有理由將禁反言之適用僅限於為克服先前技術之修正。若專利權人能證明其修正與可專利性無關，則不適用禁反言。

　　最高法院支持此判決，認為：禁反言是一種建構專利權範圍的原則，以保證申請專利範圍的解釋是參照已被取消或被駁回的參考資料予以建構。最高法院表示申請人在申請、維護專利之程序中不同意審查人員之核駁意見，得循救濟管道上訴，若為取得專利，放棄上訴而有意修正申請專利範圍者，

[117] Festo Corporation v. Shoketsu Kinzoku Kogyo Kabushiki Co., Ltd., et al., 234 F.3d 558 at 563-4 (Fed.Cir. 2000).

[118] Festo Corporation v. Shoketsu Kinzoku Kogyo Kabushiki Co., Ltd., et al., 122 S.Ct. 1831, 1833 (2002).

表示申請人承認限縮之申請專利範圍無法擴及修正前之範圍，則不得於專利侵權訴訟中再主張被放棄之部分為其均等範圍。反之，若未限縮申請專利範圍，即使係有關可專利性之修正，應無禁反言之適用，不影響專利權人主張均等論的權利。

B. 主動、被動修正的考量

問題2：依Warner-Jenkinson案之判決，專利權人所為之修正非依審查人員之通知，而係主動提出者，是否不適用禁反言？

美國聯邦巡迴上訴法院多數意見認為：申請專利範圍中被放棄之部分一旦公示即告確定，不論是專利權人主動提出或被動依審查人員之通知修正而限縮申請專利範圍，均有適用禁反言之可能。再者，申復說明申請專利範圍，亦不論主動或被動，只要限縮申請專利範圍，均有適用禁反言之可能。

C. 禁反言阻卻之範圍

問題3：依Warner-Jenkinson案之判決，專利權人提出修正而限縮申請專利範圍，有禁反言之適用，對於經修正之技術特徵，是否仍有主張適用均等論之餘地？

美國聯邦巡迴上訴法院多數意見推翻自1983年Hughes Aircraft Co. v. United States案以來所持禁反言對均等論之適用具有程度不一之阻卻[119]的彈性阻卻說（flexible bar），而改採完全阻卻說（complete bar）。

彈性阻卻，指即使於申請、維護專利之程序中修正並限縮申請專利範圍，而於專利侵權訴訟中，對於經修正之技術特徵，僅就涉及有關可專利性而修正之部分不得主張均等範圍，至於不涉及有關可專利性而修正之部分仍得主張均等範圍。完全阻卻，指若於申請、維護專利之程序中修正並限縮申請專利範圍，對於經修正之技術特徵，只要其係涉及有關可專利性之修正，則該技術特徵不得主張均等範圍。以Warner-Jenkinson案為例，專利權人修正申請專利範圍加入「pH值6.0至9.0」之技術特徵，pH值9.0係為克服先前技術所為之修正，無論依彈性阻卻說或完全阻卻說，均不得主張pH值9.0以上之均等範圍。惟若專利權人能提出反證，推翻法院所為pH值6.0係有關可專

---

[119] Hughes Aircraft Co. v. United States, 717 F.2d 1351 (Fed. Cir. 1983) (…prosecution history estoppel "may have a limiting effect" on the doctrine of equivalents "within a spectrum ranging from great to small to zero"…)

利性之修正的推定，依彈性阻卻說，仍得主張pH值6.0以下之均等範圍，但依完全阻卻說，則不得主張pH值6.0以下之均等範圍。

美國聯邦巡迴上訴法院多數意見認為：採取彈性阻卻說會使專利權範圍不可預測，以致社會大眾從事迴避設計或技術改良時，必須面對專利侵權訴訟之威脅，常造成當事人各執一詞，非經爭訟至上訴審階段，幾乎無法確定均等範圍，故改採完全阻卻說，對於經修正之技術特徵，均不得再主張適用均等論。屬於少數意見的Rader法官認為完全阻卻說會導致經修正之請求項的專利權範圍不及於新興技術，而新興技術正是以均等論衡平考量的重點之一，結果勢必影響專利之價值，變相鼓勵他人仿冒抄襲。

最高法院認為：禁反言是要讓發明人維持其在申請過程中曾經表明的立場，並承擔修正內容所能合理推導的後果。禁反言的基本理論係對於專利權人在申請、維護專利之程序中就申請專利範圍所為之主張，包括修正而限縮申請專利範圍，嗣後不得於專利侵權訴訟中為相反之主張。適用均等論的主要理由為界定申請專利範圍之文字無法完整表達發明之內容，即使修正申請專利範圍之後，此理由仍未消失，修正僅能顯示專利權範圍不包含什麼，但無法顯示專利權範包含什麼。因此，最高法院不支持美國聯邦巡迴上訴法院有關完全阻卻說之多數意見，改採彈性阻卻說，判決禁反言並未完全阻卻均等論之適用，阻卻範圍限於專利權人放棄之部分，未放棄之部分不受影響。

D. 推定禁反言阻卻之範圍

問題4：依Warner-Jenkinson案之判決，若修正申請專利範圍的原因不明，應推定為有關可專利性之修正，則專利權人是否有主張均等論之空間？

聯邦巡迴上訴法院依完全阻卻說，認為專利權人不得主張均等論。

依前述C.「禁反言阻卻之範圍」，若申請人修正申請專利範圍，而被認定放棄之部分包括其無法預見的均等範圍，例如新興技術，則顯然不合理，故美國聯邦最高法院支持彈性阻卻說，惟將經修正但未放棄之均等範圍的舉證責任由專利權人負擔[120]。最高法院並特別列舉三種可能的反證[121]：

---

[120] Festo Cor. v. Shoketsu Kinzoku Kogyo Kabushiki Co., Ltd., et al., 122 S.Ct. 1842, (2002) (… we hold here that the patentee should bear the burden of showing that the amendment does not surrender the particular equivalent in question…. A patentee's decision to narrow his claims through amendment may be presumed to be a general disclaimer of the territory between the original claim and the amended claim.)

[121] Festo Cor. v. Shoketsu Kinzoku Kogyo Kabushiki Co., Ltd., et al., 122 S.Ct. 1842, (2002)

a. 不可預見性：申請時不能預見的均等範圍。

b. 關聯薄弱性：修正理由與均等範圍之間的聯繫關係非常薄弱。

c. 合理期待性：因某些理由，無法合理期待專利權人於申請時記載該均等範圍。

E. 禁反言與全要件原則

　　問題5：若判決被控侵權對象侵害專利權範圍，依Warner- Jenkinson案之判決，是否違反全要件原則？

　　美國聯邦巡迴上訴法院認為：若禁反言無法阻卻被控侵權對象適用均等論，始須判斷全要件原則，而本案適用禁反言，故二者之間的競合不待討論。

案例－Funai Electric Company, Ltd., v. Daewoo Electronics Corporation[122]

系爭專利：

　　第1項：「一種於磁帶唱盤防止驅動馬達的噪音及震動傳遞之機構，包含：一唱盤底部，……一馬達裝設於該唱盤底部以驅動……該馬達為一直接驅動馬達，……；該馬達為電絕緣於該唱盤底部；……；該直接驅動馬達包括……，及一軸承支架……，且該直接驅動馬達透過該軸承支架裝設於該唱盤底部；其中該軸承支架係由<u>絕緣材料</u>（insulating material）所製成。

被控侵權產品：

　　使用92%樹脂加上8%碳纖維。

(There are some cases, however, where the amendment cannot reasonably be viewed as surrendering a particular equivalent. The equivalent may have been unforeseeable at the time of the application; the rational underlying the amendment may bear no more than a tangential relation to the equivalent in question; or there may be some other reason suggesting that the patentee could not reasonably be expected to have described the insubstantial substitute in question.)

[122] Funai Electric Company, Ltd., v. Daewoo Electronics Corporation, 616 F.3d 1357 (Fed. Cir. 2010).

上訴人（被告）：

　　主張地院對於「絕緣材料」之解釋有誤；並援引Festo及Honeywell案主張系爭專利請求項1曾因被核駁而有修正，適用禁反言，故應推定原告已放棄「絕緣材料」之均等範圍。

聯邦巡迴上訴法院：

　　檢視系爭專利的申請歷史，USPTO曾以顯而易見爲由核駁，申請人將附屬項2、4併入獨立項1後，取得專利。原附屬項4記載：如請求項1中所載馬達以電絕緣方式裝設於唱盤底部，其係採用「絕緣材料」所製成的「軸承支架」。申請人將附屬項4併入獨立項1，雖然放棄原附屬項4中所記載之技術特徵的均等範圍，但因「絕緣材料」並未被核駁，屬於Festo案中所稱「(2)修正理由與均等範圍之間的聯繫關係非常薄弱」，故僅「軸承支架」無均等範圍。換句話說，原告不得主張採用「軸承支架」以外的產品落入系爭專利的均等範圍，但仍可主張「絕緣材料」的均等範圍。因此，判決：雖然被控侵權產品並不完全絕緣，而未落入系爭專利的文義範圍，但仍落入其均等範圍。

3. 先前技術阻卻

　　專利權人專有排除他人未經其同意而實施其創作之權。然而，基於先占之法理，申請專利前已公開而能爲公眾得知、已揭露於另一先申請案或對於先前技術並無貢獻之創作，無授予專利之必要[123]。若前述創作取得專利權，爲維護公眾利益，於專利侵權訴訟階段，被控侵權人得抗辯該專利權無效，或主張該專利權爲申請前之先前技術，而阻卻其專利權利。

(1) 先前技術阻卻之意義

　　先前技術阻卻，指被控侵權對象與申請專利之前的先前技術相同，或爲具有通常知識者依申請日之前的先前技術能輕易完成者，得阻卻均等論之適用。無論先前技術是否取得專利權，不容許專利權人藉均等論擴張而涵括先前技術，故被控侵權人得主張先前技術阻卻均等論之適用，以限制原告藉均

---

[123] 經濟部智慧財產局，專利審查基準，2013年版，頁2-3-2及頁2-3-14。

等論不當擴張其保護範圍[124]。

按申請專利範圍經授予公告，其專利權範圍即固定不變。相對於前述說法，均等論之適用會擴張其專利權範圍，是否兩相矛盾？若稱均等論並未擴張專利權範圍，然而，專利係經審查符合新穎性、進步性，況且為維持專利有效性尚得以先前技術限縮解釋申請專利範圍，為何先前技術可以阻卻均等論？就前述問題點，美國聯邦巡迴上訴法院業於1990年Wilson Sporting Goods Co. v. David Geoffrey[125]案表示意見：均等論並非擴張專利權的保護範圍，亦非讓專利權人占有系爭專利申請前已屬於社會大眾的公有財產。均等論的存在是防止剽竊，而非給予專利權人從專利商標局不能合法取得的事物，故專利權人不得以均等論獲取其申請專利範圍未涵蓋的範圍。先前技術可以限制申請人請求的範圍，先前技術當然可以阻卻申請專利範圍的均等範圍。

專利侵權訴訟中，判斷被控侵權對象適用均等論之後，應再判斷先前技術是否能阻卻均等論之適用，若先前技術能阻卻均等論之適用，被控侵權對象不構成侵權。然而，實務上先前技術阻卻之認定，不一定要以有均等論之適用為前提，若法院認為被控侵權對象顯然適用先前技術阻卻，則可直接認定被控侵權對象未落入均等範圍，不必先認定適用均等論之後再決定是否適用禁反言。換句話說，先前技術阻卻與均等論二者在適用上產生衝突時，先前技術阻卻優先適用。

無專利權之先前技術（自由公知技術）係公共財產，任何人均得自由利用。專利權人藉均等論將專利權範圍過度擴張，而使均等範圍涵蓋系爭專利申請日前已公開之先前技術，並不符合公平原則，故均等論之適用不僅受全要件原則及禁反言等之限制，亦應受先前技術阻卻之限制。由於均等論為不具體的法律概念，界限模糊不明確，透過被控侵權人所主張的禁反言、先前技術等，可以阻卻均等範圍的不當擴張並明確其界限，故以先前技術限制均等範圍可以平衡專利權人及社會大眾之利益，亦符合先占之法理。

基於公益與私益之平衡及先占之法理，除前述以自由公知技術阻卻均等範圍的情形外，另衍生是否可將先前技術阻卻之適用場合擴及文義範圍、是否可將先前技術的範圍擴及先申請後公開的先前技術、先前技術阻卻的判斷

---

[124] 經濟部智慧財產局，專利侵害鑑定要點（草案），2004年10月4日發布，頁44。
[125] Wilson Sporting Goods Co. v. David Geoffrey & Associates, 904 F.2d 677 (Fed. Cir. 1990).

標準等問題，逐一分別說明如後。

(2) 先前技術之適用場合

　　專利權範圍應以申請專利範圍為準。依美國專利侵權訴訟實務，先前技術阻卻係基於衡平衍生而來，主張先前技術阻卻僅能限縮專利權之均等範圍，不得據以重新改寫申請專利範圍，以限縮專利權之文義範圍。

　　我國專利權之授予係一種授益之行政處分，專利權有效與否應由行政機關認定。基於權力分立原則，專利權有效性之核定對於法院產生確認效力。一旦專利審定核准後，若未經舉發撤銷該專利權或專利權人未放棄該專利權，該專利權應被認定為有效。專利侵權訴訟中，被告認為系爭專利違反專利要件或涵蓋先前技術，應透過行政程序撤銷該專利權。若被控侵權對象既落入專利權之文義範圍，又與先前技術相同或依先前技術能輕易完成，顯然該專利違反專利要件，被告應透過舉發程序予以解決，而非主張先前技術阻卻。

　　然而，智慧財產案件審理法第16條：「（第1項）當事人主張或抗辯智慧財產權有應撤銷、廢止之原因者，法院應就其主張或抗辯有無理由自為判斷，不適用民事訴訟法、行政訴訟法、商標法、專利法、植物品種及種苗法或其他法律有關停止訴訟程序之規定。（第2項）前項情形，法院認有撤銷、廢止之原因時，智慧財產權人於該民事訴訟中不得對於他造主張權利。」其意旨在於使同一智慧財產權所生之紛爭得於同一訴訟程序中一次解決。我國訴訟制度採民、刑事與行政訴訟二元分立之訴訟體制，經行政機關審查而取得之專利權，其授予與剝奪，係屬行政之專權事項，依前述第2項，民事法院認有撤銷、廢止之原因，僅於該訴訟發生相對之效力，專利權人於其他訴訟仍得主張其權利，且並非逕行撤銷該專利權。

　　被控侵權對象對於系爭專利構成均等侵權，且與先前技術相同或依先前技術能輕易完成者，系爭專利並不必然違反專利要件。另有一種見解認為均等侵權分析要求之相近程度高於進步性，且進步性判斷之條件較為寬鬆，換句話說，申請專利範圍與先前技術比對不具進步性，但被控侵權對象與申請專利範圍比對，仍可能構成均等侵權，故捨舉發專利權無效之程序而不為，僅在專利侵權訴訟中主張先前技術阻卻，不利於被告。為符合公平原則，我國「專利侵害鑑定要點」（草案）傾向美國之觀點，建議先前技術阻卻僅適用於構成均等侵權，不適用於文義侵權的場合。

2002年美國聯邦巡迴上訴法院於Tate Access Floors, Inc. v. Interface Architectural Res., Inc.[126]案中判決先前技術阻卻僅適用於均等侵權，法院認為：均等範圍不得擴張至涵蓋先前技術或以先前技術為基礎顯而易見之部分，理由在於均等論之適用係將專利權範圍延伸至文義範圍之外，但均等論係基於衡平，延伸專利權範圍必須受先前技術之限制，故不適用於文義侵權。在美國，依35 U.S.C第282條第2項，被告抗辯專利無效必須提出清楚而令人信服的證據（clear and convincing evidence）；主張先前技術阻卻，僅須提出優勢證據（preponderance of the evidence）。若被控侵權對象構成系爭專利之文義侵權，而仍允許被告主張先前技術阻卻，無異變相鼓勵被告逃避專利無效訴訟較重的舉證責任。

中國專利法第62條規定：「在專利侵權糾紛中，被控侵權人有證據證明其實施的技術或者設計屬於現技術或者現有設計的，不構成侵犯專利權。」中國最高法院的「關於專利權糾紛案件的解釋」第14條：「被訴落入專利權保護範圍的全部技術特徵，與一項現有技術方案中的相應技術特徵相同或者無實質性差異的，人民法院應當認定被訴侵權人實施的技術屬於專利法第六十二條規定的現有技術。」顯示中國的專利侵權訴訟程序中得以先前技術阻卻文義範圍及均等範圍。日本最高法院認為先前技術阻卻適用於文義侵權及均等侵權二種情況。

雖然專利權人專有排除他人未經其同意而實施其創作之權，然而，基於先占之法理，申請專利之前已為第三人或被控侵權人所先占之技術，專利權人不得主張為其權利範圍（若以先前技術阻卻均等範圍，則為專利權之均等範圍過度擴張；若以先前技術阻卻文義範圍，則系爭專利為誤准之專利

---

[126] Tate Access Floors, Inc. v. Interface Architectural Res., Inc. 279 F.3d 1357, 1366-67 (Fed. Cir. 2002) (Interface cites several doctrine of equivalents cases in an attempt to bolster its "practicing the prior art" defense to literal infringement. They hold that the scope of equivalents may not extend so far as to ensnare prior art. …With respect to literal infringement, these cases are inapposite. The doctrine of equivalents expands the reach of claims beyond their literal language. That this expansion is guided and constrained by the prior art is no surprise, for the doctrine of equivalents is an equitable doctrine and it would not be equitable to allow a patentee to claim a scope of equivalents encompassing material that had been previously disclosed by someone else, or that would have been obvious in light of others' earlier disclosures. But this limit on the equitable extension of literal language provides no warrant for constricting literal language when it is clearly claimed.)

權）。先前技術阻卻之目的係平衡專利權人與社會大眾之利益，將先前技術阻卻僅適用於限制均等論，而對於已為第三人或被控侵權人先占的專利權，被控侵權人僅能向行政機關提起舉發或在民事訴訟程序中抗辯專利無效，似乎背離現階段產業競爭激烈的現狀，緩不濟急。順應產業發展趨勢，筆者以為，當被控侵權對象落入系爭專利之文義範圍及落入均等範圍二種情況，被控侵權人皆可以主張先前技術抗辯，理由如下：

A. 防止專利權濫用：基於先占之法理，自由公知技術或已為第三人或被控侵權人取得之專利權皆非專利權人所得主張，故主張先前技術阻卻不宜僅限於適用均等論的情況。

B. 訴訟經濟：在技術全球化、產業競爭激烈的情況下，技術生命週期越來越短，時間就是金錢，先前技術阻卻適用於文義侵權的情況可以爭取時效，避免專利舉發案複雜、冗長的程序。雖然依智慧財產案件審理法第16條，亦可以紛爭一次解決，惟專利權是否有效之判斷仍然相對複雜，若先前技術阻卻之判斷相對容易，何樂而不為。

C. 避免見解歧異：針對同一件專利權，行政機關及司法機關分別進行舉發審查及侵權訴訟，有可能產生見解歧異的結果，益添紛爭及程序的冗長、複雜。

D. 新型專利僅經形式審查：依專利法第112條，新型專利僅經形式審查，取得專利權之前，未審查新穎性、進步性等相對要件，可能為先前技術所涵蓋。雖然依專利法第116條規定：「新型專利權人行使新型專利權時，如未提示新型專利技術報告，不得進行警告。」然而，提示新型專利技術報告進行警告，僅係防止權利之濫用，並非限制人民訴訟權利。新型專利的侵權訴訟，專利權人仍有可能未提示新型專利技術報告作為訴訟證據；即使提示新型專利技術報告，該報告仍可能未敘及被控侵權人所主張之先前技術。

(3) 先前技術的範圍

　　先前技術，應涵蓋申請前所有能為公眾得知（available to the public）之資訊，並不限於世界上任何地方、任何語言或任何形式，例如文書、網際網路、口頭、展示或使用等[127]。申請前，指發明申請案申請日之前，不包含申

---

[127] 經濟部智慧財產局，專利侵害鑑定要點（草案），2004年10月4日發布，頁43～44。

請日；主張優先權者，則指優先權日之前，不包含優先權日，並應注意申請專利之發明各別主張之優先權日[128]。

　　無專利權之先前技術屬於公共財產，任何人均得自由利用。對於有專利權之先前技術而言，基於私法關係的請求原則，法院無權判決另一個法律關係，故被控侵權對象是否侵害該先前技術之專利權與其是否侵害系爭專利權無關[129]。因此，無論先前技術是否有專利權，無論該先前技術為第三人或被控侵權人自己所創作，無論該先前技術是否能使系爭專利無效，均得據以主張先前技術阻卻。

　　依專利法第26條第1項：「說明書應明確且充分揭露，使該發明所屬技術領域中具有通常知識者，能瞭解其內容，並可據以實現。」另依第58條第4項：「發明專利權範圍，以申請專利範圍為準，於解釋申請專利範圍時，並得審酌說明書及圖式。」再依其施行細則第17條第1項，說明書應載明：發明名稱、技術領域、發明內容、圖式簡單說明、實施方式及符號說明等。說明書應記載申請專利之發明的技術內容，包括發明所欲解決之問題、解決問題之技術手段及對照先前技術之功效。因此，說明書中所載之內容包括申請專利範圍中所載之技術、申請人放棄的技術及其自認的先前技術。被控侵權人主張先前技術阻卻，除系爭專利申請前第三人或自己所取得之專利權外，尚得主張該第三人或自己之專利說明書中所載其已放棄的技術及其自認的先前技術，因為該技術皆屬先前技術，系爭專利權人不得據以主張為其權利範圍。

　　對於申請在先而在系爭專利申請後始公開或公告之發明或新型專利先申請案，其原本並不構成先前技術的一部分，惟依專利法之規定，該先申請案所附說明書、申請專利範圍或圖式揭露之內容，仍屬於擬制喪失新穎性之先前技術[130]。就系爭專利而言，前述先申請後公開之先前技術為第三人或被控侵權人先占之技術範圍，既經申請專利並公開，以致其並非系爭專利權人所得主張為其權利範圍，故筆者以為被控侵權人亦得據以主張先前技術阻卻。惟應注意者，該先前技術必須是國內專利權，不得為國外專利權，此為專利

---

[128] 經濟部智慧財產局，第二篇發明專利實體審查基準，2013年版，頁2-3-3。
[129] 尹新天，專利權的保護，專利文獻出版社，1998年11月，頁374。
[130] 經濟部智慧財產局，第二篇發明專利實體審查基準，2013年版，頁2-3-12。

屬地主義之考量。至於先前技術與系爭專利權爲同日申請者，因其未先占，自當無先前技術阻卻之適用，其理自明。

中國北京高級法院的「專利侵權判定指南」第126條：「現有技術，是指專利申請日以前在國內外爲公眾所知的技術。……。」第127條將先前技術的範圍擴及先申請後公開的專利權：「（第1項）抵觸申請不屬於現有技術，不能作爲現有技術抗辯的理由。但是，被訴侵權人主張其實施的是屬於抵觸申請的專利的，可以參照本指南第125條關於現有技術抗辯的規定予以處理。（第2項）抵觸申請，是指由任何單位或者個人就與專利權人的發明創造同樣的發明創造在申請日以前向國務院專利行政部門提出申請並且記載在申請日以後公佈的專利申請文件或者公告的專利文件中的專利申請。」

對於系爭專利申請日前已創作完成但未申請之發明，專利法第59條第1項第3款規定：「申請前已在國內實施，或已完成必須之準備者。」爲發明專利權之效力所不及，咸稱「先使用權」，作爲先申請主義與先創作主義之平衡。主張先使用權之創作通常尚未公開，故非屬先前技術，不得據以主張先前技術阻卻。

＃案例－智慧財產法院98年度民專訴字第136號判決

系爭專利：

請求項1：「一種寵物籠鎖扣接合裝置，……；數鎖扣，於其底部內側面樞接扣勾，據以卡設組入下組接塊二開槽內，而鎖扣內側壁則突伸有卡勾，以使卡勾嵌組於上組接塊二開槽內者。」

法院：

經三部測試法之結果，系爭產品第5要件與系爭專利申請專利範圍第1項第5要件相較，係以相同之技術手段，達成相同之功能，而產生相同之結果，兩者爲均等物，但無先前技術阻卻之事由。所謂先前技術者，係指涵蓋系爭專利申請日或優先權日之前，所有能爲公眾得知之資訊，不限於世界上任何地方、任何語言或任何形式。被告所提出之義大利專利，其申請日爲1998年5月13日，非公開日或公告日，且其專利家族中最早之公開日爲1999年11月15日晚於系爭專利申請日87年6月11日。準此，

適格之先前技術必須於系爭專利申請日之前已爲公眾所知悉者。因被告所主張之義大利專利，在系爭專利申請日前仍未爲公開或公告，其尚屬於申請階段而未爲公眾所能得知之狀態，故義大利專利相對於系爭專利非爲適格之先前技術，無法據此主張先前技術阻卻。職是，系爭產品無法適用先前技術阻卻，故系爭產品落入系爭專利申請專利範圍第1項之專利權範圍，成立專利侵權。

筆者：法院係依專利侵害鑑定要點對於先前技術的說明，認爲被告主張之先前技術並非系爭專利申請前已公開之技術。雖然該技術爲申請在先公開在後之技術，但並非台灣的先申請案，故尚無先占法理之適用。

(4) 先前技術阻卻之判斷

專利權之均等範圍係由專利權之文義範圍向外延伸，涵蓋能以實質相同之方式，產生實質相同之功能，達成實質相同之結果的範圍。先前技術阻卻的結果係限縮專利權之均等範圍，若被控侵權對象與系爭專利申請前之先前技術相同或能輕易完成者，則不構成均等侵權。若專利侵權訴訟中之被告主張適用先前技術阻卻，且經判斷被控侵權對象與某一先前技術相同，或雖不完全相同，但爲該先前技術與所屬技術領域中之通常知識的簡單組合，則適用先前技術阻卻。例如申請專利範圍之技術特徵爲A、B、C，被控侵權對象之對應元件、成分、步驟或其結合關係爲A、B、D'，先前技術之對應元件、成分、步驟或其結合關係爲A、B、D。雖然於侵權行爲發生時，以該發明所屬技術領域中所具有通常知識者之技術水準而言，C與D'之間無實質差異，適用均等論，若D'與D相同，或爲D與所屬技術領域中之通常知識的簡單組合時，則適用先前技術阻卻[131]。前述先前技術阻卻之判斷，係以「單一先前技術」或「單一先前技術」與「通常知識」之組合作爲判斷對象，若被控侵權對象與「單一先前技術」相同或實質相同，或被控侵權對象爲「單一先前技術」與「通常知識」之簡單組合，即應認定該先前技術可以阻卻均等論之適用。

[131] 經濟部智慧財產局，專利侵害鑑定要點（草案），2004年10月4日發布，頁44。

　　對於前述所稱之「相同」，上位概念的先前技術與下位概念的被控侵權對象是否屬於前述先前技術阻卻之判斷中所稱的「相同」？按新穎性的判斷基準包括「完全相同」、「差異僅在於文字之記載形式或能直接且無歧異得知之技術特徵」（即實質相同）、「差異僅在於相對應之技術特徵的上、下位概念」[132]，筆者以為下位概念的被控侵權對象與其上位概念的先前技術似有適用先前技術阻卻的餘地。

　　前述所稱「簡單組合」，類似專利審查的「直接置換」概念，排除「二先前技術之組合」的態樣，亦即不包括一般進步性拼花式審查之概念。由於先前技術阻卻之判斷僅適用於單一先前技術，充其量僅能組合通常知識，故並無先前技術與被控侵權對象是否必須為相同或相關技術領域的問題，這點與新穎性判斷相同。

　　此外，應注意者，有些「專利權之實施，將不可避免侵害在前之發明或新型專利權[133]」，例如選擇發明、用途發明、製法界定物之發明或再發明（後申請之專利權利用先申請之專利權的全部技術特徵），對於這種專利權，不容被控侵權人主張系爭選擇發明之「在前之發明」作為先前技術，以阻卻被控侵權對象落入該選擇發明專利權之文義範圍，用途發明及製法界定物之發明亦同。尤其當先前技術阻卻之適用擴及被控專利權對象落入文義範圍之場合，例如，選擇發明設定之溫度在「63～65℃」範圍，申請在先之技術僅於申請專利範圍界定溫度在「50～130℃」範圍，並未揭露該範圍；被控侵權對象實施「63～65℃」，被控侵權人不得以其實施「50～130℃」為由主張先前技術阻卻，該被控侵權對象未落入選擇發明「63～65℃」範圍。另有不同見解認為前述之例可以阻卻被控侵權對象落入選擇發明之保護範圍[134]。惟筆者以為，若前述情況可以適用先前技術阻卻，則選擇發明、用途發明製法界定物之發明或再發明根本沒有存在的價值，專利法第87條第2項第2款也不必針對這種類型的發明特別規定強制授權條款，故這種見解顯然違反專利法制。

---

[132] 經濟部智慧財產局，第二篇發明專利實體審查基準，2013年版，頁2-3-8。

[133] 專利法第87條第2項第2款。

[134] 王瓊忠，專利師，2011年4月，第35頁，引述周根才、高毅龍，自由公知技術抗辯原則若干問題探討，中國法律信息網，http://law.law-star.com/txtcac/lwk/024/lwk024s839.txt.htm。

　　中國北京高級法院的「專利侵權判定指南」第125條亦有先前技術阻卻的規定：「現有技術抗辯，是指被訴落入專利權保護範圍的全部技術特徵，與一項現有技術方案中的相應技術特徵相同或者等同，或者所屬技術領域的普通技術人員認爲被訴侵權技術方案是一項現有技術與所屬領域公知常識的簡單組合的，應當認定被訴侵權人實施的技術屬於現有技術，被訴侵權人的行爲不構成侵犯專利權。」

　　對於先前技術阻卻之判斷，美國專利侵權訴訟實務並不限於前述分析方式，尚包括進步性的拼花式審查概念。於1990年Wilson Sporting Goods Co. v. David Geoffrey[135]案，US 4,560,168，爭議的焦點在於涵蓋被控侵權對象之均等範圍是否亦涵蓋先前技術。美國聯邦巡迴上訴法院認爲：專利權人不得以均等論爲藉口，從專利商標局取得不當之權利。均等論之目的在於防止他人剽竊專利發明之成果，而非給予專利權人不合專利法規定之保護。因此，法院創設「假設性申請專利範圍分析法」作爲先前技術是否能阻卻均等論之適用的分析方法。該分析法係由法院執行，將系爭專利之申請專利範圍中與被控侵權對象均等之技術特徵擴大，而涵蓋被控侵權對象中對應之技術內容，再將其視爲一虛擬的申請專利範圍與系爭專利申請前之先前技術比對，審核涵蓋被控侵權對象之申請專利範圍是否符合新穎性、進步性等專利要件，據以認定該均等範圍是否擴張過度，而有先前技術阻卻之適用。適當的話，得直接將被控侵權對象視爲一虛擬的申請專利範圍與先前技術比對，據以認定是否有先前技術阻卻之適用。

　　操作「假設性申請專利範圍分析法」時，係由被告主張先前阻卻並提出系爭專利申請前之先前技術證據，再由專利權人[136]就申請專利範圍中未明確記載但有依據或支持的部分，虛擬一個在文義上能涵蓋被控侵權對象的申請專利範圍，再將該虛擬的申請專利範圍與該先前技術比對。若該虛擬的申請專利範圍具新穎性及進步性者，應判斷均等範圍得擴及被控侵權對象，被控

---

[135] Wilson Sporting Goods Co. v. David Geoffrey & Associates, 904 F.2d 677 (Fed. Cir. 1990).

[136] Streamfeeder, LLC v. Sure-Feed Sys., 175 F.3d 974 (Fed. Cir. 1999) (When the patentee has made a prima facie case of infringement under the doctrine of equivalents, the burden of coming forward with evidence to show that the accused device is in the prior art is upon the accused infringer, not the trial judge.) 被告對於假設性申請專利範圍是否涵蓋先前技術，應負擔舉證責任，提出證據後，專利權人應負擔說服責任，證明該申請專利範圍未涵蓋先前技術。

侵權對象構成均等侵權；惟若該虛擬的申請專利範圍不具新穎性或進步性，應判斷均等範圍不得擴及被控侵權對象，被控侵權對象不構成均等侵權。

　　前述與申請專利範圍比對之先前技術得為單一先前技術、多項先前技術之組合或為該發明所屬技術領域中之通常知識[137]。惟若被控侵權對象中僅部分技術特徵揭露於先前技術，則先前技術不能阻卻均等論之適用，應判斷被控侵權對象構成均等侵權[138]。

　　請求項之記載形式包括獨立項及附屬項二種，獨立項的限制條件比其附屬項為少，涵蓋的範圍比其附屬項寬廣。邏輯上，被控侵權對象未侵害獨立項，亦不會侵害其附屬項。然而，由於獨立項涵蓋的範圍比其附屬項寬廣，其延伸之均等範圍反而容易受先前技術阻卻。若獨立項經先前技術阻卻，附屬項未經阻卻，則侵權分析的結果可能是未侵害獨立項但侵害其附屬項，而與前述邏輯不一致，故必須分別對獨立項及其附屬項進行「假設性申請專利範圍分析法」，以維侵權分析結果的邏輯正確。

　　在案情簡單的狀況下，「假設性申請專利範圍分析法」固有其分析上之優點，但該分析法並非分析先前技術阻卻的唯一方法，究竟採用什麼方法，應依個案決定。事實上，美國法院於該案後並未再使用「假設性申請專利範圍分析法」。

　　除前述「假設性申請專利範圍分析法」外，1998年美國聯邦巡迴上訴法院在Hughes Aircraft Company v. United States案及1986年德國最高法院在

---

[137] Streamfeeder, LLC v. Sure-Feed Sys., 175 F.3d 974, 982-83 (Fed. Cir. 1999) (If the hypothetical claim could have been allowed by the Patent and trademark Office in view of the prior art, then the prior art does not preclude the application of the doctrine of equivalents and infringement may be found. On the other hand, as in the PTO's examination process, references may be combined to prove that the hypothetical claim would have been obvious to one of ordinary skill in the art and thus would not have been allowed.)

[138] 陳佳麟，習知技術元件組合專利之均等論主張與習知技術抗辯適用之研究，2003年全國科技法律研討會，頁241，註66，Supra note 64, p.140, (The [prior art] restriction applies only to the claim as a whole, so there is no immunity from infringement by equivalence unless all of the relevant features of the accused product are found in the prior art, either in one reference or in several that, together, made the combination obvious.)註67，([O]ne cannot escape infringement, either literal or under the doctrine of equivalents, merely by identifying isolated features of the accused product in the prior art.)

Formstein案[139]中對於先前技術阻卻之判斷另採取三方比對法，先將被控侵權對象與系爭專利比對，再將被控侵權對象與先前技術比對，最後判斷二者之相近程度。若前者更相近，則構成侵權，若後者更相近，則不構成侵權。惟相近程度係不確定之概念，難以精確判斷，美國在該案之後即未再利用此判斷方法。然而，美國聯邦巡迴上訴法院於2008年9月Egyptian Goddess[140]案召開全院聯席聽證，就設計專利創設系爭專利、被控侵權對象及先前技藝三方比對的「新的普通觀察者檢測」，作為判斷設計專利侵權的檢測方法。雖然該方法並非先前技術阻卻的檢測方法，但三方比對方法不失為釐測相對關係的比對方法，仍有其客觀意義。

　　單就前述先前技術的範圍、先前技術阻卻之判斷的分析，被控侵權人抗辯專利無效比主張先前技術阻卻更為有利，於民事訴訟，仍應考慮抗辯專利無效，主張系爭專利違反進步性。

(5) 舉證責任

　　主張「先前技術阻卻」有利於被告，故應由被告負舉證責任。若被告未主張「先前技術阻卻」，他人不得主動提供相關先前技術資料，以判斷被控侵權對象是否適用「先前技術阻卻」[141]。

　　專利侵權訴訟時，應推定每一請求項均為有效[142]。美國聯邦巡迴上訴法院認為先前技術阻卻之分析係屬法律問題，被告對於前述假設性申請專利範圍是否涵蓋先前技術，應負擔舉證責任（burden of production），提出證據後，專利權人應負擔說服責任（burden of persuasion），證明該申請專利範圍未涵蓋先前技術[143]。

　　為使當事人確實掌握法官就技術問題瞭解程度，避免因不確定而進行

---

[139] 尹新天，專利權的保護，專利文獻出版社，1998年11月，頁385。

[140] Egyptian Goddess, Inc. et al. v. Swisa, Inc. et al., Case No. 2006-1562 (Fed. Cir., September 22, 2008) (Bryson, J.) (en banc).

[141] 經濟部智慧財產局，專利侵害鑑定要點（草案），2004年10月4日發布，頁44。

[142] United States Code 35 U.S.C. 282, (A patent shall be presumed valid. Each claim of a patent (whether in independent, dependent, or multiple dependent form) shall be presumed valid independently of the validity of other claims….)

[143] Streamfeeder, LLC v. Sure-Feed Sys., 175 F.3d 974 (Fed. Cir. 1999) (When the patentee has made a prima facie case of infringement under the doctrine of equivalents, the burden of coming forward with evidence to show that the accused device is in the prior art is upon the accused infringer, not the trial judge.)

無意義的訴訟行為，以迅速就重要爭點與法院取得共識及促成調解，智慧財產案件審理法參照訴訟法學理，特別開創訴訟法先例，於第8條明定法院心證的公開：「（第1項）法院已知之特殊專業知識，應予當事人有辯論之機會，始得採為裁判之基礎。（第2項）審判長或受命法官就事件之法律關係，應向當事人曉諭爭點，並得適時表明其法律上見解及適度開示心證。」於專利訴訟案件，未依前開規定適時公開心證，往往成為上級法院將判決廢棄之理由。[144]

#案例－最高法院101年度台上字第38號判決

系爭專利：

　　一種浪管快速接頭結構(一)，包含：本體，本體設貫穿孔方便液體之流通；及於本體設內凹環圍，內凹環圍並設斜壁面，且搭配前述斜壁面運作，乃設環圍面；卡合元件，卡合元件設環圍面，環圍面設彈性張、閉之卡合瓣，卡合瓣末端設彎折部，於卡合瓣外表並設突緣。

第一審法院：

　　採鑑定報告，認定系爭浪管接頭未落入系爭專利申請專利範圍。

被上訴人：

　　於第二審程序，經法院依智慧財產案件審理法第8條開示心證，始提出禁反言及先前技術阻卻之新攻擊防禦方法。

第二審法院：

　　認定有均等論之適用，依審理法第8條開示心證。經被上訴人主張禁反言及先前技術阻卻，嗣依系爭專利申請歷史檔案，經濟部智慧財產局審查意見認為被證十揭露有浪管接頭之本體具有矩形孔，本案之技術特徵已見於引證1，不具進步性。上訴人於被證十二再審查理由書申復：「引證之『矩形孔』，依據文義解釋，與本申請案之之斜壁面，於文義解釋並不相同，結構特徵亦不同……本屬不當擴張」，主張矩形孔與具

斜壁面之內凹環圍並不相同，矩形孔亦不得擴張至具斜壁面之內凹環圍。再者，上訴人承認其申請的第94209537號專利案之浪管接頭早於93年1月30日已為公開使用的結構，且該專利之浪管接頭即為系爭浪管接頭，亦即被上訴人的系爭浪管接頭相對於系爭專利適為先前技術。因此，認定有禁反言及先前技術阻卻之適用。

最高法院：

按取捨證據，認定事實屬於事實審法院之職權，苟其取捨，認定並不違背法令，即不許任意指摘其採證或認定不當，以為上訴之事由。系爭浪管接頭雖落入系爭專利申請專利範圍第一項之專利權均等範圍，惟系爭專利申請專利範圍第3要件及系爭浪管接頭有「禁反言原則」或「先前技術阻卻原則」之適用，係原審所合法確定之事實，原審以上述理由而為上訴人不利之論斷，經核於法並無違誤。

(6) 先前技術阻卻與禁反言

先前技術及禁反言均能阻卻均等論之適用，二者在專利侵權訴訟中得分別主張，亦得一併主張，主張時應考量下列之差異點[145]：

A. 先前技術阻卻係被告的抗辯手段，法院沒有責任主動檢索先前技術，被告提出主張始予審理。在美國，禁反言並非僅為一種抗辯手段，其亦得作為專利權範圍之限制，故不僅涉及當事人之利益，亦涉及公眾利益，法院有責任主動進行禁反言之判斷；在我國，禁反言係被告的抗辯手段。

B. 主張先前技術阻卻，被告應負擔舉證責任，提出證據後，專利權人應負擔說服責任，證明被控侵權對象與先前技術不同。主張禁反言，被告應負擔舉證責任，專利權人必須說明修正申請專利範圍之理由，若無法確知修正理由，推定係為克服先前技術之核駁，專利權人得提出反證予以推翻。

C. 先前技術阻卻係被控侵權對象與先前技術比對，據以認定是否適用；禁反言係被控侵權對象與系爭專利比對，據以認定是否適用。二者比對之對象不同。

[145] 尹新天，專利權的保護，專利文獻出版社，1998年11月，頁388。

D. 先前技術阻卻係從專利權之均等範圍排除先前技術之部分，而限縮申請專利範圍；禁反言係從專利權之均等範圍排除有關可專利性之修正或申復的部分，所限縮之申請專利範圍僅有一部分。換句話說，先前技術阻卻係比對被控侵權對象與先前技術整個技術手段；禁反言係係比對被控侵權對象與系爭專利中所載之技術特徵。二者限縮之對象不同，故禁反言適用之範圍比先前技術阻卻寬廣，有利於被控侵權人。

E. 先前技術阻卻係以屬於外部證據之先前技術阻卻均等論之適用；禁反言係以屬於內部證據之申請歷史檔案阻卻均等論之適用。二者舉證之來源不同。

＃案例－智慧財產法院98年度民專訴字第41號判決

被告：

依系爭專利之專利說明書第5頁『創作之概要』，原告於專利申請時已限定或排除關於「一體成型構成橫向氣孔及縱向切縫」技術特徵之事項，其所採之技術與傳統膜片式一體成型之氣閥結構不同，原告不得重爲主張其原先已限定或排除之事項，因而提出禁反言之主張。

法院：

若待鑑定對象適用「均等論」，而其適用部分係專利權人已於申請至維護過程中放棄或排除之事項，則適用「禁反言」。「禁反言」爲「申請歷史禁反言」之簡稱，係防止專利權人藉「均等論」重爲主張專利申請至專利權維護過程任何階段或任何文件中已被限定或已被排除之事項。申請專利範圍爲界定專利權範圍之依據，一旦公告，任何人皆可取得申請至維護過程中每一階段之文件，基於對專利權人在該過程中所爲之修正、更正、申復及答辯的信賴，不容許專利權人藉「均等論」重爲主張其原先已限定或排除之事項。因此，「禁反言」得爲「均等論」之阻卻事由。

經查，系爭專利說明書第4頁「傳統之技藝」中已敘述：「一般具有換氣系統之鞋子，通常其是於鞋跟之空氣室部位設有單向之進氣閥及出氣閥，例如第……號等專利案所揭示者。藉由上述單向氣閥，當鞋跟之

空氣室被壓縮或由壓縮狀態恢復至原狀時，上述空氣室之空氣得經由出氣閥被壓送至鞋內，或外界空氣得經由進氣閥吸入上述空氣室中。上述引證案之氣閥結構，……均是於橫向氣孔側邊之縱向切縫中嵌入一膜片，藉由該膜片使上述氣閥形成單向之形態。唯查，爲在鞋底空氣室周緣一體成型構成上述氣閥之橫向氣孔及縱向切縫，則形成該氣孔及切縫之模具出模較爲複雜，因此生產成本較高。」此外，系爭專利說明書於第4至5頁之「創作之概要」中亦界定：「有鑑於此，本案創作人從而研發一種換氣系統鞋子的氣閥結構，……，於鞋底上形成上述單向進氣閥及出氣閥之製作或組合較上述引証案更爲簡單，可降低生產成本。」等語。由上述系爭專利說明書之敘述及界定，可清楚確定系爭專利之發明特徵主要在於改良習知「在鞋底空氣室周緣一體成型構成上述氣閥之橫向氣孔及縱向切縫」之結構。……，故該一體成型結構之習知技術與系爭專利之技術特徵對於系爭專利申請權人之主觀意識明顯應屬於不同之技術手段，且非屬系爭專利申請權人所欲請求保護之技術特徵，應屬明確。故該一體成型結構之習知技術特徵應視爲專利權人於申請至維護過程中放棄或排除之事項，至爲明確。而系爭產品要件編號4之技術特徵亦爲習知「在鞋底空氣室周緣一體成型構成上述氣閥之橫向氣孔及縱向切縫」之結構，事實上該特徵乃係與原告所放棄或排除之第○○號之進氣閥技術特徵完全相同，故系爭產品適用「禁反言」原則，即系爭產品並未落入系爭專利申請專利範圍第1項之申請專利範圍。

案例－智慧財產法院98年度民專上字第53號判決（98民專訴41之第二審）

被上訴人（被告）：

系爭產品所使用係進氣閥加膜片加貫通孔。縱使上訴人以均等論認進氣孔與進氣閥，以及兩者的貫通孔間，並無功能、結果實質上之差異存在，然兩造技術仍有膜片與組合元件之差別。

本件有先前技術阻卻之適用：縱認膜片與組合元件未有功能、結構

之實質差異，系爭產品採用之膜片技術，亦爲利用先前技術之進氣閥技術特徵「一體成型構成橫向氣孔及縱向切縫，並於該縱向切縫嵌入一膜片」（即新型公告第176259號專利之進氣閥技術），而阻卻侵權。

法院：

　　系爭產品之技術手段及效果，與系爭專利申請專利範圍第1項並非實質相同，此部分即非均等，而不適用均等論，故系爭產品並未落入系爭專利申請專利範圍第1項之權利範圍。而本件既無均等論之適用，即無須再爲分析有關禁反言、先前技術阻卻之適用。

　　縱認系爭產品……，落入系爭專利申請專利範圍之均等範圍。而被上訴人抗辯系爭產品係使用公告第176259號專利之先前技術所製作等語，即應再爲先前技術阻卻之適用與否之侵權分析。經查：1.上訴人於系爭專利說明書已載明公告第176259號之新型專利爲先前技術之一，而爲系爭專利所欲改良之處。公告第176259號之新型專利申請專利範圍，其主要技術特徵即在鞋底空氣室周緣一體成型構成上述氣閥之橫向氣孔及縱向切縫之結構。而系爭產品之氣閥結構係利用橫向氣孔側邊之縱向切縫中嵌入一膜片而形成一進氣閥，藉由該膜片使上述氣閥形成單向之形態，其所採取之技術手段即前揭一體成型結構。觀諸系爭產品之技術內容，乃此新型專利（即系爭專利所指之先前技術）之實施，無由容許系爭專利之均等範圍恣意擴張至先前技術之範疇。是系爭產品有「先前技術阻卻」之適用，可阻卻均等侵權，故系爭產品並未落入系爭專利之權利範圍。

筆者：法院已闡明「無由容許系爭專利之均等範圍恣意擴張至先前技術之範疇」。法院係假設被控侵權對象與系爭專利之要件4均等，該要件4爲說明書中所載之先前技術的實施，進而認定請求項1有先前技術阻卻之適用。依美國專利訴訟實務，先前技術阻卻的基礎必須是外部證據，且先前技術阻卻之判斷必須就被控侵權對象與先前技術整體比對、判斷，而就各別技術特徵比對、判斷。法院僅就要件4與先前技術比對、判斷，尚難得到適用先前技術阻卻的結果。再者，系爭專利說明書中所載之先前技術是內部證據，而非外部證據，亦不宜以其作爲判斷是否適用先前

技術阻卻之基礎。按內部證據可以作爲解釋申請專利範圍之基礎，說明書中所載之先前技術是專利權人有意排除、放棄之技術，故本件適用「辭彙編纂者原則」或「特別排除原則」解釋申請專利範圍，其文義範圍及均等範圍皆不及於該先前技術，始爲客觀合理。

(7) 先前技術阻卻與專利無效抗辯

我國「智慧財產案件審理法」業於民國97年7月1日起施行，第16條：「當事人主張或抗辯智慧財產權有應撤銷、廢止之原因者，法院應就其主張或抗辯有無理由自爲判斷，不適用民事訴訟法、行政訴訟法、商標法、專利法、植物品種及種苗法或其他法律有關停止訴訟程序之規定。前項情形，法院認有撤銷、廢止之原因時，智慧財產權人於該民事訴訟中不得對於他造主張權利。」

就維護被控侵權人之權益而言，在專利侵權訴訟程序中，援引先前技術，抗辯專利權無效或主張被控侵權對象有先前技術阻卻均等論之適用，甚至向專利專責機關提起舉發請求撤銷系爭專利權，均爲被控侵權人可以採行之防禦方法。依前述第16條規定，抗辯專利權無效之法律效果爲「智慧財產權人於該民事訴訟中不得對於他造主張權利」，依專利法第82條第3項：「發明專利權經撤銷確定者，專利權之效力，視爲自始不存在。」二者之法律效果不同，自不待言。然而，作爲防禦方法，是否有必要一併主張先前技術阻卻及專利權無效？或僅主張其中之一？

抗辯專利權無效或主張先前技術阻卻均等論之適用，二者在專利侵權訴訟中得個別主張，亦得一併主張，主張時可以考量下列之差異點：

A. 目的不同：先前技術阻卻，係從專利權之均等範圍排除先前技術之部分，而限縮申請專利範圍；抗辯專利權無效，係主張專利權有無效事由，不得對於他造主張權利。

B. 比對對象不同：先前技術阻卻，係被控侵權對象與先前技術比對；抗辯專利權無效，係系爭專利與先前技術比對。

C. 比對時點不同：先前技術阻卻，係侵權行爲發生時；抗辯專利權無效，係系爭專利申請時。

D. 比對標準不同：先前技術阻卻，係被控侵權對象對照先前技術是否相同

或是否為先前技術與通常知識的簡單組合（我國專利侵害鑑定要點；美國標準為是否具新穎性、非顯而易知性）；抗辯專利權無效，係系爭專利是否具可專利性，包括對照先前技術是否具新穎性、進步性等。

E. 比對方式不同：先前技術阻卻，係被控侵權對象與先前技術單獨比對；抗辯專利權無效，係系爭專利與單一先前技術單獨比對或複數件先前技術組合比對。

4. 貢獻原則

貢獻原則（dedication rule），有謂說明書禁反言（the specification estoppel），係美國聯邦最高法院於1881年於Miller v. Bridgeport Brass Co.案所創設，該法院指出：裝置或組合物請求項，若有未請求但已揭露於說明書的其他裝置或組合，該未請求之部分係貢獻給社會大眾[146]。該法院另於1926年Alexander Milburn Co. v. Davis- Bournonville Co.,案指出：貢獻原則，係有關解釋申請專利範圍的法則[147]，指申請人揭露於說明書或圖式但未載於申請專利範圍中之技術手段，應視為貢獻給社會大眾[148]。申請案經核准公告後，該技術手段可為先前技術，作為核駁後申請案之新穎性及進步性的依據，但不得據以主張均等論。

說明書中有揭露但未記載於申請專利範圍之技術，應被視為貢獻給社會大眾，例如申請專利範圍中記載之技術手段為A+C，被控侵權對象中對應之元件、成分、步驟或其結合關係為B+C，雖然說明書中記載A+C及B+C二實施方式，因申請專利範圍中僅記載A+C而未記載B+C，即使B與A均等，B+C之技術手段應被視為貢獻給社會大眾，而限制其適用均等論[149]。

中國最高法院的「關於專利權糾紛案件的解釋」第5條：「對於僅在說明書或者附圖中描述而在權利要求中未記載的技術方案，權利人在侵犯專利權糾紛案件中將其納入專利權保護範圍的，人民法院不予支持。」顯示中國的專利侵權訴訟程序中亦有貢獻原則之適用。中國北京高級法院的「專利侵權判定指南」第56條第1項明確規定貢獻原則之適用：「對於僅在說明書或

---

[146] Miller v. Bridgeport Brass Co. 104 US 350 (1881).
[147] Alexander Milburn Co. v. Davis-Bournonville Co., 270 U.S. 390 (1926).
[148] Maxwell v. J. Baker, Inc., 86 F.3d 1098 (Fed. Cir. 1996).
[149] 經濟部智慧財產局，專利侵害鑑定要點（草案），2004年10月4日發布，頁42。

者附圖中描述而在權利要求中未概括的技術方案，應視為專利權人放棄了該
技術方案。專利權人以等同侵權為由主張專利權保護範圍包括該技術方案
的，不予支援。」

(1) 美國Maxwell v. J. Baker, Inc.案[150]

　　1996年，美國聯邦巡迴上訴法院於Maxwell v. J. Baker, Inc.案「成雙鞋
子捆綁系統」專利，US 4,624,060，再次確認貢獻原則之適用可以限制均等
論。

　　由於在零售市場中，顧客往往會打散成雙的鞋子，製造商包裝鞋子之
前，必須將鞋子成雙捆綁在一起，對於有鞋帶孔之鞋，將細線穿過鞋帶孔，
即能達成目的。本專利請求項記載之技術特徵係將有孔之標籤嵌入無鞋帶
孔之鞋的內、外鞋墊之間，再以細線穿過標籤之孔，而將鞋子成雙捆綁：
「一種將成雙鞋子綁在一起的系統，包含下列組成：(A)一雙鞋子，每隻都
有內鞋墊及外鞋墊，每隻鞋子有鞋上部之內表面及一頂緣，該每隻鞋子更
進一步包含固定標籤及固定該標籤的手段，該標籤位於內鞋墊及外鞋墊之
間，……。」但說明書另揭露：「……得將標籤嵌入鞋子內表面或內表面後
緣……。」

　　被控侵權對象有二件，分別「將標籤嵌入鞋子內表面」及「內表面後
緣」，法院認為揭露於說明書但未載於申請專利範圍中之技術手段成為公共
財產，而應視為貢獻給社會，不得再主張均等論。專利權人不能窄化請求
項，嗣於侵權訴訟中以其說明書已揭露均等物為由，主張均等侵權。因為這
種結果只會鼓勵申請人以說明書揭露較寬廣的範圍，但以請求項記載較窄的
範圍，以避免較寬廣的範圍被審查核駁。因此，判決不構成侵權。

(2) 美國Johnson & Johnston v. R.E. Service Co.案[151]

　　雖然前述Maxwell v. J. Baker, Inc.案已確認貢獻原則之適用可以限制均
等論，但美國聯邦巡迴上訴法院於1998年YBM Magnex, Inc., v. International
Trade Comission,案[152]，US 4,588,439，認為貢獻原則並非通用的法律原則，

---

[150] Maxwell v. J. Baker, Inc., 86 F.3d 1098 (Fed. Cir. 1996).

[151] Johnson & Johnston Associates Inc. v. R.E. Service Co. Inc., et al., 285 F.3d 1046 (Fed. Cir. 2002) (en banc).

[152] YBM Magnex, Inc., v. International Trade Comission, 145 F.3d 1317 (Fed. Cir. 1998).

不同意該案件適用貢獻原則。

　　由於貢獻原則之適用有爭議，美國聯邦巡迴上訴法院於2002年Johnson & Johnston v. R.E. Service Co.案「印刷電路板之組成」專利，US 5,153,050，援引貢獻原則，判決不得再主張均等論。

　　請求項中所載之多層印刷電路板係由多層銅箔及滲和其中之不導電樹脂所組成，特徵在於採用「預壓」方式將銅箔固定於模版上，再將灌注之樹脂加熱使其融化，以固定所有銅箔。請求項中所載之技術特徵係以硬質鋁頁作為預壓板的底層；但說明書另揭露：「雖然底層材質為鋁，但亦得利用其他金屬例如不銹鋼或鎳合金等。在某些情形下，……亦得利用聚丙烯。」

　　被控侵權對象係以鐵作為預壓板的底層。被告並未挑戰構成均等侵權之事實認定，而是主張請求項中所載之技術特徵為鋁，不包括鐵，依Maxwell v. J. Baker, Inc.案之判決，揭露於說明書但未載於申請專利範圍中之技術手段成為公共財產，而應視為貢獻給社會，不得再主張均等論。然而，原告援引另一個判決YBM Magnex, Inc. v. International Trade Commission案，主張專利權範圍必須以申請專利範圍為準，均等範圍僅限於與申請專利範圍「有相當程度之關係」者，法院在前述Maxwell案中，排除於專利權之外的技術特徵與申請專利範圍並無相當程度之關係，故本案與Maxwell案之情況不同。

　　法院必須調和二判決之分歧，最後選擇Maxwell案，判決：最高法院及本院一貫的基本原則都是以申請專利範圍決定專利權保護範圍，且侵權分析的法律都是將經法院解釋後的申請專利範圍與被控侵權對象比對。不論是文義侵權或均等侵權，均不是將被控侵權對象與說明書中所載的具體實施方式比對，亦不是與專利權人的商業實施比對。即使說明書中有揭露但未載於申請專利範圍的技術手段與申請專利範圍均等，因貢獻原則之適用，仍不得再主張均等論。適用均等論而將未請求之標的重新取回，會與專利權係以申請專利範圍為準的概念相衝突。均等論不能被用來抹除一些已為公眾所依賴據以迴避侵權的結構或功能限定。甚者，法院必須謹慎適用均等論，避免與申請專利範圍界定專利權的基本原則相衝突。專利權人有義務於撰寫申請專利範圍時涵括所有合理可預見其發明之實施方式。均等論不得用來為沒有這種概念的撰寫者解套。若該發明所屬技術領域中具有通常知識者經閱讀專利說明書可察覺撰寫者可預見請求的部分及不請求的部分，法院應將不請求的選擇貢獻給社會大眾。

5. 限制均等論的新理論

　　為防止「不道德的仿冒者」[153]以無實質變化的方式迴避他人專利之文義範圍，美國聯邦最高法院在Winans v. Denmead[154]案創設了均等論，160年來均等論一直是專利侵權分析中最困擾法院、使法院見解最分歧的法律理論。在這160年中，美國法院發展出相當多有關均等論之案例法，不僅有無實質差異檢測法（insubstantial difference）、功能一方式一結果三部檢測法（function-way-result tripartite test）、可置換性（interchangeability）等檢測均等論是否適用之方法，亦有限制均等論之理論或原則，較為國人所知者如全要件原則／全限定原則（all-elements rule/all-limitations rule）、申請歷史禁反言（prosecution history estoppel/file wrapper estoppel）、貢獻原則（dedication rule）等。自從1994年起，美國聯邦巡迴上訴法院另創設了三種限制均等論之理論、原則：「請求項破壞原則」（the claim vitiation rule/the claim vitiation doctrine, CVD）、「特別排除原則」（specific exclusion principle）及「詳細結構原則」（detailed structure rule）。

　　依美國專利侵權訴訟理論之體系，涉及全要件原則之運用進而導致均等論之限制者包括a.逐一比對技術特徵；b.請求項破壞原則；c.特別排除原則；d.詳細結構原則。b與c二原則之關係密切，而d原則又為c原則其中一種態樣。

(1) 請求項破壞原則

　　基於全要件原則，均等論可以適用於技術特徵被置換的情況，但不適用於任一個技術特徵消失的情況（即全要件原則中的刪減原則）。請求項破壞原則，指均等論之適用會破壞（vitiated）申請專利範圍中至少某一個技術特徵者，則不適用均等論。1997年美國聯邦最高法院於Warner-Jenkinson案判決：適用均等論時，不得將保護範圍擴張到實質上忽略請求項中所載之技術特徵的程度。請求項破壞原則係源於全要件原則的不當適用，旨在防止藉均等論不當擴張專利權保護範圍。法官得以專利權人主張之均等論破壞請求項中所界定之技術特徵為由，無須經由陪審團判斷，逕自援引請求項破壞原則作成一部或全部即決判決（summary judgment），專利權人不得向被控侵權

---

[153] Graver Tank & Mfg. Co. v. Linde Air Prods. Co., 339 U.S. 605, 607-08 (1950).

[154] Winans v. Denmead, 56 U.S. 330 (1853).

人主張其權利。因此，請求項破壞原則亦為均等論的限制，限縮均等範圍的不當擴張。

A. 發展的根源

　　1990年代起美國聯邦巡迴上訴法院就陸續以請求項破壞原則作成判決，但真正成為請求項破壞原則發展之指引（guidance）者係美國聯邦最高法院在Warner-Jenkinson案判決文中之註腳（footnote）[155]：「對於因陪審團的黑箱作業決定所生不能檢視的顧慮，我們僅提供指引，而非特別指令。若證據顯示合理的陪審團不能決定二元件是否均等，地院必須同意一部或全部的即決判決。若某些法院因不熟悉專利標的勉強為之，我們確信美國聯邦巡迴上訴法院可以解決這個問題。當然，限制均等論之適用的各種法律，應由法院決定，就審判前請求部分即決判決之聲請，或就陪審團決定後及證據調查結束時請求判決法律事項之聲請為之。因此，就個案事實，若禁反言可以適用，或均等論會完全破壞（vitiated）特定技術特徵，應由法院作成一部或全部判決，而無具體的問題留待陪審團解決。」

　　美國聯邦最高法院的前述指引已明確指出，均等論會完全破壞特定技術特徵時，法院應作成一部或全部即決判決，而將其視為法律問題（question of law）賦予法院解釋及決定的權利，而非屬陪審團決定的事實問題（question of fact）。美國聯邦最高法院於1997年Warner-Jenkinson案作成判決後，美國聯邦巡迴上訴法院基於前述指引，另引述該案中之陳述「重要的是確保全要件原則之適用，不容個別技術特徵被廣泛的適用，以致於從整體

---

[155] Warner-Jenkinson, 520 U.S. at 29, 41 U.S.P.Q.2d at 1871, (emphasis added) (citations omitted), (With regard to the concern over unreviewability due to black-box jury verdicts, we offer only guidance, not a specific mandate. Where the evidence is such that no reasonable jury could determine two elements to be equivalent, district courts are obliged to grant partial or complete summary judgment. If there has been a reluctance to do so by some courts due to unfamiliarity with the subject matter, we are confident that the Federal Circuit can remedy the problem. Of course, the various legal limitations on the application of the doctrine of equivalents are to be determined by the court, either on a pretrial motion for partial summary judgment or on a motion for judgment as a matter of law at the close of the evidence and after the jury verdict. Thus, under the particular facts of a case, if prosecution history estoppel would apply or if a theory of equivalence would entirely vitiate a particular claim element, partial or complete judgment should be rendered by the court, as there would be no further material issue for the jury to resolve.)

中實質上剔除該技術特徵」[156]，藉以支持請求項破壞原則[157]。近年來美國聯邦巡迴上訴法院以請求項破壞原則[158]、特別排除原則[159]大幅限制均等論之適用。

B. 各界意見

　　雖然美國聯邦巡迴上訴法院已於數十件案件中援引請求項破壞原則，但美國專利實務界及學界意見分歧。不支持之意見認為：

a. 請求項破壞原則不符合最高法院之原意：Warner-Jenkinson案最高法院的原意僅指專利侵權的均等判斷不能就發明整體為之，法院必須考量請求項中各個技術特徵是否均等，據以適用均等論。若針對不符合文義侵權之各個技術特徵分析是否適用均等論時，未基於全要件原則，而「會完全破壞特定技術特徵」，則應以即決判決為之，前述註腳所提供之指引僅強化前述規則，不應衍生一種新的法律理論[160]。

b. 請求項破壞原則導致不可預測之結果：若請求項破壞原則對於均等論之事實認定很重要，美國聯邦巡迴上訴法院有必要清楚描述請求項破壞原則之意義，且判決應有一致性。雖然美國聯邦巡迴上訴法院的案例法相當支持請求項破壞原則，但係以各種不同方式適用請求項破壞原則，導致不可預測之結果[161]。

c. 專利權人過度負擔證明均等侵權的責任：美國聯邦巡迴上訴法院的案例法以各種不同方式適用請求項破壞原則，提供被控侵權人大量的防禦方法，相對地會加重專利權人的舉證責任，以致訴訟的焦點轉移到法院所適用各種不同方式、規則的法律事項，陪審團幾乎不必再作均等論之事實調查，

---

[156] Warner-Jenkinson, 520 U.S. at 29.

[157] Freedman Seating Co. v. Am. Seating Co., 420 F.3d 1350, 1358 (Fed. Cir. 2005); Searfoss v. Pioneer Consol. Corp., 374 F.3d 1142, 1151 (Fed. Cir. 2004); Sage Prods. v. Devon Indus., 126 F.3d 1420, 1429 (Fed. Cir. 1997).

[158] Daniel H. Shulman, Donald W. Rupert, "Vitiating" the Doctrine of Equivalents : A New Patent Law Doctrine, 12 Federal Circuit Bar Journal, 457 (2002-2003).

[159] Peter Curtis Magic, Exclusion Confusion? A Defense of the Federal Circuit's Specific Exclusion Jurisprudence, Michigan Law Review [Vol. 106:347 November 2007].

[160] Daniel H. Shulman, Donald W. Rupert, "Vitiating" the Doctrine of Equivalents : A New Patent Law Doctrine, 12 Federal Circuit Bar Journal, 464 (2002-2003).

[161] Daniel H. Shulman, Donald W. Rupert, "Vitiating" the Doctrine of Equivalents : A New Patent Law Doctrine, 12 Federal Circuit Bar Journal, 475 (2002-2003).

專利權人爭執被控侵權對象與系爭專利請求項之技術特徵是否無實質差異，基本上已無意義[162]。

Rader法官曾經對請求項破壞原則表示看法：均等論係在請求項中某一個技術特徵因無實質差異而認定侵權，而請求項破壞原則是在有實質差異時判定不侵權，故請求項破壞原則只是屬於均等論中是否有實質差異的判斷而已，沒有必要另定請求項破壞原則。此外，美國聯邦最高法院在Warner-Jenkinson案已表示均等論為事實問題，而請求項破壞原則係以即決判決為之，應為法律問題。二個原則是一體兩面，但均等論由陪審團認定，請求項破壞原則由法官認定，實務上會衍生出很多問題。

C. 各種規則簡介

美國學者Shulman及Rupert依美國聯邦巡迴上訴法院的案例法將請求項破壞原則的適用區分為四種：Lourie規則（the Lourie Rule）、Michel規則（the Michel Rule）、無限定條件規則（the No Limitation Rule）及重要限定條件規則（the Significant Limitation Rule）。二位學者認為雖然Lourie法官及Michel法官對於請求項破壞原則所採用之規則尚具有可預測性，但其他美國聯邦巡迴上訴法院法官並未以一致之方式適用請求項破壞原則[163]。

a. Lourie規則

依美國聯邦巡迴上訴法院 Lourie法官之規則（以下稱Lourie規則），請求項中所載的每一個字皆為一獨立的限定條件（即技術特徵，本節以下同），對應限定條件的技術內容必須相同，始適用均等論。美國聯邦巡迴上訴法院經常以Lourie規則認定重新配置之結構或空間元件未構成均等侵權，因為任何其他配置方式皆會破壞請求項中所載之特定配置方式。因此，Lourie規則幾乎不給均等論之適用留下一絲空間。[164]

---

[162] Blake B. Greene, Bicon, Inc.v. Straumann Co.: the Federal Circuit Specifically Excluded Claim Vitiation to Illustrate a New Limiting Principle on the Doctrine of Equivalents, Berkeley Technology Law Journal, 166 (2007).

[163] Daniel H. Shulman, Donald W. Rupert, "Vitiating" the Doctrine of Equivalents : A New Patent Law Doctrine, 12 Federal Circuit Bar Journal, 464, 465, 479 (2002-2003).

[164] Blake B. Greene, Bicon, Inc.v. Straumann Co.: the Federal Circuit Specifically Excluded Claim Vitiation to Illustrate a New Limiting Principle on the Doctrine of Equivalents, Berkeley Technology Law Journal, 167 (2007) (The Lourie Rule practically eliminates any application of the doctrine of equivalents by requiring that "every word in a claim is a limitation that must be met in an identical way" to find infringement. The Lourie Rule

#案例－Cooper Cameron Corp. v. Kvaerner Oilfield Products, Inc.[165]

爭專利：

　　一種海上油井之鑽油設備。

請求項：

　　「……一維修艙門橫向延伸從兩栓柱<u>之間</u>穿過軸牆……」。

被控侵權對象：

　　鑽油平台也具有一維修艙門，但其維修艙門在上方(above)，而不在兩栓柱之間。

被控侵權人：

　　以被控侵權之鑽油平台的維修艙門位置已超出請求項「之間」（between）爲由，聲請未侵權之即決判決，理由在於若被控侵權的鑽油平台落入該請求項之範圍，將會破壞全要件原則。

地方法院：

　　基於維修艙門的位置不同，同意不侵權之即決判決。

聯邦巡迴上訴法院：

　　維持未均等侵權的即決判決，判決指出：被控被侵權裝置中的維修艙門從兩栓柱「之上」進到鑽油平台總成，不能均等於「兩栓柱之間」的連結關係。若不顧及系爭專利維修艙門連結總成僅在兩栓柱「之間」，將會破壞該限定條件，從而牴觸全要件原則。

b. Michel規則

　　依美國聯邦巡迴上訴法院Michel法官之規則（以下稱Michel規則），

---

has consistently precluded application of the doctrine of equivalents where the accused product rearranged structural or spatial claim elements because any other arrangement would vitiate the specific arrangement described in the claims.)

[165] Cooper Cameron Corp. v. Kvaerner Oilfield Products, Inc. 291 F.3d 1317, 62 U.S.P.Q.2d 1846 (Fed. Cir. 2002).

均等論不能涵蓋請求項之文義所排除之事項。美國聯邦巡迴上訴法院曾以Michel規則認定未落入請求項中所載之數值範圍或數值的文義範圍者皆未構成均等侵權；亦有案件係以Michel規則認定改變請求項中所載之材料並未構成均等侵權，例如將木料改變爲金屬；亦有案件係以Michel規則認定對立的反義詞彼此之間皆未構成均等侵權，例如「正負」、「陰陽」、「強弱」、「大小」、「黑白」等，亦即黑與白不均等，大與小不均等。Michel規則與特別排除原則有部分重疊，二者之異同詳見本章五之(三)之5之(2)「特別排除原則」。

　　值得注意者，以Michel規則所作成之判決結果似乎會牴觸最高法院於說明均等論時所引用Graver Tank案有關材料的判決結果；亦會牴觸有關數值範圍之Warner-Jenkinson案的判決結果[166]。然而，筆者以爲：僅就材料及數值範圍之爭執而言，Michel規則與最高法院判決結果固然不同，但個案的案情及推論過程並不相同，尚難一概而論，就此認定Michel規則顯然違反美國聯邦最高法院的論理，仍值得觀察其後續發展，尤其是該規則與特別排除原則重疊之部分。

#案例－Moore U.S.A., Inc. v. Standard Register Co.[167]

系爭專利：

　　一種商業郵寄表格／信封。請求項：「……該表格上有一縱長條膠合區延伸<u>長度方向的大部分</u>……」。

被控侵權對象：

　　被控侵權對象的表格與系爭專利類似，但其縱長條膠合區僅延伸到表格長度方向的47.8%。

---

[166] Blake B. Greene, Bicon, Inc.v. Straumann Co.: the Federal Circuit Specifically Excluded Claim Vitiation to Illustrate a New Limiting Principle on the Doctrine of Equivalents, Berkeley Technology Law Journal, 167 (2007) (The Michel Rule has resulted in a finding of no infringement under the doctrine of equivalents in situations both where the equivalent range or number is outside the literal scope of the claimed range or number and where a claimed material is substituted (e.g., wood for metal).)

[167] Moore U.S.A., Inc. v. Standard Register Co., 229 F.3d 1091, 56 U.S.P.Q.2d 1225 (Fed. Cir. 2000).

專利權人：

　　被控侵權之表格均等侵權。

地方法院：

　　不同意均等侵權，因爲會抹除請求項中之限定條件「長度方向的大部分」。

專利權人：

　　縱長條膠合區延伸到邊緣留白長度方向的48%與延伸50.001%無實質差異。

聯邦巡迴上訴法院：

　　維持未均等侵權之判決，因爲容許47.8%均等於「大部分」會破壞「大部分」的限定，故限定條件「大部分」不能有任何均等範圍。若「小部分」能均等於「大部分」，則其前面的限定條件「第一及第二縱長條膠合區分別設於該第一面的該第一及第二縱長邊緣區」即已足夠，該限定條件就非屬必要。其次，會不合邏輯，合理的陪審團不可能認定「小部分」與「大部分」無實質差異。

c. 無限定條件規則

　　無限定條件規則（No Limitation Rule），指請求項破壞原則適用於唯有將系爭專利請求項中所載之限定條件予以寬廣的解釋，以致該限定條件不再爲限定條件，始能認定均等侵權的情況[168]。美國聯邦巡迴上訴法院以無限定條件規則認定形狀變化並未構成均等侵權，因爲若特定形狀之限定條件可均等於任何形狀，則該限定條件變得沒有意義。從維護社會大衆的信賴的角度，專利權人明知該限定條件並非必要的限定，卻仍將其記載於請求項，若該限定條件的均等範圍過於寬廣，不啻等於消失，將會破壞請求項的限定，

---

[168] Blake B. Greene, Bicon, Inc.v. Straumann Co.: the Federal Circuit Specifically Excluded Claim Vitiation to Illustrate a New Limiting Principle on the Doctrine of Equivalents, Berkeley Technology Law Journal, 167 (2007) (The No Limitation Rule finds claim vitiation to exist where an equivalent requires such a broad reading of a claim limitation that the limitation is meaningless.)

故應認定該限定條件以外的範圍為專利權人主觀意識所排除，而有請求項破壞原則之適用。

#案例－Tronzo v. Biomet, Inc.[169]

系爭專利：

一種髖關節義肢。請求項：該義肢之球及托座機構包含一杯狀體插入合成的髖關節托座，該杯狀體具有一「一般圓錐形外表面」。

被控侵權對象：

髖關節義肢之杯狀體具有半球形外表面。

專利權人：

被控侵權之義肢均等侵權。

專利權人之專家證詞：

半球形的杯狀體與圓錐形杯狀體無實質差異。

地方法院：

同意均等侵權。

聯邦巡迴上訴法院：

駁回均等侵權之判決。雖然被控侵權之半球形杯狀體「達成所需之結果」並「以基本上相同之方式運作」，惟若依專家證詞，任何形狀皆均等於請求項中所載之圓錐形限定條件，則這樣的結果不被Warner-Jenkinson案之全要件原則所容許，因為一般圓錐形被賦予任何均等範圍，該限定條件就等於沒有限定作用。

d. 重要限定條件規則

重要限定條件規則（Significant Limitation Rule），指請求項破壞原則之適用，限於系爭專利之文義與被控侵權對象不同之處為請求項中所載之

---

[169] Tronzo v. Biomet, Inc.156 F.3d 1154, 47 U.S.P.Q.2d 1829 (Fed. Cir. 1998).

重要限定條件的情況[170]。法院於Nova Biomedical案闡述重要限定條件規則之意義，指唯有重要的限定條件被破壞時始不適用均等論（only significant limitations will be vitiated by applying the DOE），而非只要有限定條件被破壞就不適用均等論，法院特別強調「並非請求項中每一個字均為一獨立的限定條件」（not every word in a claim is a separate limitation），這種說法顯然與Lourie規則不一致。重要限定條件規則試圖緩和僵化的Lourie規則與Michel規則，目的仍是要限制均等論的廣泛適用，但仍無法提供可預測的結果。然而，若重要限定條件係指專利發明中能解決問題之技術特徵，即對先前技術有貢獻具有進步性之技術特徵，則重要限定條件規則類似日本最高法院所確立之均等論的第一要件「本質特徵」理論，故可理解重要限定條件規則為何可以限制均等論，亦可以預測其結果，見本章五之(二)之8之(1)「日本 Tsubakimoto Seiko Co. Ltd. v. THK K.K.案」。

#案例－Nova Biomedical Corp. v. I-Stat Corp.[171]

系爭專利：

一種溶液專利。

請求項：「……具有導電率指示，顯示該溶液的等同血球容積值……」（having a conductivity indicative of a known equivalent hematocrit value）。

說明書：溶液的導電率數值即為血球容積值。系爭專利將「等同血球容積值」定義為「血液樣本的血球容積標準」（the hematocrit level of a blood sample）；真正的血液樣本的血球容積值在0（無紅血球的純血漿）到100（僅有紅血球）的範圍。雖然真正的血液樣本的血球容積值不會為負值，但因溶液的導電率優於血漿，其血球容積值會有負值。

---

[170] Blake B. Greene , Bicon, Inc.v. Straumann Co.: the Federal Circuit Specifically Excluded Claim Vitiation to Illustrate a New Limiting Principle on the Doctrine of Equivalents, Berkeley Technology Law Journal, 167 (2007), (Finally, under the Significant Limitation Rule, claim vitiation occurs where an accused product contains changes from the literal scope of a significant claim limitation.)

[171] Nova Biomedical Corp. v. I-Stat Corp. No. 98-1460, 1999 WL 693881 (Fed. Cir. Sept. 3, 1999) (per curiam) (unpublished decision).

地方法院：

認定無均等侵權。理由為「等同血球容積值」在文義上限於真正血液樣本的血球容積值，即0到100，因被控侵權溶液的血球容積值有負值，認定無文義侵權。此外，地院認定被控侵權溶液不適用均等論，因為其讀入「等同血球容積值」定義，會破壞限定條件「血液樣本」。

聯邦巡迴上訴法院：

駁回無均等侵權之判決。均等論的事實調查完全取決於被控侵權裝置與請求項之文義之間是否有實質差異，要決定限定條件是否被破壞，必須檢視欠缺的系爭限定條件是否重要。基於前述規則，若被控侵權溶液適用均等論，應考量其是否會破壞限定條件「血液樣本」。系爭限定條件可以被解釋為：「標準化的溶液……具有一種〔特定〕離子的已知濃液，且具有與血液樣本相同的導電性，該血液樣本的血球容積標準為已知者。」容許其均等物包含「標準化的溶液……具有一種〔特定〕離子的已知濃液，且具有與樣本相同的導電性，該樣本的血球容積標準為已知者。」並未完全破壞限定條件，因為並非請求項中每一個字均為獨立的限定條件。最後認定「血液」是不重要的限定條件，被控侵權溶液可適用均等論，而將案件發回更審，進行無實質差異之事實調查。

D. 我國相關判決

我國智慧財產法院於民國97年7月1日成立後至民國101年底援引請求項破壞原則作成之判決共五件：

a. 99民專訴第94號案，系爭專利為「鑰匙導引結構」，判決內容類似Lourie規則中所指重新配置之結構或空間元件。

b. 99民專上更(一)第12號案，系爭專利為「多功能保眼眼罩之改良構造」，判決內容類似重要限定條件規則。

c. 100民專訴第23號案，系爭專利為「手提動力工具之懸浮減震機構」，判決內容類似重要限定條件規則。

d. 100民專訴第103號案，系爭專利為「電鍋收納櫃之集水結構」及「電鍋收納櫃之排氣結構」，判決內容類似Lourie規則中所指重新配置之結構或空

間元件。

e. 101民專上第3號案，系爭專利為「手提動力工具之懸浮減震機構」，判決內容類似重要限定條件規則。

99民專上更(一)第12號案，系爭專利「多功能保眼眼罩之改良構造」，判決闡述請求項破壞原則：按專利侵權鑑定比對時，若必須破壞請求項之界定（例如使某一技術特徵消失），始能使被控侵權對象對應系爭專利請求項所載之技術特徵，則不適用均等論，而此種破壞某一請求項或申請專利範圍之界定行為，學理上稱之為請求項破壞原則（the claim vitiation doctrine, CVD），目的在於防止權利人利用此種方式解釋其申請專利範圍，將顯然存有差異之他人物品，納入所謂均等範圍。本件倘依上訴人前揭主張，將要件C及E合而為一要件……，勢將破壞上訴人系爭專利申請專利範圍第1項所界定之「主機本體內設有充氣幫浦、洩氣閥、導氣管、……、蜂鳴器」，「主機本體…外表延伸一導線與控制器銜接」，因而打破了主機本體之內、外連結關係。……尤其前述臺北高等行政法院判決：「須換裝較長狀之氣管及導線……技術手段……尚有不同」，認為導氣管之長短及連結關係對於技術手段是否實質相同應為判斷重點。基於前述說明，將要件C及E結合為一要件，不僅破壞原有對於申請專利範圍請求項之界定，且將不當擴張系爭專利之均等範圍，極端而言，倘將請求項之界定完全破壞，其結果就是將請求項作為一整體予以比對，有違逐一（請求項）比對原則，故不宜破壞請求項之界定始符合我國專利侵害鑑定要點中所載均等論之逐一比對原則。

100民專訴第23號案，系爭專利「手提動力工具之懸浮減震機構」，判決闡述請求項破壞原則：按均等論係為防止不道德之仿冒者以無實質變化之方式迴避他人專利之文義範圍而創設，然如均等論之適用會破壞申請專利範圍中對於至少一特定限制條件，使該限制條件構成之技術內容於申請專利範圍中完全喪失功能，勢將造成請求項破壞之結果；又專利權人既可預見該限定條件在申請專利過程具有特定之意義，惟仍將該限制條件列為申請專利範圍之構成要件，自應認為係有意就申請專利範圍所附加之限制條件，如仍准許專利權人將申請專利範圍擴大解釋為不含該限制條件，則有違社會大眾對於申請專利範圍之信賴保護原則，顯非法之所許，難認有均等論之適用，是謂禁止請求項破壞原則。系爭專利更正後申請專利範圍第2項又附加以滑套或套管之技術特徵組合動作模組，則該項限制條件即為該請求項之重要結

構，如予以省略不論，則請求項之結構即會遭破壞。是依據禁止請求項破壞原則，自不容原告將滑套之技術特徵擴張及於被控侵權物品以二支內六角螺絲組裝之技術內容。

(2) 特別排除原則

特別排除原則，亦稱意識限定原則，指專利權人不能主張從申請專利範圍特別排除之均等範圍[172]。若申請專利範圍或說明書明示或暗示從申請專利範圍排除其所主張之均等範圍[173]，基於公示功能，特別排除原則可阻卻專利權人適用均等論重新主張專利權人明確排除的技術範圍[174]，其確保社會大眾得以說明書或申請專利範圍中明確的負面表示，主張專利權人不得將其已排除之專利標的重新主張其均等範圍[175]。然而，若特別排除原則適用的太廣泛，可能會使均等論無用武之地，因為就每一個技術特徵而言均可謂已特別排除任何未落入其文義範圍的技術內容[176]。

中國北京高級法院的「專利侵權判定指南」第56條第2項明定特別排除原則之適用：「被訴侵權技術方案屬於說明書中明確排除的技術方案，專利權人主張構成等同侵權的，不予支持。」

A. 特別排除原則之內涵

特別排除原則性質上為法律事項，其具有阻卻被控侵權對象中之元件均等於請求項之限定條件的結果[177]。特別排除原則的理論基礎在於被控侵權對

[172] Dolly, Inc. v. Spalding & Evenflo Cos., 16 F.3d 394, 400 (Fed. Cir. 1994).

[173] SciMed Life Sys., Inc. v. Advanced Cardiovascular Sys., Inc., 242 F.3d 1337, 1347 (Fed. Cir. 2001) (The foreclosure of reliance on the doctrine of equivalents in such a case depends on whether the patent clearly excludes the asserted equivalent structure, either implicitly or explicitly.)

[174] SciMed Life Sys., Inc. v. Advanced Cardiovascular Sys., Inc., 242 F.3d 1337, 1347 (Fed. Cir. 2001) (The patentee cannot be allowed to recapture the excluded subject matter under the doctrine of equivalents without undermining the public-notice function of the patent.)

[175] SciMed Life Sys., Inc. v. Advanced Cardiovascular Sys., Inc., 242 F.3d 1337, 1347 (Fed. Cir. 2001) (⋯noting that by drafting the patent to clearly exclude the proposed equivalent [catheters that used a dual lumen configuration], the patent holder allowed "competitors and the public to draw the reasonable conclusion that the patentee was not seeking patent protection for" the dual lumen configuration.)

[176] Gerald Sobel, Patent Scope and Competition: Is the Federal Circuit's Approach Correct?, 7 Va. J.L. & Tech. 3, 26 (2002) (If each claim were to 'specifically exclude' all alternatives not literally within it, the doctrine of equivalents would disappear.)

[177] Dolly, Inc. v. Spalding & Evenflo Cos., 16 F.3d 394, 400 (Fed. Cir. 1994) (The concept of

象欠缺請求項中限定條件之文義或其均等範圍，則違反全要件原則[178]。依美國聯邦最高法院於Warner-Jenkinson案中之認定，若法院認爲系爭專利適用特別排除原則，則法院必須作成未均等侵權之即決判決[179]，若然，則該案件的事實調查不必進行均等論之三部檢測或無實質差異檢測之均等分析。

B. 特別排除原則與請求項破壞原則之異同

　　實務案例顯示，特別排除原則與請求項破壞原則之間關係密切[180]，法院認定特別排除原則的案例，通常亦適用請求項破壞原則。然而，特別排除原則阻卻均等論之理論依據與請求項破壞原則不同，特別排除原則係阻卻均等論適用於申請專利範圍或說明書中所載特別排除之均等範圍[181]。換句話說，一旦申請專利範圍或說明書有負面表示之記載，則專利權人就特別排除了該均等範圍，不論專利權人是有意或無意（purposefully or unintentionally），因爲其可得知或可合理的得知法院會排除嗣後其主張之均等範圍。相對地，請求項破壞原則係被控侵權對象的替代元件破壞請求項中所載之限定條件，而不構成均等侵權之認定，並非說明書或申請專利範圍中有特別排除之記載，因此，請求項破壞原則阻卻均等論之適用無需任何證據證明專利權人有意、已知或可得知不能主張均等侵權[182]。

　　基於前述說明，特別排除原則，係回頭檢視說明書或申請專利範圍中

equivalency cannot embrace a structure that is specifically excluded from the scope of the claims."); Wiener v. NEC Elecs., Inc., 102 F.3d 534, 541 (Fed. Cir. 1996) (···holding that the accused device does not contain an equivalent for each claim limitation because specific exclusion applied.)

[178] Boone, supra note 12, at 651; cf. Cook Biotech Inc. v. ACell, Inc., 460 F.3d 1365, 1379 (Fed. Cir. 2006) (A claim that specifically excludes an element cannot through a theory of equivalence be used to capture a composition that contains that expressly excluded element without violating the "all limitations rule".)

[179] Warner-Jenkinson Co. v. Hilton Davis Chem. Co., 520 U.S. 17, 39 n.8 (1997) (Where the evidence is such that no reasonable jury could determine two elements to be equivalent, district courts are obliged to grant partial or complete summary judgment.)

[180] SciMed Life Sys., Inc. v. Advanced Cardiovascular Sys., Inc., 242 F.3d 1337, 1347 (Fed. Cir. 2001) (The [specific exclusion] principle articulated in these cases is akin to the familiar rule that the doctrine of equivalents cannot be employed in a manner that wholly vitiates a claim limitation.)

[181] Dolly, Inc. v. Spalding & Evenflo Cos., 16 F.3d 394, 400 (Fed. Cir. 1994).

[182] Daniel H. Shulman, Donald W. Rupert, "Vitiating" the Doctrine of Equivalents : A New Patent Law Doctrine, 12 Federal Circuit Bar Journal, 483 (2002-2003).

之記載；請求項破壞原則，係依申請專利範圍本身展望未來所主張之均等對象。特別排除原則，係基於公示功能，以確保社會大眾能依賴專利權人放棄之均等範圍[183]；請求項破壞原則，並未特別強調公示功能，因為社會大眾不能預測哪些元件會破壞請求項中所載之限定條件。

　　申請專利範圍具有定義功能及公示功能，公示功能確保社會大眾可以基於申請專利範圍及說明書之記載，認知到專利權範圍，並據以迴避，但亦可認知到專利權人所放棄的技術範圍[184]。特別排除原則係基於專利權人在其說明書或申請專利範圍中所為之清楚陳述，據以認知到其特別排除之事項，特別排除原則之適用係維護公示功能，阻卻專利權人建構均等範圍時重新主張其清楚排除之事項。因此，特別排除原則係強調公示功能；請求項破壞原則則有弱化公示功能之趨勢，美國聯邦巡迴上訴法院在Bicon案[185]並未採用請求項破壞原則，隱晦地強調維護均等分析之前提的公示功能，而以特別排除原則阻卻均等論之適用。

C. 特別排除原則之適用

　　特別排除原則適用於專利權人在說明書或申請專利範圍中明確放棄申請專利範圍中之專利標的。案例法顯示涉及說明書之特別排除主要用於明示的放棄[186]，例如專利權人限制均等範圍[187]或特別強調發明所包含請求之元

---

[183] SciMed Life Sys., Inc. v. Advanced Cardiovascular Sys., Inc., 242 F.3d 1347 (Fed. Cir. 2001) (The unavailability of the doctrine of equivalents could be explained ... as the product of a clear and binding statement to the public that metallic structures are excluded from the protection of the patent.)

[184] PSC Computer Prods., Inc. v. Foxconn Int'l, Inc., 355 F.3d 1353, 1360 (Fed. Cir. 2004) (The ability to discern both what has been disclosed and what has been claimed is the essence of public notice. It tells the public which products or processes would infringe the patent and which would not.)

[185] Bicon, Inc. v. Straumann Co. (Bicon II), 441 F.3d 945 (Fed. Cir. 2006).

[186] Novartis Pharms. Corp. v. Abbott Labs., 375 F.3d 1328, 1337 (Fed. Cir. 2004) (In light of the specification's implicit teaching that surfactants do not compose the entire portion of the lipophilic component, Novartis is foreclosed from arguing that Span 80, which the specification expressly acknowledges is a surfactant, is an equivalent to a pharmaceutically acceptable non-surfactant lipophilic excipient, as required by the lipophilic phase under our claim construction.)

[187] SciMed Life Sys., Inc. v. Advanced Cardiovascular Sys., Inc., 242 F.3d 1345 (Fed. Cir. 2001) (the common specification of SciMed's patents referred to prior art catheters, identified them as using the [proposed equivalent] dual lumen configuration, and criticized them ....)

件[188]，故可以預知其可以適用特別排除原則。相對地，因申請專利範圍係記載請求之內容，通常不會明示放棄申請專利範圍中的專利標的，故涉及申請專利範圍之特別排除通常係用於暗示的放棄[189]。基於前述之比較，涉及申請專利範圍之特別排除似乎比較沒有可預測性。

　　檢視美國聯邦巡迴上訴法院適用特別排除原則又涉及申請專利範圍的案例，顯示該原則之適用似有一共通模式，即當專利權人在二元選項選擇組（in a binary choice setting）中選擇請求其中之一，特別排除原則會阻卻專利權人主張另一選項為均等物[190]。惟應注意者，二元選項選擇組要求請求項中所載之限定條件必須是二選項之一，例如限定條件「惰性氣體」特別排除「活性氣體」包括專利權人主張均等的熱空氣[191]，而非僅限於對立的反義詞（即藍色vs.非藍色；圓形vs.非圓形）。

#案例－Bicon, Inc. v. Straumann Co.[192]

系爭專利：

　　一種露頭襯套裝置，用來保持被植入之假牙周圍的空間，使置於該植入物上之牙冠能裝在病人的牙床之下。專利中所描述的植入物係由根部構件及基座所構成：根部構件係插入病人之頜骨以定置該植入物；基座係連結該根部構件並凸出於病人牙床之上以供固定牙冠之裝置。在

---

[188] SciMed Life Sys., Inc. v. Advanced Cardiovascular Sys., Inc., 242 F.3d 1345 (Fed. Cir. 2001) (the disclaimer of [proposed equivalent] dual lumens was made even more explicit in the portion of the written description in which the patentee identified coaxial lumens as the configuration used in "all embodiments of the present invention".)

[189] SciMed Life Sys., Inc. v. Advanced Cardiovascular Sys., Inc., 242 F.3d 1346 (Fed. Cir. 2001) (By defining the claim in a way that clearly excluded certain subject matter, the patent implicitly disclaimed the subject matter that was excluded and thereby barred the patentee from asserting infringement under the doctrine of equivalents.)

[190] Senior Techs., Inc. v. R.F. Techs., Inc., 76 Fed. Appx. 318, 321 (Fed. Cir. 2003) (In a binary choice situation where there are only two structural options, the patentee's claiming of one structural option implicitly and necessarily precludes the capture of the other structural option through the doctrine of equivalents.)

[191] Eastman Kodak Co. v. Goodyear Tire & Rubber Co., 114 F.3d 1547, 1551, 1561 (Fed. Cir. 1997).

[192] Bicon, Inc. v. Straumann Co. (Bicon II), 441 F.3d 945, 956 (Fed. Cir. 2006).

植入該根部構件之外科手術及嗣後裝上該基座之後，醫師將專利所請求之露頭襯套置於該基座之上。該襯套防止病人牙床組織在愈合過程中密合包圍該基座。一旦病人下頷及嘴巴完全愈合，移開該襯套可讓出一空間，容許永久牙冠安裝在病人牙床之下，如此可美美的維持病人原本之牙床。在製作永久牙冠之期間，該襯套也作為固定暫時牙冠之裝置。

　　請求項：「一種露頭襯套構件，在將基座置於已植入病人牙床骨中之根部構件上的過程中，用於保護牙間之凸丘，其中[a]該基座具有一<u>平截球形</u>基面部分，及[b]一圓錐面部分具有一選擇之高度，係從前述平截球形基面延伸而出，包含……[e]該內孔具有一斜面通常係配合該基座之圓錐面部分，……。

被控侵權對象：

　　被控侵權裝置共兩件。第1件為一塑膠製結構，稱為impression cap，當醫師準備牙冠模之期間，係裝在基座及根部構件肩部的外周；第2件為一圓錐形塑膠製裝置，稱為burnout coping，係用來製造永久牙冠，裝在具有相同於基座及該根部構件肩部形狀之結構外周。

專利權人：

　　承認系爭裝置中之基座並無平截球形基面；惟主張其根部構件的喇叭狀頸部平面包含平截球形基面或其均等物，根部構件頸部凹入的喇叭狀面均等於基座外凸的平截球形基面。

地方法院：

　　因請求項前言中所載之結構係瞭解主體中所載之限定條件有關之限定，故前言中所載之基座是由請求項及說明書中所描述之特性所界定之特殊結構。法院判決該基座與該根部結構有別，且該基座包含平截球形基面部分，亦即該基座之基礎具有一凸面及一圓錐面部分，其係從平截球形基面延伸到一適當的高度。由於請求項5中所描述的基座必須包含平截球形基面，法院判決該裝置所具有的平截球形基面係在根部構件上而非在基座上，故該裝置與請求項中所載之結構不均等。法院認為除此之外的其他認定均會破壞請求項中基座具有一平截球形基面之限定條件。法院亦不同意專利權人所主張根部構件頸部凹入的喇叭狀面均等於基座

外凸的平截球形基面，法院判決專利權人於請求項5中使用明確語言賦予狹窄的結構限定條件，而該語言限定了可能的均等範圍，不能包含根部構件內凹的喇叭狀頸部，因爲內凹面與外凸面相反，因爲這樣的理論會破壞請求項中之限定條件，且喇叭狀頸部不滿足三部檢測。因此，法院同意被控侵權人所提未侵權之即決判決之聲請，判決系爭裝置未侵害請求項5之均等範圍。

聯邦巡迴上訴法院：

　　認可地院未均等侵權之認定。美國聯邦巡迴上訴法院判決根部構件內凹結構均等於基座外凸結構之認定會否定請求項中平截球形之限定條件，並指出請求項5前言具有該基座形狀之詳細描述，「詳細記載結構之請求項適當地限制均等論之適用」。美國聯邦巡迴上訴法院認爲特別排除原則特別適用於請求項5，因爲請求項界定了基座之基面部分的結構致明示排除了可區別之不同且相反的形狀。美國聯邦巡迴上訴法院進一步指出這樣的案例「以清楚排除某些專利標的之方式定義請求項，這種專利隱含了放棄被排除之專利標的，從而阻卻了專利權人重爲主張均等侵權。」系爭裝置之基座形狀是平截圓錐（非平截球面），且根部構件之頸部爲內凹（非外凸），這些結構明顯與系爭專利之基座的形狀相反，故被排除在外。因此，特別排除原則阻卻了系爭裝置之基座之基面部分及根部構件之頸部均等於請求項5中所描述平截球形基面及基座之外凸部分。

D. 我國相關判決

　　我國智慧財產法院於97年7月1日成立後至101年底援引特別排除原則作成之判決共二件：

(a) 99民專上更(一)第8號案，系爭專利爲「聚醯亞胺積層板」，判決內容涉及特別排除原則。

(b) 99民專上更(一)第12號案，系爭專利爲「多功能保眼眼罩之改良構造」，判決內容涉及請求項破壞原則及特別排除原則。

　　99民專上更(一)第8號案，系爭專利爲「聚醯亞胺積層板」，法院判決

指出：說明書中已明確說明溶劑成分為系爭專利的重要改良，「成功的新溶劑系中含少量之酮類溶劑，例如丙酮」，「丙酮含量越[超過]30％則會增加後續加熱處理的困難，若酮類含量太少亦無法達成本創作之目的」，「若丙酮含量低於1％則無法顯示本創作之目的功效」，足見酮類含量範圍之限定為系爭專利一重要之特徵；說明書中亦明確記載：「實際上，其他不同之極性非質子溶劑組合，只要含有部分成分的溶劑是丙酮者亦可為本創作之使用」，已明確界定系爭專利之溶劑系統必須包含丙酮，只要含有部分成分的溶劑是丙酮者，則可為本創作之使用，反之若溶劑系統中完全不含丙酮者，則非屬系爭專利之保護範圍，為專利申請人主觀意識之特別排除，故尚不能為專利權人以均等論為由擴張其權利範圍。

　　99民專上更(一)第12號案，系爭專利為「手提動力工具之懸浮減震機構」，判決闡述特別排除原則：申請專利範圍中所載之技術特徵經申請人特別限定其意義或經特別描述時，其所賦予之特別意義或所描述之範圍，將限制申請人於取得專利後透過均等之解釋擴張其意義或所描述之內容，稱為特別排除原則（specific exclusion principle；Bicon, Inc. v. The Straumann Co., Fed. cir. 2006, 05-1168），又稱意識限定原則，在此等情形下，則可限制或阻卻均等論之適用。例如請求項記載之技術特徵為「大部分」、「高溫」時，則「大部分」與「小部分」即不均等、「高溫」與「低溫」亦不均等。本件上訴人系爭專利申請專利範圍第1項記載：「該主機本體內設……，外表……」等語，明確界定主機本體之內、外結構，且內部證據顯示上訴人於異議答辯：「將控制電路裝設於控制器中……可有效免除鼻部之負荷」云云，明確主張主機本體之內、外結構之差異會影響所生之功效，顯然係有意識地特別限定主機本體之內、外結構，以排除不同之結構。若上訴人認為元件位置之置換係可輕易完成時，即應避免使用相對之二元選項用語（binary，例如系爭專利所使用之「內、外」，或「陰、陽」、「正、負」等字詞），或應將可預期之實施方式記載於說明書，亦即描述若干可能之置換方式，據以支持申請專利範圍中上位概念用語之界定，或至少在維護申請專利之過程中不宜有扞格之主張，否則即有特別排除原則之適用。

(c) 詳細結構原則

　　美國聯邦最高法院於1997年Warner-Jenkinson案中肯認以均等論擴張專利權保護範圍的價值，但另一方面又創設全要件原則、申請歷史禁反言、貢獻

原則等法則限制均等論的適用，以兼顧衡平、正義及專利制度的基本精神，導致近年來美國專利侵權訴訟的攻防焦點幾乎集中在解釋申請專利範圍這個步驟。不可諱言者，由於我國「專利侵害鑑定要點」之訂定大部分是沿襲美國專利侵權訴訟制度之經驗，台灣的專利侵權訴訟似乎也與美國亦步亦趨，兩造當事人的攻防日益重視申請專利範圍的解釋。

　　依筆者在智慧財產法院任職技術審查官的觀察，台灣的專利侵權訴訟案件中有一大部分為創作高度較低的新型專利，因美國專利並無新型專利制度，致有若干較不為美國專利界重視的問題已成為我國專利訴訟程序中特有的攻防重點，而這幾個重點牽涉到本節所探討的均等論限制理論，尤其是詳細結構原則。

A. 詳細結構原則之內涵

　　一如前述，特別排除原則與請求項破壞原則之間關係密切，前者係從後者演化的一種新理論，觀察實際案例，特別排除原則通常亦適用請求項破壞原則。嗣後美國聯邦巡迴上訴法院又創設一種限制均等論之理論，而為特別排除原則其中一種態樣，稱為詳細結構原則，「記載詳細結構的請求項應相對限制其均等範圍」[193]。

　　詳細結構原則限制均等論係從請求項中所載之用語出發，該原則與特別排除原則顯然有關，因為二原則皆關注公示功能，詳細結構原則係藉申請專利範圍中記載詳細結構，據以告知社會大眾專利權人僅尋求有限的專利保護範圍。法院在Bicon案中指出詳細結構原則特別適用於本案之案情，請求項記載基座的平截球形基面部分，特別排除「明顯不同甚至相反之形」（distinctly different and even opposite shapes），而為一種記載詳細結構之請求項。基於前述說明，「詳細結構原則適用於結構特徵特別排除元件」（a structural claim limitation specifically excludes an element）的情況。[194]

　　在美國已有相當多案例顯示用語較為狹窄的限定條件僅有有限的均等範圍（a narrow claim limitation deserves a limited scope of equivalence）[195]，故詳

---

[193] Bicon, Inc. v. Straumann Co. (Bicon II), 441 F.3d 955 (Fed. Cir. 2006) (⋯a claim that contains a detailed recitation of structure is properly accorded correspondingly limited recourse to the doctrine of equivalents⋯.)

[194] Bicon, Inc. v. Straumann Co. (Bicon II), 441 F.3d 955 (Fed. Cir. 2006).

[195] Sage Prods. Inc. v. Devon Indus., 126 F.3d 1420, 1424 (Fed. Cir. 1997) (For a patentee who

細結構請求項的概念已見於先前判例，但美國聯邦巡迴上訴法院從未明白限制特定請求項適用均等論，而僅一般性地適用限制理論。美國聯邦巡迴上訴法院創設詳細結構原則，在實際案件中可以作成即決判決，免除均等論之事實調查，且被控侵權人可以明確爭執專利權人主張詳細結構請求項的均等範圍，作為被控侵權人之防禦基礎。

B. 詳細結構原則之適用

　　被控侵權人如何主張詳細結構原則之適用，仍無明確判決可供遵循，尚難預測美國聯邦巡迴上訴法院之態度。參酌Bicon案之判決，該案顯示請求項特別記載形狀，法院僅重申特別排除原則之適用，「記載詳細結構的請求項應相對限制其均等範圍」，而將不同且相反之形狀排除於均等範圍之外。然而請求項應記載到什麼程度始符合「詳細結構」？何謂「相對限制其均等範圍」之真義為何？以Bicon案為例，法院認為「內凹」及「平截球形基面」為詳細記載之結構，是否導致請求項中所載之形狀嗣後均被認定為詳細結構，尚待觀察。至於「相對限制其均等範圍」似非指完全阻卻均等論之適用，筆者以為依記載詳細之程度而有不同程度之限制，例如數值範圍跨距100及跨距10，二者之限制程度應有不同，若等比率限制二者之均等範圍，100的20%為20，10的20%為2，絕對值應不同。

　　按專利權保護範圍除了文義範圍之外尚包含均等範圍，要使其文義涵蓋寬廣的範圍，申請人撰寫申請專利範圍時，最常見的方式係減少技術特徵的數量及使用上位概念用語，甚至僅記載已知結構所達成之功能而不記載詳細結構。相對的，在申請或維護專利權時，申請人或專利權人可以藉修正或更正申請專利範圍之方式增加技術特徵或改用下位概念用語，以迴避先前技術而限縮申請專利範圍。從涵蓋範圍寬廣的申請專利範圍限縮為狹窄的申請專利範圍，固然有申請歷史禁反言的適用，以限制其均等範圍的不當擴張，惟若原本所撰寫的申請專利範圍涵蓋範圍狹窄，嗣後於專利侵權訴訟中，是否可能鑽漏洞藉解釋申請專利範圍之技巧，不當擴張原本涵蓋範圍狹窄的申請專利範圍？

---

has claimed an invention narrowly, there may not be infringement under the doctrine of equivalents in many cases, even though the patentee might have been able to claim more broadly. If it were otherwise, then claims would be reduced to functional abstracts, devoid of meaningful structural limitations on which the public could rely.)

　　眾所周知者，專利權的保護範圍係申請專利範圍所載技術特徵的交集所界定的範圍，故技術特徵的數量與專利權的保護範圍成反比，技術特徵越多專利權的涵蓋範圍越窄。此外，使用上位概念用語或下位概念用語記載之請求項，其涵蓋的範圍亦不相同。上位概念，指複數個技術特徵屬於同族或同類，或具有某種共同性質的總括概念，例如電腦；下位概念，指相對於上位概念表現為下位之具體概念，例如電子計算機、微處理器。舉例而言，常見的上位概念用語記載方式，例如「加熱」之下位概念用語得為「電氣加熱」、「微波加熱」或「蒸氣加熱」；「固定裝置」之下位概念用語得為「螺釘」、「螺栓」或「鉚釘」；「C1-C4烷基」得總括甲基、乙基、丙基及丁基。在科技領域中，經常以功能名詞作為元件之名稱，例如制動器、夾子、容器、固定裝置等。

　　以固定裝置為例，其下位概念用語包含螺栓，記載固定裝置的申請專利範圍與記載螺栓的申請專利範圍二者的保護範圍是否應有不同？若從文義讀取的角度，上位概念的固定裝置所總括的範圍包括下位概念的螺栓，二者的文義範圍顯然不同。惟若從均等論的角度，無論是經三部檢測或可置換性的檢測，均可能達成無實質差異之認定，進而適用均等論。換句話說，無論是上位概念用語的固定裝置或下位概念用語的螺栓，二者的均等範圍並無不同。均等範圍係法院基於衡平藉均等論將請求項之文義範圍向外擴張至與該文義實質相同的範圍，總結前述固定裝置與螺栓之分析，二者的保護範圍並無不同。若然，申請人於撰寫申請專利範圍時必然會儘量記載下位概念用語，以便於取得、維護專利權，且無礙於專利權的保護範圍。事實是否如此？本小節的詳細結構原則甚至前述的特別排除原則顯然已給出答案，筆者也以為大發明大保護、小發明小保護、沒發明沒保護。

　　眾所周知者，先鋒型發明之技術領域之密集程度低，相對於改良型發明應有較為寬廣的保護範圍；同理，上位概念發明相對於下位概念發明，應有較為寬廣的保護範圍。對照專利審查的角度，若上位概念請求項牴觸先前技術而不具進步性，下位概念請求項可以迴避該先前技術而取得專利權，則該專利與該先前技術接近，其技術領域之密集程度高，該專利之保護範圍應較為狹窄。相對地，若上位概念請求項未牴觸任何先前技術而取得專利權，則該專利與該先前技術疏遠，其技術領域之密集程度低，該專利之保護範圍應較為寬廣。基於前述說明，上位概念請求項之均等範圍對照下位概念請求項

應給予更為寬廣的保護始合理。

　　台灣的專利侵權訴訟案件中有一大部分為創作高度較低的新型專利，其對照發明技術之密集程度通常較高，且以下位概念用語記載請求項或以詳細結構記載請求項之情況比比皆是，故專利權人主張適用均等論時，受限於本節所述請求項破壞原則、特別排除原則或詳細結構原則的情況可能更多。前述說法並非指新型專利一定比發明專利的均等範圍狹窄，而是指新型專利的事實狀況，同一技術領域的新型專利權範圍較為密集，彼此之間差異程度不是太大，較有援引前述三項原則限制均等論之空間。

C. 我國相關判決

　　我國智慧財產法院於民國97年7月1日成立後至民國101年底援引請求項破壞原則但屬詳細結構原則之判決僅一件100民專訴第103號案，系爭專利有二「電鍋收納櫃之集水結構」及「電鍋收納櫃之排氣結構」。

　　法院判決：系爭專利「電鍋收納櫃之集水結構」請求項1界定之技術特徵「頂板向上述前方開口傾斜，其下傾的邊緣設有若干排水孔」，經原告特別限定其意義或經特別描述，其所賦予之特別意義或所描述之範圍限制均等之解釋。原告所稱被控侵權對象頂板無傾斜、其下傾的邊緣無排水孔亦為系爭專利前述技術特徵之均等範圍，顯然已破壞該技術特徵之界定，而有違請求項破壞原則，換言之，可限制或阻卻均等論之適用，即被控侵權對象與系爭專利請求項1無實質相同之可能。系爭專利「電鍋收納櫃之集水結構」請求項1項界定之技術特徵「底面板設一盛水板延伸至上述頂板邊緣的下方，且該底面板的邊緣與該頂板的邊緣之間預留一間隙」，經原告特別限定其意義或經特別描述，其所賦予之特別意義或所描述之範圍限制均等之解釋。原告所稱被控侵權對象並未設置盛水板及間隙亦為系爭專利前述技術特徵之均等範圍，顯然已破壞該技術特徵之界定，而有違請求項破壞原則，換言之，可限制或阻卻均等論之適用，即被控侵權對象與系爭專利請求項1無實質相同之可能。系爭專利「電鍋收納櫃之排氣結構」請求項1界定之技術特徵「內部框架之二相對側壁之上下部之若干風孔；以及設於該內部框架二側壁與該外殼二側壁之間的循環空間」，經原告特別限定其意義或經特別描述，其所賦予之特別意義或所描述之範圍限制原告均等之解釋。原告所稱被控侵權對象無風孔及無法與內部框架二側壁形成循環空間亦為系爭專利前述技術特徵之均等範圍，顯然已破壞該技術特徵之界定，而有違請求項破壞原則，

換言之，可限制或阻卻均等論之適用，即被控侵權對象與系爭專利請求項1
無實質相同之可能。

六、逆均等論

　　申請專利範圍之作用有二：界定專利權範圍(define the scope of patent
right)；告知社會大眾(notice to the public)。由於以文字精確、完整描述申
請專利之發明的範圍，實有其先天上無法克服的困難，故專利權範圍包括
申請專利範圍之文義及其均等範圍。均等論之作用係從文義範圍延伸，但
另有一種均等論係從文義範圍限縮，故稱爲逆均等論（reversed doctrine of
equivalents）。

(一)逆均等論之意義

　　逆均等論，又稱消極均等論，係爲防止專利權人藉申請專利範圍中所載
之文義主張其不當取得之專利權範圍，而對申請專利範圍之文義範圍予以限
縮。若被控侵權對象已爲申請專利範圍之文義範圍所涵蓋，但被控侵權對象
係以實質不同之技術手段達成實質相同之功能或結果時，則阻卻文義讀取，
應判斷未落入專利權文義範圍。被控侵權對象已符合文義讀取，但實質上未
利用說明書所揭示之技術手段時，適用逆均等論[196]。逆均等論之比對，應依
據說明書內容（包括書面揭露、可據以實施程度等）來決定，就申請專利範
圍中所載之技術特徵逐一檢視說明之[197]。

　　於1898年Boyden Power Brake Co. v. Westinghouse[198]案美國聯邦最高法院
限縮解釋申請專利範圍，後世稱爲「逆均等論」[199]。逆均等論，指利用不同
原理之不同方式達成實質相同之結果者，即使落入文義範圍，仍然不構成侵

---

[196] 經濟部智慧財產局，專利侵害鑑定要點（草案），2004年10月4日發布，頁39。

[197] 經濟部智慧財產局，專利侵害鑑定要點（草案），2004年10月4日發布，頁40。

[198] Boyden Power Brake Co. v. Westinghouse, 170 U.S. 537, 568 (1898) (But, even if it be
conceded that the Boyden device corresponds with the letter of the Westinghouse claims,
that does not settle conclusively the question of infringement … The patentee may bring
the defendant within the letter of his claims, but if the latter has so far changed the
principle of the device that the claim of the patent, literally construed, have ceased to
represent his actual invention, he is as little subject to be adjudged an infringer as one who
violated the letter of a statute has to be convicted, when he has done nothing in conflict
with its spirit and intent.)

[199] 劉國讚，專利權範圍之解釋與侵害，元照出版社，2011年10月，頁389。

權。逆均等論係為實現專利法之精神而創設，國家授予專利權人特定期間之排他權，專利權範圍理應與其發明之貢獻相當，始符合先占之法理及公平正義原則。基於利益平衡的原理，若專利權之文義範圍超出其發明之貢獻，則應限縮其範圍予以衡平。由於發明專利保護技術本身，不保護技術之原理，故申請專利範圍中應記載技術特徵，於物之發明通常為結構特徵，於方法發明通常為條件或步驟等特徵。若被控侵權對象之技術內容與申請專利範圍之技術特徵相同，但其所用之原理與專利發明不同，顯然其並非專利權人於申請時即已完成之發明，應從申請專利範圍之文義排除該部分。

　　在專利侵權訴訟中，被控侵權對象與申請專利範圍比對，判斷其構成文義侵權者，法院應依被告之舉證，進行是否適用逆均等之分析。若被控侵權對象係利用與系爭專利不同原理之不同方式，達成與系爭專利實質相同之結果者，即使落入文義範圍，仍然不構成侵權。

#案例－Boyden Power-Brake Co. v. Westinghouse[200]

系爭專利：

　　一種自動煞車機構，US360,070。本發明是用於火車的煞車機構，係因應緊急煞車之需求，可讓各車廂管路之空氣也進入氣壓缸的三口閥，使其動作更快。請求項2：「在煞車機構中，一主氣管路、一輔助氣槽、一煞車氣壓缸、一三向閥之組合，該三向閥具有一活塞，該活塞之啟始橫向位置容許空氣自輔助氣槽流向煞車氣壓缸，其另一橫向位置容許空氣直接由主氣管路流向煞車氣壓缸，實質如前述。」

爭執點：

　　三向閥及其所生之快速煞車作用。

---

[200] Boyden Power-Brake Co. et al. v. Westinghouse et al., 170 US 537 (1898) (In a brake mechanism, the combination of a main air pipe, an auxiliary reservoir, a brake cylinder, and a triple valve having a piston whose preliminary traverse admits air from the auxiliary reservoir to the brake cylinder, and which by a further traverse admits air directly from the main air pipe to the brake cylinder, substantially as set forth.)

被控侵權物：

　　具有申請專利範圍中所載之功能，但與說明書所載之實施方式並非相同結構。

地方法院：

　　以申請專利範圍中所載之功能作爲其專利權範圍，認定被控侵權對象落入該專利權範圍。

聯邦巡迴上訴法院：

　　申請專利範圍中所載之功能僅爲結果，其爲公共財，不得賦予專利權。

最高法院：

　　勉予承認系爭專利與被控侵權物的功能實際上相同，但達成該功能的手段並不相同。即使要有利於專利，我們認爲也不能說二者爲均等機構。法院係限縮申請專利範圍之解釋，進而認定不侵權。

筆者：當請求項涵蓋範圍過廣而將先前技術包含在內時，原則上該請求項應爲無效。最高法院依申請歷程之申復限縮解釋申請專利範圍，將請求項中所載之功能限於說明書中所載之結構，且因該結構與先前技術有差異，而未認定專利無效。本案案情較像以手段功能用語解釋申請專利範圍，故本案是否爲適用逆均等論之標準案例，尚待商榷。

（二）逆均等論之分析

　　1950年美國聯邦最高法院在Graver Tank案中提及1898年Boyden Power Brake Co. v. Westinghouse[201]案藉以闡明逆均等論，並確認逆均等論之存在。

---

[201] Boyden Power Brake Co. v. Westinghouse, 170 U.S. 537, 568 (1898) (But, even if it be conceded that the Boyden device corresponds with the letter of the Westinghouse claims, that does not settle conclusively the question of infringement … The patentee may bring the defendant within the letter of his claims, but if the latter has so far changed the principle of the device that the claim of the patent, literally construed, have ceased to represent his actual invention, he is as little subject to be adjudged an infringer as one who violated the letter of a statute has to be convicted, when he has done nothing in conflict with its spirit and intent.)

　　1985年美國聯邦巡迴上訴法院於SRI International v. Matsushita Electric Corporation of America案[202]認為應考慮適用逆均等論。由於任何影像均係由紅、綠、藍三原色光以不同強度比例組成，若將掃描影像之光訊號經由濾鏡分解為紅、綠、藍光，並以電子訊號分別記錄強度，則該影像得經由電子訊號及光訊號之處理而重現。本專利係將影像轉換為電子訊號的單管電視攝影機，請求項係利用二組條狀柵欄濾鏡相互間之角度差，使掃描時間不同，而產生不同頻率之電子訊號以記錄不同原色之強度。被控侵權對象之技術內容亦有二組條狀柵欄濾鏡，分別與垂直軸間形成角度相同而方向相反之角度差，因而落入專利權之文義範圍。但被控侵權對象係利用相位差之原理將記錄不同原色強度之電子訊號予以區分，故二者所利用之原理並不相同。然而，因當事人和解，法院並未就本件是否適用逆均等論作成判決。

　　美國聯邦巡迴上訴法院於1986年Texas Instruments v. United States International Trade Commission[203]案，見本章五之(二)之5.「手段請求項之均等分析」，曾表示逆均等論之適用前提有二：被控侵權對象已構成文義侵權，及被控侵權對象與專利發明有相當差異，以致申請專利範圍經解釋後反而限縮專利權的保護範圍。在美國，專利權人得利用均等論攻擊，被告得利用逆均等論防守。逆均等論係於被控侵權對象構成文義侵權始進行比對判斷，由被告負舉證責任，且因其屬事實問題，逆均等論應由陪審團判斷。

　　雖然美國法院尚無適用逆均等論之案件，但有若干案件，法院曾於判決中提及該案涉及逆均等論。

#案例－Charles C. Johnston et al. v. IVAC Corp.,[204]

系爭專利：

　　一種探針蓋及釋放裝置，US4,112,762。一種用於醫療用探針元件一的拋棄式探針蓋，包含一固定元件及固定於固定元件的探針元件，而該

---

[202] SRI International v. Matsushita Electric Corporation of America, 775 F.2d 1107, 1122-1126 (Fed. Cir. 1985).

[203] Texas Instruments v. United States International Trade Commission, 846 F.2d 1369 (Fed. Cir. 1988). (Texas Instruments II).

[204] Charles C. Johnston et al. v. IVAC Corp., 885 F.2d 1574 (1989).

探針元件包含至少一突出件。請求項1：「一種探針元件及其上之拋棄式探針蓋，該探針元件具有……；該手持部分包含手段，用於滑動地插入該探針元件之該探針蓋，該手段用於插入並強迫該探針蓋，使該突出件變形，並使該尖端固定而印在該探針蓋上，藉以使該探針蓋穩穩固定在該探針元件上。」

地方法院：

文義侵權及均等侵權均不成立。

上訴人（專利權人）：

被控侵權對象具有請求項中以手段功能用語所記載之功能，應予以考量，而主張被控侵權對象侵害該請求項。

聯邦巡迴上訴法院：

請求項以完成功能之手段予以限定，就字義予以解釋，該手段會包含完成該功能之任何手段。但35 U.S.C.第112條第6項將其限於字義上滿足該手段的形式。對於該功能，35 U.S.C.第112條第6項之法律效果並未將該元件擴展至均等功能。適當理解該項規定，其比較像是逆均等論而非均等論，因其限縮了請求項中所載之用語的字義範圍。總之，從被控侵權對象讀取手段請求項，被控侵權對象必須具有說明書中所載完成該功能之手段，或該手段之結構的均等範圍，且必須完成同一功能。手段請求項中所之功能與被控侵權對象不一致者，不能援引35 U.S.C.第112條第6項作爲構成侵權之基礎。

筆者：本案判決爲1989年，當時35 U.S.C.第112條第6項已明確規定手段請求項之專利權範圍限於說明書中所載之對應結構、材料或動作及其均等範圍。法院表示法所規定的解釋方法，將功能特徵限於說明書中所載之結構、材料或動作，有如逆均等論，二者均係限縮專利權範圍。

案例－Scripps Clinic & Research Foundation v. Genentec In.,[205]

系爭專利：

一種使用單株抗體的極純化VIII，第RE32011號。本專利之發明係從血漿製備VIII抗體。請求項13至18均為引用請求項1中所載之製法的物之請求項，請求項24、25、28、29為獨立的物之請求項，而未引用請求項1中所載之製法。

申請專利範圍：

請求項1：「一種製備VIII凝血活性蛋白質的改良方法，包含(a)自一血漿吸引收一VIII：C/VIII：RP混合物或商用濃縮源至微粒限制在單株抗體特性VIII：RP，(b)洗提VIII：C，(c)吸收自步驟(b)所獲得的VIII：C於其他吸收劑以濃縮及進一步純化，(d)洗提該吸收的VIII：C，及(e)回復高度純化及濃縮VIII：C。」

請求項13：「一種高度純化的人類抗體VIII：C，依請求項1的方法所製備。」

請求項24：「一種人類VIII：C製備，具有134-1172單位/ml，實質地免除VIII：RP。」

請求項28：「一種人類VIII：C製備，具有特別的活性高於2240單位/mg。」

被控侵權對象：

係以再合成製程製備VIII抗體。

地方法院：

請求項24、25、28及29為物之請求項，不得被解釋為僅以人類血漿所製備的抗體，尚包含以再合成製程所製備的抗體，故被控侵權對象落入請求項24、25、28及29之專利權範圍。然而，請求項13至18為引用請求項1之製法界定物之請求項，除非被控侵權對象使用相同製法，否則不構成侵權，故被控侵權對象未落入請求項13至18之專利權範圍。

[205] Scripps Clinic & Research Foundation v. Genentec In., 927 F.2d 1565, 18 USPQ 2d 1001 (Fed. Cir. 1991).

上訴人（專利權人）：

被控侵權對象以不同製法製成相同產品，亦侵害其以製法所界定之物之請求項13至18的專利權。

被上訴人（被告）：

雖然地方法院的簡易判決認定被控侵權對象侵害請求項24、25、28及29；然而，該等請求項適用逆均等論，而應予以限縮解釋，故被控侵權對象未侵害該等請求項。請求項「人類VIII：C之製備」必須解釋為限於以血漿製備之VIII：C抗體，亦即必須限於其製法特徵，因為專利權人並未發明人類抗體VIII：C，或發現其結構，或其在血液中作為凝血抗體的特性，而僅發現高度純化的製程。

聯邦巡迴上訴法院：

逆均等論，係相對於被控侵權對象適當解釋申請專利範圍的衡平法則，其目的在於避免專利權有未經授權的延伸而超出公平的範圍。依最高法院在Graver Tank案的敘述，若「在原理上遠離專利權，而用實質不同的方式完成相同或類似的功能」，即使落入請求項之文義範圍，仍應認定被控侵權對象未落入專利權範圍。逆均等論之運用取決於被控侵權對象的事實及對抗請求項的公平範圍；其中，請求項範圍得參考說明書、申請歷史檔案及先前技術予以決定。

依In re Brown案，以製法界定物之請求項的新穎性、非顯而易知性與請求項中所記載之方法特徵無關。本案亦認為，專利要件之判斷不應受請求項中所記載之方法特徵所限定。專利侵權判斷原則與專利要件的判斷原則應一致，確定專利權範圍時，不應將以製法界定物之請求項13至18解釋受請求項1中所記載之方法特徵所限定。被告公司主張其產品在原理上與系爭專利已有不同，尤其以先前技術文件予以檢視，更是如此。被告公司的主張必須進行事實調查，而有調查外部證據之必要。地方法院的總結判決並不適當，故推翻地方法院判決，發回重新進行事實調查。

筆者：被告公司有關逆均等論之論點係循先占之法理，主張專利權人未發明的技術不得納入專利權範圍。

　　35 U.S.C.第112條第6項已明確規定手段請求項之專利權範圍限於說明書中所載之對應結構、材料或動作及其均等範圍。美國聯邦最高法院在本章五之(二)之7.「美國Warner-Jenkinson v. Hilton Davis案」[206]中指出：雖然逆均等論及35 U.S.C.第112條第6項以功能特徵界定申請專利範圍對於專利權文義範圍有限縮作用，但美國國會係因Halliburton Oil Well Cementing Co. v. Walker[207]案而制定該法條，並非將逆均等論文字化，故二者之法理基礎不相同。對於手段請求項而言，雖然現階段其申請專利範圍的解釋已無風險，但對於請求項所記載非屬手段功能用語的功能特徵而言，日後仍有可能有適用逆均等論之爭執，見本章六之(五)「逆均等論與解釋申請專利範圍」。

　　至於前述之Scripps案，美國聯邦巡迴上訴法院於在Abbott Labs. v. Sandoz, Inc.案召開全院聯席聽證，確認：「在判斷侵權時，製法界定物之請求項中該製法應被視為限定條件。[208]」已解決Scripps案與Atlantic案中解釋方法的歧異，日後應無適用逆均等論之爭執。

(三)主張逆均等論之風險

　　當事人主張適用逆均等論，其前提必須已符合文義讀取[209]。對於專利申請後產生之新興技術，較有可能以不同原理之方式達成相同或更佳之結果，但在專利侵權訴訟中主張適用逆均等論，必須冒著已承認被控侵權對象構成文義侵權之風險，故實際案例甚少，除極為稀少的案件外，例如美國聯邦巡迴上訴法院在Scripps Clinic & Research Foundation v. Genetech, Inc.案認為似有適用逆均等論之可能，要求地方法院重新考慮。

　　由於適用逆均等論之案例甚少，在前述SRI International v. Matsushita Electric Corporation of America案中，就有於解釋時直接限縮申請專利範圍及適用逆均等論始予以限縮二種見解之爭論。部分見解認為專利權範圍應以申請專利範圍為準，不得依說明書所載之技術內容改寫申請專利範圍，得限縮申請專利範圍的情況僅限於適用逆均等論。然而，筆者以為申請專利範圍並非絕對不能限縮，當申請專利範圍已超出說明書所揭露專利權人所完

---

[206] Warner-Jenkinson Company, Inc., v. Hilton Davis Chemical Co., 520 U.S. 17, 28 (1997).

[207] Halliburton Oil Well Cementing Co. v. Walker, 329 U.S. 1-8 (1946).

[208] Abbott Labs. v. Sandoz, Inc., 566 F.3d 1282, 1293 (Fed. Cir. 2009) (en banc).

[209] 經濟部智慧財產局，專利侵害鑑定要點（草案），2004年10月4日發布，頁40。

成之發明，即超出專利權人先占之技術範圍時，必須限縮其專利權範圍，否則不啻侵害社會大眾之利益，例如前述1898年Boyden Power Brake Co. v. Westinghouse[210]案美國聯邦最高法院就限縮解釋申請專利範圍，而非直接認定該專利權無效。尤其當被控侵權人以逆均等論作為抗辯，而未主張專利權無效時，則應於解釋申請專利範圍之階段就先檢視案情是否有限縮解釋之可能，而非直接認定是否適用逆均等論，理由見本章六之(五)「逆均等論與解釋申請專利範圍」。

(四)逆均等論與均等論

均等論及逆均等論之法理基礎皆在於公平正義原則及利益平衡的原理。均等論之目的在於防止「不道德的仿冒」及「剽竊」，以及克服文字的抽象性及多義性；逆均等論之目的在於防止專利權人藉申請專利範圍主張與其發明之貢獻不相當的專利權範圍。逆均等論與均等論之目的不同，是否因此衍生其他異同？由於我國或美國法院並無逆均等論之詳細論述，尚難加以分析說明。

然而，無論是均等論或逆均等論，二者皆是在確認專利權與其發明之貢獻相當的保護範圍。例如，申請時，請求項中之A（例如金屬）文義涵蓋a1、a2及B（例如汞），但說明書僅有a1及a2二實施方式。因技術進展，依侵權時之通常知識，汞之性質與個案中所記載之a1、a2以外的金屬不同，故專利權人並未發明汞可以解決說明書中所載之問題並達成功效，可認定A不涵蓋B，故當被控侵權人發明汞解決系爭專利說明書中所載之問題並達成功效，則被控侵權對象之汞似有逆均等論之適用，關鍵在於專利權人並未先占汞之技術範圍。

---

[210] Boyden Power Brake Co. v. Westinghouse, 170 U.S. 537, 568 (1898) (But, even if it be conceded that the Boyden device corresponds with the letter of the Westinghouse claims, that does not settle conclusively the question of infringement ⋯ The patentee may bring the defendant within the letter of his claims, but if the latter has so far changed the principle of the device that the claim of the patent, literally construed, have ceased to represent his actual invention, he is as little subject to be adjudged an infringer as one who violated the letter of a statute has to be convicted, when he has done nothing in conflict with its spirit and intent.)

（五）逆均等論與解釋申請專利範圍

　　美國專利侵權訴訟實務尚未出現逆均等論之案例，而我國卻有不少專家學者舉例說明適用逆均等論之範例，大多係因運用禁止讀入原則解釋申請專利範圍時太過僵化的結果，見第四章五之(四)「適用逆均等論的謬誤」。

　　專利侵權訴訟過程中，解釋申請專利範圍係以客觀合理解釋爲原則。解釋申請專利範圍，是探知申請人於申請時（並非均等論或逆均等論之侵權時）對於申請專利範圍所記載之文字的客觀意義（並非申請人的主觀意圖）；爲使社會大眾對於申請專利範圍有一致之信賴，應以具有通常知識者（並非專利權人、被控侵權人或法官）爲解釋之主體始可能獲知其客觀意義。解釋申請專利範圍時，不論申請專利範圍中所載之內容是否明確，皆應審酌說明書及圖式充分理解申請專利之發明，以申請專利之發明的實質內容客觀合理認定專利權範圍。

　　解釋申請專利範圍時，除了可依據說明書中申請人針對申請專利範圍中之文字、用語所爲之定義外，亦可依據申請人於說明書中明示、暗示之必要技術特徵或新穎特徵界定申請專利範圍。換句話說，除了正向定義外，若申請人於說明書中明示或暗示將申請專利範圍中之文字、用語限於狹義之定義，或有反向排除、放棄所請求的範圍，例如說明書中所載之先前技術，應爲申請專利範圍未涵蓋之範圍。在Teleflex[211]案，法院即明確指出：「專利權人可以透過以下方式表明其意圖不按照通常習慣意義適用請求項中之用語：針對某一用語重新定義；或在內部證據中說明其排除或限制申請專利範圍之意義，明確予以放棄。」

　　逆均等論，指被控侵權對象係以與系爭專利實質不同之技術手段達成實質相同之功能或結果時，則阻卻文義侵權。逆均等論相對於解釋申請專利範圍，二者皆以申請專利範圍爲對象，皆須參酌說明書。逆均等論相對於解釋申請專利範圍，二者之不同點：逆均等論，以侵權時爲準，以被控侵權對象對照說明書，反映專利權人應得的技術範圍；解釋申請專利範圍，以申請時爲準，以申請專利範圍對照說明書，確認專利權人應得的技術範圍。

　　基於前述分析，雖然逆均等論未見於任何判決，然而，依其法理，逆均等論似乎可能出現在申請時點說明書可以支持申請專利範圍，但侵權時點說

---

[211] Teleflex, Inc. v. Ficosa North America Corp. 299 F.3d 1313 (Fed. Cir. 2002).

明書無法支持申請專利範圍的情況。因技術發展，申請時之技術較為貧乏，侵權時之技術較為蓬勃，以致於申請時認為專利權範圍與其發明貢獻相當，但於侵權時認為二者並不相當，而有違反先占法理之情事。因此，於申請時所撰寫之請求項所涵蓋的範圍有可能超出說明書中所載之技術內容，致無法符合支持要件。例如：申請專利之發明的新穎特徵為請求項中所載之「放大元件」，說明書記載對應之技術為「真空管」，被控侵權物對應之元件為「電晶體」。由於申請時放大之技術僅有真空管，故很可能被認定符合支持要件，然而，侵權時已出現電晶體，由於該放大元件為申請專利之發明的新穎特徵，且說明書未記載其他技術，亦即申請人於申請時僅知真空管尚不知有電晶體。因此，即使「放大元件」涵蓋「電晶體」，但因為電晶體與真空管的原理、操作方式不同，專利侵權分析時，似有逆均等論適用之空間。

筆者以為，依先占之法理，若專利權人於申請時未思及或不可能思及電晶體，而放大元件又是申請專利之發明的新穎特徵，不宜將放大元件解釋為涵蓋真空管及電晶體，這樣的見解符合美國法院本章六之(一)「逆均等論之意義」中所述案件的判決，亦充分說明為何逆均等論未見於任何判決之原因。然而，若前述「放大元件」之記載並非新穎特徵（發明構思之所在），僅為已知技術之運用，而申請專利之發明構思另有新穎特徵，而從被控侵權物之電晶體仍可讀取到「放大元件」時，則應認定被控侵權物落入專利權範圍。前述認定之差異在於「放大元件」是否為新穎特徵，不僅符合先占之法理，亦符合衡平原則－大發明大保護、小發明小保護、沒發明沒保護。

逆均等論之目的在於防止專利權人藉申請專利範圍主張與其發明之貢獻不相當的專利權範圍；亦即當專利權範圍違反先占之法理，則有逆均等論之適用。然而，筆者認為尚須區分「申請時」及「侵權時」二時點，亦即專利權範圍超出先占之範圍的認定是於「申請時」或「侵權時」。若於申請時申請專利範圍已超出先占之範圍，例如申請專利範圍涵蓋說明書中所載之先前技術，則應於解釋申請專利範圍之階段予以限縮解釋。然而，因技術之發展，對於申請專利範圍之解釋，申請時與侵權時之解釋結果不同，依侵權時之技術水準認定專利權範圍，始有超出先占範圍之情事者，則有逆均等論之適用。因此，若被控侵權人以逆均等論作為抗辯，而未主張專利權無效時，則應於解釋申請專利範圍之階段就先檢視案情是否有限縮解釋之可能，而非直接認定是否適用逆均等論，歸納其理由：

1. 專利權範圍應為先占之範圍所涵蓋：專利權範圍超出先占之範圍而與其發明之貢獻不相當，並無保護之必要，應予以限縮。

2. 限縮解釋申請專利範圍的時點應區分之：雖然解釋申請專利範圍及逆均等論之適用對象皆為申請專利範圍，但二者之基準時點不同，前者係以申請時為準，後者係以侵權時為準，不宜混淆誤用。

3. 申請專利範圍的解釋結果應一致：申請專利範圍的解釋結果會影響他案之認定，例如於均等論及專利要件之認定，解釋結果應一致，若應於解釋申請專利範圍階段處理之案件，卻想在逆均等論階段處理，則會影響其結果。例如，申請專利範圍中記載A+B，說明書中所記載之先前技術為A+b，採用之原理為X，實施方式及正確的解釋應為A+b'；被控侵權對象1為A+b"，採用之原理為Y；被控侵權對象2為A+b"'，採用之原理為X。B為上位概念用語，涵蓋下位概念用語b、b'、b"及b"'；次上位概念用語b'，涵蓋b"及b"'。對於前述虛擬案情，抗辯有逆均等論之適用，被控侵權對象1固然有可能認定侵權不成立，但被控侵權對象2可能認定侵權成立。

國家圖書館出版品預行編目資料

專利侵權分析理論及實務／顏吉承著. ── 初
版. ── 臺北市：五南, 2014.06
　　面；　　公分.
ISBN 978-957-11-7670-3（平裝）

1.專利法規　2.侵權行為

440.61　　　　　　　　　　　103011357

1UB8

專利侵權分析理論及實務

作　　者 ─ 顏吉承(407.4)

發 行 人 ─ 楊榮川

編 編 輯 ─ 王翠華

主　　編 ─ 劉靜芬

責任編輯 ─ 宋肇昌

封面設計 ─ P. Design 視覺企劃

出 版 者 ─ 五南圖書出版股份有限公司

地　　址：106台北市大安區和平東路二段339號4樓

電　　話：(02)2705-5066　　傳　真：(02)2706-6100

網　　址：http://www.wunan.com.tw

電子郵件：wunan@wunan.com.tw

劃撥帳號：01068953

戶　　名：五南圖書出版股份有限公司

台中市駐區辦公室／台中市中區中山路6號

電　　話：(04)2223-0891　　傳　真：(04)2223-3549

高雄市駐區辦公室／高雄市新興區中山一路290號

電　　話：(07)2358-702　　傳　真：(07)2350-236

法律顧問　林勝安律師事務所　林勝安律師

出版日期　2014年6月初版一刷

定　　價　新臺幣580元